光纤通信系统

邓建芳　李筱林　主　编
刘　芳　夏雪刚　副主编
　　　　赵丽花　主　审

U0309359

中国铁道出版社有限公司

2022年·北京

内 容 简 介

本书结合职业院校教学特点，采取项目式编写方式，适应职业院校项目式教学。书中主要包括光纤通信系统认知、SDH 传输系统组建、DWDM 传输系统组建、OTN 传输系统组建、ASON技术、传输系统维护与管理等内容。每个项目细分为不同的模块和任务。

本书为高等职业院校通信专业教学用书，也可以作为铁路、城轨等领域通信相关专业的工程技术人员和管理人员培训和自学用书。

本书内容如有不符最新规章标准之处，以最新规章标准为准。

图书在版编目(CIP)数据

光纤通信系统/邓建芳,李筱林主编 . —北京:中国铁道
出版社,2017.8(2022.1 重印)
ISBN 978-7-113-23288-7

Ⅰ.①光… Ⅱ.①邓… ②李… Ⅲ.①光纤通信-通信系统-高等职业教育-教材 Ⅳ.①TN929.11

中国版本图书馆 CIP 数据核字(2017)第 144753 号

书　　名: 光纤通信系统
作　　者: 邓建芳　李筱林

策　　划: 徐　清
责任编辑: 亢嘉豪　　　**编辑部电话:** (010)51873146　　　**电子邮箱:** dianwu@ vip. sina. com
封面设计: 王镜夷
责任校对: 苗　丹
责任印制: 高春晓

出版发行: 中国铁道出版社有限公司(100054,北京市西城区右安门西街 8 号)
网　　址: http://www. tdpress. com
印　　刷: 三河市宏盛印务有限公司
版　　次: 2017 年 8 月第 1 版　　2022 年 1 月第 3 次印刷
开　　本: 787 mm×1 092 mm　1/16　印张:25.75　字数:645 千
书　　号: ISBN 978-7-113-23288-7
定　　价: 60.00 元

前　　言

光纤通信在铁路专用传输网中起着重要的作用。随着我国铁路事业的蓬勃发展,光纤通信新技术不断涌现,对光纤通信系统的建设和维护人员提出了更高的要求。

本书打破传统的按照知识体系组织内容的方式,以铁路专用传输网建设和维护岗位所需的职业能力为目标,对岗位任务和职业能力进行分析,进行职业化教学设计,按职业典型工作过程划分实践项目。

铁路专用传输网可分为骨干层、汇聚层和接入层三层结构,主要由光纤与光纤通信设备组成光纤通信系统。骨干层和汇聚层主要采用 OTN 或 DWDM + SDH/MSTP 制式,接入层主要采用 SDH/MSTP 制式。本书立足于我国普速铁路和高速铁路传输网的实际应用,纳入铁路通信工传输设备维护工作的职业需求,设计了光纤通信系统认知、SDH 传输系统组建、DWDM 传输系统组建、OTN 传输系统组建、ASON 技术、传输系统维护与管理六个项目。

每个项目包括若干个模块,每个模块由具体的任务组成。每个工作任务既有理论知识,又有操作任务,理论和实践有机结合,在学习了相关理论知识后到实践中应用,通过实践巩固理论知识,增强了学习者的学习兴趣。

任务安排由简到难,循序渐进,逐步深入。任务设计从认识光纤和单个光纤器件开始,有了一定基础后组建简单以太网光纤通信系统,逐步过渡到组建单波 SDH、波分 DWDM 和 OTN 传输系统,最后在综合已有知识的前提下,对传输系统进行维护和管理。

本书的特点主要如下:

(1)紧跟铁路专用传输网最新技术,实用性强

选材力求实用性和新颖性,充分体现了近几年来高速铁路传输新技术的应用和发展,既包括了我国铁路普速铁路和高速铁路正在使用的 SDH 和 DWDM 传输技术,又包括了铁路骨干网正在改造的 OTN 传输技术。

OTN 和 ASON 目前在我国市场上仅有理论教材,未曾出现 OTN 设备和 ASON 技术的实践操作内容,本书包含了应用成熟的 SDH、DWDM 传输系统的组建,以及技术新颖的 OTN 系统组建、ASON 业务配置,充分体现了职业教育与实际应用紧密结合的特点,走在铁路专用传输网的技术前沿。

(2)可通过软件完成任务,实验成本低

SDH 传输系统组建、DWDM 传输系统组建、OTN 传输系统组建、ASON 技术四

个项目可以通过中兴 E300 网管软件来实施任务。使用者只需要在一台计算机上安装 E300 服务器和客户端即可完成绝大部分任务操作，实验成本低，很好地解决了传输设备台套数不足的问题。

（3）便于教学和自主学习

每个项目相对独立，每个任务建议 2~4 课时，便于教师进行理实一体教学，任务的操作步骤详细，方便学生自主学习，特别适合铁路类高职通信专业教师和学生使用，也可以作为铁路、城轨等领域通信相关专业的工程技术人员和管理人员培训和自学用书。

本书由邓建芳、李筱林主编，刘芳、夏雪刚副主编，由多所职业院校和中兴通讯有限公司合作完成。项目 1 的模块一由南京铁道职业技术学院段俊毅编写，项目 1 的模块二和模块三由新疆铁道职业技术学院刘芳编写，项目 2 的模块一由南京铁道职业技术学院朱晓蓉编写，项目 2 的模块二由湖南铁道职业技术学院谭传武编写，项目 3 由陕西铁路工程职业技术学院夏雪刚编写，项目 4 的模块一由南京铁道职业技术学院晏蓉编写，项目 4 的模块二和项目 5 的模块二由南京铁道职业技术学院邓建芳编写，项目 5 的模块一由南京铁道职业技术学院袁秀红编写，项目 6 的模块一由中兴通讯有限公司何良超编写，项目 6 的模块二由徐州工业职业技术学院凌启东编写，项目 2 的模块三和项目 6 的模块三由柳州铁道职业技术学院李筱林编写。全书由邓建芳统稿，赵丽花主审。

本书在编写过程中，参考了许多专家的著作和中兴通讯有限公司的相关设备资料，还得到了上海通信段、南京牧信科技有限公司、南京嘉环科技有限公司多位工程师的大力支持与帮助，在此表示最诚挚的感谢！

由于编者水平有限，书中难免存在一些错误和不妥之处，敬请广大读者批评指正。

编　者
2017 年 4 月

目　录

项目1 光纤通信系统认知

模块一 光纤通信认知

任务1:光纤通信

任务:认识光纤通信系统各组成部分,根据生活中的实际应用逐步认识光纤通信的特点。

要求:能识别光纤通信系统的各组成部件,比较说明光纤通信的优点和缺点,完成光纤通信应用的调查报告。

一、知识准备

光纤通信是以光波作为信息载体,以光纤作为传输介质的一种通信方式,是目前使用最主要的传输方式之一。光纤通信所用光波的波谱在 $1.67 \times 10^{14} \sim 3.75 \times 10^{14}$ Hz 之间,波长范围为 $0.8 \sim 1.8$ μm,属于电磁波谱中的红外波段。

(一)光纤通信系统组成

光纤通信系统一般由光发送机、光中继器、光接收机、光纤线路组成。图 1-1 所示为光纤通信系统组成。光发送机和光接收机合在一起时统一称为光端机。

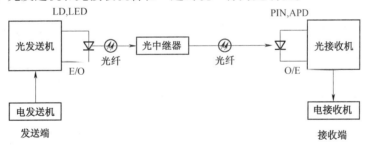

图 1-1 光纤通信系统组成

目前光纤上传送的信号以数字信号为主,下面主要介绍数字光纤通信系统的各组成部分功能。

光发送机位于光纤通信系统的起始端,其作用是将电发送机发送过来的电信号转换成光信号码流,具体做法是先将电信号数字化,然后对光源发出的光波进行调制,成为已调光信号,将其耦合到光纤中进行传输。

光发送机发出的光信号在光纤中传输时,不仅幅度被损耗,脉冲波形被展宽,还夹杂着许多噪声。为了进行长距离的传输,需要每隔一定距离设置一个光中继器。光中继器的作用是补偿光信号的幅度损耗,对畸变失真的信号波形进行整形,恢复光信号的形状。

光接收机位于光纤通信系统的末端,其作用是将从光纤传输过来的微弱光信号经光电检测器,将其转换成电信号,并对电信号进行足够的放大,输出一个适合于定时判决的脉冲信号到判决电路,使之能够正确地恢复出原始电信号,送给电接收机。

为了使光纤通信系统正常运行,还需要自动倒换系统、告警处理系统、电源系统等备用或辅助系统。

(二)光纤通信特点

与电通信、无线通信相比,光纤通信具有以下优点和缺点:

1. 光纤通信优点

光纤通信之所以迅速发展和应用广泛,在于它具有以下突出的优点:

(1)频带宽,通信容量大。

光纤通信使用的光波频率高,传输频带宽。理论上,光纤的传输频带为无穷大。通信容量与载波频率成正比,载波频率越高,所能携带的信息量就越大。光波的频率比电通信和无线通信频率高很多,通信容量也大很多。

(2)损耗低,中继距离长。

通信系统的中继距离与传输线路的损耗成反比,线路的传输损耗越小,中继距离越长。电缆的损耗特性与结构尺寸及所传输信号的频率有关,频率越高,损耗越大。由于这个特性,电缆的中继距离不超过 500 m。而光纤的损耗特性仅与材料的纯度有关,在相当宽的频带内,损耗几乎不随频率的增加而变化。目前通信用单模光纤的最低损耗在 0.2 dB/km 以下。光纤的损耗低,意味着光纤的中继距离长,目前常用的单模光纤最大中继距离可达 200 km。

(3)抗电磁干扰能力强。

光纤是电绝缘体材料,不受输电线、电气化铁路及高压设备等电磁干扰,可以与高压电线平行架设,通信也不会受到干扰。由于光纤抗电磁干扰能力强,光纤还可以与电缆一起制成复合光缆。

(4)光泄漏小,保密性好。

光信号只在光纤的纤芯中传输,对外光泄漏很小。没有专业的工具,光纤无法分接,光纤中传输的信息非常安全。即使在光纤弯曲处,也极少向外辐射,无法窃听,保密性能好。

(5)重量轻,体积小。

光纤直径非常细,只有几百微米。制造成光缆后,相对于容量相同的电缆,光缆的重量要小几十倍,甚至上百倍,便于施工与维护。

(6)原材料资源丰富,节约有色金属。

制造石英光纤的主要原料 SiO_2,在自然界中资源丰富,可以节约电缆所用的铜、铝等有色金属。塑料光纤的主要原料为透光的聚合物,原材料来源丰富,价格低廉。

2. 光纤通信缺点

除了以上优点以外,光纤通信也存在一些缺点:

(1)质地脆,不可弯曲太大,机械强度低。

光纤弯曲半径不易过小,否则会增加传输损耗,严重时会造成光纤断裂。

(2)光纤接续需要一定的工具、设备和技术。

要使光纤连接损耗小,接续时要求两根光纤的纤芯严格对准,需要使用光纤熔接机或 U 型连接器来完成,比电缆接续复杂。

(3)分路、耦合不灵活。

光纤分路和耦合需要使用专门的耦合器来完成。

随着科学技术的发展,光纤通信的缺点正在逐渐被克服。

二、任务实施

本任务的目的是对现实生活各领域中光纤通信的应用进行调查,完成调查报告。

1. 材料准备

无

2. 实施步骤

对现实生活各领域中光纤通信的应用进行调查,完成调查报告。

调查时间:
调查对象:
调查内容:

任务 2:认识光纤

任务:认识光纤的结构,分析光纤的导光原理和特性,对不同种类的光纤进行分类。

要求:能根据测试图像识别光纤的不同结构,区分不同种类的光纤,根据光纤特性选择光纤适应不同的应用场合。

一、知识准备

光纤线路把来自光发送机的光信号,以尽可能小的畸变和损耗传输到光接收机。在工程实际应用中,光纤线路包括光纤跳线、光缆、光纤熔接接头、光纤连接器、光耦合器、光放大器或损耗器等。光纤跳线、光缆中最重要的组成都是光纤。

(一)光纤结构

光纤(简称 OF)是光导纤维的简称,它的典型结构是多层同轴圆柱体,从里到外依次为纤芯、包层、涂覆层,如图 1-2 所示。

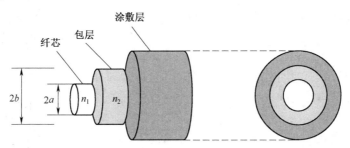

图 1-2 光纤的结构示意图

纤芯位于光纤的轴心位置,用于传输光信号,折射率为 n_1,直径为 $2a$。单模光纤纤芯直径 $2a$ 为 8 ~ 10 μm,多模光纤纤芯直径 $2a$ 为 50 μm 或 62.5 μm。

包层位于纤芯周围,折射率为 n_2,单模光纤和多模光纤的包层直径 $2b$ 均为 125 μm。包层

折射率 n_2 略小于纤芯折射率 n_1，这样可以使得光信号被束缚在纤芯中传输。为了实现纤芯与包层的折射率差，需要使纤芯与包层的材料有所不同。石英光纤的纤芯是在 SiO_2 中掺杂了少量折射率高的 GeO_2 或 P_2O_5，包层在 SiO_2 中掺杂了少量折射率低的 B_2O_3。

涂覆层保护光纤不受水汽的侵蚀和机械的擦伤，同时又增加光纤的柔韧性，并起着延长光纤寿命的作用。涂覆层常按照标准色谱着不同的颜色，以区分光纤。涂覆层有一次涂覆、缓冲层和二次涂覆。一次涂覆层一般采用丙烯酸酯、有机硅或硅橡胶材料，缓冲层为性能良好的填充油膏，二次涂覆层多用聚丙烯或尼龙等高聚物。

（二）光纤导光原理分析

光纤是利用光的全反射特性来导光的。光从一种介质向另一种介质传播，由于它们在不同介质中传输速率不一样，因此，当通过两个不同的介质（折射率分别为 n_1 和 n_2）交界面时，就会发生反射和折射现象。

1. 反射定律

反射光线与入射光线和法线在同一平面上，反射光线和入射光线分别位于法线两侧，如图 1-3 所示。反射角 θ_2 与入射角 θ_1 的关系是：$\theta_1 = \theta_2$。

2. 折射定律

折射光线跟入射光线和法线在同一平面上，折射光线和入射光线分别位法线两侧，如图 1-3 所示。折射角 θ_3 与入射角 θ_1 的关系是：$n_1\sin\theta_1 = n_2\sin\theta_3$。

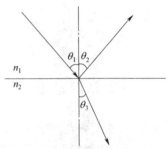

图 1-3　光的反射与折射

若光从折射率大的介质入射到折射率小的介质，当入射角达到一定值时，折射角将等于 $90°$，光不再进入折射率小的介质，即发生了全反射现象。这时的入射角称为临界角 θ_c，它满足

$$\theta_c = \arcsin\frac{n_2}{n_1} \tag{1-1}$$

当入射角 $\theta_1 > \theta_c$ 时，满足全反射条件，所有的光将被反射回入射介质，如图 1-4 所示。光纤就是利用这个原理在纤芯中传输光的，这就要求纤芯折射率 n_1 大于包层折射率 n_2，即 $n_1 > n_2$，以使光波在纤芯中传输。

3. 相对折射率差

纤芯折射率 n_1 与包层折射率 n_2 的大小直接影响着光纤的性能，常用相对折射率差 Δ 来表示它们相差的程度：

$$\Delta = \frac{n_1^2 - n_2^2}{2n_1^2} \tag{1-2}$$

当纤芯折射率 n_1 与包层折射率 n_2 相差很小时，称为弱导波光纤，此时 $n_1 + n_2 \approx 2n_1$，则有

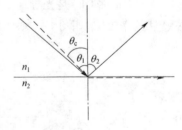

图 1-4　光的全反射

$$\Delta \approx \frac{n_1 - n_2}{n_1} \tag{1-3}$$

目前实用的光纤大多都是弱导波光纤。

4. 数值孔径

当光以入射角 θ_k 从空气入射（折射率为 n_0）到空气和纤芯（折射率为 n_1）的交界面时，将发生反射和折射现象，一部分光折射到纤芯中，折射角为 θ_3。

$$n_0\sin\theta_k = n_1\sin\theta_3 \tag{1-4}$$

这部分光向前传输,到达纤芯和包层的交界面时,若入射角 θ_1 满足如下全反射条件时,将发生全反射现象,光全部反射回纤芯中。

$$\theta_1 \leqslant \arcsin\frac{n_2}{n_1} \tag{1-5}$$

反射回纤芯的光,在向另一侧的纤芯与包层交界面入射时,入射角将保持不变,依然发生全反射现象。如此下去,光可以在纤芯中不断反射,从光纤的一端传播到了另一端。光信号在阶跃型光纤中的传播路径如图 1-5 所示。

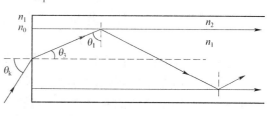

图 1-5　阶跃型光纤的传播路径

θ_3 与 θ_1 的关系为

$$\theta_1 + \theta_3 = 90°$$

则有

$$n_0\sin\theta_k = n_1\cos\theta_1$$

由于空气的折射率 $n_0 \approx 1$,有

$$\sin\theta_k = n_1\cos\theta_1 = n_1\sqrt{1-\sin^2\theta_1}$$

$$\leqslant n_1\sqrt{1-\left(\frac{n_2}{n_1}\right)^2} = \sqrt{n_1^2 - n_2^2} \tag{1-6}$$

(1)当光入射到纤芯的入射角正好满足式(1-6)的临界条件,即 $\sin\theta_k = \sqrt{n_1^2 - n_2^2}$ 时,光在纤芯与包层的交界面折射角刚好为 $90°$,此时有微弱的光沿纤芯与包层的交界面传播。

(2)当光入射到纤芯的入射角小于临界角时,即 $\sin\theta_k < \sqrt{n_1^2 - n_2^2}$ 时,光在纤芯与包层的交界面发生全反射,光线以之字形向前传播,光被束缚在纤芯中。

(3)当光入射到纤芯的入射角大于临界角时,即 $\sin\theta_k > \sqrt{n_1^2 - n_2^2}$ 时,光在纤芯与包层的交界面的折射角小于 $90°$,一部分光进入包层,被损耗掉。

可见,入射到光纤端面的光并不能全部被光纤所传输,只是在某个角度范围内的入射光才可以满足全反射条件被束缚在纤芯中传输。若用 θ_{max} 表示从空气中入射到光纤端面,并能为光纤所能捕获的最大入射角,这个角度 θ_{max} 的正弦值就称为光纤的数值孔径,表示为 NA。

$$NA = \sin\theta_{max} = \sqrt{n_1^2 - n_2^2} = n_1\sqrt{2\Delta} \tag{1-7}$$

光纤的数值孔径是光纤能接收光辐射角度范围的参数,同时也是表征光纤和光源、光检测器及其他光纤耦合时的耦合效率参数。光纤的数值孔径与纤芯折射率和纤芯、包层折射率差有关。

从物理上看,光纤的数值孔径 NA 表示光纤接收入射光的能力。Δ 越大,NA 越大,则光纤接收光的能力也越强,即光能量束缚在纤芯中的能力越强,光纤与光源之间的耦合效率就越高。只有满足入射光 θ_k 小于 θ_{max} 的光信号才会在纤芯中形成导波,在光纤中进行传输。从进入光纤的光功率的观点来看,NA 越大越好。

但是 NA 太大时,经光纤传输后产生的信号畸变加大,会影响光纤的传输速率。因此,在光纤通信系统中,对光纤的数值孔径有一定的要求。通常为了最有效地把光入射到光纤中去,应采用数值孔径与光纤数值孔径相同的透镜进行集光。

CCITT 建议多模光纤的数值孔径取值范围为 0.18 ~ 0.23,其对应的光纤端面接收角 θ_{max} 为 10° ~ 13°。不同厂家生产的光纤的数值孔径不同。在进行光纤连接的时候,尽可能选用数值孔径相同的光纤,否则会导致部分光进入包层之中,造成光的损失。

5. 模场直径

模场直径是描述单模光纤中光能集中程度的参量。因为单模光纤中基模场并不是完全集中在纤芯中,而是有相当部分的能量在包层中,所以对单模光纤不宜用芯径作为其特征参数,而是用模场直径作为描述单模光纤中光能集中的范围,一般以光强降低到轴心线处最大光强 $1/(e^2)$ 的各点中两点最大距离作为模场直径。多模光纤直接使用纤芯直径作为模场直径。

模场直径越小,通过光纤横截面的能量密度就越大。当通过光纤的能量密度过大时,会引起光纤的非线性效应,造成光纤通信系统的光信噪比降低,影响系统性能。对于光纤通信用光纤,模场直径越大越好。

(三)光纤分类

1. 按传输波长分类

按传输波长的不同,光纤可分为短波长光纤和长波长光纤。

(1)短波长光纤

短波长光纤的中心波长为 850 nm,波长范围为 800 ~ 900 nm,主要应用于短距离通信。

(2)长波长光纤

长波长光纤的中心波长有 1 310 nm 和 1 550 nm 两种,波长范围分别为 1 260 ~ 1 360 nm 和 1 510 ~ 1 610 nm,主要应用于长距离通信或干线传输。

2. 按照光纤的模式分类

光纤传输模式是指光在光纤中传播时的电磁场稳态分布(既满足边界条件的电磁场波动方程的解),每一种电磁场稳态分布对应一种模式。

光纤中传播模式的数量与光的工作波长、光纤的结构特性、纤芯的折射率和包层的折射率分布有关。各模式都有其自身的归一化截止频率,它描述了各模式的截止条件,用 V_C 表示。LP_{01} 模(基模)的 $V_C = 0$。与 LP01 模最邻近的模为 LP_{11},LP_{11} 模的 $V_C \approx 2.405$。其后依次为 LP_{21}、LP_{02}……模次越高,相应的 V_C 就越高。

为了表示光纤中存在模式的数量,引入了归一化频率参数,定义为

$$V = \frac{2\pi}{\lambda} a \sqrt{n_1^2 - n_2^2} = \frac{2\pi}{\lambda} a n_1 \sqrt{2\Delta} \tag{1-8}$$

式(1-8)中,λ 为光纤中光的工作波长,a 为光纤的纤芯半径,n_1 为纤芯的折射率,n_2 为包层的折射率。V 随纤芯半径 a、纤芯和包层的相对折射率 Δ 的增大而增大。

当光纤的归一化频率 V 大于某种模式的 V_C 时,这种模式就能在光纤中传输。根据光纤中传输模式的数量来分,光纤可分为单模光纤和多模光纤。

(1)单模光纤 SMF(Single-Mode Fiber)

只能传播一种模式(即基模)的光纤称为单模光纤。判断一根光纤是不是单模传输,主要依据是归一化频率的大小。为了保证光纤中只存在一种模式,其余高次模都被截止,应满足截止条件

$$0 < V = \frac{2\pi}{\lambda} a \sqrt{n_1^2 - n_2^2} < 2.405 \tag{1-9}$$

式(1-9)中,波长的最小值称为单模光纤的截止波长,表示为$\lambda_{截止}$。

$$\lambda_{截止} = \frac{2\pi}{2.405a}\sqrt{n_1^2 - n_2^2} = \frac{2\pi}{2.405}an_1\sqrt{2\Delta} \qquad (1\text{-}10)$$

若要实现单模传输,则须使光纤的工作波长$\lambda > \lambda_{截止}$。单模光纤的纤芯半径a和相对折射率差Δ较小,对制作工艺提出了很高的要求。由于单模光纤只传输基模,完全避免了模式色散。单模光纤色散小、损耗低、传输容量大,适用于长距离传输。

（2）多模光纤 MMF(Multi-Mode Fiber)

能传播两种或者两种以上模式的光纤称为多模光纤。当$V > 2.405$时,光纤中存在LP_{01}模、LP_{11}模等多种模式,形成多模传输。多模光纤的纤芯半径a和相对折射率差Δ较大。

多模光纤芯半径和相对折射率差大比单模光纤得多,制造较容易,使用较方便,耦合和连接比单模光纤容易。但多模光纤会产生模式色散,导致带宽变窄,降低光纤的传输容量,只适用于短距离传输。

单模光纤和多模光纤的比较见表1-1。

表1-1 单模光纤和多模光纤的比较

名称 性能	单模光纤	多模光纤
纤芯直径	较细(8～10 μm)	较粗(50～100 μm)
与光源的耦合	较难	简单
光纤间连接	较难	较容易
传输带宽	极宽(几百 GHz)	较窄(几 GHz)
微弯曲影响	小	较大
损耗	小	较大
色散	小	较大
适用场合	长距离、大容量	短距离、小容量

3. 按折射率分类

根据光纤中纤芯和包层的折射率分布不同,光纤可分为阶跃型光纤和渐变型光纤,如图1-6所示。

（1）阶跃型光纤（SIF）

阶跃型光纤在纤芯与包层区域内,其折射率分布分别是均匀不变的,其值分别为n_1与n_2,但在纤芯与包层的分界处,其折射率的变化是阶跃的。

阶跃型光纤主要有阶跃型多模光纤和阶跃型单模光纤两种。在阶跃型单模光纤中,光线的传输轨迹是直线形状,如图1-7(a)所示。在阶跃型多模光纤中,光线的传输轨迹是"之"字折线形状,如图1-7(b)所示。

阶跃型光纤衍生出一种 W 型光纤。W 型光纤为双包层光纤,纤芯和内包层、外包层的折射率都是均匀分布的,折射率分别为n_1、n_2和$n_3(n_1 > n_3 > n_2)$。折射率在纤芯与内包层、内包层与外包层的界面上发生突变。W 型光纤可

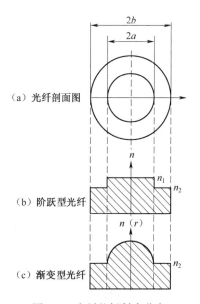

图1-6 光纤的折射率分布

用作带通滤波器。

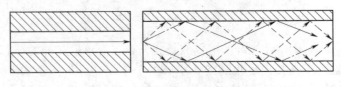

(a) 阶跃型单模光纤　　　　　　(b) 阶跃型多模光纤

图 1-7　阶跃光纤的传输轨迹

(2) 渐变型光纤(GIF)

渐变型光纤轴心处的折射率最大(n_1),而沿剖面径向的增加而逐渐变小,到了纤芯与包层的分界处,正好降到与包层区域的折射率 n_2 相等的数值;在包层区域中其折射率的分布是均匀不变的为 n_2。在渐变型光纤中,光线的传输轨迹是正弦形状,如图 1-8 所示。渐变型结构只有多模光纤才采用。

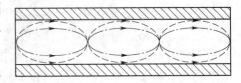

图 1-8　渐变型光纤的传输轨迹

渐变型光纤靠近轴心的光波传播路程短,折射率大,传播速度慢。远离轴心的光波传播路程长,折射率小,传播速度快。如果调整合适的光纤长度,可使从光纤端面上同一点出发的近轴光线经过适当的距离后,又重新汇集到一点,也就是说它们具有相同的传输时延,这种现象称为自聚焦特性。在渐变型光纤中,不同模式的光,在折射率分布不均匀的纤芯内,只要满足一定条件,这些光将同时到达终端,从而消除了模式色散。由于阶跃型多模光纤的模式数目较多,模间延时较大,传输带宽窄,目前已被渐变型多模光纤取代。

4. 按套塑结构分类

光纤按套塑结构分为紧套光纤和松套光纤。

(1) 紧套光纤

紧套光纤为二次涂覆光纤,在一次涂覆的光纤上再紧紧地套上一层尼龙或聚乙烯等塑料涂覆层,光纤在套管内不能自由活动。紧套光纤结构相对简单,无论是测量还是使用都比较方便。

(2) 松套光纤

松套光纤在光纤涂覆层外面再套上一层塑料套管,光纤可以在套管中自由活动,套管中充有油膏,可防止水分进入。松套光纤机械特性好,防水性能好,有利于提高光纤的稳定可靠性,便于成缆。松套光纤一般制作成一管多芯结构。

5. 按材料分类

光纤按材料分为以 SiO_2 为主要成分的石英光纤,以多种成分组成的多组分玻璃光纤,纤芯为 SiO_2、包层为塑料的石英芯塑料包层光纤,以塑料为材料的塑料光纤。

(四) 光纤的特性

光纤的特性包括机械特性、几何特性、温度特性和传输特性。

1. 机械特性

光纤的机械特性主要包括耐侧压力、抗拉强度、弯曲以及扭绞性能等,工程上最关心的是抗拉强度。光纤的抗拉强度主要与光纤的制造材料、工艺有关。光纤在成缆以及安装使用中存在过大的残余应力,也会影响光纤的抗拉强度。

光纤的寿命,习惯称使用寿命,当光纤损耗加大以致系统开通困难时,称其已达到了使用寿命。从机械性能讲,寿命指断裂寿命。在光纤、光缆制造以及程建设中,一般是按20年的使用寿命设计的,实际可能使用30～40年。

2. 几何特性

光纤的几何特性包括纤芯直径、包层直径、纤芯不圆度、包层不圆度、纤芯与包层同心度等。光纤的几何尺寸、光学参数除对光纤的传输性能和机械性能有影响外,对光纤的接续损耗也产生较大的影响。ITU-T规定多模光纤的纤芯直径为$50/62.5~\mu m \pm 3~\mu m$,多模及单模光纤的包层直径均要求为$125~\mu m \pm 3~\mu m$,纤芯/包层同心度误差小于或等于6%,芯径不圆度小于或等于6%,包层不圆度小于或等于2%。

3. 温度特性

光纤的温度特性是温度对光纤损耗的影响。由于光纤涂覆层、套塑层和石英的膨胀系数不同,有机树脂和塑料的热膨胀系数比石英大得多。在正常使用温度下($-10~℃ ～ +40~℃$),光纤的特性基本上不受影响。当温度降低时,由于涂覆层的收缩量比石英纤芯大,所以会使光纤受到很大的轴向压力而产生微弯,使光纤的损耗增大,如图1-9所示。随着温度的不断降低,光纤损耗就不断增大,当温度降至$-55~℃$左右时,损耗急剧增加,使系统无法正常运行。

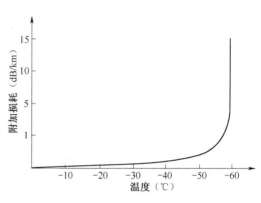

图1-9　光纤的温度特性

4. 传输特性

光纤的传输特性是指光信号在光纤中传输所表现出来的特性,主要包括损耗特性和色散特性。

(1)光纤的损耗特性

光纤传播的光能有一部分在光纤内部被吸收,有一部分可能辐射到光纤外部,使得光能减少。光波在光纤中传输时,随着传输距离的增加,光波的光功率强度逐渐减弱,光纤对光功率产生损耗作用,称为光纤的损耗(也称衰减)。长度为L的光纤在波长λ处的损耗(工程上单位为dB)定义为

$$A = 10\lg\left[\frac{P_{in}}{P_{out}}\right]~(dB) \tag{1-11}$$

式(1-11)中,P_{out}为传输到轴向距离L处的光功率,P_{in}为$L=0$处光纤的光功率,如图1-10所示。

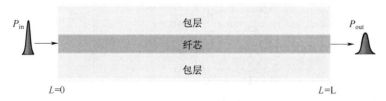

图1-10　光纤损耗示意图

光纤每千米的平均损耗一般用损耗系数(也称衰减系数)α表示,它是指光在单位长度光纤中传输时的损耗量,单位一般用dB/km表示。损耗系数是光纤的重要特征参数之一,它在

很大程度上决定了光纤通信的中继站的间隔距离或传输距离,其表达式为

$$\alpha = \frac{10}{L}\lg\left[\frac{P_{\text{in}}(\text{W})}{P_{\text{out}}(\text{W})}\right](\text{dB/km}) \tag{1-12}$$

式(1-12)中,L 为光纤长度,P_{in} 和 P_{out} 分别为光纤的输入光功率和输出光功率。

例如:一根长 2 km 的光纤,工作波长为 1 550 nm 时的损耗系数为 0.2 dB/km。当入纤光功率为 1 mW 时,求出纤光功率。

解:

$$P_{\text{in}} = 1\ \text{mW} = 10\lg\left[\frac{P_{\text{in}}(\text{W})}{1\ \text{mW}}\right] = 10\lg\left[\frac{1\ \text{mW}}{1\ \text{mW}}\right] = 0\ \text{dBm}$$

$$\alpha L = 0.2\ \text{dB/km} \times 2\ \text{km} = 0.4\ \text{dB}$$

因为 $\alpha = \dfrac{10}{L}\lg\left[\dfrac{P_{\text{in}}(\text{W})}{P_{\text{out}}(\text{W})}\right]$

有 $\alpha L = 10\lg\left[\dfrac{P_{\text{in}}(\text{W})}{P_{\text{out}}(\text{W})}\right] = 10\lg\left[\dfrac{P_{\text{in}}(\text{W})}{1\ \text{mW}}\right] - 10\lg\left[\dfrac{P_{\text{out}}(\text{W})}{1\ \text{mW}}\right] = P_{\text{in}}(\text{dBm}) - P_{\text{out}}(\text{dBm})$

则 $P_{\text{out}} = P_{\text{in}} - \alpha L = 0 - 0.4 = -0.4\ \text{dBm}$

光纤的损耗与光纤中传输光的波长有关,不同工作波长的光纤损耗不同。图 1-11 为不同波长的光在光纤中传输的损耗波谱曲线。从图中可以看出,光纤有三个低损耗传输窗口,分别位于 850 nm、1 310 nm 和 1 550 nm 波段。这三个窗口称为光纤通信的工作窗口。

同一根光纤,工作波长为 1 550 nm 时的损耗最低,工作波长为 1 310 nm 时的损耗其次,工作波长为 850 nm 时的损耗最高。可见,光纤的损耗与波长的关系曲线还关系到工作波长的选择。目前近距离通信选用 850 nm 窗口,长距离单波长传输系统广泛采用 1 310 nm 窗口,波分复用系统主要采用 1 550 nm 波段。

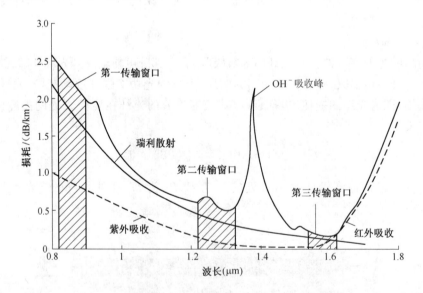

图 1-11　光纤的损耗与波长关系

图 1-11 中在 1 400 nm 附近有一个很高的吸收峰,那是因为水分子中的 OH⁻ 吸收光信号,使得光纤的损耗很高。在光纤的制造过程中,通过控制制造环境中的水分子含量,可以减少该波长处光纤的损耗。

　　光纤作为光纤通信系统的主要传输媒质,光纤传输质量受光纤损耗的影响,光纤损耗的高低直接影响传输距离或中继站间隔距离的远近。光纤损耗越小,光纤的通信距离就越长;相反,光纤损耗越大,光纤通信距离就越短。实现光纤通信,一个重要的问题是如何降低传输损耗。

　　光纤的损耗产生的原因有很多,主要可从光纤的材料、结构和成纤后的使用性能两个方面考虑。

　　光纤本身的损耗主要有吸收损耗、散射损耗。吸收损耗与光纤的材料有关,散射损耗与光纤材料及光波导中结构缺陷、非线性效应有关,这两项损耗是光纤材料固有的,在不同的工作波长下引起的固有损耗也不同。

　　成纤后的损耗有辐射损耗(包括宏弯损耗和微弯损耗)和连接损耗。辐射损耗与光纤几何形状的扰动有关,连接损耗是进行光纤连接时端面不平整或光纤位置未对准等原因造成接头处的损耗。辐射损耗和连接损耗可以通过改善光纤的使用条件来减少。

　　(2)光纤的色散特性

　　光纤色散是指集中的光脉冲,经过光纤传输后在输出端发生能量分散,导致传输信号畸变的一种现象。光信号在光纤中是由不同频率成分和不同模式成分携带的,这些不同的频率成分和不同的模式成分有不同的传播速度,它们到达光纤末端时有先有后,造成光脉冲发生展宽,如图1-12所示。

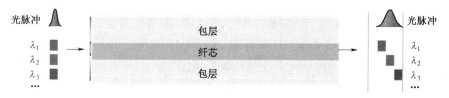

图1-12　光纤色散示意图

　　光纤的色散通常用时延差来描述。不同频率信号在传输相同的距离时,所需要的时间之差称为时延差。光纤的平均色散一般用色散系数D_m表示。色散系数D_m是波长相距1 nm的两个光脉冲传输1 km距离的时延差值,单位为ps/(nm·km)。

　　光纤的色散主要包括模式色散、色度色散(包括材料色散和波导色散)和偏振膜色散等。模式色散是由不同传播模式间的相位常数差异引起的色散,与光源的谱宽无关。色度色散是由于光源中不同波长的光传输的时间延迟不同引起的。偏振膜色散是由于单模光纤中的基模存在两个相互正交的偏振模式具有不同的传输速度,产生时延引起的。

　　多模光纤色散主要有模式色散、材料色散和波导色散。单模光纤由于只传输一个模式,故单模光纤色散不存在模式色散,主要有材料色散、波导色射和偏振膜色散。

　　光脉冲在时域的展宽会带来信号畸变,失去原来的形状,同时造成前后发出的脉冲相互叠加,在接收端造成判决错误,导致通信系统的误码增加,限制了系统的传输速率、中继距离和误码性能。尤其是对码速较高的数字传输有严重影响,它将引起脉冲展宽,从而产生码间干扰,如图1-13所示。为保证通信质量,必须增大码元间隔,即降低信号的传输速率,这就限制了系统的通信容量和通信距离。

　　色散是可逆的,可以通过一定的措施来设法降低或补偿。目前实用的色散补偿技术主要有色散补偿光纤(简称DCF)和色散补偿器(如光纤光栅)。

　　在以上的几种特性中,光纤的传输特性对光纤通信的影响最大,光纤损耗的大小影响光纤

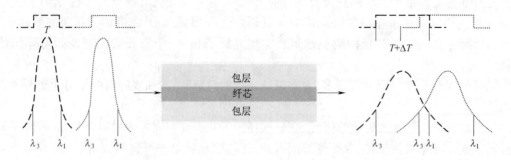

图 1-13　色散引起的码间干扰

中继距离的长短;光纤色散不仅影响影响光纤中继距离,还限制了光纤通信容量。

(五)ITU-T 规范的光纤

ITU-T 规范了 G. 651、G. 652、G. 653、G. 654、G. 655、G. 656、G. 657 等多种通信光纤。

1. G. 651 光纤

G. 651 光纤为渐变型多模光纤,ITU-T 对其主要参数(如纤芯、包层直径、同心度误差等)做了严格的规定。G. 651 光纤在光纤通信发展初期广泛应用于中小容量、中短距离的通信系统中。

2. G. 652 光纤

G. 652 光纤为常规单模光纤(简称 SMF),是目前应用最为普遍的一种光纤,主要应用 1 310 nm 和 1 550 nm 两个工作窗口。G. 652 光纤工作波长在 1 310 nm 时色散很小,约为 3. 5 ps/(nm·km),系统的传输距离只受光纤损耗所限制。但是工作波长在 1 310 nm 时损耗较大,典型损耗值为 0. 35 dB/km。G. 652 光纤工作波长在 1 550 nm 时损耗最低,典型损耗值为 0. 20 dB/km,但色散较高,约为 20 ps/(nm·km)。

对于短距离单波长的 SDH/MSTP 系统,一般使用 G. 652 光纤的 1 310 nm 波长。而在长距离无中继环境传输下通常使用 1 550 nm 波长。无源光网络系统常使用 G. 652 光纤的 1 310 nm 和 1 490 nm 两个波长。适当运用色散补偿技术后,G. 652 光纤还可用于波分复用系统中。

3. G. 653 光纤

G. 653 光纤又称色散位移光纤(简称 DSF),它的零色散波长在 1 550 nm 附近,使得光纤的最低损耗窗口与零色散窗口重合,非常适合于点对点的长距离、高速率的单通道系统。但是由于 G. 653 光纤在 1 550 nm 色散为零,不利于多信道的波分复用系统传输。当使用的信道数较多时,信道间距较小,这时就会发生四波混频导致信道间发生串扰,不适应波分复用系统的需要。

4. G. 654 光纤

G. 654 光纤是截止波长位移光纤,截止波长移至 1 530 nm 处。其特点是在 1 550 nm 波长处色散较大,但在 1 550 nm 波长处的损耗比 G. 652 光纤更低。G. 654 光纤目前价格较高,主要用于传输距离很长且不能插入有源器件、对损耗要求特别高的无中继海底光缆通信系统。

5. G. 655 光纤

G. 655 光纤又称非零色散位移光纤(简称 NZDSF),它是在 G. 653 光纤的基础上开发出来的。G.655 光纤的零色散波长不在 1.55 μm,而是在 1.525 μm 或 1.585 μm 处。它在 1 550 nm 窗口保留了一定的色散,使得光纤同时有了较小的色散和最小的损耗,综合了标准光纤和色散位移光纤最好的传输特性。G.655 光纤在 1 530 ~ 1 565 nm 之间的光纤典型损耗 <0.25 dB/km,色散系数在 1 ~ 6 ps/(nm·km)之间。由于 G.655 光纤的非零色散特性,避免了四波混频的影响,适用于高速、大容量的波分复用系统。

6. G.656 光纤

G.656 光纤是宽带光传输用非零色散位移光纤。与 G.652 光纤比较,G.656 能支持更小的色散系数。与 G.655 光纤比较,G.656 光纤能支持更宽的工作波长。G.655 光纤的工作带宽是 1 530 ~ 1 625 nm(C + L 波段),而 G.656 光纤的工作带宽则是 1 460 ~ 1 625 nm(S + C + L 波段)。色散斜率更小能够显著地降低 DWDM 系统的色散补偿成本。

7. G.657 光纤

G.657 光纤是对弯曲不敏感单模光纤,它比常规 G.652 光纤具有更好的弯曲性能,即弯曲损耗比较小,使其适用于光纤接入网,包括位于光纤接入网终端的建筑物内的各种布线。G.657 光纤较 G.652 光纤制造成本更高,价格也更贵。

二、任务实施

已知专用光纤传输系统为某单位专用,覆盖了本市的五个站点,每个站点布置一台传输设备,传输容量为 2.5 Gbit/s,构成双环型结构,两个相邻站点间的距离为 2 ~ 5 km。本任务的目的是分析该传输系统适用的光纤类型、套塑结构、工作波长、损耗系数。

1. 材料准备

某单位专用光纤传输系统。

2. 实施步骤

(1)根据容量选择 G.652 石英光纤;

(2)由于长途敷设,选择光纤的套塑结构为松套结构;

(3)根据容量选择光纤的工作波长为 1 310 nm;

(4)G.652 光纤在 1 310 nm 窗口的损耗系数为 0.35 dB/km。

模块二　光纤器件识别

任务 1:光纤跳线识别

任务:对不同种类的光纤连接器进行分类,认识光纤跳线。

要求:能识别不同的光纤连接器,能识别光纤跳线和尾纤,能根据应用场合选择合适的光纤连接器和光纤跳线。

一、知识准备

1. 光纤的连接

将两根光纤进行连接时,必须达到相当高的对准精度,才能使光信号以较小的损耗从一根光纤传播到另外一根光纤中。光纤连接方式通常情况下分为固定连接、活动连接和临时连接三类。

（1）光纤的固定连接

光纤的固定连接也称为永久性连接，特点是光纤一次性连接完成后不能拆卸，工程上常将这种连接称为光纤接续，一般用于光缆线路中的光纤与光纤之间的连接。尾纤上没有光纤连接器的一端就是通过固定连接与光缆中的光纤连接的，光缆线路中由于光缆断裂或光缆距离不够长时均使用固定连接方式连接光纤。

光纤的固定连接分为熔接法和非熔接法。长途干线或中继线路以采用的熔接法为主。光纤接入网目前流行的冷接续法就属于非熔接方式。冷接续法是通过冷接续子进行光纤机械接续，不需要用光纤熔接机。光纤冷接子内部的主要部件是一个精密的 V 型槽，在两根尾纤切割平整之后利用冷接子和适配液来实现两根尾纤的对接，如图 1-14 所示。冷接

图 1-14　光纤冷接续子

续法操作起来更简单方便，且比熔接法省时间，整个接续过程可在 2 min 内完成。

（2）光纤的活动连接

光纤的活动连接是可以拆卸的连接，通过活动连接器和适配器将两根光纤对准。光纤的活动连接不像固定连接那样能将两根光纤完全对接在一起，连接的两根光纤间必然存在缝隙。光纤的活动连接一般用于光传输设备之间、光仪表耦合等方面的连接。

（3）光纤的临时连接

光纤的临时连接一般采用 V 型槽对准、弹性毛细管连接、临时熔接等方法。光纤的临时连接用在光缆抢修时使用，用来临时处理光缆线路障碍。

2. 光纤活动连接器

光纤活动连接器是把两个光纤端面精密结合在一起，以实现光纤与光纤之间可拆卸连接的器件，俗称活接头。光纤活动连接器已经广泛应用在光纤配线架（简称 ODF 架）、光端机、光纤测试仪器和仪表中，是目前使用数量最多的光无源器件。

（1）光纤连接器的结构

光纤连接器由光纤、陶瓷插芯、陶瓷支撑套管、组成散件和外壳组成，如图 1-15 所示。

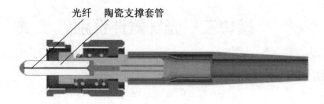

光纤　陶瓷支撑套管

图 1-15　光纤连接器结构

光纤连接器常与适配器配合使用，两个光纤连接器插针中装进两根光纤，采用机械和光学结构，通过适配器将光纤的两个端面精密对接起来，实现光纤端面物理接触，以使一根光纤上传输的光能量最大限度地耦合到另一根光纤中。

（2）光纤连接器的端面类型

光纤连接端面有平面接触型（FC 型）、物理接触型（PC 型）、超级物理端面（UPC 型）、斜面接触型（APC）等类型，如图 1-16 所示。

FC 型端面呈平面形，对微尘敏感。PC 型端面呈球形，接触面集中在端面的中央部分，反射损耗 35 dB，多用于测量仪器。APC 型端面的接触端中央部分仍保持 PC 型的球面，但端面

的其他部分加工成斜面,使端面与光纤轴线的夹角小于 90°,这样可以增加接触面积,使光耦合更加紧密;当端面与光纤轴线夹角为 8°时,插入损耗小于 0.5 dB。

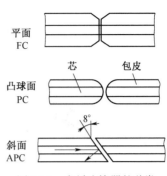

图 1-16 光纤连接器的种类

(3)光纤连接器的性能指标

光纤连接器的性能指标主要有插入损耗、回波损耗、互换性、重复性和稳定性等。

①插入损耗

插入损耗即连接损耗,是指由于连接器的介入而引起传输线路有效功率的损耗,该值越小越好,一般要求不高于 0.5 dB。

②回波损耗

回波损耗又称后向反射损耗,是指光纤连接器处后向反射光功率与输入光功率之比的分贝数,该值越大越好。回波损耗反映了光纤连接器对链路光功率反射的抑制能力。实际应用的光纤连接器插针表面经过了专门的抛光处理,回波损耗很大,一般不低于 45 dB。

③互换性

光纤连接器的互换性是指光纤连接器各部件互换时插入损耗的变化。每次互换后,其插入损耗变化量越小越好。

④重复性

光纤连接器的重复性是指光纤连接器多次插拔后插入损耗的变化。每次插拔后插入损耗变化量越小越好。

⑤稳定性

光纤连接器的稳定性是指连接器连接后,插入损耗随时间、环境温度的变化,此值越小越好。

⑥插拔寿命

光纤连接器的插拔寿命用最大可插拔次数来表示,一般由元件的机械磨损情况决定。目前,光纤连接器的插拔寿命一般大于 1 000 次。

(4)光纤连接器的种类

光纤连接器的种类很多,目前我国应用最广泛的是 FC 型、SC 型、ST 型和 LC 型连接器,如图 1-17 所示。每种光纤连接器都有其对应的光纤适配器来实现与光纤的连接。

①FC 型光纤连接器

FC 型光纤连接器采用金属螺纹连接结构,外壳为圆形,紧固方式为螺丝扣,插针采用外径为 2.5 mm 的精密陶瓷插针,插针端面多采用球面接触 PC 和斜球面接触 APC 两种方式。FC 型光纤连接器的特点是结构简单,操作方便,制作容易。FC 型光纤连接器是目前使用最多的类型,占用空间大,大量用于光缆干线 ODF 架上。

②SC 型光纤连接器

SC 型光纤连接器采用插拔式结构,外壳为矩形,采用工程塑料制造,紧固方式为插拔销闩式,不需要旋转。SC 型光纤连接器所采用的插针与耦合套筒的结构尺寸与 FC 型完全相同,插针端面多采用 PC 或 APC 方式。SC 型光纤连接器的主要特点是价格低廉,插入损耗波动小,抗压强度高,插拔操作方便,操作空间小,安装密度高,广泛用于光纤接入网中。

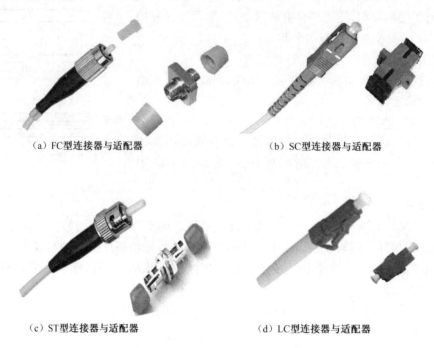

　　　　(a) FC型连接器与适配器　　　　　　　　　(b) SC型连接器与适配器

　　　　(c) ST型连接器与适配器　　　　　　　　　(d) LC型连接器与适配器

图 1-17　常用光纤连接器的种类

③ST 型光纤连接器

ST 型光纤连接器采用带键的卡口式锁紧结构,外壳呈圆形,所采用的插针与耦合套筒的结构尺寸与 FC 型完全相同,插针端面多采用 PC 或 APC 方式。ST 连接器的纤芯外露较长,具有很好的互换性,大量用于光纤接入网和 CATV 中。

④LC 型连接器

LC 型光纤连接器采用插拔式锁紧结构,外壳为矩形,用工程塑料制成,带有按压键。由于它的陶瓷插针外径仅为 1.25 mm,其外形尺寸也相应减少,大大提高了连接器在光配线架中的密度。通常情况下,LC 连接器是以双芯连接器的形式使用,但需要时也可分开为两个单芯连接器。

除了 FC 型、SC 型、ST 型和 LC 型连接器以外,还有 MU 型和 MT-RJ 型连接器。

3. 光纤跳线与尾纤

光纤跳线与尾纤是光通信中应用最为广泛的基础元件之一,每根光纤跳线或尾纤里面都只有一根光纤。

光纤跳线两端都有光纤连接器,用来实现光纤的活动连接;光纤跳线两端光模块的收发波长必须一致,常用于 ODF 架或光纤终端盒与光设备相连,以及测试时与测试仪表相连。尾纤只有一端有光纤连接器,另一端是一根光纤的断头,通过熔接与其他光缆中的光纤相连,常出现在 ODF 架或光纤终端盒内,用于光缆成端。光纤跳线/尾纤使用光纤连接器的类型来命名,如图 1-18 所示。

多模光纤跳线/尾纤常为橙色,波长为 850 nm,传输距离约为 500 m。单模光纤跳线/尾纤常为黄色,目前接入网中单模光纤也有蓝色,波长有 1 310 nm 和 1 550 nm 两种,传输距离约为 60 km。

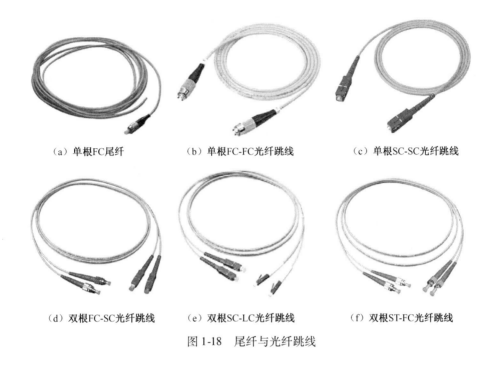

（a）单根FC尾纤　　　（b）单根FC-FC光纤跳线　　　（c）单根SC-SC光纤跳线

（d）双根FC-SC光纤跳线　　（e）双根SC-LC光纤跳线　　（f）双根ST-FC光纤跳线

图 1-18　尾纤与光纤跳线

二、任务实施

本任务的目的是能选择合适的光纤适配器将光纤跳线连接起来,测量光纤跳线的插入损耗。

1. 材料准备

FC-FC、FC-SC、FC-LC、SC-ST、LC-ST 光纤跳线各 1 根,插入损耗为 2 dB 的 FC 型、SC 型、ST 型、LC 型光纤适配器各若干个。

2. 操作步骤

（1）光纤跳线和光纤适配器的连接

①识别光纤跳线的类型;

②识别光纤适配器的类型;

③根据光纤跳线的类型选择合适的光纤适配器,取下光纤适配器和光纤跳线上的防尘帽,用蘸有酒精的脱脂棉擦拭光纤跳线上的光纤接头,将光纤跳线插入到光纤适配器中,连接起来。

连接的时候注意光纤的卡口方向,SC 型、LC 型以听到"咔嚓"一声为宜,FC 型和 ST 型要将金属外套旋紧不松动为宜。

（2）测试光纤跳线的插入损耗

光纤跳线的插入损耗常采用插入法测试,具体步骤如下:

①用参考光纤跳线连接光源与光功率计,光功率计测得光功率为 P_1。

根据光源和光功率计上光纤适配器的类型选择合适光纤跳线,取下光纤跳线上光纤连接器的防尘帽,用蘸有酒精的脱脂棉清洁连接器插针,一端连接在光源的 OUT 端,另一端在连接光功率计的 IN 端,如图 1-19 所示。

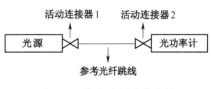

图 1-19　参考光纤跳线连接

设置光源的发光波长(如 1 310 nm)、频率(如 1 kHz),调节发射光功率(如 −5.02 dBm)。设置光功率计的波长与光源波长一致,选择单位为 dBm,稳定几十秒后,测试接收光功率,记为 P_1。

②将被测光纤跳线 A、B 端与光纤适配器插入到参考光纤跳线与光功率计之间,如图 1-20 所示,用光功率计测得光功率为 P_2'。计算被测光纤跳线 A 端往 B 端的插入损耗 $P_{A-B} = P_1 - P_2' - 0.2$(设光纤适配器的插入损耗为 0.2 dB)。

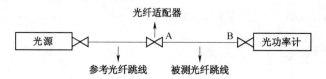

图 1-20　测量光纤跳线 A 端往 B 端方向的插入损耗

③调换被测光纤跳线 A、B 端,如图 1-21 所示,用光功率计测得光功率为 P_2''。计算被测光纤跳线 B 端往 A 端的插入损耗 $P_{B-A} = P_1 - P_2'' - 0.2$(设光纤适配器的插入损耗为 0.2 dB)。

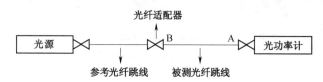

图 1-21　测量光纤跳线 A 端往 B 端方向的插入损耗

通过测试可以看出,光纤跳线 A 端往 B 端与 B 端往 A 端的插入损耗会有所不同,这是因为光纤的制作工艺引起的。在工程应用的时候,要注意将光纤的 A 端与 B 端相连接。

④计算被测光纤跳线的插入损耗为两个方向插入损耗的平均值,即 $P_{插} = (P_{A-B} + P_{B-A})/2$。

任务 2:无源光纤器件识别

任务:掌握光衰减器、光耦合器、光波分复用器、光波长转换器、光隔离器、光开关、光纤光栅等无源光器件的功能,掌握各类无源器件的性能参数。

要求:能识别光衰减器、光耦合器、光波分复用器、光波长转换器、光隔离器、光开关、光纤光栅等无源光器件,能测试光衰减器的性能参数。

一、知识准备

在光纤通信系统中,常用到许多光纤通信器件。根据是否需要进行光电能量转换分类,光纤通信器件分为有源光器件和无源光器件。无源光器件工作时不需要外加电源,分为连接用器件和功能性器件。光纤连接器属于连接用无源器件,在前面的任务中已经介绍过了。光衰减器、光耦合器、波分复用器、波长转换器、光开关、光滤波器等属于功能性无源器件。

1. 光衰减器

光衰减器是用来稳定地、准确地减少光信号功率的无源光器件,主要用于调节光缆线路的损耗、测量光端机的灵敏度、校准光功率计等场合。当光纤传输线路上的光信号过强时,会对光接收机造成损坏,这时需要使用光衰减器对光功率进行一定程度的损耗。

根据光衰减器的工作原理,可将光衰减器分为位移型光衰减器、直接镀膜型光衰减器、损耗片型光衰减器和液晶型光衰减器。根据损耗器的损耗量是否可调,可将光衰减器分为固定光衰减器和可调光衰减器两种。

(1)固定光衰减器

固定光衰减器造成的光功率损耗值是固定不变的,具体规格有 3 dB、5 dB、10 dB、15 dB、20 dB、30 dB、40 dB 等标准的损耗量,如图 1-22 所示。

图 1-22　固定光衰减器

(2)可调光衰减器

可调光衰减器造成的光功率损耗值在一定范围内可调节,如图 1-23 所示。可调光衰减器又可分为分级可调式和连续可调式两种。

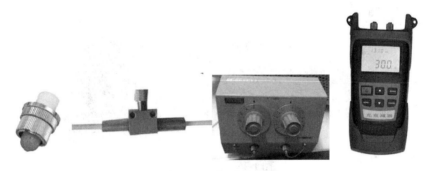

图 1-23　可调光衰减器

对光衰减器性能的要求是:插入损耗低,回波损耗高,分辨率线性度和重复性好,损耗量可调范围大,损耗精度高,器件体积小,重量轻,环境稳定性能好。其中,分辨率线性度取决于损耗元件的特性和所采用的读数显示方式及机械调整结构;重复性也取决于所采用的读数显示方式及机械调整机构。

2. 光耦合器

光耦合器是对光信号进行分路、合路或分配的无源光器件,它依靠光波导间电磁场的相互耦合来工作。光耦合器可以把一路光信号分配成多路,即分路器,也称分光器。反过来,它也可以把多路光信号合成一路光信号,即合路器,也称合光器,如图 1-24 所示。

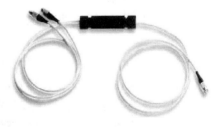

图 1-24　光耦合器

光耦合器对光信号进行分路或合路后光信号功率有所变化。$1:2^N$(N 为正整数)的分光器平均分配出来的光信号功率相比于输入光功率而言,下降 $3 \times N$ dB。

从端口形式上划分,光耦合器包括 X 形(2×2)耦合器、Y 形(1×2)耦合器、树形耦合器以及星形($N \times N, N > 2$)耦合器等,如图 1-25 所示。

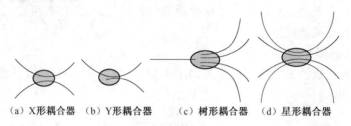

　　(a) X形耦合器　　(b) Y形耦合器　　　(c) 树形耦合器　　(d) 星形耦合器

图 1-25　光耦合器的类型

耦合器的主要特性指标为插入损耗和隔离度。插入损耗为指定输出端口的光功率相对全部输入光功率的减小值,该值越小越好。隔离度指光耦合器的某一光路输出端口所测到的其他光路信号(不想要)的光功率与注入光功率的比值,该值越小隔离度越好,说明各输出口之间的"串话"越小。

　　3. 波分复用器

波分复用(简称 WDM)技术是将一系列载有信息但波长不同的光信号合成一束,沿着单根光纤传输;在接收端再将各个不同波长的光信号分开的通信技术。这种技术可以同时在一根光纤上传输多路信号,每一路信号都由某种特定波长的光来传送。

波分复用系统最核心的器件是波分复用器,即合波器(也称光复用器)和分波器(也称光解复用器),如图 1-26 所示。

图 1-26　波分复用器

合波器和分波器分别置于光纤两端,实现不同光波的耦合与分离。合波器在波分复用系统的发送端,将多个不同波长的光信号组合在一起,并注入一根光纤中传输。合波器在波分复用系统的接收端,将一根光纤上组合在一起的光信号分离,送入不同的接收终端。合波器和分波器在原理上是相同的,只要改变输入、输出的方向。光波分复用器的主要类型有熔融拉锥型、介质膜型、光栅型和平面型四种。

波分复用器的主要特性指标除了插入损耗和隔离度以外,还有中心波长、中心波长工作范围等。

　　4. 光波长转换器

光波长转换器的功能是使光信号从一个波长转换到另一个波长的器件。根据波长的转换机理,光波长转换器分为光电型光波长转换器和全光型光波长转换器。光波长转换器在光交叉互连、光网络管理等领域得到了广泛的应用。

　　(1)光电型光波长转换器

光电型光波长转换器是将波长为 λ_1 的光信号转换成电信号,经过整形后,调制所需波长 λ_2 的半导体激光器(简称 LD),输出波长为 λ_2 的光信号,从而实现波长转换,如图 1-27 所示。

光电型光波长转换器技术比较成熟,容易实现,工作稳定。其缺点是装置结构复杂,成本随速率和元件数增加,功耗大,使得它在多波长通道系统中的应用受到限制。

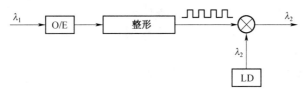

图 1-27　光电型光波长转换器

（2）全光型光波长转换器

全光型光波长转换器不需要将光信号转换成电信号处理,而是直接将光信号从一个波长转换到另一个波长,在光域直接实现波长转换。它将波长为 λ_1 的光信号与需要转换成波长为 λ_2 的连续探测光信号同时耦合进半导体放大器(简称 SOA)。当输入光信号为高电平时,使 SOA 增益发生饱和,从而使连续的探测光受到调制,结果使得输入光信号所携带的信息转换到 λ_2 上,通过滤波器取出 λ_2 光信号,即可实现 λ_1 到 λ_2 的全光波长转换,如图 1-28 所示。全光型光波长转换器克服了光电型光波长转换器速率的瓶颈,工作速率高。其缺点是长波长和短波长变换时不对称,消光比较低。

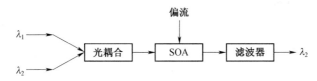

图 1-28　全光型光波长转换器

5. 光隔离器和光环行器

光隔离器的作用是保证光波只能正向传输,避免光缆线路中由于各种因素而产生的反射光返回进入激光器,而影响激光器的工作稳定性,如图 1-29 所示。光信号从光隔离器的输入端进入时,可以畅通无阻地通过,从隔离器的输出端输出,损耗很小;而光信号从相反方向进入隔离器,损耗非常大,光信号被损耗,在光纤输入端没有光信号输出。光隔离器可分为偏振相关和偏振无关两种,主要用在激光器的后面和光放大器两端。

图 1-29　光隔离器

光环行器有多个端口,其工作原理与隔离器类似,主要用于光分插复用器中。典型的环行器一般有三个或四个端口,如图 1-30 所示。

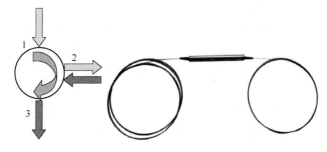

图 1-30　三端口光环行器原理和外形

（六）光开关

光开关是控制光纤传输通路中光信号通、断，或进行光路切换的无源器件。光开关外形如图 1-31 所示，在系统保护、系统监测及光交换技术中广泛应用。光开关有微电机械关开关（MEMS）、电光开关、热光开关和 SOA 光开关等类型。

（七）光纤光栅

光纤光栅是在光纤的纤芯部分因折射率周期性发生变化而形成的。光纤光栅利用向光纤纤芯照射紫外线时折射率上升的现象制作而成。向光纤光栅内射入光时，只有符合折射率周期变化的波长光会受到影响（反射或向光纤外发射），如图 1-32 所示。根据这一特性，可以使光纤本身具有滤波功能。

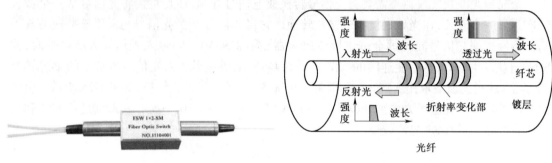

图 1-31　光开关　　　　　　　　　图 1-32　光纤光栅工作原理

光纤光栅具有高波长选择性能、易与光纤耦合、插入损耗低、结构简单、体积小等优点，日益受到人们的关注，其应用范围不断扩展到诸如光纤激光器、WDM 合/分波器、超高速系统中的色散补偿器、EDFA 增益均衡器等光纤通信及温度、应变传感等领域中。

二、任务实施

本任务识别各类无源光器件，测试光衰减器的损耗范围，观察光衰减器引起光功率的变化。

1. 材料准备

固定光衰减器、可调光衰减器、光耦合器、光波分复用器、光波长转换器、光隔离器、光开关、光纤光栅各 1 个，光源 1 台、光功率计 1 台，光纤跳线 2 根。

2. 操作步骤

（1）识别无源光器件

识别固定光衰减器、可调光衰减器、光耦合器、光波分复用器、光波长转换器、光隔离器、光开关、光纤光栅等无源光器件，说明其功能和应用场合。

（2）测试光衰减器的损耗范围

①用参考光纤跳线连接光源与光功率计，光功率计测得光功率为 P_1。

根据光源和光功率计上光纤适配器的类型选择合适光纤跳线，取下光纤跳线上光纤连接器的防尘帽，用蘸有酒精的脱脂棉清洁连接器，一端连接在光源的 OUT 端，另一端连接在光功率计的 IN 端。

设置光源的发光波长（如 1 310 nm）、频率（如 1 kHz），调节发射光功率（如 − 5.02 dBm）。设置光功率计的波长与光源波长一致，选择单位为 dBm，稳定几十秒后，测试接收光功率，记为 P_1。

②将被测光衰减器插入到参考光纤跳线与光功率计之间,如图1-33所示。

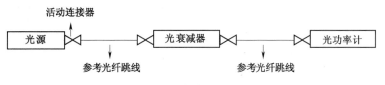

图1-33 光衰减器特性测试

③调节光衰减器,逐渐减少光衰减器的损耗,观察到光功率计的读数不再变大时,记录接收光功率,记为 P_2;计算光衰减器的最小损耗为 $P_{\min} = P_1 - P_2$。

④调节光衰减器,逐渐增大光衰减器的损耗,观察到光功率计的读数不再变小时,记录接收光功率,记为 P_3;计算光衰减器的最大损耗为 $P_{\max} = P_1 - P_3$。

⑤得出光衰减器的损耗范围为 $P_1 - P_2 \sim P_1 - P_3$。

注意:在调节光衰减器时,要及时观察光功率计的变化,当光功率计的读数不再变化时,要停止调节光衰减器,否则会造成光衰减器的损坏。

任务3:有源光纤器件识别

任务:了解光源、光电检测器的工作原理,掌握光源、光电检测器的特性。

要求:能识别光源、光电检测器、光放大器,能测试光放大器的性能参数。

一、知识准备

有源光器件需要外加电源才能工作,光源、光电检测器、光放大器属于有源器件。

(一)物理基础知识

光源、光电检测器常使用半导体材料。半导体指常温下导电性能介于导体与绝缘体之间的材料,其能带结构如图1-34所示。半导体内部自由电子所填充的能带为导带,价电子所填充的能带为价带。导带和价带之间不允许电子填充,称为禁带。禁带宽度用 E_g 表示,单位为 eV。

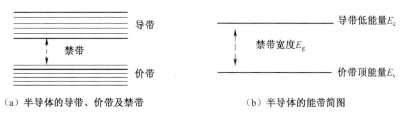

(a)半导体的导带、价带及禁带　　　　(b)半导体的能带简图

图1-34 半导体的能带结构

光可以被物质材料吸收,物质材料也可以发光。这是因为原子可以通过与外界交换能量的方法,改变电子占据轨道的运动状态。例如,处于较低能级上的电子,在受到外界的激发(光的照射、电子或原子的撞击等)而获得能量时,可以跃迁到高能级。相反的,处于较高能级上的电子可以释放能量跳到低能级。

电子从一个能级转移到另一个能级的过程称为"跃迁"。从低能级 E_1 向高能级 E_2 跃迁时吸收能量,从高能级 E_2 向低能级 E_1 跃迁时释放能量,吸收或放出的能量就是两个能级之间的能量差。如果释放出的能量以光能的形式出现,那么光的频率就与这一能量成正比,表达式为:

$$hf = E_2 - E_1 = E_g(\text{eV}) \tag{1-13}$$

式中,h 为普郎克常数(6.626×10^{-34} J·s),f 是光子的频率,E_2 为高能级,E_1 为低能级,E_g 为材料的禁带宽度。

由于光子的频率与波长成反比,可以得出

$$\lambda = \frac{hc}{E_g} = \frac{1.24}{E_g(\text{eV})}(\mu m) \tag{1-14}$$

可见,光与物质相互作用时,发射或吸收光子的波长取决于材料的禁带宽度。不同材料的禁带宽度有所不同。GaAlAs-GaAs 半导体材料的禁带宽度为 1.47 eV,这种材料制成的光源发射光的波长为 0.85 μm。若要产生 1.31 ~ 1.55 μm 的发射光,则需要使用禁带宽度在 0.8 ~ 0.96 eV 之间的 InGaAsP-InP 材料。

爱因斯坦 1917 年根据辐射与原子相互作用的量子论提出,光与物质相互作用时,将发生自发辐射、受激辐射和受激吸收三种物理过程。图 1-35(a) ~ (d)表示出了光与物质作用的三种基本过程。

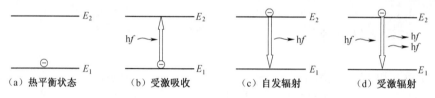

（a）热平衡状态　　　（b）受激吸收　　　（c）自发辐射　　　（d）受激辐射

图 1-35　光与物质作用的三种基本过程

（1）自发辐射

处于高能级上的电子状态是不稳定的,它将自发地从高能级跃迁到低能级与空穴复合,同时释放出一个光子。由于不需要外部激励,该过程称为自发辐射。半导体发光二极管就是按照这种原理工作的,白炽灯、日光灯等普通光源的发光过程也是自发辐射。自发辐射光子能量满足式(1-13)。

处于高能级上的各个电子都是独立地、自发地、随机地跃迁,彼此无关。不同的电子可能在不同的能级之间跃迁,故辐射出的光子频率各不相同;即使有些电子在相同的能级之间跃迁,辐射出频率相同的光子,但这些光子的相位和传播方向也各不相同,因此自发辐射出的光子频率、相位和方向是随机的,是非相干光,频率范围很宽。

（2）受激辐射

在外来光子的激励下,电子从高能级跃迁到低能级与空穴复合,同时释放出一个与外来光子同频、同相的光子。由于需要外部激励,该过程称为受激辐射。

受激辐射产生的光子和外来光子具有完全相同的特征,即它们的频率、相位、振动方向和传播方向均相同,称为全同光子。在受激辐射过程中,通过一个光子的作用可以得到两个全同光子。如果这两个全同光子再引起其他原子产生受激辐射,就能得到更多的全同光子,这就使得受激辐射光具有较窄的光谱范围。在一定的条件下,一个入射光子的作用下可以引起大量原子产生受激辐射,从而产生大量的全同光子,这种现象称为光放大。可见,在受激辐射的过程中,各个原子发出的光是互相有联系的,是相干光,光谱范围窄;受激辐射可以产生光放大。半导体激光二极管就是按照这种原理工作的。受激辐射光子能量仍然满足式(1-13)。

（3）受激吸收

在外来光子激励下,电子吸收外来光子能量,从低能级跃迁到高能级,变成自由电子,这种过程称为受激吸收。受激吸收在外来光子的激发下才会产生,不是放出能量,而是消耗外来光能。半导体光电检测器就是按照这种原理工作的。受激吸收光子能量仍然满足式(1-13)。

在原子体系和光子的相互作用中,自发辐射、受激吸收和受激辐射总是同时存在的。在热平衡状态下,高能级上的电子数要少于低能级上电子数,称为粒子数正常分布状态。此时物质的受激吸收总是强于受激辐射。要使物质能对光进行光放大,必须使物质中的自发辐射和受激辐射强于受激吸收,即高能级上的粒子数多于低能级上的粒子数,这种现象称为粒子数的反转分布。能够形成粒子数的反转分布状态的物质称为工作物质。给热平衡状态下的工作物质施加能量,可以把低能级上的粒子激发到高能级上去,形成粒子数反转分布。此时的工作物质称为"激活物质"。外加的能量来源称为泵浦源。

(二)光源

光源是光发送机的核心器件,作用是把电信号转变成光信号,以便在光纤中传输。光源性能的好坏是保证光纤通信系统稳定可靠工作的关键。光纤通信系统对光源的要求为:

(1)发送光波的中心波长应在850 nm、1 310 nm 和1 550 nm 附近,有足够的发送功率。光谱的谱线宽度要窄,以减小光纤色散对带宽的限制。

(2)电/光转换效率高,发送光束方向性好,以提高耦合效率。

(3)允许的调制速率要高或响应速度要快,以满足系统大的传输容量。

(4)器件的温度稳定性好,可靠性高,寿命长。

(5)器件体积小,重量轻,安装使用方便,价格便宜。

目前光纤通信系统中常用的光源有半导体发光二极管(简称LED)和半导体激光器(简称LD)。LED 和 LD 基本都应用 GaAlAs 和 InGaP 材料,可以覆盖整个光纤通信系统使用波长范围,典型值为 0.85 μm、1.31 μm、1.55 μm。短波长常用的材料是 GaAlAs,长波长常用的材料是 InGaP。

1. 半导体发光二极管

(1)工作原理

半导体发光二极管(简称 LED)通常采用双异质结结构,如图1-36所示。当 PN 结上没有施加任何偏置电压时,电子与空穴中间隔着有源层,PN 结两端的势垒较高,N 型侧电子难以越过势垒,有源区几乎没有电子和空穴,器件处于热平衡状态。当在 PN 结两端加上正向偏压时,PN 结两侧的势垒变小,有源层宽度变窄,大量电子与空穴进入有源层。电子受到外加电压的作用从低能级跃迁到高能级,形成粒子数反转分布状态。有源层的电子跃迁到价带与空穴复合,将多余的能量转换成光能,以光子的形式辐射出来,即自发辐射发光。

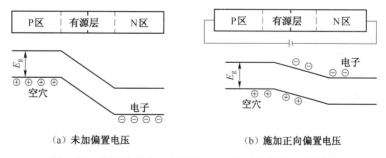

(a)未加偏置电压　　　　　　　(b)施加正向偏置电压

图1-36　半导体发光二极管 LED 结构示意图及工作原理

按照器件输出光的方式,LED 有面发光型二极管和边发型光二极管及超辐射发光二极管,如图1-37所示。面发光型二极管的发射光束垂直于有源层,光束发散角很大,相当一部分光不能进入光纤而损失掉,因而面发光型二极管与光纤的耦合效率很低。边发光型二极管的发射光束平行于有源层,发光面一般小于光纤的横截面,提高了与光纤的耦合效率。面发光型二极管的输出功率比边发光二极管大,但边发光型二极管发光面窄,光功率集中,实际进入光纤的功率并不少。由于边发光型二极管与单模光纤耦合较好,使用较为广泛。

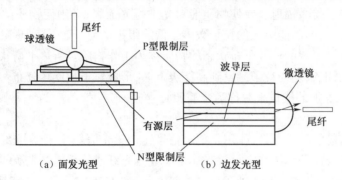

图 1-37　发光二极管的结构

（2）工作特性

光源的光谱特性常用谱线宽度（Δλ）来表示。谱线宽度定义为光谱纵模包络或主模光强度下降到最大值一半（即下降 3 dB）时对应的光谱波长宽度。谱线宽度 Δλ 越宽,光信号中包含的频率成分越多,光信号传输时引起的色散越大,系统所能传输的信号速率就越低。

LED 是非相干光源,发光以自发辐射为主,发出的是荧光,发光功率较小,光谱较宽,In-GaAsP-InP 材料的 LED 谱线宽度一般为 70 ~ 100 nm,如图 1-38 所示。这使得光信号在光纤中传输时色散较大。

光源的光功率特性常用 $P\text{-}I$ 曲线表示,它表明输出光功率随注入驱动电流变化的关系。LED 的 $P\text{-}I$ 曲线如图 1-39 所示。当驱动电流较小时,$P\text{-}I$ 曲线的线性较好,线性范围大,调制时信号失真小;也没有阈值电流的限制,只要有注入电流,就有光功率输出。当驱动电流过大时,由于 PN 结发热而产生饱和现象,使 $P\text{-}I$ 曲线的斜率减少,处于非线性区。一般情况下,LED 的工作电流为 50 ~ 100 mA,输出光功率为几十 μW。由于光辐射角大（约为 40° ~ 120°）,耦合到光纤中的功率只有几 μW。LED 的温度特性比较好,使用时不需要温度控制电路。

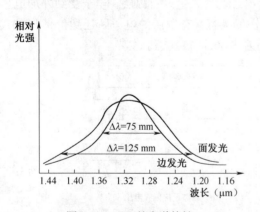

图 1-38　LED 的光谱特性

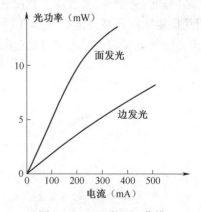

图 1-39　LED 的 $P\text{-}I$ 曲线

LED 的优点是寿命长,稳定可靠,调制方便,价格低。缺点是谱线宽,功率小,调制速率低。因此,LED 常用于低速、短距离系统。

2. 半导体激光二极管

（1）工作原理

半导体激光二极管（简称 LD）与其他类型的激光器在结构上相同，都主要由工作物质、激励源和光学谐振腔构成，如图1-40所示。

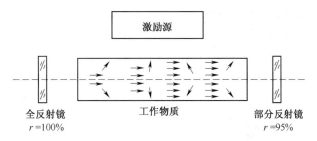

图1-40　半导体激光二极管的结构示意图

激光器的工作物质可以是气体、液体、固体，也可以是半导体，主要作用是提供合适的能带结构，以使激光器能够在要求的波长处发光。LD 采用的工作物质是半导体材料。激励源的主要作用是使工作物质形成粒子数反转分布状态，为受激放大提供条件。激励方式有多种，半导体 LD 采用电激励方式。

光学谐振腔由放在激光工作物质两端相互精确平行的两块平面反射镜构成，一块反射镜是反射系数 r 为 100% 的全反射镜，另一块反射镜是反射系数 r 为 95% 左右的部分反射镜。光学谐振腔是 LD 特有的，光在谐振腔来回往返，实现受激辐射放大，形成光的正反馈。谐振腔要满足谐振条件

$$q\lambda = 2nL \tag{1-15}$$

式中，λ 为激光波长，n 为激活物质的折射率，L 为光学谐振腔的腔长，q 为纵模模数，取值范围是有限个正整数。由于受激辐射光只在沿谐振腔轴向方向（纵向）形成驻波，因此称为纵模。当 q 不同时，可能有不同的波长值，即有若干个谐振频率。当 $q = 1$ 时，为单纵模；当 $q > 1$ 时，为多纵模。

当给半导体 LD 的 P-N 结加上足够大的正向偏压时，注入有源区的电子足够多，使得有源区处于粒子数反转分布状态，电子与空穴复合，自发辐射产生方向各异的光子。那些传播方向与谐振腔反射镜垂直的光子会在有源层内部传播，碰撞其他电子，发生受激辐射，光子被放大。产生的光子经过光学谐振腔来回反射，碰撞其他电子，光强不断加强，经谐振腔选频，当谐振腔中的光增益大于光损耗时，建立稳定的激光振荡，从部分反射镜输出稳定的激光。

在光纤通信系统中，常用的半导体激光器有从有源层边沿发光的法布里-珀罗激光器（简称 F-PLD）、分布反馈激光器（简称 DFB-LD）、多量子阱激光器（简称 MQWLD）和从有源层垂直方向发光的垂直激光器（简称 VCSEL）。

（2）工作特性

半导体 LD 的 P-I 曲线如图1-41所示。从曲线可以看出它有一个"拐点"，对应的电流称为阈值电流 I_{th}。为使激光器稳定工作，希望阈值电流越小越好。当注入电流小于阈值电流时，激光器处于自发辐射状态，发出的是荧光，激光器输出功率很小，光功率随电流增加很缓慢。

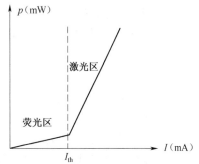

图1-41　LD 的 P-I 曲线

当注入电流超出阈值电流时,自发辐射已足够强,引起强烈的受激辐射,达到了谐振条件,激光器发出激光,激光器输出功率急剧增加,光功率随电流增大而急剧上升,*P-I* 曲线线性变化。使用激光器时,只有注入电流大于阈值电流 I_{th} 时,激光器才能建立起稳定的激光振荡,从而获得激光输出。

半导体 LD 的光谱随着注入电流而变化。当注入电流小于阈值电流时,激光器发出的是荧光,光谱很宽,相干性很差,如图 1-42(a)所示。当电流大于阈值电流时,激光器发出的是相干的激光,光谱很窄,谱线中心强度急剧增加,如图 1-42(b)所示。

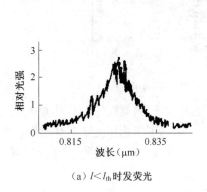

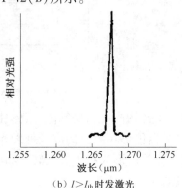

(a)$I < I_{th}$ 时发荧光   (b)$I > I_{th}$ 时发激光

图 1-42 LD 的光谱特性

光纤通信经历了由多纵模激光器、单纵模激光器到可调谐激光器的发展过程。多纵模激光器的谱线宽度为 3～5 nm,单纵模激光器谱线宽度约为 0.1 nm。谱线宽度越小,光信号中包含的频率成分越少,光源的相干性越好,光信号传输时引起的色散越小。

与 LED 相比,温度对 LD 的阈值电流、输出光功率及峰值工作波长的影响较大。随着温度的升高,LD 的阈值电流加大,输出光功率降低,峰值工作波长向长波方向漂移。LD 的温度特性如图 1-43所示。因此,光发送机一般需采用自动控制电路来稳定激光器的输出光功率,还要加恒温或散热装置来控制激光器本身的温度。LD 的寿命定义为阈值电流增大为初始 1.5 倍的时间,约为 10^5 h。

由于 LD 相干性好、发光功率大、光谱窄、调制方便、便于与光纤耦合、体积小,是光纤通信最为合适的光源,常用于大容量、长距离光通信系统。

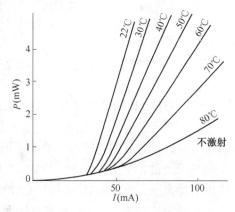

图 1-43 LD 的温度特性

(二)光电检测器

光电检测器的主要作用是将从光纤传输过来的光信号变换成电信号,其性能的好坏将对光接收机的灵敏度产生重要影响。由于从光纤传来的光信号很微弱,光纤通信系统对光电检测器的基本要求是:

(1)在系统的工作波长上具有足够高的响应度,即对一定的入射光功率,能够输出尽可能大的光电流。

(2)具有足够快的响应速度,能够适用于高速或宽带系统。

(3)具有尽可能低的噪声,以降低器件本身对信号的影响。

(4)具有良好的线性关系,以保证信号转换过程中的不失真。

(5)具有较小的体积、较长的工作寿命等。

光电检测器是利用半导体的光电效应制成的。半导体P区的多数载流子是空穴,N区的多数载流子是电子。在PN结的结合区中,多数载流子会扩散到对方的区域,形成自建电场。载流子在自建电场区域耗尽,故自建电场区又称为载流子耗尽区。当光照射到半导体的耗尽区时,若光子能量大于半导体材料的禁带宽度,则半导体材料中价带的电子将吸收光子的能量,从价带跃迁到导带,导带中出现光电子,价带中出现光空穴,即光电子–空穴对,它们合起来称为光生载流子。光生载流子在外加反向偏压的作用下,在外电路中形成光电流。

光纤通信系统常用的光电检测器有PIN光电二极管和雪崩光电二极管两种,它们都是工作在反向偏压下。

1. PIN 光电二极管

由于耗尽区是产生光生载流子的主要区域,一般都希望入射光尽可能多地在耗尽区内被吸收,这就要求半导体有较宽的耗尽区。实践和理论分析表明,耗尽区的宽度与外加偏压及半导体的掺杂浓度有关。虽然增加反向偏压可以增加耗尽的宽度,但外加反向偏压受到P-N结击穿电压的限制。解决这个矛盾的方法是在掺杂浓度很高的 P^+ 区和 N^+ 区之间加上一层轻掺杂的 N 型半导体区,即本征区(简称 I 区)。I 区很厚,吸收系数很大。

当器件两端加上足够大的反向偏压时,入射光很容易进入材料内部被充分吸收,产生大量电子-空穴对,I区的载流子就完全耗尽,这样耗尽区遍及整个I区,因而作用区很宽,产生光电流的效率很高,可以更有效地产生光电流,这就是PIN光电二极管,其结构示意图及电场强度分布如图1-44所示。反向偏压不能无限制增大,耗尽区太宽将会使光生载流子在其中漂移的时间太长,影响光电检测器的响应速度。兼顾各种因素,实际设计I区的厚度为数十至一百微米。为了降低接触电阻,便于与外电路连接,P^+ 区和 N^+ 区都是重掺杂的,厚度均为几微米。

在光纤通信系统中,接收机接收的光是很微弱的,约为几个 μW。PIN 光电二极管仅能将光信号转换成电信号,但不能对电信号产生增益。PIN 光电二极管转换后的光电流只有几个 μA。这就需要高增益的放大器来放大电流。而高增益放大器会引入相当大的噪声,携带信息的信号将淹没在放大器自身产生的噪声中,影响接收机的灵敏度。

2. 雪崩光电二极管

如果能在光电流信号进入接收机的放大电路之前,先在光电检测器内部放大,就能减少放大器引入的噪声。为此研制出了有雪崩增益的光电二极管(简称 APD)。与 PIN 管不同,雪崩光电二极管在结构设计上已考虑到使它能承受高反向偏压(50～200 V),它是利用半导体材料的雪崩倍增效应制成的,其结构示意图及电场强度分布如图1-45所示。

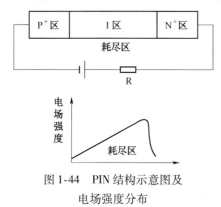

图1-44　PIN 结构示意图及
电场强度分布

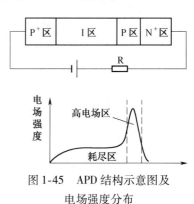

图1-45　APD 结构示意图及
电场强度分布

其中,N^+、P^+分别为重掺杂的 N 型和 P 型半导体,I 是轻掺杂的 P 型半导体。未加电压时,N^+与 P 层之间形成 PN 结。当很高的反向偏压加于 APD 两端时,大部分电压降落在 PN^+结上,从而在 PN^+结内部形成一个高电场区。高电场区电场强度超过雪崩临界电场,足以使进入该区的光生载流子发生碰撞电离。P 区 I 区都成为耗尽区,用光照射光敏面时,光生载流子在电场的作用下,分别向耗尽区两端漂移,进入高电场区后被加速,具有很大的动能。这些高速、大动能的光生载流子与半导体晶格的原子发生猛烈碰撞,使束缚在价带上的电子得到能量跃迁到导带,产生一批新的电子 – 空穴对,这种现象称为"碰撞电离"。新的载流子和原来的光生载流子继续被强电场加速,继续发生碰撞电离,产生更多的电子 – 空穴对。如此多次碰撞,使耗尽层中的载流子数量迅速增加,光生电流迅速增大,形成雪崩倍增效应。雪崩光电二极管既可以检测光信号,又能放大光信号电流。

(三)光放大器

光信号在光纤中传输时,不可避免会存在着一定的损耗和色散,损耗导致光信号能量的降低,色散使光信号脉冲展宽,从而限制了通信传输距离和码元速率的提高。因此,每隔一定距离就要设置一个中继站,以对光信号进行放大和再生。传统的中继器是采用光电光再生器,转换过程复杂,成本高。光放大器不需要经过任何光电、电光转换,而是直接对光信号进行放大。

1. 光放大器种类

光放大器有利用稀土掺杂的光纤放大器(如掺铒光纤放大器 EDFA、掺镨光纤放大器 PD-FA)、利用半导体制作的半导体光放大器(SOA)、利用光纤非线性效应制作的非线性光纤放大器(如拉曼光纤放大器 RFA、布里渊光纤放大器 BFA)三种类型。表 1-2 为几种光放大器的比较。目前应用最为广泛的是 EDFA 和 RFA。

表 1-2　几种光放大器的比较

放大器类型	原理	激励方式	工作长度	噪声特性	与光纤耦合	与光偏振关系	稳定性
掺稀土光纤放大器	粒子数反转	光	数米到数十米	好	容易	无	好
半导体光放大器	粒子数反转	电	$100\ \mu m \sim 1\ mm$	差	很难	大	差
光纤拉曼放大器	光学非线性效应	光	数千米	好	容易	大	好

2. 掺铒光纤放大器(简称 EDFA)

EDFA 主要由掺铒光纤、泵浦光源、光耦合器、光隔离器及光滤波器等组成,如图 1-46 所示。掺铒光纤是一段长度约为 $10 \sim 100$ m 的掺铒石英光纤,纤芯中注入了微量的稀土元素铒离子,浓度为 25 mg/kg。泵浦光源为半导体激光器,输出功率为 $10 \sim 100$ mW,工作波长为 980 nm。

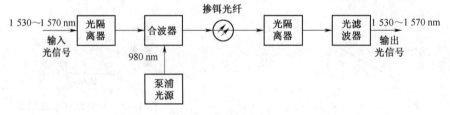

图 1-46　EDFA 结构

　　合波器将信号光和泵浦光合在一起送入掺铒光纤中。光隔离器抑制光反射,保证光信号只能正向传输,以确保光放大器稳定工作。光滤波器滤出剩余的泵浦光等光放大器的噪声,降低噪声对系统的影响,提高系统的信噪比。

　　EDFA 的工作原理是利用掺铒光纤的 Er^{3+} 离子的受激吸收和受激辐射实现光信号的放大。图 1-47 为 EDFA 工作原理。Er^{3+} 离子从低到高有 3 个工作能级:基态 E_1、亚稳态 E_2、激发态 E_3。Er^{3+} 离子在未受到任何光激励情况下,处在最低能级 E_1 上。当泵浦光源产生的 980 nm 或 1 480 nm 激光不断地激发掺铒光

图 1-47　EDFA 工作原理

纤,处于基态的 Er^{3+} 离子吸收泵浦光的能量后,从基态 E_1 跃迁到激发态 E_3,Er^{3+} 离子在激发态 E_3 不稳定,其存活寿命很短只有 1 μs,很快以非辐射方式跃迁到亚稳态,在亚稳态 E_2 上 Er^{3+} 离子存活寿命较长可达 11 ms。由于泵浦光源不断激发,亚稳态 E_2 上的 Er^{3+} 离子不断增加,基态 E_1 上的 Er^{3+} 离子不断减少,形成了离子数反转分布状态。当波长为 1 530 ~ 1 570 nm 的信号光通过掺铒光纤时,处于亚稳态 E_2 上的 Er^{3+} 离子受激辐射跃迁到基态 E_1 上,并且辐射出与输入光信号中的光子一样的全同光子,从而增加了信号光中光子的能量,实现了信号光在掺铒光纤中的放大。

　　EDFA 工作波长在 1 530 ~ 1 570 nm 范围,与光纤的最小损耗窗口一致,同时还具有增益高(约为 30 ~ 40 dB)、输出功率高(10 ~ 15 dBm)、插入损耗低(可低至 0.1 dB)、增益特性与偏振状态无关等优点。但是 EDFA 只能放大 1 550 nm 左右的光波,还存在增益不平坦等缺点。

　　3. 拉曼放大器(简称 RFA)

　　RFA 主要由泵浦光源、光隔离器、合波器等组成,如图 1-48 所示。泵浦光源产生 1 480 nm 的泵浦光,经光隔离器后,与输入的信号光一起通过合波器耦合到一段光纤中。在这段光纤内利用受激拉曼散射效应使泵浦光能量向信号光转移,从而实现信号光的放大。

　　RFA 的工作原理是基于石英光纤中的受激拉曼散射效应。拉曼散射效应是指当输入到光纤中的光功率达到一定数值时(如 500 mw 即 27 dBm 以上),光纤结晶晶格中的原子会受到震动而相互作用,从而产生散射现象;其结果将较短波长的光能量向较长波长的光转移。拉曼散射作为一种非线性效应本来是对系统有害的,因为它将较短波长的光能量转移到较长波长的光上,使波分系统的各复用通道的光信号出现不平衡。RFA 正是利用了拉曼散射效应使泵浦光能量向在光纤中传输的光信号转移,实现对光信号的放大,其工作原理如图 1-49 所示。

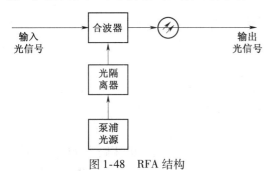

图 1-48　RFA 结构

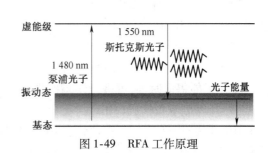

图 1-49　RFA 工作原理

　　泵浦光子入射到光纤,光纤中电子受激吸收从基态跃迁到虚能级,虚能级的大小是由泵浦光的能量决定的。处在虚能级的电子在信号光的感应下跃迁到振动态能级,同时发出一种与信号光相同频率、相同相位、相同方向的光子,而剩余能量被介质以分子振动的形式吸收。

　　RFA 具有很宽的增益谱,理论上只要有合适的拉曼泵浦源,就可以对光纤窗口内任一波长的信号进行放大。被放大光的波长主要取决于泵浦光的发射波长。例如选择泵浦光的发射波长为 1 240 nm 时,可对 1 310 nm 波长的光信号进行放大;选择泵浦光的发射波长为 1 450 nm 时,可对 1 550 nm 波长 C 波段的光信号进行放大;选择泵浦光的发射波长为 1 480 nm 时,则可对 1 550 nm 波长 L 波段的光信号进行放大等。另外,RFA 还具有噪声低、结构简单、成本低的特点。

　　但是单级 RFA 的增益不高(小于 15 dB),且增益具有偏正相关性,所需的泵浦光功率高,泵浦效率低(10% ~20%)。

　　实际应用中,常将 EDFA 和 RFA 二者配合使用,可以有效降低系统总噪声,提高系统的信噪比,从而延长无中继传输距离及总传输距离。

模块三　简单光纤通信系统组建

任务 1:光发送机测试

　　任务:掌握常见的传输线路码型的波形和特点,理解光发送机的工作原理,掌握光发送机性能指标的计算和测试。

　　要求:能识别光发送机的电路组成部分,能根据性能指标选择合适的光发送机,会测试光发送机的性能指标。

一、知识准备

(一)传输线路码型

1. 常见的传输线路码型

　　常见的传输线路码型有单极性不归零码(NRZ)、单极性归零码(RZ)、双极性交替反转码(AMI)、高密度双极性码(HDB3)、传号反转码(CMI)、曼彻斯特码(双相码)等,如图 1-50 所示。

　　(1)单极性不归零码(NRZ)

　　NRZ 码由高电平(或低电平)表示 1,低电平(或高电平)表示 0,码型为单极性,信号占空比为 100%。NRZ 码提取时钟困难,码间干扰大,无误码检测功能。

　　(2)双极性交替反转码(AMI)

　　AMI 码有 +1、0、−1 三种状态,占空比为 50%。 +1、−1 都表示 1,交替出现,0 表示空号。AMI 码能提取时钟,可进行误码检测,但不能克服长连零。

　　(3)高密度双极性码(HDB3)

　　HDB3 码有 +1、0、−1 三种状态,在 AMI 的基础上将第 4 个零改为破坏码 V₊ 或 V₋,相邻 V 码的极性必须相同。当相邻 V 码间有偶数个 1 时,将四个连零码中的第一个 0 更改为与该破坏脉冲相同极性的脉冲 B₊ 或 B₋。HDB3 码保留了 AMI 码的所有优点,并能克服长连零。

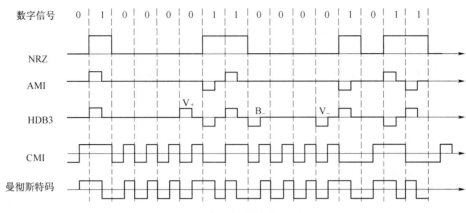

图 1-50 常见的传输线路码型

（4）信号反转码（CMI）

CMI码类似于曼彻斯特码，将普通二进制序列中的0变换成01，将二进制序列中的1交替变换成00和11两位码。

（5）曼彻斯特码

曼彻斯特码将普通二进制序列中的0变换成01，将二进制序列中的1交替变换成10。差分曼彻斯特码是对于二进制的1在开始处不跳变，对于二进制的0则在开始处进行跳变。曼彻斯特编码将时钟和数据包含在数据流中，在传输代码信息的同时，也将时钟同步信号一起传输到对方。

（6）$mBnB$ 码

$mBnB$ 码也称分组码，它是将码流中 m 个码元分为一组，记为 mB，称为一个码字。然后把一个码字变换为 n 个二进制码，记为 nB，并在同一时隙内输出。这种码型是把 mB 变换为 nB，其中 m 和 n 都是正整数，通常 $n = m + 1$，如 1B2B、3B4B、5B6B、8B9B 等。

（7）加扰 NRZ 码

ITU-T 推荐 SDH 统一采用加扰 NRZ 码。

2. 数字光纤通信系统传输的线路码型

从信源或编码器输出的信号一般为 NRZ 码，在进行数字光纤通信传输时，要考虑传输信道的特点，将其转换成不同的与信道相匹配的线路码型。数字光纤通信系统的光发送机和光接收机接口有电接口和光接口两种。

（1）电接口码型

电接口与电发射机或电接收机相连，其接口码型应与电发射机或电接收机的码型一致。数字光纤通信系统常用的电接口有 PCM 电接口和以太网电接口。PCM 电发射机或电接收机码型常采用 PCM 接口码型，见表1-3。以太网电接口常采用曼彻斯特码。

表 1-3 PCM 接口码型

PCM 各次群	接口码速率	接口码型
基群（E1）	2.048 Mbit/s	HDB3
二次群	8.448 Mbit/s	HDB3
三次群	34.368 Mbit/s	HDB3
四次群	139.264 Mbit/s	CMI

（2）光接口码型

在光纤通信系统中，由于光电器件都有一定的非线性，适宜采用二进制码，用光脉冲的有无来表示二进制码的"0"和"1"。

光接口用于连接光端机和光缆线路，所使用的线路码型要适合光纤线路传输。数字光纤通信系统中对传输的线路码型要求如下：

①避免信号码流中出现长连"0"和长连"1"，以利于接收端时钟的提取。

②信息传号密度均匀，使信息变化不引起光功率输出的变化，相应的保持 LD 发热温度恒定，提高 LD 的使用寿命。

③能进行不中断业务的误码检测。

④尽可能地提高传输码型的传输效率。

⑤功率谱密度中无直流成分，且只有很小的低频成分可以改善发送端光功率检测电路的灵敏度，使输出光功率稳定。

在 PDH、以太网、波分光纤通信系统中，常使用的线路编码为 $mBnB$。在 SDH 光纤通信系统中，广泛使用的线路编码是加扰的 NRZ 码，它是利用一定规则对信号码流进行加扰。最有效的加扰方法是在发送端利用一个随机序列与原信号序列进行异或运算，使得加扰后信号也变成了随机信号，"0"和"1"出现的概率相同。在接收端，需要一个与发送端完全一致，并在时间上同步的随机序列来解扰。ITU-T 规范了 SDH 的加扰方式，采用标准的 7 级扰码器。扰码生成多项式为 $1 + x^6 + x^7$，扰码序列长为 $2^7 - 1 = 127$。

（二）光发送机工作原理

光发送机位于数字光纤通信系统的起始端，其作用是将电信号码流转换成光信号码流，具体做法是将数字化的电信号对光源发出的光波进行调制，成为已调光信号，然后将其耦合到光纤中进行传输。光发送机包括均衡放大、码型变换、复用、扰码、时钟提取、光源、光源的调制电路、自动温度控制电路（简称 ATC）、自动功率控制电路（简称 APC）、光源检测和保护电路等，如图 1-51 所示。

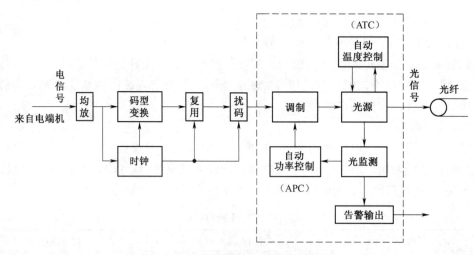

图 1-51　直接调制光发送机的构成框图

（1）均衡放大

均衡放大电路补偿由电端机发送过来由电缆传输所产生的损耗和畸变，保证电、光端机之间信号的幅度、阻抗匹配，以正确译码。

（2）码型变换

电端机送来的信号码元一般是双极性归零码，不适合在光纤通信系统中传输。光纤通信系统只能用有光或无光来分别对应"1"和"0"码元，只能传输单极性不归零码。光发送机需要使用码型变换电路来将电端机发送的码元变换为单极性不归零码（如 NRZ 码）。例如：PDH 电端机送来的信号码元是 HDB3 码或 CMI 码，经均衡放大后仍是 HDB3 码或 CMI 码。HDB3 码是双极性归零码，CMI 码是归零码，都不适合在 SDH 光纤通信系统中传输，故需要使用码型变换电路来将 HDB3 码或 CMI 码变换为 NRZ 码。

（3）复用

复用是用一个传输信道同时传送多个低容量的信号以及开销信息的过程。例如，将 63 个 PCM 一次群帧时分复用成 STM-1 帧。

（4）扰码

当信号码流中出现长连"0"或"1"时，会给接收端从信号码流中提取时钟信号带来困难。为了避免长连"0"或"1"现象的发生，数字光发送机中需添加扰码电路。扰码电路是利用一定规则对可能含有长连"0"或"1"信号码流进行扰码，使信号达到"0"、"1"等概率出现，利于接收端提取时钟信号。经过扰码后的信号码流传输到接收端后，还要进行解扰码，来还原原始信号码流。

（5）时钟提取

码型变换、复用和扰码都是以时钟信号为依据。在均衡放大电路之后，发送机中的时钟提取电路提取 PCM 端机发送过来信号码流中的时钟信号，供给码型变换、复用和扰码等电路使用。

（6）调制电路

光源调制电路也称光源驱动电路，将经过扰码后的电信号码流转换成光信号码流，它们所携带的信息不变。光信号的调制分为直接调制和间接调制。直接调制也称内调制，是直接用电信号调制光源，直接控制光源输出光信号的有无。这种方式简单、经济且容易实现，但是会引起输出光脉冲的相位抖动，即啁啾效应。啁啾效应使光纤的色散增加，限制了光纤通信系统容量的提高。间接调制也称外调制，是在光源的输出通路上外加调制器对光波进行调制，控制光信号的有无，可以减少啁啾效应，用于高速大容量的光通信系统中。常用的间接调制器有电折射调制器、马赫-曾德尔干涉仪（简称 M-Z）型调制器、声光布拉格调制器、电吸收（简称 EA）调制器等。

（7）光源

光源产生作为光载波的光信号，是光发送机的核心器件，其作用是把电信号转变成光信号，以便在光纤中传输。光源性能的好坏是保证光纤通信系统稳定可靠工作的关键。目前光纤通信系统使用的光源有 LED 和 LD。

（8）自动温度控制（简称 ATC）和自动功率控制（简称 APC）

LD 对温度很敏感，随着温度的升高，它输出的光功率和光谱的中心波长都会发生变化。自动温度控制和自动功率控制电路就是用来稳定 LD 工作温度和输出平均光功率的。

（9）其他保护、监测电路

除了上述电路以外，光发送机还有一些保护、监测电路，如光源过流保护电路、无光告警电路、LD 寿命告警等。光源过流保护电路是防止光源二极管的反向冲击电流过大而损坏光源。当光发送机电流故障，或输入信号中断，或激光器失效时，都将使激光器"长时间"不发光，这时无光告警电路发出告警指示。当激光器的工作偏流大于原始值的 3~4 倍时，LD 寿命告警电路发出告警信号。

　　图 1-51 中虚线框内的电路属于光发送电路部分，虚线框外属于编码电路部分。最初许多厂家将两者分成不同的电路板来制作，随着集成电路的发展，生产企业将光发送电路和编码电路集成在一块电路板上制作。如图 1-52 所示为微创 WTOS-02C 型视频光发送机的电路，光发送电路和编码电路集成在一块电路板上实现。

图 1-52　微创 WTOS-02C 型视频光发送机

（三）光发送机性能指标

　　光发送机主要指标有平均发送光功率、消光比和调制特性。光纤通信系统对光发送机的要求是：有合适的输出光功率、较好的消光比、调制特性好。

　　1. 平均发送光功率

　　光发送机的平均发送光功率是光发送机的一个重要参数，其大小决定了容许的光纤线路损耗，从而决定了通信距离。平均发送光功率指在发送"0"、"1"码等概率的情况下，光发送机输出的平均光功率，记为 P_T，工程上用 dBm 为单位。

$$P_T = 10\lg \frac{P_T(\text{W})}{1\ \text{mW}}\ (\text{dBm}) \tag{1-16}$$

　　平均发送光功率越大，光纤通信的中继距离就越长。但是发送光功率太大，光纤通信系统会处于非线性状态，将对通信产生不良影响。故光发送机要有合适的输出光功率。

　　2. 消光比

　　消光比定义为光发送机发送全"1"码的光功率与发送全"0"码的光功率之比。

　　由于伪随机码中"0"和"1"码等概率，因而，发送全"1"码时的光功率为伪随机码时光功率 P_T 的 2 倍，即 $P_{11} = 2P_T$。因而，有：

$$
\begin{aligned}
EXT &= 10\lg \frac{P_{11}(\text{W})}{P_{00}(\text{W})} = 10\lg \frac{2P_T(\text{W})}{P_{00}(\text{W})} \\
&= 10\lg 2 + 10\lg \frac{P_T(\text{W})}{1\ \text{mW}} - 10\lg \frac{P_{00}(\text{W})}{1\ \text{mW}} \\
&= 3 + P_T(\text{dBm}) - P_{00}(\text{dBm})\quad (\text{dB})
\end{aligned}
\tag{1-17}
$$

　　理想情况下，光源"0"码调制时应没有光功率输出。但实际上由于光发送机自身的缺陷，在"0"码时会有很小的光功率输出，这将给光纤通信系统引入噪声，造成光接收机的灵敏度降低。为了保证接收机有足够的灵敏度,光发送机要有较好的消光比,一般要求大于 10 dB。

例如:某光纤通信系统的光发送机在正常工作且"0"、"1"码等概率时,输出光功率为 −8.23 dBm,光发送机发送全"0"码时输出光功率为 −40.56 dBm,求该光发送机的消光比。

解:由题意可知 $P_T = -8.23$ dBm, $P_{00} = -40.56$ dBm

消光比为

$$EXT = 3 + P_T(\text{dBm}) - P_{00}(\text{dBm})$$
$$= 3 + (-8.23) - (-40.56)$$
$$= 35.33(\text{dB})$$

3. 调制特性

光发送机的调制特性好是指光源的 *P-I* 曲线在使用范围内有好的线性特性。否则,将产生非线性失真。

二、任务实施

本任务的目的是测试光发送机的平均发送光功率和消光比两个性能指标。

1. 材料准备

码型发生器 1 台、光发送机 1 台、光功率计 1 台、光纤跳线 1 根、电缆 1 根。

2. 实施步骤

(1)平均发送光功率测试

平均发送光功率的测试步骤如下:

①如图 1-53 所示连接光发送机和光功率计,信号源送 $2^{23} - 1$ 的伪随机码(伪随机码中"0"、"1"码等概率),使光功率计正常工作。

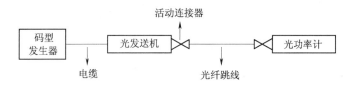

图 1-53　光发送机性能指标的测试原理

用电缆连接光发送机的电输入端与误码分析仪的码型输出端,用光纤跳线连接光发送机的输出端和光功率计的 IN 接口。

②用光功率计测得的光功率为光发送机的平均发送光功率。

设置光功率计的波长与光发送机工作波长(如 1 310 nm)一致,选择单位为 dBm,稳定几十秒后,测试接收光功率,记为 P_T。

(2)消光比测试

消光比的测试步骤如下:

①如图 1-53 所示连接光发送机和光功率计,信号源送 2^{23-1} 的伪随机码。

②拔出光发送机中的编码盘电路,即将光端机的输入信号切掉,此时光发送机无编码信号送入,及发送全"0"码,测出接收到的光功率,记为 P_{00}。

③根据 $EXT = 3 + P_T(\text{dBm}) - P_{00}(\text{dBm})$ 计算出消光比。

由于目前光发送机电路集成度较高,难以切断编码器的输入,给消光比的测试造成困难。

任务2:光接收机测试

任务:理解光接收机的工作原理,掌握光接收机性能指标的计算和测试。

要求:能识别光接收机的电路组成部分,能根据性能指标选择合适的光接收机,会测试光接收机的性能指标。

一、知识准备

(一)光接收机工作原理

光发送机发出的光信号在光纤中传输一段距离后,不仅幅度被损耗,脉冲波形被展宽,还夹杂着许多噪声。光接收机的作用是将从光纤传输过来的微弱光信号经光电检测器转换成电信号,并对电信号进行足够的放大,输出一个适合于定时判决的脉冲信号送到判决电路,使之能够正确地恢复出原始数字电信号。

光接收机由光电检测器、前置放大器、主放大器、均衡器、再生判决电路和自动增益控制电路(简称 AGC)等电路组成,如图 1-54 所示。光发送机有扰码、复用和码型变换电路,为了实现信号的透明传输,光接收机还需有解扰码、解复用和码型反变换电路,还原与电发送端发出相同的数字电信号,送到电接收机。

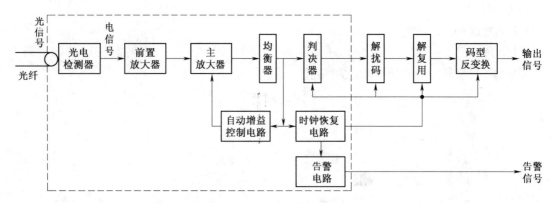

图 1-54　光接收电路

(1)光电检测器

光电检测器的功能是把光信号变为电信号,便于其后的电路进行放大。实际应用中,常用的光电检测器有 PIN 和 APD 两种,它们都是工作在反向偏压下。PIN 使用简单,只需 10 ~ 20 V偏压即可工作,不需要专门的偏压控制电路,但 PIN 没有增益。APD 具有 10 ~ 200 倍的增益,使信噪比得到有效的改善,但使用比较复杂,需要专门的偏压控制电路,以提供 200 V 左右的偏压,还要采取温度控制措施使 APD 的倍增系数不受温度影响。

(2)放大器

光电检测器输出的光电流十分微弱,需要将这种微弱的电信号通过多级放大器进行放大,才能保证通信的质量。光接收机的放大器分为前置放大器和主放大器两部分。前置放大器着重于优良的信噪比,把来自光电检测器的微弱电流放大到 mV 量级。主放大器主要用来提供高的增益,把来自前置放大器的信号放大到适合判决电路所需的电平,它的输出一般为 1 ~ 3 V。

（3）均衡器

均衡器的作用是对主放大器输出的有失真的数字脉冲信号进行整形,使之成为最有利于判决且码间干扰最小的正弦波形。主放大器输出的信号存在脉冲拖尾现象,在邻码判决时刻对邻码存在干扰。经过均衡器均衡后的波形瞬时值在本码判决时刻最大,波形的拖尾在邻码判决时刻的瞬时值为零,从而减少了对邻码的干扰。

图 1-55 显示了光接收机中各电路的信号波形。

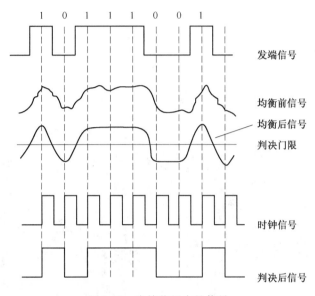

图 1-55　光接收机中的信号

均衡器输出信号的各种可能状态和状态之间的变化,经过高速示波器反复扫描、叠加后看到的波形很像睁开的眼睛,称为眼图。"眼"在垂直方向和水平方向的张开度,直接显示了接收机的传输特性,"眼"张开得大表示系统性能优良。

观察眼图可以估算出光接收机码间干扰的大小,图 1-56 分别是理想的眼图和实际测得的眼图。

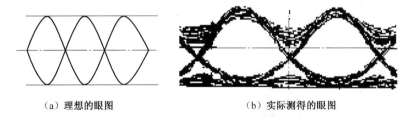

（a）理想的眼图　　　　　　　　（b）实际测得的眼图

图 1-56　光接收机的眼图

当输出端信噪比很大时,眼图张开度主要受码间干扰的影响。眼图测量时将接收机均衡输出的脉冲序列送到示波器的 Y 轴,用时钟信号作为外触发,使与其码元周期同步,此时示波器上就会显示出随机序列像人眼的图形。如果接收的信号没有干扰及波形的畸变,各段波形完全重复,恰似睁开的眼睛,示波器既细又清晰。而当码间有干扰,波形畸变加上噪声时,扫描示波线不能完全重合,眼图线迹就变得既细又不清晰,眼睛睁开也小了。

（4）自动增益控制（AGC）电路

AGC 电路是为了适应光功率的变化而设的。光源随时间变化渐渐老化导致光功率变小、环境温度的变化导致光纤损耗改变、通信距离不同或选用的光纤不同,都会使进入接收机的光功率不同。这样就要求接收机有一定范围的自动增益控制能力,使得主放大器输出的信号变化不大。

（5）再生判决电路

再生判决电路由判决器和时钟恢复电路组成,它是对均衡器输出的正弦波形在最佳时刻进行取样,将取样幅度与判决阈值进行比较,判决出码元是"0"还是"1",从而恢复成电发送端发出的数字信号。

图 1-54 中的虚线框内属于光接收电路部分,虚线框外的解扰码、解复用、码型反变换属于译码电路部分。最初许多厂家将两者分成不同的电路板来制作,随着集成电路的发展,生产企业将译码电路和光接收电路集成在一块电路板上制作。图 1-57 为微创 WTOS-02C 型视频光接收机电路板,译码电路和光接收电路集成在一块电路板上实现。

图 1-57　微创 WTOS-02C 型视频光接收机

（二）光接收机性能指标

光接收机性能指标有灵敏度和动态范围两种。光纤通信系统对光接收机的要求是:有较高的灵敏度和较大的动态范围。

1. 灵敏度

灵敏度是与误码率联系在一起的。在数字光纤通信系统中,接收的光信号经检测、放大、均衡后进行判决再生。由于光接收电路中噪声的存在,接收信号就有被误判的可能。误码率是指接收码元被错误判决的概率。

误码率越大,说明发生误码的机会越多,信号失真程度也越大。一旦误码率超过一定值,通信将不能正常进行,因此系统对误码率有一个指标要求。不同的系统对误码率的要求不同。

灵敏度是指系统在满足一定误码率门限条件下,光接收机允许的最低接收光功率,表示为 S_r,工程上常用 dBm 为单位。

$$S_r = 10 \lg \frac{P_{\min}(\mathrm{W})}{1\ \mathrm{mW}} \ (\mathrm{dBm}) \tag{1-18}$$

在市话光纤通信系统中,光接收机灵敏度是指满足误码率 $BER \le 1 \times 10^{-10}$ 条件下允许接收的最小光功率。在长途干线光纤通信系统中,光接收机灵敏度是指满足误码率 $BER \le 1 \times 10^{-11}$ 条件下允许接收的最小光功率。

光接收机接收灵敏度反映光接收机接收微弱光信号的能力。S_r 值越小,灵敏度越高,光接收机的质量越好,系统的中继距离就越长。

（2）动态范围

动态范围是指光接收机保证接收电路正常工作的前提下,所允许的接收光功率的变化范围,即所容许的最大接收光功率(即过载光功率)与最小接收光功率(即灵敏度)之差,表示为 D,工程上常用 dB 为单位。

$$D = 10\lg\frac{P_{\max}(\text{W})}{P_{\min}(\text{W})} = P_{\max}(\text{dBm}) - P_{\min}(\text{dBm})\ (\text{dB}) \tag{1-19}$$

当接收机接收的光功率开始大于灵敏度时,信噪比的改善会使误码率变小。但是若光功率继续增加到一定程度,接收机前置放大器将进入非线性区域,继而发生饱和或过载,使信号脉冲波形产生畸变,导致码间干扰迅速增加,误码率开始变大。当误码率刚好为系统的规定值($BER_{市话} = 1 \times 10^{-10}$ 或 $BER_{长途} = 1 \times 10^{-11}$)时,其接收机的接收光功率为光接收机的过载光功率。这时如果接收光功率仍在继续增加,接收光功率将大于过载光功率,系统误码率将继续恶化,严重时会导致系统损坏。故在光纤通信系统调测和维护时,最好在光纤线路上增加一个光衰减器,防止接收机的光功率超过载光功率,损坏器件。光接收机的过载光功率实际上是表示它接收强信号的能力。

当接收光功率介于接收灵敏度和过载光功率之间时,系统误码率会在系统规定的误码率以下,这个范围称为光接收机的动态范围,即接收机的正常工作范围。图 1-58 显示了光接收机动态范围与接收灵敏度和过载光功率之间的关系。

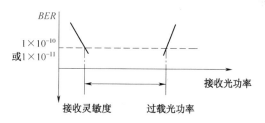

图 1-58　光接收机动态范围示意图

随着时间的增长,光源的输出光功率也将有所变化。当光缆路由变化时或环境温度变化时,光缆线路上的损耗将发生变化。因而,保证光接收机有一定的动态范围,才能适应不同的光缆路由和环境条件,才能满足设备性能下降和光线路维护(如增加接头点)中光损耗变化的需要。一台质量好的光接收机应有较宽的动态范围。在市话光纤通信和长途干线光纤通信系统中,要求光接收机的动态范围应不小于18 dB。

例如:已知某市话光纤通信系统中光接收机灵敏度为 -41 dBm($BER = 10^{-10}$),动态范围为 19 dB。若光接收机接收到的光功率为 20 μW,该光纤通信系统能否正常工作? 如果需系统正常工作,可采取何种措施?

解:因为 $D = P_{\max}(\text{dBm}) - P_{\min}(\text{dBm})$

故 $P_{\max} = D + P_{\min} = 19 + (-41) = -22\ (\text{dBm})$

将 20 μW 转换为 dBm 单位:

$$P_{收} = 10\lg\left(\frac{20\ \mu\text{W}}{1\ \text{mW}}\right) = 10\lg\left(\frac{20 \times 10^{-3}\ \text{mW}}{1\ \text{mW}}\right)$$

$$= 10\lg(2 \times 10^{-2}) = 10\lg2 + 10\lg10^{-2}$$

$$= 3 - 20 = -17\ (\text{dBm})$$

可见 $P_{收} > P_{\max}$,收到的光功率为 20 μW 时接收端光功率过载,系统不能正常工作。

若需系统正常工作,可在接收机之前增加大于 -17 dBm $- (-22$ dBm$) = 5$ dB 且小于

$-17\ \text{dBm} - (-41\ \text{dBm}) = 24\ \text{dB}$ 的光衰减器,使光接收机接收到的光功率介于接收灵敏度和过载光功率之间。

二、任务实施

本任务测试光接收机的灵敏度和动态范围两个性能指标,观察光接收机的眼图。

1. 准备材料

由码型发生器和误码检测仪组成的误码分析仪 1 台、光发送机 1 台、光接收机 1 台、光衰减器 1 台、光功率计 1 台、高速示波器 1 台、光纤跳线 3 根、电缆 2 根。

2. 灵敏度测试步骤

光端机接收灵敏度的测试步骤如下:

(1)如图 1-59 所示,连接光端机和仪器,信号源送 $2^{23} - 1$ 伪随机码。

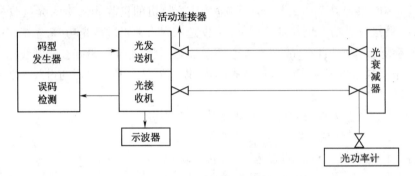

图 1-59　光接收机性能指标的测试原理

用电缆连接光发送机的电输入端与误码分析仪的输出端,用电缆连接光接收机的电输出端与误码分析仪的输入端,用电缆连接光接收机的眼图输出端与示波器的输入端。用光纤跳线连接光发送机的发送端和光衰减器的 IN 接口,用光纤跳线连接光接收机的接收端和光衰减器的 OUT 接口。设置误码分析仪光标置于"结果"位置,选择"34M"、"$2^{23} - 1$"、"HDB3"、"BE"。

(2)调节光衰减器增大

调节光衰减器处于适当位置,观察示波器出现清晰的眼图,观察误码仪测得的误码率 $BER_{市话} < 1 \times 10^{-10}$ 或 $BER_{长途} < 1 \times 10^{-11}$,观察光端机告警信号灯处于熄灭状态。

逐步增大光衰减器的损耗,使输入到光接收机的光功率逐步减少,直至系统处于误码状态,观察误码仪测得的误码率 $BER_{市话} > 1 \times 10^{-10}$ 或 $BER_{长途} > 1 \times 10^{-11}$,观察示波器出现眼图模糊;误码严重时光端机会出现失步告警。

然后逐步减少光衰减器的损耗,使输入到光接收机的光功率逐步增大,当系统处于无误码临界点($BER_{市话} = 1 \times 10^{-10}$ 或 $BER_{长途} = 1 \times 10^{-11}$),稳定一段时间。由于误码是随机出现的,因此必须保持一定的测试时间。测试时间与系统的速率和误码率有关,速率越低,误码率越小,所需的测试时间就越长。

(3)测试接收光功率

为了减少光接收机光纤接口的损坏,使用另外 1 根光纤跳线来替换光衰减器与光接收机之间的光纤跳线。取下光衰减器 OUT 接口上的光纤连接器,用光纤跳线连接光衰减器 OUT 接口和光功率计的 IN 接口,此时测得光功率为光端机的接收灵敏度 S_r。

3. 动态范围测试步骤

光端机光接收机动态范围的测试步骤如下：

（1）如图 1-63 所示连接光端机和仪器，信号源送 $2^{23} - 1$ 伪随即码。

（2）调节光衰减器减少

调节光衰减器处于适当位置，观察示波器出现清晰的眼图，误码仪测得的误码率 $BER_{市话}$ $< 1 \times 10^{-10}$ 或 $BER_{长途} < 1 \times 10^{-11}$，光端机告警信号灯处于熄灭状态。逐步减少光衰减器的损耗，使输入到光接收机的光功率逐步增大，直至系统处于误码状态，观察误码仪测得的误码率 $BER_{市话} > 1 \times 10^{-10}$ 或 $BER_{长途} > 1 \times 10^{-11}$，观察示波器出现眼图模糊，误码严重时光端机会出现失步告警。

然后逐步增大光衰减器的损耗，使输入到光接收机的光功率逐步减少，当系统处于无误码临界点（$BER_{市话} = 1 \times 10^{-10}$ 或 $BER_{长途} = 1 \times 10^{-11}$），稳定一段时间。

（3）测试接收光功率

取下光衰减器的 OUT 接口上的光纤连接器，用光纤跳线连接光衰减器的 OUT 接口和光功率计的 IN 接口，此时测得的光功率为光接收机的过载光功率 P_{max}。

注意：在实际使用中，为了避免接收光功率大于过载光功率损坏器件的现象发生，目前许多厂家生产的光接收机的动态范围较宽，过载光功率较高，常大于发送机的最大发送光功率，从而难以测试到过载光功率。

（4）计算动态范围

计算过载光功率 P_{max} 与接收灵敏度 S_r 之差即为动态范围。

任务 3：认识光中继器

任务：掌握光中继器的功能和作用，掌握光中继器的工作原理。

要求：能区分光电型中继器和全光型中继器，测试光中继器对光信号的放大作用。

一、知识准备

由于光纤本身具有损耗特性和色散特性，经过一段距离的传输后，使得光信号的幅度会下降和波形畸变。对于长距离的传输，需要每隔一定距离设置一个光中继器。光中继器的作用是补偿光信号的幅度损耗，对畸变失真的信号波形进行整形，恢复光信号的形状和时钟信号。

光中继器分为光电型中继器和全光型中继器。

1. 光电型中继器

光电型中继器是先用光电检测器将光纤送来的微弱的光信号转换成电信号，经过放大、整形和再生，恢复出原来的数字电信号，然后再对光源进行调制，产生光信号向下一段光纤传输，如图 1-60 所示。光电型中继器并不是直接将光接收机和光发送机结合在一起，它只是光接收电路和光发送电路的组合，不包括光接收机的译码电路部分和光发送机的编码电路部分。

2. 全光型中继器

全光型中继器是利用光发大器直接在光域对微弱的光信号进行幅度放大，其结构如图 1-61 所示。目前，全光型中继器对波形的整形不起作用。

全光型中继器主要是利用掺铒光纤放大器（简称 EDFA）实现对光信号的放大。掺铒光纤放大器的波长为 1 550 nm。实际使用时，将掺铒光纤放大器安放在光纤线路中，两端与传输光

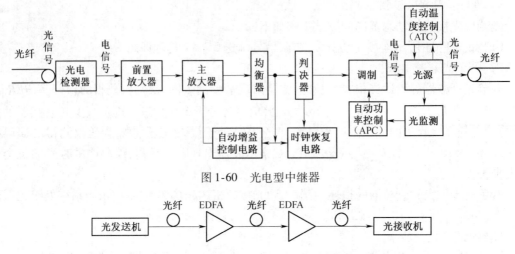

图 1-60　光电型中继器

图 1-61　EDFA 用作光信号放大的全光型中继器

纤直接对接,将 1 550 nm 波长的光信号直接放大,实现光信号的中继。

全光型中继器设备简单,没有光—电—光的转换过程,工作频带宽。但全光型中继器使用光放大器作中继器时对波形的整形不起作用。

二、任务实施

本任务的目的是测试光中继器对光信号的放大作用。

1. 材料准备

光发送机 1 台,光接收机 1 台,光中继器 1 台,光衰减器一台,2 m 光纤跳线 3 根,10 km 光纤跳线 1 根。

2. 实施步骤

(1)如图 1-61 所示,连接光端机和仪器,信号源送 $2^{23} - 1$ 伪随机码。用光衰减器模拟工程中的光缆线路损耗。

(2)调节光衰减器增大

调节光衰减器处于适当位置,观察示波器出现清晰的眼图。然后逐步增大光衰减器的损耗,系统处于临界误码状态,观察示波器出现眼图模糊,光端机出现失步告警。说明此时接收光功率刚低于灵敏度。

(3)测试光衰减器输出光功率

取下光接收机上的光纤连接器,连接到光功率计的 IN 接口,测得光衰减器输出光功率 P_1。

(4)测试光中继器的放大作用

取下光功率计的 IN 接口上的光纤连接器,连接到光中继器的 IN 接口上。用一个 2 m 的光纤跳线连接光中继器的 OUT 接口和光功率计的 IN 接口,测得光中继器的输出光功率 P_2。计算光中继器对光信号的放大为 $P_2 - P_1$。

(5)光中继器延长了传输距离

取下连接光中继器和光功率计的光纤跳线。一根 10 km 的光纤将光中继器和光接收机连接起来,如图 1-62 所示。观察示波器出现清晰的眼图,光端机告警消失。说明此时接收光功率介于灵敏度和过载光功率之间,光纤通信系统处于正常工作状态。可见,由于光中继器的插入,延长了光纤通信系统的传输距离。

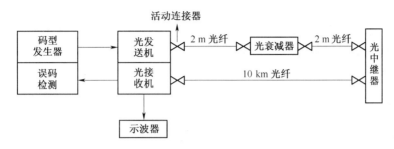

图 1-62 光中继器延长了光纤传输距离

任务4:光纤通信系统设计

任务:掌握数字光纤通信系统的设计步骤。

要求:能进行数字光纤通信系统简单设计,会计算出光纤通信系统的最长中继距离和最短中继距离。

一、知识准备

光纤通信系统就其拓扑而言是多种多样的,有星形结构、环形结构、总线结构和树形结构等。其中最简单的是点到点传输结构,其他结构的光纤通信系统都是由点到点传输结构构成的。不同的应用环境和传输体系,对光纤通信系统设计的要求是不一样的,本任务只研究点到点传输的光纤通信系统。

点到点数字传输系统的描述和指标有比特率、传输距离、码型和误码率等,其中误码率是保证传输质量的基本指标,它受多种因素制约,与光探测器性能、前置放大器性能、码速、光波形、消光比以及线路码型有关。数字传输系统设计的任务就是要通过适当选择器件以减小系统噪声的影响,确保系统达到要求的性能。

光纤通信系统设计的主要步骤有以下六步:

1. 确定传输容量

首先根据通信系统的业务要求确定光纤通信系统的传输容量。光纤通信系统的传输带宽越大,传输容量就越大。系统的传输带宽除了与光纤的色散特性有关外,还与光发射机和光接收机等设备有关。工程上常用系统上升时间来表示系统的传输带宽。系统的上升时间定义为:在阶跃脉冲作用下,系统响应从幅值的10%上升到90%所需要的时间,如图1-63所示。系统带宽与上升时间成反比,脉冲上升时间越短,调制的带宽就越大,系统容量越大。

图 1-63 系统上升时间

光纤通信系统的传输容量还与通道数量及单通道速率有关,如 10 Gbit/s 的单通道系统、4×100 G bit/s 的四通道系统。

2. 确定工作波长

在系统的传输容量确定后,就应确定系统的工作波长,然后选择工作在这一区域内的光器件。如果系统传输距离不太远,工作波长可以选择在 850 nm 窗口;如果传输距离较远,应选择 1 310 nm 或 1 550 nm 窗口。远距离单波长系统常采用 1 310 nm 窗口和 1 550 nm。由于 1 550 nm 附近的工作频带比 1 310 nm 较大,波分复用系统一般选择 1 550 nm 窗口。光纤接入网的以太网无源光网络(简称 EPON)和吉比特无源光网络(简称 GPON)也采用了波分技术,上行采用 1 310 nm 波长,下行采用 1 490 nm 波长。

3. 选择光纤类型

光纤类型的选择应该根据通信容量的大小和工作波长来决定。多模光纤和单模光纤除了工作模式上的差别外,在带宽、损耗常数、尺寸和价格等方面存在较大差异。

多模光纤的带宽比单模光纤带宽小得多,损耗比单模光纤大得多,但芯径较大,数值孔径也较大,有利于光源光功率耦合到光纤中,且对于光纤连接器和适配器的要求都不高,比较适用于低速、短距离的系统和网络,典型的应用有计算机局域网、光纤用户接入网等。

单模光纤的带宽较宽,损耗较低,比较适合高速、长距离的系统,典型的应用有 SDH、DWDM、OTN 系统等。单波长系统或粗波分系统常采用 G. 652 单模光纤,波分复用系统一般选用 G. 655 或 G. 656 单模光纤或 G. 652 单模光纤加色散补偿光纤,光纤接入网中采用 G. 652 或 G. 657 单模光纤。

选定光纤类型以后,还要确定光纤的损耗系数 A_f、色散系数 D_m、光纤的平均接头损耗 A_S、光通道功率代价 P_0、光缆富余度 M_c,以及光缆成端时的光纤适配器与尾纤熔接损耗 A_C。

4. 光电检测器选取

光电检测器的选取通常放在光源之前。接收灵敏度和过载光功率是选择光电检测器主要考虑的参数,此外还应综合考虑成本和复杂程度。PIN 与 APD 相比,结构简单,成本较低,但灵敏度没有 APD 高,目前它们经常与前置放大器组合成组件使用。光电检测器确定后,就选定光接收机。随着光接收机的选定,光接收机的接收灵敏度和动态范围就确定下来了。

5. 光源选取

光源的选择要考虑系统的色散、数据速率、传输距离和成本等参数。LD 的谱线宽度比 LED 的要窄得多。在波长 800 nm 到 900 nm 的区域里,LED 的谱线宽度与石英光纤色散特性的共同作用将带宽距离积限制在 150 Mbit/(s·km) 以内,要达到更高的数值,在此波长区域内就要用 LD 激光器。当波长在 1 300 nm 附近时,光纤的色散很小,此时使用 LED 可以达到 1 500 Mbit/(s·km) 的带宽距离积。若采用 InGaAsP 激光器,则 1 300 nm 波长区域上的带宽距离积可以超过 25 Gbit/(s·km)。而在 1 550 nm 波长区域内,单模光纤的极限带宽距离积可以达到 500 Mbit/(s·km)。

一般而言,LD 耦合进光纤的功率比 LED 要高出 $10 \sim 15$ dB,因此采用 LD 可以获得更大的无中继传输距离,但是价格要昂贵许多,所以要综合考虑加以选择。光源确定后,就选定光发送机。随着发送机的选定,光发送机的平均发送光功率和消光比就确定下来了。

6. 中继距离预算

当两个站点之间的传输距离确定后,需要预算出中继距离(中继器距发送机之间的距离)。若中继距离小于两个站点之间的传输距离,则需要在站点中间增加光中继器。

当光源和光电检测器选定以后,色散和损耗是限制光纤通信系统中继距离的最终决定因素。中继距离的预算分为损耗受限系统和色散受限系统两种情况。

(1)损耗受限系统中继距离预算

当光纤通信系统的传输带宽(包括光纤、光源和光检波器的带宽)与系统码速率相比足够大时,系统带宽对光接收机灵敏度的影响可以忽略,中继距离由光信号发送端(S 点)和光信号接收端(R 点)之间的光通道损耗决定,这种系统称为损耗限制系统。

数字光纤通信系统设计的基本方法是最坏值设计法。所谓最坏值设计法,就是在设计中继距离时,将所有参数值都按最坏值选取,而不管其具体分布如何。在用最坏值法设计数字光纤通信系统时,对光纤设备和光缆线路都预先设定富余度。通常发送机富余度取 1dB 左右,而接收机富余度取 2 ~ 4 dB,设备总富余度为 3 ~ 5 dB 左右。设备富余度是一个估计值,用于补偿器件老化、温度波动以及将来可能加入的链路器件引起的损耗。

光发射机发送的光功率减去光纤链路的损耗和系统富余度,即为光接收机的接收光功率。光纤链路的损耗包括光纤损耗、连接器损耗、接头损耗、分路器和损耗器等元件设备的插入损耗。图 1-64 显示了整个光纤通信系统光通道损耗的组成,包括光纤适配器损耗、尾纤熔接损耗、光纤本身损耗、光纤接头损耗、光缆富余度和设备富余度、光通道功率代价。

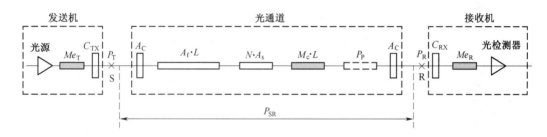

图 1-64　光通道损耗的组成

按照 ITU – TG.957 的规定,允许的光通道损耗 P_{SR} 为

$$P_{SR} = P_T - P_R - P_0 \tag{1-20}$$

式中,P_T 为发送光功率,P_R 为接收光功率,P_0 为光通道功率代价。P_0 与发送机光源特性及光通道色散和反射特性有关,可以等效为附加接收损耗。

实际 S-R 点的允许损耗为

$$
\begin{aligned}
P_T - P_R &= P_{SR} + P_0 \\
&= A_f \cdot L + A_S \cdot N + M_C L + M_e + 2A_C + P_0 \\
&= A_f \cdot L + A_S \cdot \left[\mathrm{Roundup}\left(\frac{L}{L_f}\right) - 1 \right] + M_C L + M_e + 2A_C + P_0 \\
&\approx \left(A_f + \frac{A_S}{L_f} + M_C \right) \cdot L - A_S + M_e + 2A_C + P_0
\end{aligned}
\tag{1-21}
$$

式中,N 为光纤接头数量,$\mathrm{Roundup}(\ )$ 是向上取整函数,如 2.1 向上取整是 3。A_f 表示光纤的平均损耗系数(dB/km),L 是光纤中继距离,A_S 是光纤接头平均损耗(单位 dB),L_f 是单盘光缆的盘长(一般为 2 km),M_C 是光缆富余度(单位 dB/km),M_e 是设备富余度(单位 dB),A_C 是光纤配线架或光缆终端盒上的光纤适配器及尾纤熔接损耗(单位 dB),按两个考虑。

当接收光功率取最小值即灵敏度 P_{Rmin} 时,可以计算出损耗受限系统最大中继距离为:

$$L'_{max} = \frac{P_T - P_{Rmin} + A_S - P_0 - M_e - 2A_C}{A_f + \dfrac{A_S}{L_f} + M_C} \tag{1-22}$$

若要保证接收光功率不超过动态范围 D，应该满足 $P_0 + M_e + M_c \cdot L \leqslant D$。当刚好相等时，对应的中继距离最小，即：

$$L_{min} = \frac{P_T - P_{Rmin} - D + A_S - 2A_C}{A_f + \dfrac{A_S}{L_f}} \tag{1-23}$$

（2）色散受限系统中继距离预算

当光纤的损耗很小而系统的传输速率又足够高时，再生中继段距离由 S 和 R 点之间光通道总色散所限定，这种系统称为色散限制系统。可以根据色散来估算中继距离。

在光纤通信系统中，使用不同类型的光源，光纤色散对系统的影响各不相同。

①采用多纵模激光器（简称 MLM-LD）和发光二极管（简称 LED）的系统，色散受限最大中继距离为：

$$L''_{max} = \frac{10^6 \cdot \varepsilon}{f_b \cdot D_m \cdot \delta_\lambda} \text{ (km)} \tag{1-24}$$

式中，ε 为与光源有关的系数，光源为 MLM-LD 时 ε 取 0.115，光源为 LED 时 ε 取 0.306；f_b 为信号比特率（单位 Mbit/s），D_m 是光纤色散系数（单位 ps/(nm·km)），δ_λ 为光源最大均方根谱线宽度（单位 nm）。

②对于采用单纵模激光器直接调制时，假设光脉冲为高斯波形，允许的脉冲展宽不超过发送脉冲宽度的 10%，系统的色散受限最大中继距离为：

$$L''_{max} = \frac{71\,400}{\alpha \cdot D_m \cdot \lambda^2 \cdot f_b^2} \text{ (km)} \tag{1-25}$$

式中，λ 为工作波长（单位 nm），D_m 是光纤色散系数（单位 ps/(nm·km)），f_b 为信号比特率（单位 Tbit/s）；α 为啁啾系数，当采用普通分布反馈式（简称 DFB）激光器作为光源时，α 取值范围为 4～6；当采用新型的量子阱激光器时，α 取值范围为 2～4。

③对于采用单纵模激光器间接调制时，系统的色散受限最大中继距离为：

$$L''_{max} = \frac{c}{D_m \cdot \lambda^2 \cdot f_b^2} \text{ (km)} \tag{1-26}$$

式中，c 为光速（3×10^5 km/s），λ 为工作波长（单位 nm），D_m 为光纤色散系数（单位 ps/(nm·km)），f_b 为信号比特率（单位 Tbit/s）。

例如：2.5 Gbit/s 光纤通信系统的工作波长 λ 为 1 550 nm，光纤色散系数 D_m 为 17 ps/(nm·km)，采用啁啾系数为 3 的普通量子阱激光器时色散受限最大中继距离为 93 km；采用啁啾系数为 0.5 的电吸收 EA 调制器色散受限最大中继距离达 559 km；采用 M-Z 型外调制器的系统色散受限最大中继距离可以延长到 1 175 km 左右。

实际系统设计分析时，首先根据式（1-23）计算出最小中继距离 L_{min}。然后根据式（1-22）预算出损耗受限最大中继距离 L'_{max}，根据式（1-24）至式（1-26）预算出色散受限最大中继距离 L''_{max}，选择 L'_{max} 和 L''_{max} 的最小值作为最大中继距离，即 $L_{max} = \min\{L'_{max}, L''_{max}\}$。若 $L'_{max} < L''_{max}$，则 $L_{max} = L'_{max}$，则该系统为损耗受限系统；若 $L''_{max} < L'_{max}$，则有 $L_{max} = L''_{max}$，则该系统为色散受限系统。

最后选定的传输距离 L 应介于最小中继距离和最大中继距离之间,即满足 $L_{\min} \leqslant L \leqslant L_{\max}$。

二、任务实施

本任务是设计一个单波 2.5 Gbit/s 高速铁路光纤通信系统,沿途具备设站条件的候选站点间的距离为 30 ~ 58 km,系统设计要求设备富余度 M_e 为 4 dB。

1. 材料准备

无

2. 实施步骤

(1)确定传输容量

系统传输容量为 2.5 Gbit/s。

(2)确定工作波长

由于是单波光纤通信系统,工作窗口选择 1 310 nm。

(3)选择光纤类型

根据上述 58 km 的最长站间距离选择 L-16.2 系统(其目标距离 80 km)的 G.652 单模光纤,单盘光缆在 1 310 nm 波长处的损耗系数 A_f 为 0.28 dB/km,单个光纤接头的损耗 A_S 为 0.1 dB,单盘光缆的盘长 L_f 为 2 km,活动连接器损耗 A_C 为 0.25 dB,光纤色散系数 D_m 为 20 ps/(nm·km)。光缆富余度 M_c 为 0.05 dB/km,光通道功率代价 P_0 为 2 dB。

(4)光电检测器选取

根据站点间距离选择 APD 光电检测器,确定光接收机动态范围为 23 dB,灵敏度 $P_{R\min}$ 为 −34 dBm。

(5)光源选取

光源选择量子阱单纵模激光器,采用直接调制,啁啾系数为 $\alpha = 3$。光发送机平均发送光功率 P_T 为 −2 ~ 3 dBm。

(6)中继距离预算

依据式(1-23)可以计算出系统的最小中继距离为:

$$L_{\min} = \frac{P_T - P_{R\min} + A_S - 2A_C - D}{A_f + \frac{A_S}{L_f}} = \frac{-2 - (-34) - 2 \times 0.25 - 23 + 0.1}{0.28 + \frac{0.1}{2}} = \frac{8.6}{0.33} = 26.1(\text{km})$$

依据式(1-22)可以计算出损耗受限系统的最大中继距离为:

$$L'_{\max} = \frac{P_T - P_{R\min} - 2A_C - P_0 - M_e + A_S}{A_f + \frac{A_S}{L_f} + M_C} = \frac{-2 - (-34) - 2 \times 0.25 - 2 - 4 + 0.1}{0.28 + \frac{0.1}{2} + 0.05} = \frac{25.6}{0.38} = 67.4(\text{km})$$

依据式(1-25)可以计算出色散受限系统的最大中继距离为:

$$L''_{\max} = \frac{71\ 400}{\alpha \cdot D_m \cdot \lambda^2 \cdot f_b^2} = \frac{71\ 400}{3 \times 20 \times 1\ 310^2 \times 0.002\ 5^2} = 110.9(\text{km})$$

由于 $L'_{\max} < L''_{\max}$,最大中继距离 $L_{\max} = \min\{L'_{\max}, L''_{\max}\} = 67.4$ km,此系统为损耗受限系统。

经计算,站点间的距离 30 ~ 58 km 介于 $L_{\min}$ 和 $L_{\max}$ 之间,该系统能满足 30 ~ 58 km 无中继传输距离的要求。

若计算得出的 $L_{\min}$ 和 $L_{\max}$ 不能满足 $L_{\min} < L < L_{\max}$ 条件,则需要重新调整步骤 3 ~ 步骤 5 所选择器件的参数,使光纤的距离 L 介于 $L_{\min}$ 和 $L_{\max}$ 之间。

任务 5：以太网光纤通信系统组建

任务：认识以太网光纤通信系统各组成部件。
要求：能组建以太网光纤通信系统。

一、知识准备

（一）光端机与光模块

1. 光端机

在光纤通信系统中，常使用双向通信，光发送机与光接收机集成在一起统称为光端机。根据应用范围分类，光端机分为电话光端机、视频光端机、以太网光端机。PDH 光端机、SDH 光端机、OTN 光端机均属于电话光端机范畴。以太网光端机不进行速率的变换，只是进行电信号和光信号之间的转换，一般称为光收发器。视频光端机主要是传输模拟视频信号。目前应用较为广泛的网络摄像机和监视器之间连接主要采用以太网光收发器进行连接。

2. 光模块

随着光纤的普及应用，交换机、路由器、OLT、ONU 等设备中常嵌入光模块来进行光/电和电/光转换。光模块由光电子器件、功能电路和光接口等组成，光电子器件包括发送和接收两部分。其中，光模块的发送部分原理为：输入一定码率的电信号经内部的驱动芯片处理后驱动 LD 或 LED 发射出相应速率的调制光信号，其内部带有光功率自动控制电路，使输出的光信号功率保持稳定。光模块的接收部分原理为：一定码率的光信号输入模块后由光检测二极管转换为电信号，经前置放大器后输出相应码率的电信号。在输入光功率小于灵敏度后光模块会输出一个告警信号。

光模块有以下分类：

（1）光模块按照速率分为：以太网应用的 100Base、1000Base、10GE，SDH 应用的 155 Mbit/s、622 Mbit/s、2.5 Gbit/s、10 Gbit/s 和 OTN 应用的 10 Gbit/s、40 Gbit/s、100 Gbit/s。

（2）光模块按照封装分为：1×9、SFF、GBIC、SFP、XENPAK、XFP，各种封装如图 1-65 所示。

（a）1×9　　　　　　　（b）SFF　　　　　　　（c）GBIC

（d）SFP　　　　　　　（e）XENPAK　　　　　　（f）XFP

图 1-65　光模块的封装形式

1×9 封装为焊接型光模块,一般速度不高于千兆,多采用 SC 接口。

SFF 封装为焊接小封装光模块,一般速度不高于千兆,多采用 LC 接口。由于 SFF 小封装模块采用了与铜线网络类似的 MT-RJ 接口,大小与常见的以太网铜线接口相同,有利于现有的以铜缆为主的网络设备过渡到更高速率的光纤网络,以满足网络带宽需求的急剧增长。

GBIC 封装全称为千兆以太网接口转换器,是将千兆位电信号转换为光信号的接口器件,采用 SC 接口。GBIC 可以热插拔使用,是一种符合国际标准的可互换产品,常用于千兆位交换机。

SFP 封装为小型可插拔收发光模块,目前最高数率可达 4 Gbit/s,多采用 LC 接口。SFP 可以简单地理解为 GBIC 的升级版本。SFP 模块体积比 GBIC 模块减少一半,可以在相同的面板上配置多出一倍以上的端口数量。

SFP + 用于 10 Gbit/s 以太网和 8.5 Gbit/s 光纤通道系统,SFP + 具有比 XFP 封装更紧凑的外形尺寸,而且功耗不到 1 W。

XENPAK 封装应用在万兆以太网,采用 SC 接口。

XFP 封装为 10 Gbit/s 光模块,可以支持 SONET OC-192、10 Gbit/s 以太网、10 Gbit/s 光纤通道和 G. 709 链路,多采用 LC 接口。XFP 封装的光模块带有散热外壳。

(3)根据功能分为:光接收模块、光发送模块、光收发一体模块和光转发模块等。

光收发一体化模块是光纤通信中重要的器件,其主要功能是实现光电/电光变换,包括光功率控制、调制发送,信号探测、IV 转换以及限幅放大判决再生功能,此外还有防伪信息查询、TX-disable 等功能,常见的光收发一体化模块有 SFP、SFF、SFP +、GBIC、XFP、1 ×9 等封装。

光转发模块除了具有光电变换功能外,还集成了很多的信号处理功能,如 MUX/DEMUX、CDR、功能控制、性能量采集及监控等功能。常见的光转发模块有 200/300pin、XENPAK、X2/XPAK 等。

3. 光模块的主要参数

(1)传输速率

光模块的传输速率有 100 Mbit/s、1 Gbit/s、2. 5 Gbit/s、10 Gbit/s、40 Gbit/s、100 Gbit/s 等类型。

(2)传输距离

光模块的传输距离分为短距、中距和长距三种。一般认为 2 km 及以下为短距离,2 ~ 20 km 为中距离,20 km 以上为长距离。用户需要根据自己的实际组网情况选择合适的光模块,以满足不同的传输距离要求。

光模块可传输的距离主要受到损耗和色散两方面受限。对于百兆、千兆的光模块色散受限中继距离远大于损耗受限中继距离,可以不考虑色散。

(3)中心波长

中心波长是指光信号传输所使用的光波段。目前常用的光模块的中心波长主要有 850 nm 波段、1 310 nm 波段以及 1 550 nm 波段三种。850 nm 波段多用于小于 2 km 的短距离传输;1 310 nm 和 1 550 nm 波段多用于 2 km 以上的中长距离传输。

(4)接口指标

光模块的接口指标有输出光功率、接收灵敏度、光饱和度(即过载光功率)等。XFP、SFP +、GBIC 光模块的性能参数见表 1-4 ~ 表 1-6。

表 1-4　XFP 光模块的性能参数

对外型号	中心波长（nm）	传输距离	Data Rate（Gbit/s）	Fiber Mode	光纤直径（μm）	模式带宽（MHz·km）	接口指标（dBm）			
							输出光功率	接收灵敏度	受压灵敏度	光饱和度
GACX-8596-02	850	300 m	10.31	MMF	50/125	2 000	−7.3 ~−1.08	≤ −11.1	≤ −7.5	≤ −1
GACX-1396-10	1 310	10 km	10.31	SMF	9/125	—	−8.2 ~+0.5	≤ −12.6	≤ −10.3	≤0.5
GACX-1596-40	1 550	40 km	9.95 ~10.7				−1.0 ~ +2	≤ −14.1	≤ −11.3	≤ −1

表 1-5　SFP + 光模块的性能参数

对外型号	中心波长	Fiber Mode	光纤直径（μm）	模式带宽（MHz·km）	传输距离	接口指标（dBm）		
						输出光功率	接收灵敏度	光饱和度
GACS-8596-02	850 nm	MMF	50/125	2 000	300 m	−7.3 ~ −1	≤ −7.5	+0.5
				200	82 m			
				400	66 m			
			62.5/125	200	33 m			
				160	26 m			
GACS-1396-02	1 310 nm	MMF	62.5/125	500	220 m	−6.5 ~+0.5	≤ −6.5	+1.5
			50/125	500	220 m			
				400	100 m			
GACS-1396-10		SMF	9/125	—	10 km	−8.2 ~+0.5	≤ −10.3	+0.5

表 1-6　GBIC 光模块的性能参数

对外型号	中心波长	Fiber Mode	光纤直径（μm）	传输距离	接口指标（dBm）		
					输出光功率	接收灵敏度	光饱和度
GACG-8512-02	850 nm	MMF	50/125	550 m	−9.5 ~ −3	≤ −17	≤ −3
		MMF	62.5/125	275 m			
GACG-1312-10	1 310 mm	SMF	9/125	10 km	−9.5 ~ −3	≤ −19	≤ −3
GACG-1312-40				40 km	−4 ~ +3	≤ −23	≤ −3
GACG-1512-60	1 550 nm			60 km	−2 ~ +3	≤ −23	≤ −3
GACG-1512-80				80 km	0 ~ +5	≤ −24	≤ −8
GACG-1512-120				120 km	−2 ~ +5	≤ −29	≤ −10

二、任务实施

任务情景:某高铁站场安装有一台摄像机,车站的监控机房内有一台监视器,摄像机距监视器距离为 10 km。要求在监视器上可以看到摄像机拍摄到的图像,实现实时监控。

本任务的目的是使用光收发器和光纤组建一个以太网光纤通信系统,进行视频信号的远距离传输。

1. 材料准备

光纤收发器 2 台,光纤跳线 4 根,可调光衰减器 2 个,网络摄像头 1 台,计算机 1 台,网线 2 根。

2. 实施步骤

（1）识别光纤收发器各接口和指示灯

莱特灵（Netlingk）公司的 HTB-1100S 型光纤收发器如图 1-66 所示，它有 Tx 和 Rx 两个光接口，1 个 RJ45 以太网电接口，1 个 5V DC 电源接口。

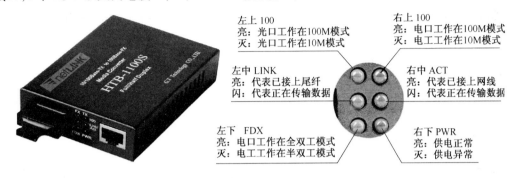

图 1-66　Netlink 光收发器外形与指示灯

HTB-1100S 有 6 个指示灯：左上指示灯为 FX 100，指示光纤线路光接口的传输速率；左中指示灯为 Fx LINK，指示光纤线路光接口的工作状态；左下指示灯为 FDX，指示该光收发器的工作模式；右上指示灯为 Tx 100，指示以太网电接口的传输速率；右中指示灯为 Tx ACT，指示以太网电接口的工作状态；右下指示灯为 PWR，指示该光收发器的供电状态。

（2）识别光纤收发器参数

HTB-1100S 光纤收发器参数见表 1-7。

表 1-7　HTB-1100S 光纤收发器参数

名称	参数	名称	参数
适配器类别	SC/ST	最小发送光功率	−10.0 dBm
光纤类别	单模光纤	最大发送光功率	−3 dBm
波长	1 310 nm	灵敏度	−33.0 dBm
典型距离	40 km	链路预算	23.0 dB

（3）光纤收发器连接电源

用电源适配器连接在光纤收发器的 5V DC 接口上，观察光纤收发器的左下 FDX 和右下 PWR 指示灯亮，说明电源连接正确。

（4）连接光纤收发器

用光纤跳线将光纤收发器 1 的 Tx 和光纤收发器 2 的 Rx 相连，用光纤跳线将光纤收发器 2 的 Tx 和光纤收发器 1 的 Rx 相连。为了模拟光缆线路，光纤跳线中间插入光衰减器，如图 1-67 所示。从光纤收发器的性能参数可以看出，光衰减器、光纤跳线、光纤适配器组成的最大链路损耗不可大于 23 dB。

图 1-67　光纤通信系统连接示意图

（5）调节光衰减器使光收发器工作正常

调节光衰减器 1,使光纤收发器 2 接收光功率介于灵敏度和过载光功率之间,观察光纤收发器的左上 Fx 100 和左中 FX LINK 显示灯亮,说明光纤收发器 2 接收光信号正常。

调节光衰减器 2,使光纤收发器 1 接收光功率介于灵敏度和过载光功率之间,观察光纤收发器的左上 Fx 100 和左中 FX LINK 显示灯亮,说明光纤收发器 1 接收光信号正常。

（6）使用网线将网络摄像机和计算机分别连入两个光纤收发器。观察光纤收发器的右上 TX 100 和右中 Tx ACT 显示灯亮,说明电信号收发正常。

（7）将计算机的 IP 地址与网络摄像机的 IP 地址设置在同一网段（如摄像机的 IP 地址为 192.168.1.1,计算机的 IP 地址为 192.168.1.2）,子网掩码均为 255.255.255.0。在计算机上 Ping 通网络摄像机的 IP 地址,如图 1-68 所示。丢包率为 0%（0% Loss）,说明计算机与网络摄像机已连通。

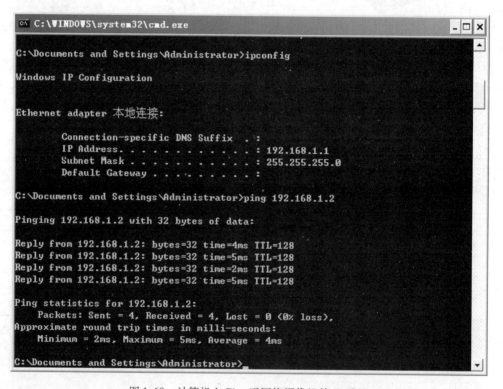

图 1-68　计算机上 Ping 通网络摄像机的 IP 地址

（8）打开计算机的 IE 浏览器,输入摄像机的 IP 地址（如 192.168.1.1）,进入摄像机的登录界面,输入用户名（如 admin）和密码（如 12345）。若在计算机监视器上看到摄像图像,说明光纤通信系统正常工作。若在计算机监视器上看不到摄像图像,需要调节光衰减器的损耗,使光纤通信系统工作正常。

复习思考题

1. 光纤通信有哪些特点？
2. 光纤的结构由哪几部分组成？各部分的功能是什么？
3. 光纤按照折射率分布可分为哪几类？

4. 什么是光纤的数值孔径？它与哪些因素有关？

5. 简述单模光纤与多模光纤的区别。

6. 如何判断光纤是单模传输还是多模传输？

7. 某光纤的纤芯直径是 8.3 μm，纤芯折射率为 1.46，包层直径为 125 μm。光源波长为 1.55 μm。计算该光纤单模传输时包层的折射率、光纤的数值孔径、最大可接收角。

8. ITU-T 建议的光纤有哪几种？各自有何特点？

9. 简述光纤损耗产生的原因。

10. 简述光纤色散产生的原因。

11. 简述光纤通信系统的组成。

12. 常见的光纤连接器有哪些？

13. 常见的无源光器件有哪些？说明它们的功能。

14. 已知可调光衰减器损耗范围为 1~10 dB，输入功率为 2 mW，输出功率为多少？

15. 已知 1:16 的分光器输入功率为 3 dBm，每个输出端平均的输出功率为多少？

16. 光纤通信系统对光源有什么要求？

17. 简述 LD 光源的光谱特性和光功率特性。

18. 构成激光器的必备部件有哪些？说明各部件功能。

19. 光纤通信系统对光电检测器有什么要求？

20. 画出光发送机的电路组成框图，说明各组成部分的功能。

21. 为什么光送机需要进行温度控制和功率控制？

22. 光发送机的性能指标有哪些？它们是如何定义的？

23. 画出光接收机的电路组成框图，说明各组成部分的功能。

24. 光接收机的性能指标有哪些？它们是如何定义的？

25. 已知 OTR600I 光模块输出光功率为 -20 dBm ~ -14 dBm，接收灵敏度为 -26 dBm（$BER \leqslant 10^{-10}$），最大输入 -14 dBm。该光模块可否近距离直接相连？为什么？

26. 已知 EPON 光纤接入网使用 1:32 分光器，OLT 上光模块的输出光功率为 2~7 dBm，ONU 上光模块的接收灵敏度为 -27 dBm（$BER \leqslant 10^{-12}$），接收过载光功率为 -6 dBm。实验时可否近距离直接相连？为什么？

27. 已知某光端机灵敏度为 -41 dBm（$BER \leqslant 10^{-10}$），动态范围为 18 dB。若收到的光功率为 -17 dBm，问系统能否正常工作？

28. 请说明光纤通信系统设计的步骤。

29. 在进行光纤通信系统设计的时候计算得出损耗受限系统的最大中继距离为 55 km，最小中继距离为 25 km，站点之间的传输距离为 30~60 km，应如何调节参数？

30. 在进行光纤通信系统设计的时候计算得出损耗受限系统的最大中继距离为 65 km，最小中继距离为 35 km，站点之间的传输距离为 30~60 km，应如何调节参数？

31. 组建一个以太网光纤通信系统需要用到哪些器件？

项目 2 SDH 传输系统组建

模块一 SDH 认知

任务 1:传输技术

任务:掌握传输网的位置和作用,了解公共传输网的分层结构,了解 PDH 技术、SDH 技术、DWDM 技术、OTN 技术的产生背景。

要求:能比较 SDH 技术、DWDM 技术和 OTN 技术的优缺点,能分析本市公共传输网和某单位专用传输网采用的传输技术。

一、知识准备

1. 传输网

公共通信网按子网的位置分类,可分为用户网、接入网和核心网。核心网包括交换网和传输网,它们在通信网中的位置如图 2-1 所示。

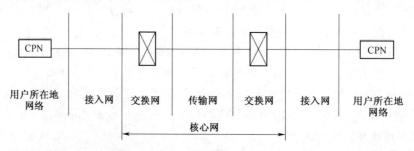

图 2-1 核心网在通信网中的位置

交换网是由各种交换设备构成的网络,位于传输网和接入网之间。传输网位于交换设备之间,是通信网的重要组成部分,是各通信网元间连接的纽带,为各种专业网提供透明的传输通道,是实现各种业务平台的网络。

电信公共传输网采用分割的概念,从地理上划分为国际和国内两部分。国际干线连接各个国家之间的通信网络。国内干线分为省际干线(一级干线)、省内干线(二级干线)和本地传输网。省际干线连接各省的通信网元,传输出省业务;省内干线完成省内各地市间业务网元的连接,传输各地市间业务;本地传输网是指在各地市本地范围内为各种业务提供传输通道的传送网络。

本地传输网为分为骨干层、中继层、接入层,如图 2-2 所示。

骨干层主要解决各骨干节点之间业务的传送、跨区域的业务调度等问题。中继层实现业务从接入层到骨干节点的汇聚。接入层则提供丰富的业务接口,实现多种业务的接入。骨干层常采用环形或网孔型结构,中继层和接入层一般为环形结构。通过三个层面的配合,实现全

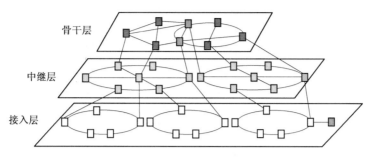

图 2-2 本地传输网三层结构

程全网的多业务传送。

传输网采用的传输技术主要有准同步数字体系(简称 PDH)、同步数字体系(简称 SDH)、密集波分复用(简称 DWDM)、分组传送网(简称 PTN)和光传送网(简称 OTN)等。对于大型的 SDH 和 OTN 网络,可融合智能光交换网络(简称 ASON)等新型技术。公共通信网骨干层以采用 OTN 或 DWDM 技术为主,中继层主要采用 OTN 或 DWDM 技术,接入层较多采用 SDH/MSTP 技术、PTN 技术或基于 IP 的无线接入网(简称 IPRAN)技术。某些专用网络也采用开放互联网络技术。

2. PDH 技术

PDH 是最早出现的数字通信体系,时分复用方式从此开始使用,一条线路上传输多路信号时(复用),各个支路信号在时间上分开(时分),每个支路占用一个时隙。PDH 在数字通信网的每个节点上都分别设置高精度的时钟,这些时钟的信号都具有统一的标准速率。尽管每个时钟的精度都很高,但总还是有一些微小的差别。为了保证通信的质量,要求这些时钟的差别不能超过规定的范围。因此,这种同步方式严格来说不是真正的同步,所以称为"准同步"。

ITU-T 对 PDH 提出了两个建议,即 E 体系和 T 体系。北美和日本采用了 1.544 Mbit/s(即 PCM24 路)作为基群的 T 体系数字速率系列;欧洲和我国则采用了 2.048 Mbit/s(即 PCM30/32 路)作为基群的 E 体系数字速率系列。两种 PDH 体系各次群的速率和话路数见表 2-1。

表 2-1 两种 PDH 体系各次群的速率和话路数

体系	层次	比特率 (Mbit/s)	话路数 (每路 64 kbit/s)	体系	层次	比特率 (Mbit/s)	话路数 (每路 64 kbit/s)
E 体系	E1	2.048	30	T 体系	T1	1.544	24
	E2	8.448	120		T2	6.312	96
	E3	34.368	480		T3	32.064(日本)	480
						44.736(北美)	672
	E4	139.264	1 920		T4	97.728(日本)	1 440
						274.176(北美)	4 032
	E5	565.148	7 680		T5	397.200(日本)	5 760
						560.160(北美)	8 064

PDH 以其廉价的特性和灵活的组网功能,曾于二十世纪八十年代大量应用于传输网中。PDH 设备从 64 kbit/s 至基群信号 E1 和 T1 的复用采用了同步复用方式,其他各次群信号都采用"准同步"复用方式,低次群信号插入到高次群信号,或从高次群信号分出低次群信号,都必

须逐级进行,不能直接分插。例如,从 140 Mbit/s 分接出 2.048 Mbit/s 需要逐级分接和 2.048 Mbit/s 复用成 140 Mbit/s 需要逐级复用,如图 2-3 所示。

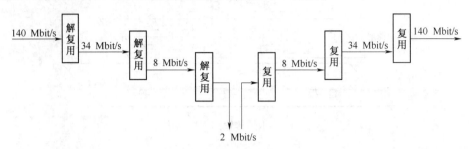

图 2-3　PDH 从 140 Mbit/s 信号分/插出 2 Mbit/s 信号示意图

PDH 是建立在点对点传输基础上的复用结构,即它只支持点对点传输,组成一段一段的线状网,而且只能进行区段保护,无法实现统一工作的多种路由的环状保护,因此 PDH 网络拓扑缺乏灵活性,数字设备的利用率也很低,不能提供最佳的路由选择。

PDH 设备分为线路设备、数字复用设备和辅助设备三类。线路设备采用光强度调制/直接检测方式(简称 IM/DD)工作,给出信号在光缆上运行所需要的线路编码码型,完成信号的光电变换等功能。数字复用设备包括 PCM 基群复用设备和高次群复用设备。PCM 基群复用设备在发送端将 30 个速率为 64 kbit/s 的话路复接成 2.048 Mbit/s 信号,在接收端将 1 个 2.048 Mbit/s 信号分接成 30 个速率为 64 kbit/s 的话路;高次群复用设备的主要作用是将低次群信号复接成高次群信号和将高次群信号分接成低次群信号。辅助设备用于组成网络的监控系统、主备保护切换系统和公务电话系统,以保障光纤网络的正常运行。

PDH 设备的 2 M 电接口有 75 Ω 和 120 Ω 两种阻抗类型,而 8 Mbit/s、34 Mbit/s、140 Mbit/s 电接口只有 75 Ω 阻抗。120 Ω 阻抗的电接口使用平衡电缆,75 Ω 阻抗的电接口使用非平衡的同轴电缆。

G.703 标准规范的准同步数字体系 PDH 实现了电传输的接口标准化,但由于存在两大体系,三种地区性标准,使国际间的互通存在困难,没有实现标准的全球统一;无统一的光接口,无法实现横向兼容;采用准同步复用方式,复用/分接设备结构复杂,上下话路价格昂贵;网络管理能力弱,建立集中式电信管理网困难;网络结构缺乏灵活性,组网能力差,已被 SDH 取代。

3. SDH 技术

二十世纪八十年代出现的 G.707 标准下的同步数字体系 SDH,统一了速率标准、光接口和信号帧结构,让不同厂家设备互连。复用方式设计为同步的字节间插复用,从低阶到高阶,速率都是倍数关系,大大简化了复接过程,可以从 STM-N 信号中直接分/插出低速支路信号。SDH 还第一次在通信设备中引入了智能管理,仿照计算机网络中数据包的做法,把 PDH 传输时的信号加了帧开销,利用计算机和网络技术形成了强大的电信网监测、管理能力。

互联网日新月异的发展带来了多种业务、多种可变信号速率的用户要求,而 PDH、SDH 传送网都是针对话音业务设计的,虽然也可用来传送数据和图像业务,但传送效率不高。多业务平台(简称 MSTP)技术可以看成是顺应用户要求变化而对 SDH 设备所进行的改造,它保留了 SDH 的核心内容,仅仅对接口作了补充。还为增加的以太网接口开发出了通用成帧规程(简称 GFP)之类的协议,便于把长度变化的还"突发"的用户数据装进 SDH 的净负荷区。

4. DWDM 技术

光纤中传输的光具有极宽的波长范围。随着话音业务的快速增长和各种新业务的不断涌现,特别是 IP 技术的广泛应用,SDH 已经不能提供更高的传输带宽,光纤的巨大带宽资源尚未充分利用。于是波分复用(简称 WDM)技术应运而生。

WDM 技术是在一根光纤内同时传送两个或多个不同的光载波信号,使得光纤通信系统容量得以倍增的一种技术。这样,在给定的信息传输容量下,就可以减少所需要的光纤的总数量。其优点是在不增加线路的情况下,大大增加了系统的通信容量。除了解决容量问题,WDM 系统按光波长复用和解复用的特点,使得它对数据率和业务"透明",多种速率、多种业务都可以在一根光纤上同时传输。

当需要超大容量时,就采用密集波分复用(简称 DWDM),其中复用的波长间隔小至几个纳米。一根光纤有多少波长,就可以将单波长传送的信号速率提高多少倍,在有效的频带内传输更多路光信号。例如,40 波的 10 Gbit/s 系统,传输容量就将从单波 10 Gbit/s 提高到400 Gbit/s。

为了实现高速率的传输,SDH/MSTP 常与 DWDM 设备结合起来使用组成 SDH/MSTP + WDM 网络,由 MSTP 设备将各种用户的各种信号纳入 SDH 体系之中,复用成高速率的 SDH 信号后,再用 DWDM 传送。SDH/MSTP + WDM 网络层次多,容量小,多业务适应性差,光层管理缺失,不适应大容量的 IP 分组业务传送。

5. OTN 技术

DWDM 不足之处表现在两个方面:一是一个波长固定传一路业务,传输不够灵活;二是很难监控到每个光通道的具体情况。为此,人们借鉴了 SDH 的经验,提出了光传送网(OTN)技术。

OTN 技术出现于 1999 年,起初是为解决 TDM 信号的大容量传送问题而提出的。OTN 的主要技术与 SDH 一脉相承,但进行了系统性改造,从 SDH 业务承载转向全业务承载。针对传送大容量 IP 信号的需求,一是增加容量,单波长下时分复用的速率等级最低就是 2.5 Gbit/s,最高到 100 Gbit/s;二是增加业务类型,从设计上就支持话音、数据和图像业务,具备强大的 IP、ATM、TDM 综合传送能力;三是增加智能,不但用计算机进行设备的自动监测和管理,还使整个光传送网有了自动选路之类的智能,意为简化网络层次,取代 SDH + WDM 网络。

OTN 技术把物理层上的多波长也管了起来,形成所谓"将 SONET/SDH 技术优势与DWDM 提供的大带宽相结合,在 DWDM 网络中进一步增强对 SONET/SDH 操作、管理、维护和供应(OAM&P)功能的支持"。通信设备就是这样,集成度越来越高,功能越来越复杂,涵盖的技术越来越多,带来的好处是设备与通信网的操作管理越来越方便,通信能力也越来越强。

SDH、WDM、OTN 技术的对比见表 2-2。

表 2-2　SDH、WDM、OTN 技术的对比

性能＼名称	SDH 技术	WDM 技术	OTN 技术
调度功能	支持 VC12/VC4 等颗粒的电层调度	支持波长级别的光层调度	统一的光电交叉平台,支持 ODUk 颗粒的电层调度和波长级别的光层调度
系统容量	容量受限	超大容量	超大容量
传输性能	距离受限,需要全网同步	长距离传输,有一定的前向纠错(简称 FEC)能力,不需要全网同步	长距离传输,更强的 FEC 能力,不需要全网同步

续上表

名称 性能	SDH 技术	WDM 技术	OTN 技术
监控能力	网络操作管理维护(简称 OAM)功能强大,不同层次的通道实现分离监控	只能进行波长级别监控或者简单的字节检测	通过光电层开销,可实现对各层级网络的监控;6级串行连接管理,适用于多设备商/多运营商网络的监控管理
保护功能	电层通道保护,SDH 复用段保护	光层通道保护、线路侧保护	丰富的光层和电层通道保护、共享保护
智能特性	支持电层智能调度	对智能兼容性差	支持波长级别光层和 ODUk 电层的智能调度

二、任务实施

本任务的目的是分析中国铁路传输网的分层,以及各层采用的传输技术。

1. 材料准备

无

2. 实施步骤

(1)中国铁路传输网分为骨干层、汇聚层和接入层,如图 2-4 所示。每两个相邻的大站之间为一个区间。为了表达方便,图 2-4 中仅绘制出了 AB 区间和 DE 区间的接入层环网。接入层节点设备布设在车站信号楼、区间信号中继站、基站、牵引变电所等处,构成三个自愈环。汇聚层节点设备布设在通信枢纽、较大的车站、与既有网互联点,以线性 1＋1 拓扑网络为主。骨干层节点设备布设在各铁路局,构建环形或网孔型结构。

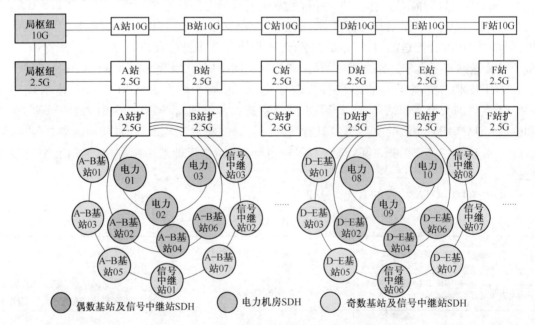

图 2-4　中国铁路传输网组网

(2)骨干层采用 OTN 或 DWDM＋SDH 技术,OTN 或 DWDM 为 40 波或 16 波,单波速率为 10 Gbit/s。汇聚层和接入层采用 SDH/MSTP 技术,速率分别不低于 2.5 Gbit/s 和 622 Mbit/s。

任务 2:SDH 帧结构

任务:掌握 SDH 的优点和帧结构,理解 SDH 开销的含义和作用,理解指针的含义和作用。
要求:能对 SDH 系统进行开销监视和 APS 信息检测。

一、知识准备

1. SDH 技术特点

SDH 是一套可进行同步信息传输、复用、分插和交叉连接的标准化数字信号的结构等级。SDH 网络是由一些基本网络单元(简称网元 NE)组成的,在传输媒质上进行同步信息传输、复用、分插和交叉连接的传送网络。

SDH 技术与传统的 PDH 技术相比,有下面明显的优点:

(1)统一的比特率,标准的光接口。

在 PDH 中,世界上存在着欧洲、北美及日本三种体系的速率等级。而 SDH 中实现了统一的比特率,此外还规定了统一的光接口标准,因此为不同厂家设备间互联提供了可能。

(2)极强的网管能力。

在 SDH 帧结构中规定了丰富的网管字节,使得网络管理能力大大加强。只要通过软件加载的方式,可实现对各网络单元的分布式管理,可提供满足各种要求的能力。

(3)强大的自愈功能。

在 SDH 设备还可组成带有自愈保护能力的环网形式,这样可有效地防止传输媒介被切断,通信业务全部终止的情况。

(4)采用同步复用,分插灵活。

在 SDH 中,各种不同等级的码流在帧结构净负荷内的排列是有规律的,而净负荷与网络是同步的,因而只需利用软件即可使高速信号一次直接分出低速支路信号,避免了 PDH 对全部高速信号进行逐级分解后再重新复用的过程,网络结构和设备都大大简化,而且数字交叉连接的实现也比较容易。

2. SDH 帧结构

SDH 具有规范的光接口,能适应各种网络组织形式,并有很强的保护恢复能力和强大的网管功能,成为目前最广泛使用的光传输技术之一。SDH 具有统一规范的速率,信号以同步传送模块(简称 STM)的形式传输。SDH 有 4 个速率等级,见表 2-3。基本模块是 STM-1,高等级速率 STM-N(N = 1、4、16、64)信号是将 N 个 STM-1 信号按字节间插同步复用得到的。

表 2-3　SDH 的速率等级

SDH 速率等级	标称速率	简称
STM-1	155. 520 Mbit/s	155 M
STM-4	622. 080 Mbit/s	622 M
STM-16	2 488. 320 Mbit/s	2.5 G
STM-64	9 953. 280 Mbit/s	10 G
STM-256	39 813. 120 Mbit/s	40 G

SDH 的帧结构必须适应同步数字复用、交叉连接和交换的功能,同时为了便于实现支路

信号的插入和取出,希望支路信号在一帧内的分布是有规律的、均匀的。为此 ITU-T 规定了 SDH 是以字节为单位的矩形块状帧结构,如图 2-5 所示。

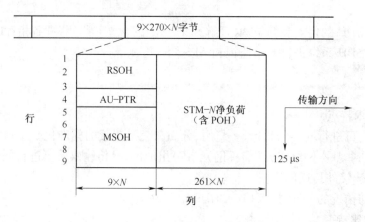

图 2-5　STM-N 帧结构

STM-1 的帧结构是由 270 列 9 行字节组成的,帧长度为 270 × 9 = 2 430 个字节,每字节含 8 bit,共有 2 430 × 8 = 19 440 bit。STM-N(N = 1、4、16、64)帧由 270 × N 列和 9 行字节组成。这种块状帧结构中字节的传输是从左向右,由上而下按顺序逐行进行的。

STM-N 信号的帧周期为 125 μs,其帧频为 8 000 Hz(即 8 000 帧/s)。可以算出 STM-1 的传输速率为 270 × 9 × 8 bit/125 μs = 155. 520 Mbit/s,STM-4 的传输速率为 270 × 4 × 9 × 8 bit × 4/125 μs = 622. 080 Mbit/s,STM-16 的传输速率为 270 × 16 × 9 × 8 bit/125 μs = 2 488. 320 Mbit/s,STM-64 的传输速率为 270 × 64 × 9 × 8 bit/125 μs = 9 953. 280 Mbit/s。

SDH 整个帧结构大体上可以分为段开销、信息净负荷和管理单元指针三个区域。

(1)段开销(简称 SOH)区域

段开销是指 STM 帧结构中为了保证信息灵活传送所附加的字节,这些附加字节是主要用来供网络运行、管理和维护(简称 OAM)使用的。

(2)信息净负荷区域

信息净负荷区域是帧结构中存放各种客户信息的地方。图 2-5 中第 1 至第 9 行、第 10 × N 至第 270 × N 列的 261 × 9 × N 个字节都属于净负荷区域。

为了实时监测用户信息在传递过程中是否有损坏,在将低速信号进行打包的过程中还加入了监控开销字节——通道开销(简称 POH)字节。POH 作为净负荷的一部分,与业务信息一起装载在 STM-N 中传送,负责对通道性能进行监视、管理和控制。

(3)管理单元指针(AU-PTR)区域

AU-PTR 用来指示信息净负荷的第一个字节在 STM-N 帧中的准确位置,以便在接收端能正确地分解信号帧。图 2-5 中第 4 行、第 1 至第 9 × N 列的 9 × N 个字节是指针所处的位置。指针就是一组码,其数值大小表示信息在净负荷区域中所处的位置,通过调整指针可以调整净负荷包封和 STM-N 帧之间的频率和相位,以便在接收端正确地分解出支路信号。SDH 采用指针技术,消除了常规准同步系统中滑动缓存器引起的延时和性能损伤。

3. SDH 开销

(1)段开销

段开销是相当丰富的,包括再生段开销(简称 RSOH)和复用段开销(简称 MSOH)。RSOH

位于 STM-N 帧结构的第 1 至第 3 行、第 1 至第 9 × N 列,MSOH 位于第 5 至第 9 行、第 1 至第 9 × N 列。对于 *STM*-1 而言,有 216 bit(3 行 × 9 字节/行 × 8 bit/字节)的 RSOH 和 360 bit(5 行 × 9 字节/行 × 8 bit/字节)的 MSOH 用于网络运行、维护和管理。STM-1 帧的段开销字节如图 2-6 所示。

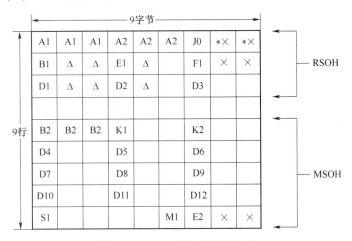

图 2-6 STM-1 帧的段开销字节

①定帧字节:A1 和 A2

段开销中,A1 和 A2 为定帧字节,起定位的作用,用以识别一帧的起始位置。A1、A2 有固定的值, A1 = F6H(11110110), A2 = 28H(00101000)。STM-N 中有 3 × N 个连续的 A1 和 3 × N 个连续的 A2。通过 A1、A2 字节,接收端可从信息流中定位、分离出 STM-N 帧,再通过指针定位到帧中的某一个低速信号。

②再生段踪迹字节:J0

J0 为再生段踪迹字节,用于确定再生段是否正确连接。该字节被用来重复发送"段接入点识别符",段的接收端通过该字节确认与其预定段的发送端之间是否处于持续的连接状态。通过 J0 字节可使运营者提前发现和解决故障,缩短网络恢复时间。

③数据通信通路(简称 DCC)字节:D1 ~ D12

D1 ~ D12 为 DCC 字节,为网元和网络管理系统之间、网元和网元之间传递 OAM 信息提供通路。其中,D1 ~ D3 是再生段数据通路字节(简称 DCCR),用于再生段终端间传送 OAM 信息;D4 ~ D12 是复用段数据通路字节(简称 DCCM),用于在复用段终端间传送 OAM 信息。

④公务联络字节:E1、E2

E1 和 E2 为公务联络字节,用于光纤连通但业务未通或业务已通时各站间的公务联络。E1 和 E2 分别提供一个 64 kbit/s 的公务联络语音通道。E1 属于 RSOH,用于再生段之间的公务联络;E2 属于 MSOH,用于复用段之间的公务联络。

⑤使用者通路字节:F1

F1 为使用者通路字节,提供速率为 64 kbit/s 的数据或语音通路,保留给使用者(通常指网络提供者)用于特定维护目的的临时公务联络。

⑥奇偶校验字节:B1、B2

B1 为比特间插奇偶校验 8 位码(简称 BIP-8),用于再生段层的误码监测。B2 为比特间插奇偶校验 N × 24 位码(简称 BIP-24 × N),用于复用段层的误码监测。

⑦自动保护倒换字节:K1、K2

K1、K2(b1 ~ b5 比特)为自动保护倒换(简称 APS)通路字节,用作传送复用段的自动保护倒换信令,保证设备能在故障时自动切换,响应时间较快,自动保护倒换一般小于 50 ms。K1 (b1~b4 比特)为倒换请求类型;K1(b5~b8 比特)表示请求倒换的信道号;K2(b1~b4 比特) 表示已经倒换的信道号;K2(b5 比特)表示保护类型,为 0 表示 1+1 保护,为 1 表示 1∶N 保护。

K2(b6~b8 比特)为复用段远端接收缺陷指示(简称 MS-RDI)字节。这是一个对告的信息,由接收端回送给发送端,表示接收端检测到来话故障或正收到复用段告警指示信号。当接收端收信劣化,将回送给发送端 MS-RDI 告警信号,以使发送端知道接收端的状态。若收到的 K2 的 b6~b8 比特为 110 码,则此信号为对端对告的 MS-RDI 告警信号;若收到的 K2 的 b6~b8 比特为 111,则此信号为本端收到复用段告警指示信号(简称 MS-AIS),此时要向对端发 MS-RDI 信号,即在发往对端的信号帧 STM-N 的 K2 的 b6~b8 比特放入 110 比特图案。

⑧同步状态字节:S1

S1(b5~b8 比特)为同步状态字节,不同的比特组合表示 ITU-T 规范的不同时钟质量级别,使设备能据此判定接收的时钟信号的质量,以此决定是否切换时钟源,即切换到更高质量的时钟源上。S1(b5~b8 比特)的值越小,表示相应的时钟质量级别越高。

⑨复用段远端误码块指示字节:M1

M1 为复用段远端误码块指示(简称 MS-REI)字节。这是个对告信息,由接收端回发给发送端。M1 字节用来传送接收端由 B2(BIP-N×24)所检出的误块数,以便发送端据此了解接收端的收信误码情况。

另外:图 2-6 中 △ 为与传输媒质有关的字节,专用于具体传输媒质的特殊功能,例如用单根光纤做双向传输时,可用此字节来实现辨明信号方向的功能。× 为国内保留使用的字节,* 为不扰码字节,所有未做标记字节的用途待由将来的国际标准确定。

(2)通道开销

通道开销位于信息净负荷区域。根据监测通道速率的高低,通道开销又分为高阶通道开销和低阶通道开销。

①高阶通道开销(简称 HP-POH)

我国 SDH 交叉颗粒为虚容器 VC12、VC3 和 VC4,分别对应于 PDH 的一次群、三次群和四次群业务。我国的 VC-4POH 属于 HP-POH。HP-POH 的位置在 VC-4 帧中的第 1 列,共 9 个字节,如图 2-7 所示。

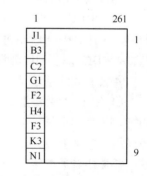

图 2-7　高阶通道开销的结构图

J1 为通道踪迹字节。AU-PTR 指针指的是 VC-4 的起点在 AU-4 中的具体位置,即 VC-4 的第一个字节的位置,以使接收端能根据 AU-PTR 的值,正确地在 AU-4 中分离出 VC-4。 J1 是 VC-4 的起点,则 AU-PTR 所指向的正是 J1 字节的位置。 J1 被用来重复发送高阶通道接入点标识符,使该通道接收端能此确认与指定的发送端是否处于持续连接状态。要求收发两端 J1 字节相匹配即可。

B3 为通道 BIP-8 字节,负责监测 VC-4 信号在 STM-N 帧中传输的误码性能。监测机理与 B1、B2 相类似,只不过 B3 是对 VC-4 帧进行 BIP-8 校验。

C2 为信号标记字节,用来指示 VC 帧的复接结构和信息净负荷的性质,例如通道是否已装载、所载业务种类和它们的映射方式。

G1 为通道状态字节,用来将通道终端的状态和性能情况回送给 VC-4 通道源设备,从而允许在通道的任一端或通道中任一点对整个双向通道的状态和性能进行监视。

F2、F3 为使用者通路字节,提供通道单元间的公务通信(与净负荷有关)。

H4 为 TU 位置指示字节,指示有效负荷的复帧类别和净负荷的位置,例如作为 TU-12 复帧指示字节或 ATM 净负荷进入一个 VC-4 时的信元边界指示器。

K3 的 b1~b4 比特用作高阶通道 APS,b5~b8 比特保留待用。

N1 为网络运营者字节,用于特定的管理目的。

②低阶通道开销(简称 LP-POH)

我国的 VC-12POH 和 VC-3POH 属于 LP-POH。VC-12POH 监控的是 VC-12 通道级别的传输性能,也就是监控 2 Mbit/s 的 PDH 信号在 STM-N 帧中传输的情况。VC-3POH 监控的是 VC-3 通道级别的传输性能,位于 VC-3 帧的第一行,其组成和功能与 HP-POH 是一样的。

图 2-8 显示了一个 VC-12 的复帧结构,由 4 个 VC-12 基帧组成。VC-12POH 位于每个 VC-12 基帧的第一个字节,一组低阶通道开销共有 V5、J2、N2、K4 四个字节。

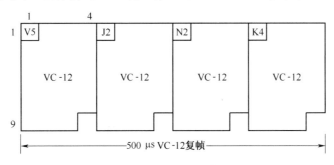

图 2-8　VC-12 POH 结构

V5 为通道状态和信号标记字节,是复帧的第一个字节,TU-PTR 指示的是 VC-12 复帧的起点在 TU-12 复帧中的具体位置,也就是 TU-PTR 指示的是 V5 字节在 TU-12 复帧中的具体位置。V5 具有误码校测、信号标记和 VC-12 通道状态表示等功能,可以看出 V5 字节具有高阶通道开销 G1 和 C2 两个字节的功能。

J2 为 VC-12 通道踪迹字节,作用类似于 J0、J1,被用来重复发送内容由收发两端商定的低阶通道接入点标识符,使接收端能据此确认与发送端在此通道上是否处于持续连接状态。接收端和发送端的 J0、J1、J2 字节必须设置一致,否则将产生踪迹失配。

N2 为网络运营者字节,用于特定的管理目的。

K4 的 b1~b4 比特用作低阶通道 APS,b5~b8 比特保留待用。

4. 管理单元指针

SDH 中的管理单元指针是一种指示符,其值定义为 VC-n 相对于支持它的传送实体参考点的帧偏移。SDH 的指针除了指明 VC 在 AU/TU 帧中的起始位置外,还有以下四个作用:

①当网络处于同步工作状态时,指针用来进行同步信号间的相位校准。

②当网络失去同步时,指针用作频率和相位校准。

③当网络处于异步工作状态时,指针用作频率跟踪校准。

④指针还可以用来容纳网络中的相位抖动。

SDH 的管理单元指针分为 AU PTR 和 TU PTR。AU PTR 又包括 AU-4 PTR 和 AU-3 PTR。TU-PTR 包括 TU-3 PTR、TU-2 PTR、TU-11 PTR 和 TU-12 PTR。在我国的复用映射结构中,有

AU-4 PTR、TU-3 PTR 和 TU-12 PTR,此外还有表示 TU-12 位置的指示字节 H4。

（1）AU-4 PTR

在 VC-4 进入 AU-4 时,需要加上 AU-4 PTR。

$$AU-4 = VC-4 + AU-4 \ PTR$$

AU-4 PTR 用于指示 VC-4 首字节在 AU-4 净负荷中的具体位置,便于接收端据此正确分离出 VC-4。AU-4 PTR 由处于 AU-4 帧第 4 行、第 1~9 列的 9 个字节组成,如图 2-9 所示。

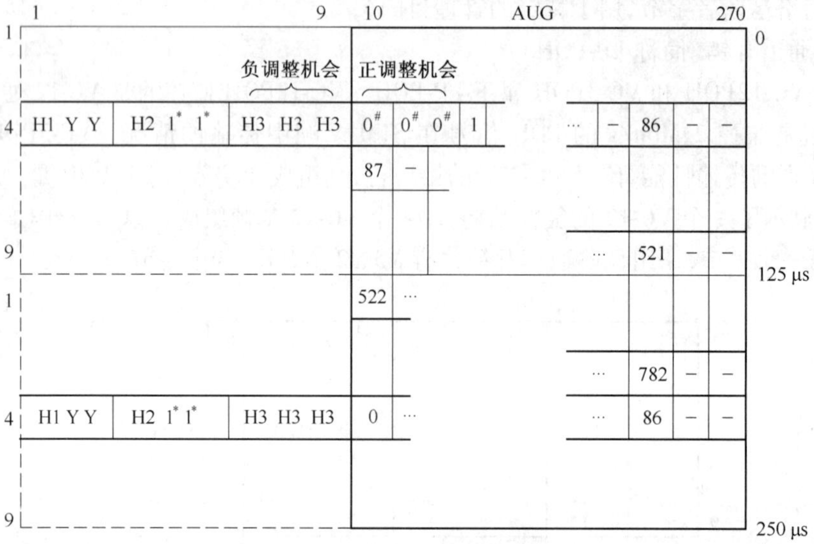

图 2-9　AU-4 PTR

AU-4 PTR = H1,Y,Y,H2,1*,1*,H3,H3,H3

其中,Y = 1001SS11,SS 是未规定值的比特,1* = 11111111（FFH）。

H1、H2 是表示指针的字节,它们中的指针值指出 VC-4 起始字节的位置。H1、H2 字节可以看作一个码字,其中最后 10 个比特（b7 ~ b16 比特）携带具体指针值,共可提供 $2^{10} = 1\ 024$ 个指针值。而 AU-4 指针值的有效范围为 0~782。因为 VC-4 帧内共有 9 行 × 261 列 = 2 349 字节,所以需要用 2 349/3 字节 = 783（AU-4 以 3 个字节为单位调整）个指针值来表示。该值表示了指针和 VC-4 第一个字节间的相对位置。指针值每增减 1,代表 3 个字节的偏移量。指针值为 0 表示 VC-4 的首字节将于最后一个 H3 字节后面的那个字节开始。H3 为负调整机会字节,用于帧速率调整,负调整时可携带额外的 VC 数据。

（2）频率调整

①正调整

当 VC-4 帧速率比 AU-4 帧速率低时,需要正调整来提高 VC-4 帧速率,此时可以在 H3 后面的 $0^{\#}$ 位置插入 3 个固定填充的空闲字节（即正调整字节）,从而增加 VC-4 帧速率。对应的用来指示 VC-4 帧起始位置的指针值也要加 1。应注意的是 AU-4 指针值为 782 时,加 1 后为 0。

进行正调整时由指针值码字中的 5 个 I 比特的反转来表示,随后在最后一个 H3 字节后面立即安排有 3 个正调整字节,而下一帧的 5 个 I 恢复,其指针值将是调整后的新值（n→n + 1）,如图 2-10 所示。

在接收端,将按 5 个 I 比特中是否多数反转来决定是否有正调整,以决定是否解读 $0^{\#}$ 位置的内容。

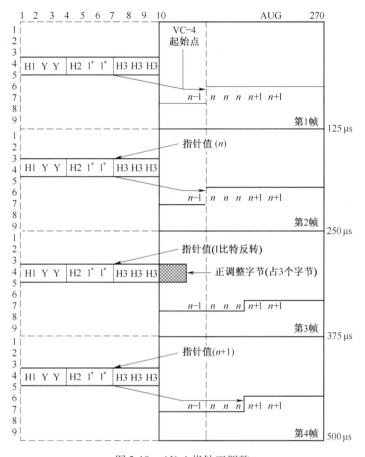

图 2-10　AU-4 指针正调整

②负调整

当 VC-4 帧速率比 AU-4 帧速率高时,需要负调整来降低 VC-4 的帧速率。做法是利用 H3 字节来存放实际 VC 净负荷的 3 个字节,使 VC 在时间上向前移动了一个调整单位(3 个字节),而指示其起始位置的指针值也应减 1。要注意的是 AU-4 指针值是 0 时,减 1 后为 782。

进行负调整时由指针值码字中的 5 个 D 比特反转来表示,随后在 H3 字节中立即存放 3 个负调整字节(VC 净负荷),而下一帧的 5 个 D 恢复,其指针值将是调整后的新值($n \rightarrow n-1$),如图 2-11 所示。

在接收端,将按 5 个 D 比特中是否多数反转来决定是否有负调整,并决定是否解读 H3 字节的内容。

③理想情况

当 VC-4 帧速率与 AU-4 帧速率相等时,无需调整,H3 字节是填充伪信息,0# 位置是 VC 净负荷。

以上的调整,当频率偏移较大,需要连续多次指针调整时,相邻两次指针调整操作之间至少间隔 3 帧(即每个第 4 帧才能进行操作),这 3 帧期间的指针值保持不变。

（2）TU-3 PTR

在 VC-3 进入 TU-3 时需要加上 TU-3 PTR。

$$TU\text{-}3 = VC\text{-}3 + TU\text{-}3 \ PTR$$

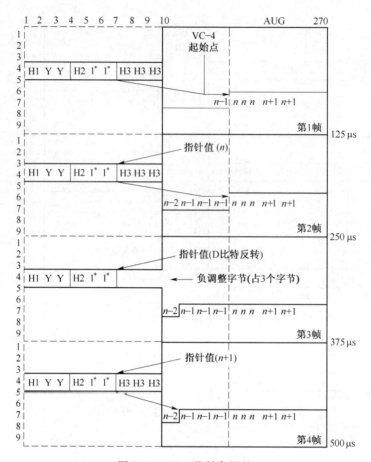

图 2-11　AU-4 指针负调整

TU-3 PTR 位于 TU-3 帧的第一列的前 3 个字节,如图 2-12 所示。

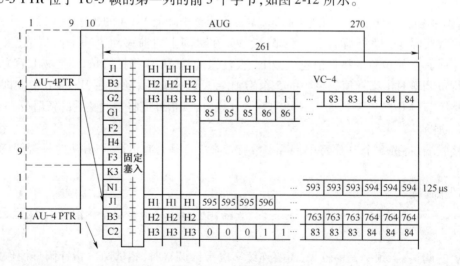

图 2-12　TU-3 指针位置

与 AU-4 指针值类似,H1、H2 字节中的指针值指出 VC-3 起始字节的位置,而 H3 字节用于帧速率调整,负调整时可携带 VC 数据。TU-3 按单个字节为单位调整,因而需要 9 行 × 85 列 = 765 个指针值来表示。TU-3 指针值编号为 0 ~ 764。指针值每增减 1,代表 1 个字节的偏移量。

（3）TU-12 PTR

在 VC-12 进入 TU-12 时需要加上 TU-12 PTR。

$$TU-12 = VC-12 + TU-12\ PTR$$

TU-12 PTR 位于 TU-12 帧的第一列的第 1 个字节,4 个子帧构成一个复帧,形成 TU-12 的指针 V1、V2 和 V3,如图 2-13 所示。

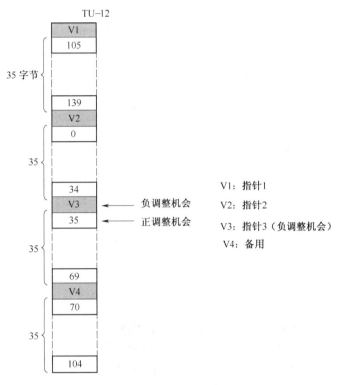

图 2-13　TU-12 指针位置

与 TU-3 指针值类似,其 V1、V2 字节中的指针指出 VC-12 起始字节的位置,而 V3 字节为负调整机会,V3 后的一个字节(35 号)为正调整机会。TU-12 按单个字节为单位调整,因而需要 $35 \times 4 = 140$ 个指针值来表示,TU-12 指针值编号为 0~139。

二、任务实施

本任务使用 PDH/SDH 数字传输分析仪对 SDH 系统进行开销监测和 APS 信息监测。

1. 材料准备

SDH 同步光纤传输系统 1 套,PDH/SDH 数字传输分析仪 1 台,可调光衰减器 1 个,光纤跳线若干。

2. 实施步骤

（1）认识 PDH/SDH 数字传输分析仪

PDH/SDH 数字传输分析仪由发射部分和接收部分。

发射部分首先由图形发生器产生各种测试图形,由 PDH 成帧电路将这种图形装入 PDH 帧结构,然后通过 STM-1 复用器映射到 SDH 的容器中,或者直接将图形 SDH 的容器中,形成 STM-1 的帧结构信号。最后由 STM-4 复用器复用为 STM-4 的帧结构信号。在发射信号中还需插入误码、告警和抖动。发射部分有 PDH 电接口输出、STM-1 电接口输出、STM-1/4 光接口输出三种输出。PDH 电接口输出可选择各种编码,STM-1 电接口输出只设 CMI 编码。STM-1/4 光接口输出时光波长可以是 1 310 nm,也可以是 1 550 nm。

接收部分是一个误码、告警和功能检测器,还可测量频率和光功率。输入的 STM-1/4 光信号由光/电转换变为电信号,经 STM-4 解复用为 STM-1 帧信号,再经 STM-1 解复用器去映射为 PDH 帧信号或非帧信号。若解复用出来的是帧信号,由 PDH 去帧电路屏蔽时隙 0 和时隙 16,只留下测试图形,与本地图形发生器产生的信号在比特误码检测器中比较。若解复用出来的是非帧信号,则直接与本地信号比较,比特误码检测器检测出的误码由计数器计数,最后 CPU 读取,经数据处理后送显示器输出。

SDH 的 BIP 误码、远端块误码、告警等功能是通过读取、处理 STM-1/4 解复用器的指定开销数据来监测的。PDH/SDH 数字传输分析仪的模块配置和接口位置如图 2-14 所示。

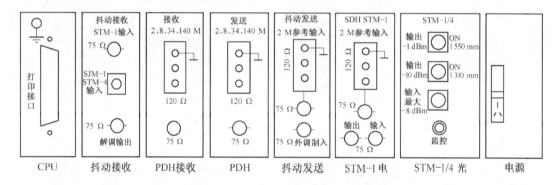

图 2-14　PDH/SDH 数字传输分析仪模块配置和接口位置

传输分析仪包括电源板模块、CPU 模块、抖动接收模块、PDH 接收模块、PDH 发送模块、抖动发送模块、STM-1 电模块和 STM-1/4 光模块。电源板提供整机电源,设 ±5 V、±12 V 和 +24 V 输出,功率约 250 W。CPU 模块是整机的控制、处理器,设有并行打印接口,可接打印机。抖动接收模块测量 PDH 和 SDH 的抖动,由抖动光接收扳和测量板组成。PDH 接收模块提供非结构化帧结构和非帧结构的 2、8、34、140 Mbit/s 误码和告警测量。PDH 发送模块产生 PDH 非结构化帧和非帧信号,对非帧有各种图形可提供选择。抖动发送模块产生 PDH 和 SDH 抖动。STM-1 电模块用于 STM-1 电信号的产生和测量。STM-1/4 光模块用于 STM-1/4 光信号的产生和测量。

PDH/SDH 数字传输分析仪的面板布置如图 2-15 所示,包括 20 个告警指示灯和 20 个按键。告警指示灯的名称如面板所示,各按键功能说明如下:

〔发射〕:PDH/SDH 发射部分的菜单设置键。

〔接收〕:PDH/SDH 接收部分的菜单设置键。

〔结果〕:显示测量结果键。

〔其他〕:用以设置自测试、日期、面板按键锁定、打印机、声告警等功能。

〔本地〕:远程/本地操作选择键。远程时,"远程"指示灯亮。

〔单次误码〕:单次误码插入键。

〔开始/停止〕:测量开始或停止键。开始时,指示灯亮。

〔显示历史〕:按此键,在面板告警指示灯上显示曾经发生过的告警。当历史上曾发生过告警时,"历史告警"指示灯亮。

〔清除历史〕:历史告警清除键。如曾发生过历史告警,按此键时,"历史告警"指示灯灭。

[打印]:打印测试结果键。

[走纸]:打印机走纸键。

[◄]、[►]、[▲]、[▼]:方向键。

显示器下面的 5 个软键:根据测量设置由仪器自动定义,并在显示器下端显示。

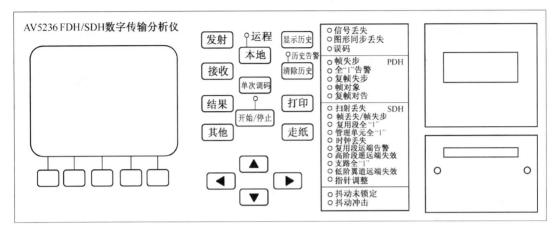

图 2-15　PDH/SDH 数字传输分析仪前面板

(2)SDH 开销监测

①如图 2-16 所示,使用 75 Ω 的同轴电缆线连接 SDH 传输设备和 PDH/SDH 数字传输分析仪的 SDH STM-1 输入、输出端。

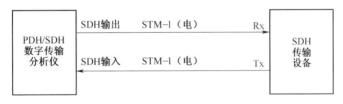

图 2-16　SDH 测试连接

②设置分析仪 SDH 发射机的信号类型为 STM-1 电信号,设置时钟、频偏、AU4 映射、通道类型、TU 净荷等参数。

③设置分析仪 SDH 接收机的信号类型为 STM-1 电信号,设置 AU4 映射、通道类型、TU 净荷等参数与发射机相同,观察面板上的告警指示灯全部熄灭。

④在发射[SDH][开销设置][POH]或[SOH]中设置 SDH 的开销字节值。

⑤在接收[SDH][开销监视][POH]或[SOH]中进行开销监视。

⑥恢复 SDH 的开销字节设置。

(3)APS 信息监测

①如图 2-16 所示,使用 75Ω 的同轴电缆线连接传输设备和分析仪的 SDH STM-1 输入、输出端。

②设置分析仪 SDH 发射机的信号类型为 STM-1 电信号,设置时钟、频偏、AU4 映射、通道类型、TU 净荷等参数。

③设置分析仪 SDH 接收机的信号类型为 STM-1 电信号,设置 AU4 映射、通道类型、TU 净荷等参数与发射机相同,观察面板上的告警指示灯全部熄灭。

④在发射[SDH][开销设置][SOH]中设置 SDH 开销字节的 K1、K2 值。

⑤在接收［SDH］［开销监视］［APS信息］中进行APS信息监测。

⑥恢复SDH开销字节的K1、K2设置。

（4）跟踪字节监测

①如图2-16所示,使用75Ω的同轴电缆线连接传输设备和分析仪的SDH STM-1输入、输出端。

②设置分析仪SDH发射机的信号类型为STM-1电信号,设置时钟、频偏、AU4映射、通道类型、TU净荷等参数。

③设置分析仪SDH接收机的信号类型为STM-1电信号,设置AU4映射、通道类型、TU净荷等参数与发射机相同,观察面板上的告警指示灯全部熄灭。

④设置SDH跟踪字节的J0、J1、J2值。

⑤在接收端进行跟踪字节的监测。

⑥恢复SDH跟踪字节的J0、J1、J2设置。

（5）SDH支路扫描

①如图2-16所示,使用75Ω的同轴电缆线连接传输设备和分析仪的SDH STM-1输入、输出端。

②设置分析仪SDH发射机的信号类型为STM-1电信号,设置时钟、频偏、AU4映射、通道类型、TU净荷等参数。

③设置分析仪SDH接收机的信号类型为STM-1电信号,设置AU4映射、通道类型、TU净荷等参数与发射机相同,观察面板上的告警指示灯全部熄灭。

④设置支路扫描的比特误码门限、测量时间值。

⑤查看SDH支路扫描结果。

任务3:SDH光接口识别

任务:掌握SDH光接口的分类,理解各类光接口所处的位置。

要求:能根据光接口代码分析光接口的类别、工作波长、类型和支持的速率。

一、知识准备

传统的PDH系统是一个自封闭系统,光接口是专用的,外界无法接入。而SDH系统是一个开放式的系统,任何厂家的任何网络单元都能在光路上互通,即具备横向兼容性。为此,必须实现光接口的标准化。

全世界有统一SDH光接口标准。光接口是SDH系统最具特色的部分,由于它实现了标准化,使得不同网元可以经光路直接相连,节约了不必要的光/电转换,避免信号因此而带来的损伤(例如脉冲变形等),节约了网络运行成本。SDH的物理接口由ITU-T G.957和G.691建议加以规范。ITU-T对SDH的四个速率等级所使用的工作波长范围、光纤通道特性、光发射机和接收机的特性都做了规定,并对其应用给出了分类代码。在SDH中除了对STM-1定义了光接口和电接口以外,其他速率等级的接口均为光接口。

1. SDH光接口位置

根据系统是否有光放大器、线路速率是否达到STM-64,SDH系统的光接口分为两类:第Ⅰ类不包括任何放大器且速率低于STM-64,第Ⅱ类包括光放大器且速率达到STM-64。

（1）第Ⅰ类 SDH 光接口位置

ITU-TG.957 规范了与 SDH 相关的设备和系统的光接口，属于第Ⅰ类 SDH 光接口，光接口位置如图 2-17 所示。S 点是紧挨着发送机的活动连接器（简称 CTX）后的参考点，R 是紧挨着接收机的活动连接器（简称 CRX）前的参考点，光接口的参数可以分为三类：参考点 S 处的发送机光参数、参考点 R 处的接收机光参数和 S-R 点之间的光参数。

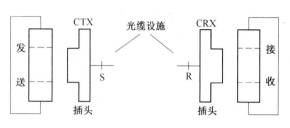

图 2-17　第Ⅰ类 SDH 光接口位置示意图

（2）第Ⅱ类 SDH 光接口位置

ITU-TG.691 规范了具有光放大器的单路 STM-64 和其他 SDH 系统的光接口，属于第Ⅱ类 SDH 光接口，光接口位置如图 2-18 所示。该建议提供利用光前置放大器和/或光提升放大器的单路长途 STM-4、STM-16 和 STM-64 系统的光接口的参数和数值。此外，该建议书亦提供无光放大器的单路 STM-64 的局内和短途系统的光接口参数。图中 MPI-S 点是主通道发送端接口，MPI-R 点是主通道接收端接口。

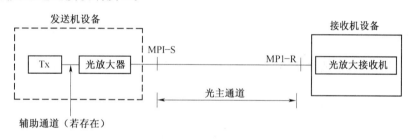

图 2-18　第Ⅱ类 SDH 光接口位置示意图

2. SDH 光接口代码

不同的应用场合用不同的代码表示，见表 2-4。SDH 光接口应用类型用"应用类型-STM 等级·尾标数"三部分的代码来表示，如 L-4.2 光接口、V-16.3 光接口。

（1）第一部分：表示应用场合的不同

I——局内通信光接口。一般传输距离只有几百米，最多不超过 2 km。

S——短距离局间通信光接口。一般指局间再生段距离为 2～40 km 的场合。

L——长距离局间通信光接口。一般指局间再生段距离为 40～80 km 的场合。

V——超长距离局间通信光接口。一般指局间再生段距离为 80～120 km 的场合。

U——甚长距离局间通信光接口。一般指局间再生段距离为 120～160 km 的场合。

（2）第二部分：表示 STM 的速率等级

1——STM-1 速率等级。

4——STM-4 速率等级。

16——STM-16 速率等级。

64——STM-64 速率等级。

（3）第三部分：表示工作的波长窗口和光纤类型

1——表示工作窗口为 1 310 nm，所用光纤为 G.652 光纤。

2——表示工作窗口为 1 550 nm，所用光纤为 G.652 或 G.654 光纤。

3——表示工作窗口为 1 550 nm,所用光纤为 G. 653 光纤。

5——表示工作窗口为 1 550 nm,所用光纤为 G. 655 光纤。

表2-4　光接口代码一览表

应用	局内	短距离局间			长距离			超长距离			甚长距离	
波长(nm)	1 310	1 310	1 550	1 550	1 310	1 550	1 550	1 310	1 550	1 550	1 550	1 550
光纤类型	G. 652	G. 652	G. 652	G. 653	G. 652	G. 652	G. 653	G. 652	G. 652	G. 653	G. 652	G. 653
目标距离(km)	≤2	~15	~15		~40	~80	~80	~80	~120	~120	~160	~160
STM-1	I-16	S1.1	S-1.2	—	L-1.1	L-1.2	L-1.3	—	—	—	—	—
STM-4	I-4	S-4.1	S-4.2		L-4.1	L-4.2	L-4.3	V-4.1	V-4.2	V-4.3	U-4.2	U-4.3
STM-16	I-16	S-16.1	S-16.2		L-16.1	L-16.2	L-16.3	V-16.1	V-16.2	V-16.3	V-16.2	V-16.3
目标距离(km)	—	~20	~40	~40	~40	~80	~80	~80	~120	~120		
STM-64	—	S-64.1	S-64.2	S-64.3	L-64.1	L-64.2	L-64.3	V-64.1	V-64.2	V-64.3	—	—

在规范参数的指标时,均规范为最坏值,即在极端的(即最坏的)光通道损耗和色散条件下,仍然要满足每个再生段光缆的误码率不大于 1×10^{-10}(市话)或 1×10^{-11}(长途)的要求。

二、任务实施

本任务的目标是分析某铁路局接入网采用的光接口代码及表示的含义。

1. 材料准备

本铁路局接入网光接口。

2. 实施步骤

本铁路局接入网采用的光接口代码为 S-4.1 光接口。

S-4.1 光接口表示的含义如下:

该光接口为短距离局间通信光接口,工作窗口为 1 310 nm,所用光纤为 G. 652 光纤,该光接口支持的速率等级为 STM-4。

模块二　SDH 传输系统配置

任务1:认识 SDH 网络管理系统

任务:理解 SDH 网络管理系统的分层和接口,掌握 SDH 网络管理系统的功能。

要求:能安装中兴 E300 网管系统。

一、知识准备

SDH 的一个显著特点是在帧结构中安排了丰富的开销,从而使其网络的监控和管理能力相对于 PDH 而言大大加强。

1. SDH 网络管理分层

SDH 管理网(简称 SMN)是电信管理网(简称 TMN)的一个子集,专门负责管理 SDH 网元(简称 NE)。SMN 又可细分成一系列的 SDH 管理子网(简称 SMS),这些 SMS 由一系列分离的嵌入控制通路(简称 ECC)及有关站内的数据通信链路组成,并构成整个 TMN 的有机部分。

一个 SMS 是以数据通信通路(简称 DCC)为物理层的嵌入控制通路(简称 ECC)互连的若干网元,其中至少一个网元有 Q 接口,并可通过此接口与上一级管理层互通,如图 2-19 所示。这个能与上级互通的网元称为网关网元。

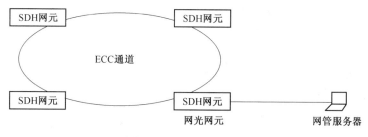

图 2-19　SDH 管理子网

在 SDH 系统内传送网管消息通道的逻辑通道为 ECC,其物理通道应是 DCC。DCC 是利用 SDH 再生段开销 RSOH 中 D1 ~ D3 字节和复用段开销 MSOH 中 D4 ~ D12 字节组成的 192 kbit/s 和 576 kbit/s 通道,分别称为 DCCR 和 DCCM,前者可以接入中继站和端站,后者是端站间网管信息的快车道。

SDH 网络管理可以划分为五层,从下至上分别为网元层、网元管理层、网络管理层、业务管理层和商务管理层,如图 2-20 所示。

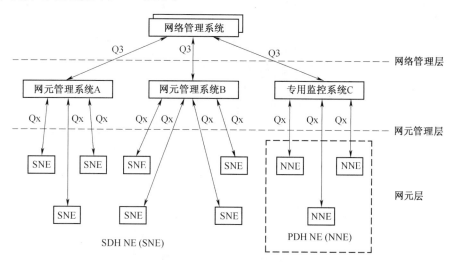

图 2-20　SDH 网络管理分层结构

(1)网元层(简称 NEL)

NEL 是最基本的管理层,基本功能应包含单个网元的配置、故障和性能等管理功能。NEL 分两种:一种是使单个网元具有很强的管理功能,可实现分布管理;另一种是给网元以很弱的管理功能,将大部分管理功能集中在网元管理层上。

(2)网元管理层(简称 EML)

EML 直接参与管理个别网元或一组网元,其管理功能由网络管理层分配,提供诸如配置管理、故障管理、性能管理、安全管理和计费管理等功能。所有协调功能在逻辑上都处于网元管理层。

(3)网络管理层(简称 NML)

NML 负责对所辖区域的网络进行集中式或分布式控制管理,如电路指配、网络监视和网络分析统计等功能。NML 应具备 TMN 所要求的主要管理应用功能,并能对多数不同厂家的单元管理器进行协调和通信。

(4)业务管理层(简称 SML)

业务管理层负责处理服务的合同事项,诸如服务订购处理、申告处理和开票等。业务管理层主要承担下述任务:为所有服务交易(包括服务的提供和中止、计费、业务质量及故障报告等)提供与用户的基本联系点,以及提供与其他管理机关的接口;与网络管理层、商务管理层及业务提供者进行交互式;维护统计的数据(如服务质量);服务之间的交互。

(5)商务管理层(BML)

商务管理层是最高的逻辑功能层,负责总的企业运营事项,主要涉及经济方面,包括商务管理和规划。

2. SDH 网络管理接口

SDH 网络管理的主要操作运行接口包括 Q 接口和 F 接口,当与其他电信管理网相连时还涉及 X 接口。

(1)Q 接口

Q 接口包括完全的 Q3 接口和简化的 Qx 接口。Q3 接口是 ITU 标准接口,具 OSI 七层功能,利用 DCC 构建数据通道,采用 ECC 协议栈,一般用于将操作系统连至另一个操作系统,或将操作系统连至网关网元,以及 NML 与 EML 之间的连接。Qx 接口是一种简化的 Q3 接口,只含有 OSI 下三层功能,一般用于网元层与网元管理层的连接等。

(2)F 接口

F 接口可用来连接 SDH 网元和本地网络操作终端,物理接口可用 RS-232/X.25/V.24 等接口。F 接口支持远程登录,便于厂家远程技术支援。

(3)X 接口

在低层协议中,X 接口与 Q3 接口完全相同。在高层协议中,X 接口涉及不同电信运营商与电信管理网之间的互通,需要比 Q3 接口更好地支持安全功能。

SDH 网元与 TMN 其他部分的连接可以通过一系列标准接口,如与工作站链接可以通过 F 接口,与操作系统可以通过标准的 Q3 接口或简化的 Q3 接口相连。SDH 网管系统支持网管客户端通过 TCP/IP 连接到网管服务器,实现远程管理 SDH 网络。

在同一设备站内可能有多个可寻址的 SDH 网元,要求所有的网元都能终结 ECC,并要求 SDH 网元支持 Q3 接口和 F 接口。不同局站的 SDH 网元之间的通信链路通常由 ECC 通道构成。在同一局站内,SDH 网元可以通过站内 ECC 或本地通信网(简称 LCN)进行通信,趋势是采用 LCN 作为通用的站内通信网,既为 SDH 网元服务,又可以为非 SDH 网元服务。

3. SDH 网络管理功能

SDH 管理网是 SDH 传送网的一个支撑网,包括以下五种功能。

(1)性能管理

性能管理主要收集网元和网络状况的各种数据,进行监视和控制,包括网络性能数据收集、性能监视历史、门限设置以及统计性能数据报告等内容。

(2)故障管理

故障管理是对不正常的网络运行状况或环境条件进行检测、隔离和校正的一系列功能,从网元接收故障和告警数据,并将其转换为网络性能报告,主要包括告警监视、告警历史管理以及测试管理等内容。告警历史数据通常存在 SDH 网元的寄存器内,每个寄存器包含有告警消息的所有参数,并应能周期地读出或按请求读出。

(3)配置管理

配置管理主要实施对网元的控制、识别和数据交换,实现对传送网进行增加或撤消网元、通道、电路等调度功能,以及对 SDH 网元进行配置、检查和测试等功能。配置管理分为网络初次运行的初始配置管理和网络正常运行维护时的工作配置管理两个阶段。

(4)安全管理

安全管理主要包括用户、口令、操作权限、操作日志的管理等。

(5)计费管理

计费管理主要是收集和提供计费管理的基础信息等内容。

4. 中兴 E300 网管系统

中兴 ZXONM E300 是基于 Windows 2000 和 Unix 平台的网元层网管系统,主要管理对象包括 ZXMP S200/S320/S325/S360/S380/S385/S390 以及 ZXMP M600/M800 和 ZXWM M900 等设备。

ZXONM E300 网管系统软件包括用户界面(简称 GUI)、管理者、数据库和网元代理四部分,如图 2-21 所示。管理者也称为服务器。GUI 也称为客户端,GUI 基本上不保存动态的网管数据,这些数据在 GUI 使用时通过管理者从数据库中提取。数据库主要完成界面和管理功能模块的信息查询,配置、告警等信息的存储,数据一致性的处理。网元代理位于网元层,运行于网元控制板(简称 NCP 板)外。

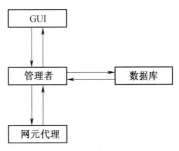

图 2-21　ZXONM E300 网管系统软件组成

采用 GUI/管理者-数据库/网络代理三层客户端/服务器方式实现,各个模块之间是客户端/服务器的关系:GUI 和管理者之间,GUI 是客户端,管理者是服务端;管理者和数据库之间,管理者是客户端,数据库是服务端;管理者和网络代理之间,管理者是客户端,网络代理是服务端;客户端向服务端发送请求,服务端接收请求,处理分析后作出相应的响应。

E300 网管系统具有以下特点:

(1)具有强大的管理能力。

E300 可根据不同的网络规模配置不同档次的工作站或服务器,或者采用划分管理域的方法,配置多套网管系统。根据网络规模灵活配置,管理能力可动态扩展。

(2)支持灵活的组网方式。

E300 支持单 GUI 单管理者、单 GUI 多管理者、多 GUI 单管理者、多 GUI 多管理者等多种组网方式。

(3)提供远程网管。

E300 可以通过各种组网形式提供远程网管,管理分散区域的传输设备。GUI 和管理者,管理者和网络代理之间都可以通过远程连接进行管理,从而可以方便地实现多网管系统。

(4)灵活、强大的主副网管及自动倒换功能。

E300 可以设置一个主网管和一个副网管。正常情况时,以主网管负责完成整个网络的管理功能。当主网管出现故障时,可以自动倒换到副网管上,由副网管负责完成整个网络的管理功能。

(5)完善的安全机制。

E300 具有三级安全机制,在 GUI、管理者、网络代理分别有相应的安全措施,具有很强的安全性;采用数据库备份,具有良好的安全性。对于多 GUI/多管理者-数据库的情况,通过加锁机制和数据库同步机制保证数据的同步和一致。支持数据库上载方式,以网络代理数据为准的数据同步,包括对本地控制终端(简称 LCT)修改数据的同步。E300 支持包括逻辑子网、DNI 在内的各种保护。

(6)支持不同的操作系统。

E300 支持 Windows 和 Unix 操作系统,以满足不同用户、不同层次的需求。

(7)支持 ECC 自动路由功能。

网元代理的 ECC 使用自动路由算法,在设备间光纤连接正确的情况下,网元间能够自动建立 ECC 路由,不需人工配置,真正实现光板 ECC 的即插即用。

(8)可远程在线升级 NCP 软件。

通过 FTP 方式远程下载 NCP 软件,为系统的维护、升级提供方便,保证系统升级的可靠性。

二、任务实施

本任务的目的是安装中兴 E300 网管系统。

1. 材料准备

E300 网管安装光盘 1 套,Windows XP 操作系统的计算机 1 台。

2. 实施步骤

(1)将 ZXONM E300 安装光盘放入光驱。

(2)运行 setup. exe 文件,进入"语言选择"对话框,选择"中文"或"英文",单击"确定"按钮,弹出安装设置提示框,如图 2-22 所示。

图 2-22　安装设置提示框

(3)当进度条进行到 100% 后,系统直接进入 ZXONM E300 的安装初始窗口。

(4)单击"下一步"按钮,进入选择软件许可协议对话框。

(5)单击"是"按钮接受协议,弹出用户信息对话框。

(6)在用户信息对话框中输入用户名、公司名称以及序列号,如图 2-23 所示。单击"下一步"按钮,弹出选择目标位置对话框。如果自定义安装目录,单击"浏览"按钮,选择安装目录。

(7)单击"下一步"按钮,弹出选择安装类型选择对话框。E300 有典型、客户端和自定义三种安装类型。典型安装表示完全安装 ZXONM E300 网管;客户端安装表示安装客户端和报表服务器;自定义安装用于计算机只安装部分网管组件的情况。本任务以典型安装为例介绍 E300 网管的安装。

(8)在安装类型选择对话框中,选择"典型",单击"下一步"按钮,弹出选择设备类型对话框,如图 2-24 所示。选择设备类型对话框列出 ZXONM E300 可管理的设备类型列表。设备类

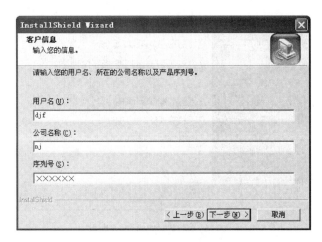

图 2-23　用户信息对话框

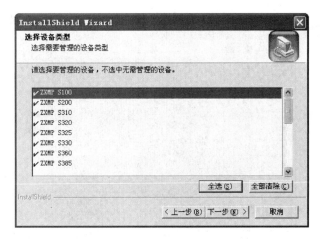

图 2-24　选择设备类型对话框

型前有符号,"√"表示管理此类型设备,空表示不管理此类型设备。

(9)单击"全选"按钮,选择安装要管理的设备。

(10)单击"下一步"按钮,弹出建立程序文件夹对话框。

(11)缺省文件夹名称为 ZXONM_E300,用户可根据实际需要更改文件夹名称,单击"下一步"按钮,弹出安装数据库大小选择窗口。

(12)默认选择中等容量,用户可根据需要选择数据库大小,单击"下一步"按钮,弹出文件拷贝窗口。

(13)系统拷贝文件完毕后,弹出设置完成对话框。

(14)设置完成对话框中,单击"完成"按钮,完成设置并弹出系统重启选择对话框,如图 2-25 所示。

(15)选择"是,立即重新启动计算机",单击"完成"按钮,完成 ZXONM E300 安装,系统自动重启计算机,加载所有的安装生成项。

安装结束后,对于典型安装将在指定路径下生成 sybase、db、server、gui、manager 等文件目录。

(16)计算机重启后,单击"开始""ZXONM-E300",开启 server,然后开启 GUI,进入 E300

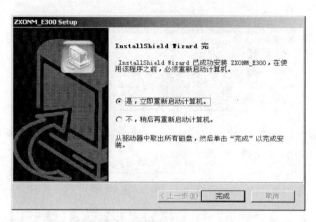

图 2-25　系统重启选择对话框

网管系统界面,如图 2-26 所示。

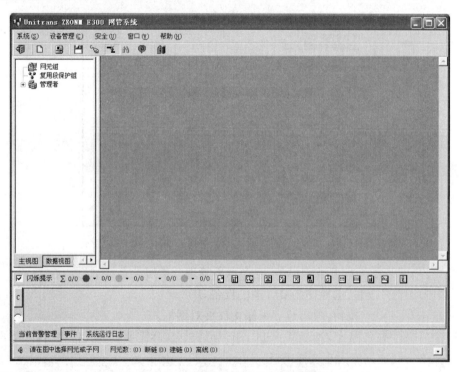

图 2-26　E300 网管系统界面

任务 2:SDH 系统硬件配置

任务:掌握 SDH 网元的特点,掌握 ZXMP S385 各单板的功能。

要求:能区分不同类型的 SDH 网元,会根据 SDH 网元的类型配置中兴 S385 子架及单板。

一、知识准备

1. SDH 网元

SDH 传输网中的节点称为网络单元,简称网元,也可称为网络站点。SDH 传输网是由网络单元和连接网络单元的传输介质组成的。SDH 传输网使用的传输介质主要有光纤和微波。
SDH 网元主要有终端复用器(简称 TM)、分插复用器(简称 ADM)、数字交叉连接设备(简称
DXC)和再生中继器(简称 REG)四种。

(1)终端复用器

TM 位于 SDH 传输网的末端节点(即终端),为双端口器件,一端为支路接口,另一端为西
向(W)或东向(E)线路接口,如图 2-27 所示。TM 负责将 PDH 信号或低于线路 STM-N 速率的
STM-M($M < N$)低速支路信号复用到高速线路信号 STM-N 中。反过来,它还可以从高速线路
上传输来的 STM-N 信号中解复用出 PDH 信号或低速的 STM-M 支路信号。

例如:终端复用器可以将支路中 1 个或多个 2 Mbit/s 的业务信号复用到 1 个线路上 STM-
1 中的任意位置,也可以从 1 个线路上 STM-1 信号中分解出支路 2 Mbit/s 业务信号。

(2)分插复用器

分插复用器(ADM)是 SDH 网络中应用最多的设备,它设在 SDH 传输网的中间转接站,为
三端口器件,一端为支路接口,另两端为线路光接口(默认左侧为西向和右侧为东向),如
图 2-28 所示。与 TM 不同的是,ADM 有两个方向的线路光接口。

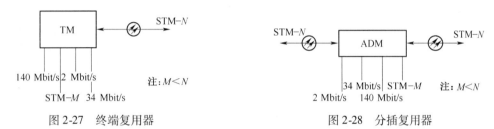

图 2-27　终端复用器　　　　　　　　　　图 2-28　分插复用器

ADM 将同步复用和数字交叉连接功能综合于一体,利用内部的交叉连接矩阵,不仅实现
了低速率的支路信号可灵活的插入/分接到高速的 STM-N 中的任何位置,还可以在东向(E)
和西向(W)两个方向的线路接口之间灵活地对通道进行交叉连接(俗称穿透)。

(3)数字交叉连接设备(DXC)

DXC 常用于网状网中心节点,为多端口器
件,一端为支路接口,另外有两个以上线路接
口,如图 2-29 所示。DXC 可对多路 STM-N 线
路信号进行交叉连接,还可以上/下低速业务。

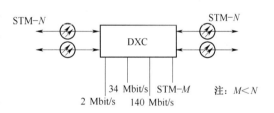

图 2-29　数字交叉连接设备

DXC 的核心部件是高性能的交叉连接矩
阵,为 SDH 传输网完成信息的交叉连接、交换
与调度,以及路由的保护切换、分配更改、网络
的扩展带来了方便,它具有强大的数字交叉连接功能,同时兼有同步复用、光电转换等功能,业
务处理能力极强。功能强的 DXC 能完成高速(如 STM-16)信号在交叉矩阵内的低级别交叉
(如 VC-4 和 VC-12 级别的交叉)。DXC 接口较多,其容量比 ADM 大,具有一定的智能恢复
功能。

通常用 DXCm/n 来表示一个 DXC 的类型和性能($m \geq n$),m 表示可接入 DXC 的最高速率
等级,n 表示在交叉矩阵中能够进行交叉连接的最低速率级别。m 越大表示 DXC 的承载容量
越大,n 越小表示 DXC 的交叉灵活性越大。数字 0 表示 64 kbit/s 电路速率,数字 1、2、3、4 分
别表示 PDH 体制中的 1 ~ 4 次群速率,其中 4 也代表 SDH 体制中的 STM-1 等级,数字 5 和 6 分
别代表 SDH 体制中的 STM-4 和 STM-16 等级。例如,DXC1/0 表示接入端口的最高速率为

PDH 一次群信号,而交叉连接的最低速率为 64 kbit/s;DXC4/1 表示接入端口的最高速率为 STM-1,而交叉连接的最低速率为 PDH 一次群信号。m、n 群次与速率对应见表 2-5。

表 2-5　m、n 群次与速率对应表

m 或 n	0	1	2	3	4	5	6
速率	64 kbit/s	2 Mbit/s	8 Mbit/s	34 Mbit/s	140 Mbit/s 155 Mbit/s	622 Mbit/s	2.5 Gbit/s

在实际应用中,许多厂家将 ADM 和 DXC 集成在一起。例如,中兴的 S385 设备既可以作为 ADM 使用,还可以作为 TM 或 REG 使用,甚至可以作为 DXC 使用。用户可以配置不用的单板来使其充当不同类型的网元。

(4)再生中继器(REG)

REG 设在网络的中间局站,为两端口器件,如图 2-30 所示。SDH 传输网的再生中继器(REG)有两种,一种是全光再生中继器,另一种是光电型的再生中继器。REG 的作用是完成信

图 2-30　再生中继器

号的再生整形,使线路噪声不积累,延长光纤的传输距离。REG 可以将东西向的线路信号进行放大处理,但没有交叉连接和复用/解复用功能,不能对东西向线路信号进行交叉连接,也不能将它们分插/复用变为低速支路信号。

2. 中兴 ZXMP S385 设备

中兴 SDH 光传输设备有 ZXMP S200、ZXMP S320、ZXMP S325、ZXMP S330、ZXMP S380、ZXMP S385、ZXMP S390、ZXONE 5800 等。本项目以 ZXMP S385 为例说明 SDH 传输系统组建。

ZXMP S385 是一款 STM-16/64 MSTP 设备,适用于网络的骨干或大容量汇聚层面,既可作为中等容量 DXC、大容量 ADM,又能通过 MSTP 功能实现以太网交换机和 ATM 交换机的功能。ADM 可以灵活配置为 REG/TM/ADM/MADM。容量方面可以实现 STM-16 到 STM-64 的平滑升级。ZXMP S385 具有大容量灵活的业务调度能力、强大的多业务接入能力、高可靠性、完善的设备保护、完备智能的网络保护等特点。

ZXMP S385 分为硬件和软件系统结构,两个系统结构既相对独立,又协同工作。

ZXMP S385 硬件结构分为业务接入与汇聚子系统、监控子系统、交叉子系统和通用控制子系统。业务接入与汇聚子系统包括光转发类型单板和汇聚类型单板,提供业务接入、业务汇聚、FEC 编解码、客户信号性能监测功能。监控子系统由网元控制板(NCP)、开销处理板(OW)组成,提供通讯总线、网管管理接口、监控信道传输功能。交叉子系统由时钟交叉板(CS)和时钟接口板(SCI)组成,为设备提供时钟支持,实现业务的接入、交叉、复用和解复用。通用控制子系统由风扇板(FAN)、Qx 接口板(QxI)组成,为子架提供电源和散热功能。

ZXMP S385 软件系统由各单板软件、网络代理和网管软件组成。单板软件在各单板中运行,管理、监视和控制本单板的运行。网络代理在主控板 NCP 中运行,监控网元各单板的运行状况,响应网管命令,并反馈命令执行结果,以实现网管对网元的管理和控制。网管软件实现对各网元统一管理和监控,具有故障管理、性能管理、安全管理、配置管理、维护管理和系统管理功能。

ZXMP S385 硬件基本配置单元包括子架、机柜、电源分配箱、防尘单元。ZXMP S385 子架高度为 17U(1U = 4.445 cm),带 1 个风扇插箱。2 m 机柜可以配置 1 个子架,2.2 m 和 2.6 m

机柜按实际需求可以配置 1~2 个子架。配置双子架时，需要配置导风单元。如图 2-31 所示为高度为 2 m 的 ZXMP S385 机柜内功能分区示意图。

ZXMP S385 子架由侧板、横梁和金属导轨等组成，可完成散热、屏蔽功能。背板固定在子架中，是连接各单板的载体，也是 ZXMP S385 同外部信号的连接界面。告警灯板位于机柜前门上方，带有运行指示灯，用于指示机柜内设备的工状态。

每个子架配置 1 个风扇插箱，风扇插箱里面装有独立的 3 个风扇盒。每个风扇盒通过风扇盒后面的插座和风扇背板进行电气连接。风扇盒有单独的锁定功能，面板上设有运行、告警指示。

电源分配箱安装在 ZXMP S385 机柜上方，用于接收外部输入的主、备电源。电源分配箱对外部电源进行滤波和防雷

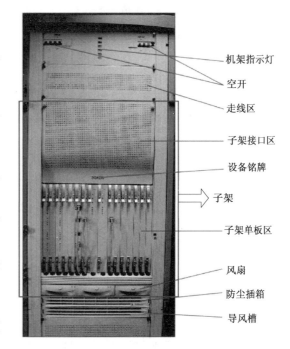

图 2-31　ZXMP S385 机柜内的功能分区

等处理后，分配主、备电源各 6 对至各子架。电源分配箱设有绿、黄、红 3 种颜色的指示灯，分别指示设备的电源正常、主要或次要、紧急告警状态。

ZXMP S385 子架插板示意图如图 2-32 所示，图中数字代表槽位序号。上半框 15 个槽位，下半框 16 个槽位，除去公共板卡槽位，可用业务槽位 14 个。上半框一般安插接口板，下半框安插业务板。通过子架中单板的不同配置实现设备的各项功能。

（1）网元控制板（NCP）

NCP 板提供设备网元管理功能，是系统网元级监控中心。NCP 板上连网管，下接单板监控信息，具备纵向和横向实时处理和通信的能力。NCP 板能在网管不接入的情况下，收集网元的管理信息并简单控制管理网元。

NCP 板的网元管理功能包括：

①完成网元的初始配置。

②接收网管命令并加以分析。

③通过通信口对各个单板发布指令，执行相应操作。

④将各个单板的上报消息转发网管。

⑤控制设备的告警输出和监测外部告警输入。

⑥在网管配合下，硬复位和软复位各单板。

NCP 板支持 1+1 保护，通过配置两块 NCP 实现，分别安插在 18 和 19 槽位。系统配置两块 NCP 板且都正常工作时，两块 NCP 板同时工作，但是备用 NCP 板只是接收数据，不向外发送数据。在主用 NCP 板不能正常工作时，备用 NCP 板成为主用。NCP 板支持单板软件的远程升级。

（2）Qx 接口板（QxI）

QxI 板提供电源接口、告警指示单元接口、列头柜告警接口、辅助用户数据接口、网管 Qx

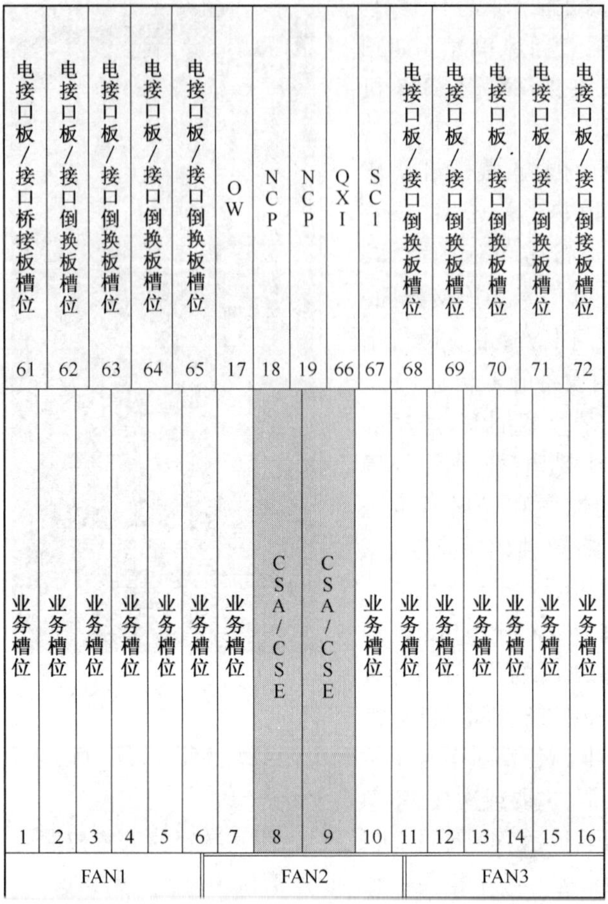

电接口板/接口桥接板槽位	电接口板/接口倒换板槽位	电接口板/接口倒换板槽位	电接口板/接口倒换板槽位	电接口板/接口倒换板槽位	OW	NCP	NCP	QXI	SCI	电接口板/接口倒换板槽位	电接口板/接口倒换板槽位	电接口板/接口倒换板槽位	电接口板/接口倒换板槽位	电接口板/接口倒接板槽位
61	62	63	64	65	17	18	19	66	67	68	69	70	71	72
业务槽位	业务槽位	业务槽位	业务槽位	业务槽位	业务槽位	业务槽位	CSA/CSE	CSA/CSE	业务槽位	业务槽位	业务槽位	业务槽位	业务槽位	业务槽位
1	2	3	4	5	6	7	8	9	10	11	12	13	14	15
FAN1					FAN2				FAN3					

图 2-32 ZXMP S385 子架插板示意图

接口和扩展框接口。Qx 接口完成 NCP 与网管的通信,采用遵循 TCP/IP 协议的以太网接口。

(3)交叉时钟板(简称 CS)及时钟接口板(简称 SCI)

时钟单元完成系统定时及网同步的功能。实现网同步的目的是使各节点时钟的频率和相位都控制在预先确定的容差范围内,以使网内的数字流可实现正确有效的传输和交换,避免因时钟不同步而对传送数据产生滑动损伤。时钟单元的功能由 CS 板和 SCI 板配合实现。时钟单元在系统中的位置以及与其他单板间的连接关系如图 2-33 所示。

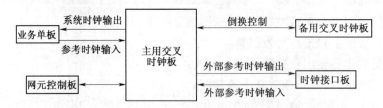

图 2-33 时钟单元与其他单板间的连接关系

CS 板是整个系统功能的核心,单板完成多业务方向的业务交叉互通、1∶N PDH 业务单板/数据业务单板保护倒换控制以及实现网同步几部分功能。ZXMP S385 提供 CSA 和 CSE 两种交叉板,以适应不同的系统和不同的组网选择。CSA 板可以完成 64 组 622 Mbit/s 速率(共 40 Gbit/s)的业务交叉功能,CSE 板可以完成 72 组 2.5 Gbit/s 速率(共 180 Gbit/s)的业务交叉功能。8 槽和 9 槽上两块交叉时钟板之间采用主从同步方式。时钟单元提供符合 G.813 规范的时钟信号。

SCI 板为 CSA/CSE 提供外部参考时钟接口,为 CSA/CSE 板提供 4 路外部参考时钟输出和 4 路外部参考时钟输入。SCI 板有 2.048 Mbit/s 接口板 SCIB 以及 2.048 MHz 接口板 SCIH 两种版本。

(4)公务板(OW)

OW 板主要实现系统的公务电话功能。OW 板采用 STM-N 信号中的公务字节,结合网管和 CSA/CSE 板交叉处理功能,实现如下功能:

①实现 PCM 语音编码,提供 64 kbit/s 编码速率。

②实现点对点、点对多点、点对组、点对全线的呼叫。

③支持强插功能。

④支持多方会议通话方式,最多可支持 28 个公务方向。

⑤可发送和接收 E1、E2 信道上的双音频信令,处理话机送来的双音频信令。

⑥对每个公务方向的 E1、E2,支持对保护字节的数字读写。

⑦每个公务方向可处理一个开销字节作为公务保护字节。

⑧提供 3 路 2 线模拟电话接口,前两路为公务接口,最后一路为 TRK 接口。模拟电话接口由 SCI 板提供。

⑨提供拨号音、回铃音、忙音、静音和铃流。

⑩支持 5 路数据接口,可配置成 RS422/RS232。数据接口由 QxI 板提供。

⑪实现 F1 同向数据接口功能,接口由 SCI 板提供。

ZXMP S385 系统提供了丰富的业务接口:STM-64/STM-16/STM-4/STM-1 光接口、STM-1 电接口、E3/T3 电接口、E1/T1 电接口(支持成帧处理)、POS 接口、ATM 接口、FE/GE 以太网接口以及 SAN 接口。对于以太网业务,又有 EOS、内嵌 RPR 和内嵌 MPLS 等多种承载方式,可组建以太网专线业务(EPL)、以太网虚拟专线业务(EVPL)、以太网专用 LAN 业务(EPLAN)以及以太网虚拟专用 LAN 业务(EVPLAN)等,满足不同组网环境的多种技术需要。

(5)STM-64 光线路板(OL64)

OL64 板是速率为 9953.280 Mbit/s 的光线路板。每块 OL64 板提供一个 STM-64 标准光接口。

(6)STM-16 光线路板(OL16)

OL16 板是速率为 2 488.320 Mbit/s 的光线路板。每块 OL16 板提供 1 个 STM-16 标准光接口,可实现 VC-4-4C/VC-4-16C 的实级联。

(7)STM-4/STM-1 光线路板(OL4/OL1)

OL4/OL1 板提供 STM-4/STM-1 标准光接口。OL4 板是速率为 622.080 Mbit/s 的光线路板。每块 OL4 板可提供 4 个 STM-4 标准光接口,可实现 VC-4-4C 的实级联。OL1 板是速率为 155.520 Mbit/s 的光线路板,每块 OL1 板可提供 8 个 STM-1 标准光接口。

(8)STM-1 电接口

STM-1 电接口单元主要对外提供 8 或 4 个方向的 STM-1 标准电接口,同时可以提供 1 : N ($N \leqslant 4$)保护功能。实现 STM-1 电接口单元功能的单板包括:LP1 ×4、LP1 ×8、ESS1 ×4、ESS1 ×8、BIE3。

处理 8 路 STM-1 电接口业务的单板有 LP1 ×8、ESS1 ×8,处理 4 路 STM-1 电接口业务的单板有 LP1 ×4、ESS1 ×4,处理带 1：$N(N≤4)$ 保护的 8 路 STM-1 电接口业务的单板有 LP1 ×8、ESS1 ×8、BIE3,处理带 1：$N(N≤4)$ 保护的 4 路 STM-1 电接口业务的单板有 LP1 ×4、ESS1 ×4、BIE3。

(9) E3T3 支路系统

E3T3 支路系统实现 PDH E3/T3 电信号的异步映射/去映射的功能,并提供两组 1：$N(N≤4)$ 支路保护功能。E3T3 支路系统包括 EP3 ×6、ESE3 ×6、BIE3 单板。

处理 6 路 E3/T3 电接口业务的单板有 EP3 ×6、ESE3 ×6,处理带 1：$N(N≤4)$ 保护的 6 路 E3/T3 电接口业务的单板有 EP3 ×6、ESE3 ×6、BIE3。

(10) E1T1 支路系统

E1T1 支路系统实现 PDH E1/T1 电信号的异步映射/去映射的功能,并提供 1：N 支路保护功能。

E1T1 支路系统由 E1 分系统和 T1 分系统组成。E1 分系统包括 EPE1 ×63(75)、EPE1 ×63(120)、EIE1 ×63、EIT1 ×63、ESE1 ×63、EST1 ×63、BIE1 单板。T1 分系统包括 EPT1 ×63、EIT1 ×63、EST1 ×63、BIE1 单板。

处理 63 路 E1 电接口(接口为 75 Ω)业务的单板有 EPE1 ×63(75)、EIE1 ×63,处理 63 路 E1 电接口(接口为 120 Ω)业务的单板有 EPE1 ×63(120)、EIT1 ×63,处理带 1：$N(N≤9)$ 保护的 63 路 E1 电接口(接口为 75 Ω)业务的单板有 EPE1 ×63(75)、ESE1 ×63、BIE1。

处理带 1：$N(N≤9)$ 保护的 63 路 E1 电接口(接口为 120 Ω)业务的单板有 EPE1 ×63(120)、EST1 ×63、BIE1,处理 63 路 T1 电接口业务的单板有 EPT1 ×63、EIT1 ×63,处理带 1：$N(N≤9)$ 保护的 63 路 T1 电接口业务的单板有 EPT1 ×63、EST1 ×63、BIE1。

(11) 光放大板(OA)

按照光放大板所处的位置分类,ZXMP S385 的光放大板包括功率放大板(OBA)和前置放大板(OPA)。ZXMP S385 的 OA 板通过放大 1 550 nm 波长(1 530 ~ 1 562 nm 波长范围)的光功率,提高系统无中继的传输距离,为光信号提供透明的传送通道,数据速率包括 10 Gbit/s、2.5 Gbit/s、622 Mbit/s 和 155 Mbit/s。每块 OA 板可提供一对或两对光接口,东向光板输出的 1 550 nm 光信号进入 OA 板放大后输出,西向光板接收。OA 板的核心是掺铒光纤放大器(简称 EDFA)。

(12) 双路透传千兆以太网板(TGE2B)

TGE2B 板用于完成将用户侧 2 路 1 000 Mbit/s 以太网数据透明转发到 SDH 侧。TGE2B 板的主要功能是从用户侧接收两路千兆以太网信号,进行相应的封装协议处理后,映射到 VC-4 的虚级联组,再经过指针和开销的再生后送往背板。发送方向是如上所述的逆过程。TGE2B 板支持点到点的网络组网形式,可以用于组建以太网专线业务(EPL)。

(13) 增强型智能以太网处理板(SEC)

ZXMP S385 提供 SEC ×48 和 SEC ×24 两种增强型智能以太网处理板。SEC ×48 可实现 48：1 的汇聚比,SEC ×24 可实现 24：1 的汇聚比。SEC 板用户侧提供 8 个 10 M/100 Mbit/s 以太网接口和 1 个 1 000 Mbit/s 以太网接口,系统侧提供 48 个或 24 个 10 M/100 Mbit/s 以太网接口,最大可实现 48：1 的汇聚比。系统侧带宽为 1.25 Gbit/s 或 622 Mbit/s。

SEC 板完成 10 M/100 Mbit/s 和 1 000 Mbit/s 自适应以太网业务的接入、L2 层的数据转发以及以太网数据向 SDH 数据的映射,并提供 10 M/100 Mbit/s 电业务的 1：N 保护功能。SEC 板的主要功能是从用户侧接收以太网数据帧,进行二层交换,根据学习查找的结果发送到相应的系统侧端口,将该端口的以太网帧进行相应的封装协议处理后,映射到 VC-12/VC-3/VC-4 的虚级联组,再经过指针和开销的再生后送往系统背板。发送方向是如上所述的逆过程。

处理 10 M/100 M 以太网电业务和 1 000 M 以太网业务的单板有 SEC ×48(或 SEC ×24)、ESFE ×8,处理带 1∶N 保护的 10 M/100 M 以太网电业务的单板有 SEC ×48(或 SEC ×24)、ESFE ×8、BIE3,处理 100 M 以太网光业务和 1 000 M 以太网业务的单板有 SEC ×48(或 SEC ×24)、OIS1 ×8。

(14)内嵌 RPR 交换处理板(RSEB)

RSEB 板是内嵌 RPR 业务处理功能的以太网单板。RSEB 使用系统提供的电源、时钟、管理接口、业务接口等执行汇入到本单板的业务数据的交换。RSEB 板实现以太网业务到 RPR 的映射,完成 RPR 特有的功能,利用 SDH/MSTP 环网的通道带宽资源,提供 RPR 所需的双环拓扑结构,完成 RPR 节点的环形互连。

RSEB 板配合使用光接口板 OIS1 ×8 或电接口板 ESFE ×8 板,可提供 8 个 FE 光接口或 FE 电接口。RESB 面板提供 2 个 GE 光接口。RPR 所占用的这部分 SDH 通道是独立的。RSEB 单板可插在槽位 2 ~5 和槽位 12 ~15。接口板 OIS1 ×8/ESFE ×8 可以插在槽位 62 ~65 和 68 ~71。

(15)内嵌 MPLS 以太网处理单板(MSE)

MSE 板完成 10 M/100 Mbit/s 自适应和 1 000 Mbit/s 以太网业务的接入、L2 层的数据转发、MPLS 报文处理以及以太网数据向 SDH 数据的映射。MSE 板提供 2 个 1 000 Mbit/s 以太网接口。10 M/100 Mbit/s 以太网接口由接口板/接口倒换板提供,通过更换接口板/接口倒换板可提供 10 M/100 Mbit/s 光接口或电接口。

处理 10 M/100 M 以太网电业务和 1 000 M 以太网业务的单板有 MSE、ESFE ×8,处理 10 M/100 M 以太网光业务和 1 000 M 以太网业务的单板有 MSE、OIS1 ×8。

MSE 单板应用于城域网接入层或汇聚层,采用流的方式处理以太网报文,支持 MPLS/VLAN/MAC 等多种交换方式,并提供二层网络的虚拟桥接功能和端到端业务的服务质量保障,是构建虚拟专线和虚拟专网业务网络的关键设备之一。

MSE 由业务处理板和业务接口板两部分组成,使用系统提供的电源、时钟、管理接口、业务接口等执行汇入到本单板的业务数据的交换。运行在 MSTP 节点中的 MSE 单板面向于将分散位置的客户业务接入或汇聚到干线或骨干层。来自于不同位置的业务经 MSE 单板进行流分类、目标地址识别、速率控制、调度、业务整形等操作之后,或者通过以太网接口发送,或者将报文经特定协议封装之后通过 SONET/SDH 接口发送。MSE 单板的业务处理流程符合 MSTP 标准,并内嵌 MPLS 和 VLAN 标签交换功能。

MSE 处理板支持 FPGA 和单板软件的远程升级、单板温度的在线检测、GE 光模块内部温度和接收/发送光功率检测,支持时钟板交叉板的热备份,支持交叉板基于业务的倒换。

MSE 处理板共有 10 个业务槽位可用,分别为槽位 1 ~5 和槽位 11 ~15。电/光接口板可以插在所有电接口出线区槽位,即槽位 61 ~65 和 68 ~72 中的任何一个。

综上所述,S385 设备包括功能板和业务板。S385 子架必须安插功能板,如 NCP、CS、OW。业务板包括线路板和支路板。线路板即光板,根据速率选插不同的光板,如 OL64、OL16、OL4、OL1。线路板配置时根据需要和光口数量配置光板数量,如果有三个 STM-16 光线路侧接口的 ADM 网元,OL16 单板只有一个光口,需配置 3 块 OL16 光板。支路板提供语音业务和数据业务的上下。例如,EPE1 板提供 63 个 2 M 接口,SE 板用户侧提供 8 个 10 M/100 Mbit/s 以太网接口和 1 个 1 000 Mbit/s 以太网接口。

二、任务实施

本任务为中兴 S385 站 1 ~ 站 4 网元配置单板,使之分别作为 STM-1 TM、STM-4 ADM、STM-16DXC、STM-64 REG 使用。除 REG 网元以外,其余网元均提供 63 路 E1 接口。

1. 材料准备

高 2 m 的 19 英寸机柜,ZXMP S385 子架 4 套,单板若干,ZXONM E300 网管 1 套。

2. 实施步骤

在 SDH 网管系统上进行数据配置的时候,网元先设为离线状态。当所有数据配置完成后,将网元改为在线,下载网元数据库。数据下载后设备即可正常运行。

SDH 传输系统数据配置一般依据如下步骤进行:创建网元→配置单板→建立连接→配置时钟源→配置复用段保护→配置业务→配置公务。

(1)启动网管:启动 Server→启动 GUI

在服务器上点击[开始→程序→ZXONM E300→Server]启动 Server,启动成功后工具栏右下角会出现🌐图标。在客户端上点击[开始→程序→ZXONM E300→GUI]启动 GUI,用户名:root,密码为空。

(2)创建网元

创建网元步骤如下:在客户端操作窗口中,单击[设备管理→创建网元]选项,或单击工具条中的🗋按钮,弹出创建网元对话框。通过定义网元的名称、标识、IP 地址(192.1. ×.18)、系统类型、设备类型、网元类型、速率等级、网元状态(离线)等参数,在网管客户端创建网元,如图 2-34 和图 2-35 所示。

图 2-34　创建网元

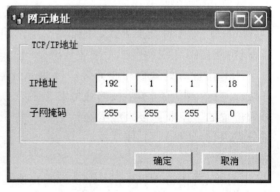

图 2-35　设置网元 IP 地址

根据表 2-6 网元规划创建站 1 ~ 站 4 网元。站 3 为 DXC,可用 ADM 实现。

表 2-6　网元规划表

网元名称	网元标识	网元地址	系统类型	设备类型	网元类型	速率等级	在线/离线
站 1	1	192.1.1.18	ZXMP S385	ZXMP S385	TM	STM-64	离线
站 2	2	192.1.2.18	ZXMP S385	ZXMP S385	ADM	STM-64	离线
站 3	3	192.1.3.18	ZXMP S385	ZXMP S385	ADM	STM-64	离线
站 4	4	192.1.4.18	ZXMP S385	ZXMP S385	REG	STM-64	离线

若添加错误网元,可以根据下列方法删除网元:选中要删除的网元,确保网元处于离线状态,单击[设备管理→删除网元]选项,点击"确定",即可删除网元。如果要删除的网元中已配置有时钟或业务,需要先删除时钟和业务,并使网元处于离线状态,才能删除网元。

(3)安装单板

①为站1配置单板,使之作为提供STM-1线路接口的TM使用,支持63路E1业务。

配置基本单板QXI、SCI、OW、SCIB各一块,NCP、CS各两块(主、备用),FAN板三块,见表2-7。配置光板OL1一块,每块OL1板提供8个标准STM-1光接口。配置支路板EPE1一块,每块EPE1板卡提供63个E1接口。

表2-7 站1单板配置表

单板名称 网元名称	NCP	OW	CS	OL1	EPE1
站1	2块	1块	2块	1块	1块

双击拓扑图中的站1网元图标,弹出子架配置界面,网管系统将自动安插QXI、SCI、FAN板。NCP、OW、CS、OL1、EPE1、EPE3等单板需要手工安装。手工安装单板步骤为:点击选中右侧的单板类型,子架上可配置该单板的槽位将变成亮黄色,单击选中要安装的槽位,添加手工单板。本任务中添加了2块NCP板和2块CS,分别用作主用和备用,增加设备的可靠性。站1单板配置如图2-36所示。

CS板还需选择"预设属性",添加CS、SC、TCS,否则默认为CSA板。具体做法为:先点右侧的 图标,使其变亮,选中CS板,右击选择"模块管理",勾选"预设属性",添加CS、SC、TCS,配置单板属性,如图2-37所示。

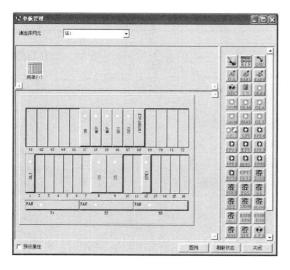

图2-36 站1单板配置   图2-37 CS模块配置

②为站2配置单板,使之作为提供STM-4线路接口的ADM使用,支持3路E3业务。

配置基本单板QXI、SCI、OW、SCIB各一块,NCP、CS各两块(主、备用),FAN板三块,见表2-8。配置光板OL4两块,每块OL4板提供4个标准STM-4光接口。配置支路板EPE3一块,每块EPE3板卡提供3个E3接口。

表2-8　站2单板配置表

单板名称 网元名称	NCP	OW	CS	OL4	EPE3
站2	2块	1块	2块	1块	1块

③为站3配置单板,使之作为提供四个STM-16线路接口DXC使用,支持120路E1业务。

配置基本单板QXI、SCI、OW、SCIB各一块,NCP、CS各两块(主、备用),FAN板三块,见表2-9。配置光板OL16四块,每块OL16板提供1个标准STM-16光接口。配置支路板EPE1两块。

表2-9　站3单板配置表

单板名称 网元名称	NCP	OW	CS	OL64	EPE1
站3	2块	1块	2块	4块	2块

④为站4配置单板,使之作为提供两个STM-64线路接口的REG使用。

配置基本单板QXI、SCI、OW、SCIB各一块,NCP、CS各两块(主、备用),FAN板三块,见表2-10。配置光板OL64两块,每块OL64板提供1个标准STM-64光接口。REG不支持业务分接/插入,不需要配置支路板。

表2-10　站4单板配置表

单板名称 网元名称	NCP	OW	CS	OL64
站4	2块	1块	2块	2块

若添加错误单板,则根据下列方法删除单板:先点右侧的▨图标,使其变亮,选中要删除的单板,右键选择拔板,即可删除单板。

任务3:建立SDH传输系统拓扑

任务:掌握不同SDH传输系统网络结构的特点。

要求:能组建点到点、链形、环形、网状形、环带链传输网拓扑。

一、知识准备

SDH传输系统是由网元和连接网元的传输介质构成的。根据网元之间的连接关系,SDH传输网的物理拓扑结构有链形、星形、树形、环形和网孔形,如图2-38所示。

(1)链形

链形网络也称线形网络,是将网中的所有网元节点一一串联,而首尾两端开放。这种拓扑的特点是较经济,在SDH网的早期用得较多。

(2)星形

星形网络的特点是可通过特殊网元节点来统一管理其他网元节点,利于分配带宽,节约成本。但星形网络存在特殊节点的安全保障和处理能力的潜在瓶颈问题。

（3）树形

树形网络可看成是链形拓扑和星形拓扑的结合。与星形网络相同，树形网络也存在特殊网元节点的安全保障和处理能力的潜在瓶颈问题。

（4）环形

环形网络实际上是指将链形网络首尾相连，从而使网上任何一个网元节点都不对外开放的网络拓扑形式。环形网络是当前传输网使用最多的网络拓扑形式，主要是因为它具有很强的生存性即自愈功能较强，常用于本地接入网和局间中继网。

（5）网孔形

网孔形网络将所有网元节点两两相连就形成了网孔形网络拓扑，这种网络拓扑为两网元节点间提供多个传输路由，使网络的可靠性更强，不存在瓶颈问题和失效问题，但是由于系统的冗余度高必会使系统有效性降低，成本高且结构复杂。网孔形网主要用于本地骨干网和长途干线网中，以提供网络的高可靠性。

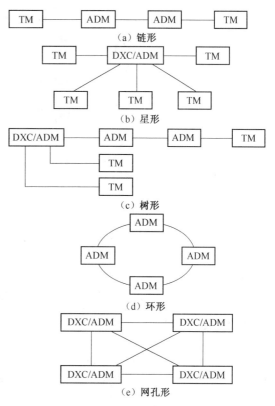

图2-38　SDH基本物理拓扑类型

实际的 SDH 网络拓扑结构通常是多种结构的结合，如链型网和环型网的结合，构成一些较复杂的网络拓扑结构，如图2-39所示的环带链形、相切环。

ZXMP S385 提供大容量的高低阶交叉能力，设备业务槽位丰富。可提供多路 ECC 的处理能力，完全满足复杂组网的要求。支持 STM-1/STM-4/STM-16/STM-64 级别的线形网、环形网、枢纽形网络、环带链、相切环和相交环等复杂网络拓扑。

二、任务实施

本任务的目的是配置站点间的光纤链路，组建点到点、链形、环形、网状形、环带链传输网拓扑结构，支持63路 E1 和3路 E3 业务。

1. 材料准备

高2 m 的19英寸机柜，ZXMP S385 子架6套，单板若干，ZXONM E300 网管1套，G.652 光纤跳线12根。

2. 实施步骤

（1）组建点到点 STM-1 传输网，站1为网关网元，通过与站1连接网管可以管理站2，如图2-40所示。

①启动网管

②创建网元

规划并填写网元参数，见表2-11。

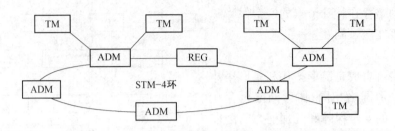

（a）环带链形

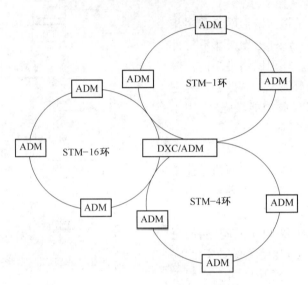

（b）相切环

图 2-39　SDH 网络的应用示例

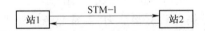

图 2-40　点到点 STM-1 传输网络连接图

表 2-11　点到点网络网元规划表

网元名称	网元标识	网元地址	系统类型	设备类型	网元类型	速率等级	在线/离线
站 1	1	192.1.1.18	ZXMP S385	ZXMP S385	TM	STM-64	离线
站 2	2	192.1.2.18	ZXMP S385	ZXMP S385	TM	STM-64	离线

根据网元规划创建站 1 网元。

③安装单板

规划并填写表 2-12 中各网元单板安装数量。

表 2-12　点到点网络单板配置表

单板名称 网元名称	NCP	OW	CS	OL1	EPE1	EPE3
站 1	2 块	1 块	2 块	1 块	1 块	1 块
站 2	2 块	1 块	2 块	1 块	1 块	1 块

根据规划为站 1 安装单板,站 1 网元配置的单板如图 2-41 所示。

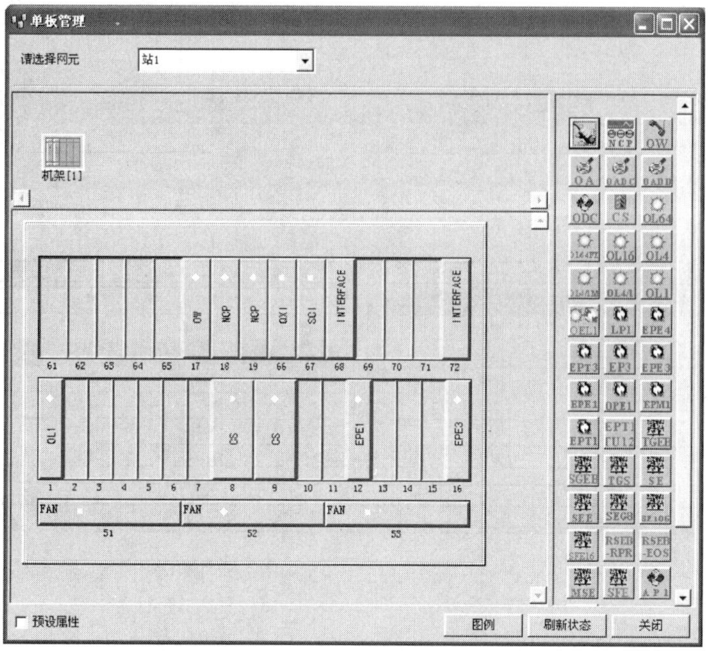

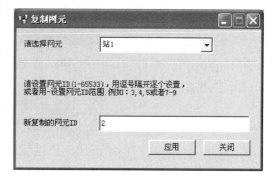

图 2-41　站 1 网元配置的单板

若要添加若干个相似配置的网元,可以在单板安装之后,使用复制、粘贴的方法添加:选中已配置好单板的网元,使用快捷键 CTRL + C 复制网元,然后用快捷键 CTRL + V 粘贴网元,填写新建网元的 ID。选择［窗口→锁定拓扑图］,单击去掉前面的√,移动网元到合适位置。右击选中网元属性,更改网元名称,配置单板,完成其他网元和单板的创建。注意:新复制网元 IP 地址会自动修改,若不满足规划要求,可以自行修改。

图 2-42　复制站 2 网元

在完成站 1 网元的单板配置以后可以使用复制、粘贴的方法添加站 2 网元,如图 2-42 所示。

④连接网元

连接网元要预先做好连接关系的分配,可以避免盲目工作,条理清楚。规划并填写各网元间光纤连接表,见表 2-13。

表 2-13　点到点网络网元间光纤连接表

序号	源网元端口号	目的网元
1	站 1 的 OL1 的端口 1	站 2 的 OL1 的端口 2

在客户端操作窗口中,选中要建立链接的网元,单击［设备管理→公共管理→网元间连接配置］菜单项,或单击工具条中的　　按钮,弹出连接配置对话框,根据规划表选中源网元的源

端口和目的网元的目的端口,单击"增加",将网元间连接关系添加到下方的连接配置窗口中,如图 2-43 所示。由于默认方向为"双向",左边的网元和右边的网元,只要按照正确的连接方法连接就可以,不用考虑方向。

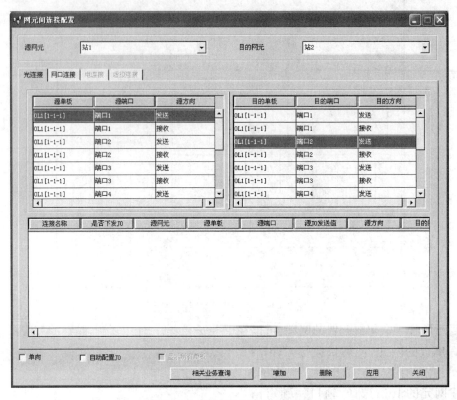

图 2-43　点到点网元间连接配置

图中源单板和目的单板名称由单板名称、机架 ID、子架 ID 和槽位号组成,例如 OL1[1-1-1]表示该单板是一块安装在机架 ID 为 1,子架 ID 为 1,1 号槽位的 OL1 板。确定选择连接正确后,点击"增加",然后点击"应用",会发现拓扑图上的两个网元间出现光纤连线,如图 2-44 所示。

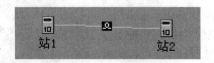

图 2-44　点到点网元连接图

单击站点间的光纤,右击"选择属性",可以查看该连接的信息,如图 2-45 所示。

图 2-45　连接的信息

若要删除错误连接,具体做法如下:选中删除的连接,右击选择网元间连接(或选中要建立链接的网元,单击[设备管理→公共管理→网元间连接配置]菜单项),弹出连接配置对话框,选择源网元和目的网元,选中要删除的连接,单击"删除",再单击"应用",即可删除不需要的连接。

不同的图标代表不同的光纤连接状态,见表 2-14。根据光纤连接表和表 2-14 检查网元之间的连接状态是否正常。若光纤连接不正常,需要排除故障,重新连接。

表 2-14　光纤连线图示

图标	光纤连接状态
	正常状态
	光纤断
ʕF	保护倒换

⑤设置网关网元

选择站 1 网元,选择[设备管理→设置网关网元],将站 1 添加到右侧网关网元列表中,将站 1 设置为网关网元。

(2)如图 2-46 所示,组建链形 SDH 传输网,站 1 为网关网元。

图 2-46　链形传输网络连接图

①启动网管

②创建网元

规划并填写网元参数,见表 2-15。

表 2-15　链形网络网元规划表

网元名称	网元标识	网元地址	系统类型	设备类型	网元类型	速率等级	在线/离线
站 1	1	192.1.1.18	ZXMP S385	ZXMP S385	TM	STM-64	离线
站 2	2	192.1.2.18	ZXMP S385	ZXMP S385	ADM	STM-64	离线
站 3	3	192.1.3.18	ZXMP S385	ZXMP S385	TM	STM-64	离线

根据网元规划创建站 1、站 2、站 3 网元。

③安装单板

规划并填写表 2-16 中各网元单板安装数量。

表 2-16　链形网络单板配置表

单板名称　／　网元名称	NCP	OW	CS	OL1	OL4	EPE1	EPE3
站 1	2 块	1 块	2 块	1 块	—	1 块	1 块
站 2	2 块	1 块	2 块	1 块	1 块	1 块	1 块
站 3	2 块	1 块	2 块	—	1 块	1 块	1 块

根据规划为站 1 和站 2 安装单板。站 1 的单板配置同上,站 2、站 3 网元的单板配置如图 2-47 所示。

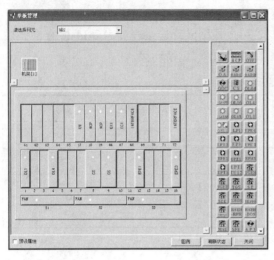 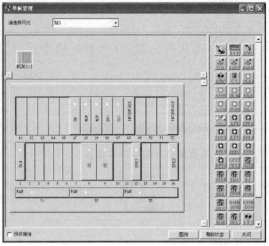

图 2-47　站 2、站 3 网元的单板配置

④连接网元

规划并填写各网元间光纤连接表,见表 2-17。

表 2-17　链形网络网元间光纤连接表

序号	源网元端口号	目的网元
1	站 1 的 OL1 的端口 1	站 2 的 OL1 的端口 2
2	站 2 的 OL4 的端口 1	站 3 的 OL4 的端口 2

根据规划增加网元间连接关系,如图 2-48 所示。

⑤设置网关网元

选择站点 1,选择[设备管理→设置网关网元],将站 1 添加到右侧网关网元列表中,将站 1 设置为网关网元。

(3)组建环形 SDH 传输网,站 1 为网关网元,如图 2-49 所示。

图 2-48　链形网元连接图

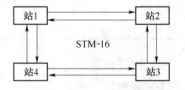

图 2-49　环形 STM-16 传输网络连接图

①启动网管

②创建网元

规划并填写网元参数,见表 2-18。

表 2-18　环形网络网元规划表

网元名称	网元标识	网元地址	系统类型	设备类型	网元类型	速率等级	在线/离线
站 1	1	192.1.1.18	ZXMP S385	ZXMP S385	ADM&REG	STM-64	离线
站 2	2	192.1.2.18	ZXMP S385	ZXMP S385	ADM&REG	STM-64	离线
站 3	3	192.1.3.18	ZXMP S385	ZXMP S385	ADM&REG	STM-64	离线
站 4	4	192.1.4.18	ZXMP S385	ZXMP S385	ADM&REG	STM-64	离线

根据规划在网管客户端创建站 1～站 4 网元。

③安装单板

规划并填写表 2-19 中各网元单板安装数量。由于每块 OL16 只提供 1 个 STM-16 光接口，本任务环形传输网中每个站点都需要两个光接口，故配置 2 块 OL16 板。

表 2-19　环形网络单板配置表

单板名称 网元名称	NCP	OW	CS	OL16	EPE1	EPE3
站 1	2 块	1 块	2 块	2 块	1 块	1 块
站 2	2 块	1 块	2 块	2 块	1 块	1 块
站 3	2 块	1 块	2 块	2 块	1 块	1 块
站 4	2 块	1 块	2 块	2 块	1 块	1 块

根据单板规划，为站 1～站 4 配置单板，站 1～站 4 的单板配置如图 2-50 所示。

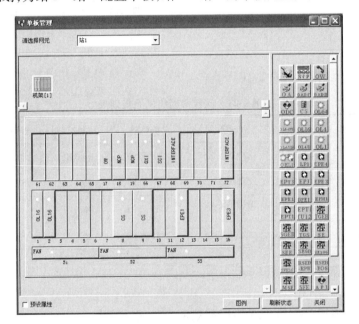

图 2-50　环形传输网站点单板配置

④连接网元

规划并填写各网元间光纤连接表，见表 2-20。

表 2-20　环形网络网元间光纤连接表

序号	源网元端口号	目的网元
1	站 1 的 OL16［1-1-1］端口 1	站 2 的 OL16［1-1-2］端口 1
2	站 2 的 OL16［1-1-1］端口 1	站 3 的 OL16［1-1-2］端口 1
3	站 3 的 OL16［1-1-1］端口 1	站 4 的 OL16［1-1-2］端口 1
4	站 4 的 OL16［1-1-1］端口 1	站 1 的 OL16［1-1-2］端口 1

表 2-20 中 OL16[1-1-2] 表示该单板是一块安装在机架 ID 为 1,子架 ID 为 1,2 号槽位的 OL16 板。根据规划配置网元间连接关系,如图 2-51 所示。

⑤设置网关网元

选择站点 1,选择[设备管理→设置网关网元],将站 1 添加到右侧网关网元列表中,将站 1 设置为网关网元。

(4)组建网状形 SDH 传输网,站 1 为网关网元,如图 2-52 所示。

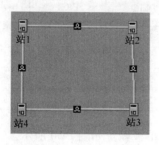

图 2-51　环形网元连接图

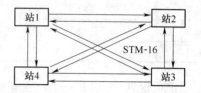

图 2-52　网状形 STM-16 传输网络连接图

①启动网管

②创建网元

规划并填写网元参数,见表 2-21。

表 2-21　网状形网络网元规划表

网元名称	网元标识	网元地址	系统类型	设备类型	网元类型	速率等级	在线/离线
站 1	1	192. 1. 1. 18	ZXMP S385	ZXMP S385	ADM&REG	STM-64	离线
站 2	2	192. 1. 2. 18	ZXMP S385	ZXMP S385	ADM&REG	STM-64	离线
站 3	3	192. 1. 3. 18	ZXMP S385	ZXMP S385	ADM&REG	STM-64	离线
站 4	4	192. 1. 4. 18	ZXMP S385	ZXMP S385	ADM&REG	STM-64	离线

根据规划在网管客户端创建网元。

③安装单板

规划并填写表 2-22 中各网元单板安装数量。

表 2-22　网状形网络单板配置表

单板名称 网元名称	NCP	OW	CS	OL16	EPE1	EPE3
站 1	2 块	1 块	2 块	3 块	1 块	1 块
站 2	2 块	1 块	2 块	3 块	1 块	1 块
站 3	2 块	1 块	2 块	3 块	1 块	1 块
站 4	2 块	1 块	2 块	3 块	1 块	1 块

根据单板规划,为站 1～站 4 管理单板,站 1～站 4 的单板配置如图 2-53 所示。

④连接网元

规划并填写各网元间光纤连接表,见表 2-23。

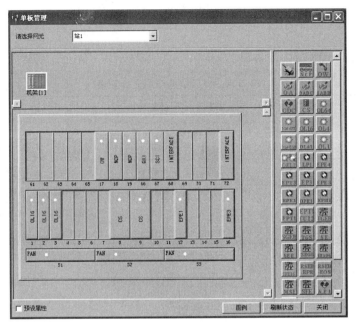

图 2-53　网状形传输网站点单板配置

表 2-23　网状形网络网元间光纤连接表

序号	源网元端口号	目的网元
1	站 1 的 OL16[1-1-1]端口 1	站 2 的 OL16[1-1-2]端口 1
2	站 2 的 OL16[1-1-1]端口 1	站 3 的 OL16[1-1-2]端口 1
3	站 3 的 OL16[1-1-1]端口 1	站 4 的 OL16[1-1-2]端口 1
4	站 4 的 OL16[1-1-1]端口 1	站 1 的 OL16[1-1-2]端口 1
5	站 1 的 OL16[1-1-3]端口 1	站 3 的 OL16[1-1-3]端口 1
6	站 2 的 OL16[1-1-3]端口 1	站 4 的 OL16[1-1-3]端口 1

根据规划配置网元间连接关系,如图 2-54 所示。

⑤设置网关网元

选择站点 1,选择[设备管理→设置网关网元],将站 1 添加到右侧网关网元列表中,将站 1 设置为网关网元。

(5)组建环带链 SDH 传输网,站 3 为网关网元,如图 2-55 所示。

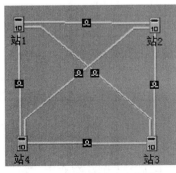

图 2-54　网状网元连接图

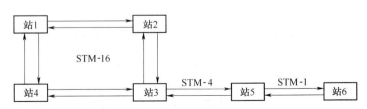

图 2-55　环带链传输网络连接图

①启动网管

②创建网元

规划并填写网元参数,见表 2-24。

表 2-24　环带链网络网元规划表

网元名称	网元标识	网元地址	系统类型	设备类型	网元类型	速率等级	在线/离线
站 1	1	192.1.1.18	ZXMP S385	ZXMP S385	ADM&REG	STM-64	离线
站 2	2	192.1.2.18	ZXMP S385	ZXMP S385	ADM&REG	STM-64	离线
站 3	3	192.1.3.18	ZXMP S385	ZXMP S385	ADM&REG	STM-64	离线
站 4	4	192.1.4.18	ZXMP S385	ZXMP S385	ADM&REG	STM-64	离线
站 5	5	192.1.5.18	ZXMP S385	ZXMP S385	ADM&REG	STM-64	离线
站 6	6	192.1.6.18	ZXMP S385	ZXMP S385	TM	STM-64	离线

根据规划在网管客户端创建网元。

③安装单板

规划并填写表 2-25 中各网元单板安装数量。

表 2-25　环带链网络单板配置表

单板名称＼网元名称	NCP	OW	CS	OL16	OL4	OL1	EPE1	EPE3
站 1	2 块	1 块	2 块	2 块	—	—	1 块	1 块
站 2	2 块	1 块	2 块	2 块	—	—	1 块	1 块
站 3	2 块	1 块	2 块	2 块	1 块	—	1 块	1 块
站 4	2 块	1 块	2 块	2 块	—	—	1 块	1 块
站 5	2 块	1 块	2 块	—	1 块	1 块	1 块	1 块
站 6	2 块	1 块	2 块	—	—	1 块	1 块	1 块

④连接网元

规划并填写各网元间光纤连接表,见表 2-26。

表 2-26　环带链网络网元间光纤连接表

序号	源网元端口号	目的网元
1	站 1 的 OL16[1-1-1]端口 1	站 2 的 OL16[1-1-2]端口 1
2	站 2 的 OL16[1-1-1]端口 1	站 3 的 OL16[1-1-2]端口 1
3	站 3 的 OL16[1-1-1]端口 1	站 4 的 OL16[1-1-2]端口 1
4	站 4 的 OL16[1-1-1]端口 1	站 1 的 OL16[1-1-2]端口 1
5	站 3 的 OL4[1-1-4]端口 1	站 5 的 OL4[1-1-4]端口 2
6	站 5 的 OL1[1-1-1]端口 1	站 6 的 OL1[1-1-1]端口 2

根据规划配置网元间连接关系,如图 2-56 所示。

⑤设置网关网元

选择站点 3,选择[设备管理→设置网关网元],将站 3 添加到右侧网关网元列表中,将站 3 设置为网关网元。

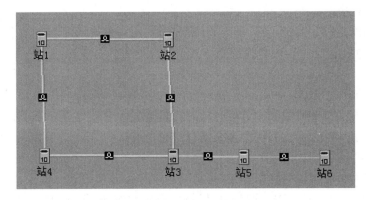

图 2-56　环带链网元连接图

环带链拓扑最具有代表性。本项目下面将以环带链拓扑为例说明 SDH 传输网的时钟配置、业务配置、网络保护配置和公务配置,网络中网元间的光纤连接见表 2-26。

拓展任务:组建相切环形 SDH 传输网,站 3 为网关网元,通过与站 3 连接网管可以管理其他站点,如图 2-57 所示。

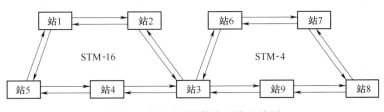

图 2-57　相切环形传输网络连接图

任务 4:SDH 传输系统时钟源配置

任务:理解数字传输网同步的方式,掌握 SDH 网元时钟源的类型。
要求:能配置环带链 SDH 传输系统的主时钟和从时钟。

一、知识准备

所有的数字网都要解决网同步。网同步是使网中所有节点的时钟频率和相位都控制在预先确定的容差范围内,以便使网内各节点的全部数字流实现正确有效的通信。在通信信号的传输过程中,同步是十分重要的,如果不能同步,就会在数字交换机的缓存器中产生信息比特的溢出和取空,导致数字流的滑动损伤,造成数据出错。由于时钟频率不一致产生的滑动在所有使用同一时钟的系统中都会出现,影响很大,因而必须有效控制。

1. 同步方式

目前数字网时钟同步有四种基本方式,即 G.803 建议规范的伪同步方式、主从同步方式、准同步方式和异步方式。

(1)伪同步方式

伪同步是指数字网中有两个或两个以上的节点具有极高的精度和稳定度的时钟,它们相互独立,毫无关联,一般用铯原子钟。由于时钟精度高,网内各局的时钟虽不完全相同(频率和相位),但误差很小,接近同步,于是称之为伪同步。伪同步方式适用于国际间的数字传输网中。

（2）主从同步方式

主从同步指网内设一时钟主局,配有高精度时钟,网内各局均受控于该全局(即跟踪主局时钟,以主局时钟为定时基准),并且逐级下控,直到网络中的末端网元——终端局。主从同步方式适用于一个国家或地区内部的数字传输网。

（3）准同步方式

当网同步中有一个节点或多个节点时钟的同步路径和替代路径都不能使用时,失去所有外同步链路的节点从时钟将进入保持模式或自由运行模式。

（4）异步方式

当网络节点时钟出现大的频率偏差时,则网络工作于异步方式。如果节点时钟频率准确度低于 ITU-TG. 813 要求时,SDH 网络不再维持正常业务,而将发送 AIS 告警。

一般伪同步方式用于国际数字网中,也就是一个国家与另一个国家的数字网之间采取这样的同步方式,例如中国和美国的国际局均各有一个铯时钟,二者采用伪同步方式。主从同步方式一般用于一个国家、地区内部的数字网。

我国的数字同步网采用三级节点时钟结构和主从同步的方式。全网分为 31 个同步区,各同步区域的基准源(简称 LPR)接收国家时钟基准源(简称 PRC)的时钟信息,而同步区内的各级时钟则同步于 LPR,最终也同步于主用 PRC。

我国公共传输网采用"多基准钟,分区等级主从同步"的网络,如图 2-58 所示。在北京、武汉各建立了一个以铯原子钟,包括美国全球定位系统(简称 GPS)或我国北斗导航定位系统(简称 BDS)接收机的高精度基准钟 PRC;在除北京、武汉以外的其他 29 个省中心各建立一个以 GPS 或 BDS 接收机加铷原子钟构成的高精度区域基准钟 LPR;LPR 以 GPS 信号为主用,当 GPS 或 BDS 信号故障和降质时,该 LPR 将转为经地面链路直接和间接跟踪北京或武汉的 PRC;各省以本省中心的 LPR 为基准组建省内的三级时钟。

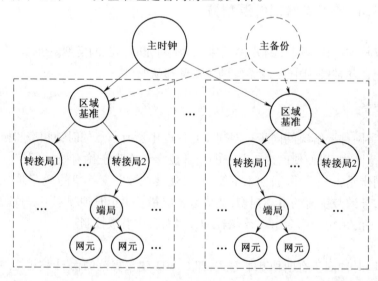

图 2-58　我国的数字同步网

2. SDH 时钟等级

主从同步一般采用等级制,目前 ITU-T 将 SDH 各级时钟划分为四级,时钟质量级别由高到低分别为:

（1）全国基准主时钟（PRC）——满足 G.811 规范，精度达 1×10^{-11}。

（2）转接局从时钟（SSU-T）——满足 G.812 规范（中间局转接时钟），精度达 5×10^{-9}。

（3）端局从时钟（SSU-L）——满足 G.812 规范（本地局时钟），精度达 1×10^{-7}。

（4）SDH 网元时钟（SEC）——满足 G.813 规范（SDH 网元内置时钟），精度达 4.6×10^{-6}。

在正常工作模式下，传到相应局的各类时钟的性能主要取决于同步传输链路的性能和定时提取电路的性能。在网元工作于保护模式或自由运行模式时，网元所使用的各类时钟的性能，主要取决于产生各类时钟的时钟源的性能（时钟源相应的位于不同的网元节点处），因此高级别的时钟须采用高性能的时钟源。为了避免链路太长影响时钟信号的质量，ITU-T G.803 规定，基准定时链路上 SDH 网元时钟个数不能超过 60 个。

3. 时钟源的类型

目前，实际使用的时钟源的类型主要有以下四种：

（1）铯原子钟

铯原子钟是长期频率稳定性高和精度很高的时钟，其长期频偏优于 1×10^{-11}。

（2）铷原子钟

铷原子钟的稳定度、精度和成本介于上述两种时钟之间。频率可调范围大于铯原子钟，长期稳定度低一个量级左右，但有出色的短期稳定度和低成本特性，寿命约十年。

（3）外基准注入

外基准注入方法是采用外部时钟源注入，作为本站时钟。外部时钟可以通过接收 GPS 或 BDS 信号来实现，也可以通过大楼综合定时系统（简称 BITS）来实现。

GPS 或 BDS 方式实现外部时钟源注入的方法是，在网元重要节点局安装 GPS 或 BDS 接收机，提供高精度定时，形成 LPR，该地区其他的下级网元在主时钟基准丢失后仍采用主从同步方式跟踪这个 GPS 或 BDS 提供的基准时钟，时钟精度可达 1×10^{-12}。

BIT 方式实现外部时钟源注入的方法是，在较大的局站中设备采用 BITS 接收机，接收国内基准或其他（如 GPS、BDS）定时基准同步，具有保持功能，局内需要同步的 SDH 设备均受其同步。BITS 性能稳定，可靠精度可达二级或三级时钟水平。BITS 可以滤除传输中产生的抖动、漂移，将高精度的、理想的同步信号提供给楼内的各种设备。

（4）石英晶体振荡器

石英晶体振荡器的可靠性高，寿命长，价格低，但长期频率稳定性不好；一般高稳定度的石英晶振作为长途交换局和端局的从时钟。低稳定度的石英晶振作为远端模块或数字终端设备的时钟。

4. SDH 网元时钟源种类

SDH 网元包括 TM、ADM、DXC、REG 等，这些网元的同步配置和时钟要求不同。目前 SDH 网元同步参考的时钟源主要有以下四种：

（1）外部时钟源：直接利用外部输入站的时钟。ADM 和 DXC 优先采用这种方式。

（2）线路时钟源：从接收的 STM-N 信号中提取时钟。该方式是目前应用最为广泛的。

（3）支路时钟源：从来自纯 PDH 网或交换系统的 2 Mbit/s 支路信号中提取时钟。该方式一般不用，因为 SDH/PDH 网边界处的指针调整会影响时钟质量。

（4）设备内置时钟源：由网元内置的功能模块提供时钟。

同时，SDH 网元也可以通过功能块向外提供时钟源输出接口。

5. SDH 传输网时钟设计原则

SDH 网络时钟源规划的原则为:网络任一时刻只有一个主时钟,避免时钟成环。网络中同时存在多个主时钟或时钟成环,会导致时钟互锁,造成频率不稳,从而导致网络性能下降,产生不可预知的故障。为了增加网络时钟的可靠性,每个网元配置多级时钟源,优先级值越低,优先级越高。当优先级高的时钟源出现故障时,启用优先级低的时钟源。

下面通过图 2-59 举例说明 SDH 环形传输网时钟源的设计。

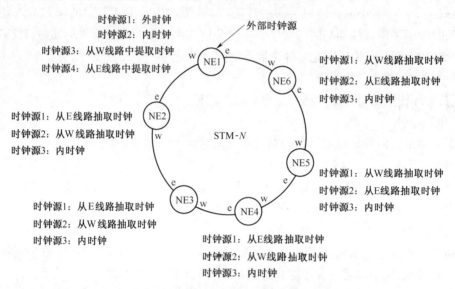

图中,时钟源1: 外时钟
时钟源2: 内时钟
时钟源3: 从W线路中提取时钟
时钟源4: 从E线路中提取时钟

时钟源1: 从W线路抽取时钟
时钟源2: 从E线路抽取时钟
时钟源3: 内时钟

时钟源1: 从E线路抽取时钟
时钟源2: 从W线路抽取时钟
时钟源3: 内时钟

时钟源1: 从W线路抽取时钟
时钟源2: 从E线路抽取时钟
时钟源3: 内时钟

时钟源1: 从E线路抽取时钟
时钟源2: 从W线路抽取时钟
时钟源3: 内时钟

时钟源1: 从E线路抽取时钟
时钟源2: 从W线路抽取时钟
时钟源3: 内时钟

图 2-59　SDH 环形传输网时钟源设计

图中,首先设置网元 NE1 为时钟主站,第 1 级时钟源以外部时钟源为本站的时钟基准,作为该 SDH 传输网络的主时钟,其他网元跟踪这个时钟基准,以此作为本地时钟的基准。为了增加网络时钟的可靠性,网元 NE1 还配置了采用设备内部时钟源的第 2 级时钟源。当第 2 级时钟源的优先级比第一级时钟源低,仅当第一级时钟源故障时,才启用第 2 级时钟源。第 3 级时钟源、第 4 级时钟源均设计为从光纤线路提取时钟。若第 1 级时钟源和第 2 级时钟源都出现故障时,启用优先级更低的第 3 时钟源,从西向(W)线路端口提取时钟。当网元 NE1 启用第 3 时钟源或第 4 时钟源时,从西向(W)或东向(E)线路端口提取时钟,该网元变为时钟从站。

该 SDH 传输网络的其他网元 NE2 ～ NE6 为时钟从站,它们可以从两个线路端口(西向或东向)接收信号 STM-N 中提取出时钟信息,不过考虑到转接次数和传输距离对时钟信号的影响,从站网元最好从最短的路由和最少的转接次数的端口方向提取。例如,网元 NE5 跟踪西向(W)线路端口的时钟,NE3 跟踪东向(E)线路端口的时钟较适合。为了增加网络时钟的可靠性,每个时钟从站网元均需要配置一个内部时钟源作为它的最后一级时钟源。仅当所有的线路端口都无法提取到时钟时,才启用内部时钟源,网元变为时钟主站。

6. 主从同步从时钟的工作模式

在主从同步的数字网中,从站(下级站)的时钟通常有以下三种工作模式:

(1)正常工作模式——跟踪锁定上级时钟模式

此时从站跟踪锁定的时钟基准是从上一级站传来的,可能是网络中的主时钟,也可能是上一级网元内置时钟源下发的时钟,也可是本地区的 GPS 或 BDS 时钟。与从时钟工作的其他两种模式相比较,此种从时钟的工作模式精度最高。

（2）同步保持模式

当所有定时基准丢失后,从时钟进入同步保持模式,此时从站时钟源利用定时基准信号丢失前所存储的最后频率信息作为其定时基准而工作。也就是说从时钟有"记忆"功能,通过"记忆"功能提供与原定时基准较相符的定时信号,以保证从时钟频率在长时间内与基准时钟频率只有很小的偏差。但是由于振荡器的固有振荡频率会慢慢地漂移,故此种工作方式提供的较高精度时钟不能持续很久（通常持续 24 h）。同步保持工作模式的时钟精度仅次于正常工作模式的时钟精度。

（3）自由振荡模式

当从时钟丢失所有外部基准时,也失去了定时基准记忆或处于保持模式太长,从时钟内振荡器就会工作于自由振荡模式。此种模式的时钟精度最低,实属万不得已而为之。通常 SDH 设备定时单元的缺省操作模式就是自由振荡模式。

二、任务实施

本任务是配置主从同步环带链 SDH 传输网中各网元的时钟源,其中站 3 的时钟源为该传输网的主时钟。主时钟的第 1 时钟源采用外部时钟,从时钟的第 1 时钟源从 STM-N 线路信号中提取时钟。

1. 材料准备

高 2 m 的 19 英寸机柜,ZXMP S385 子架 6 套,单板若干,ZXONM E300 网管 1 套,G.652 光纤跳线 12 根。

2. 实施步骤

（1）启动网管,建立如图 2-60 所示的传输网元,依据任务 2 中环带链网络的单板配置表配置相应的单板,依据任务 2 中环带链网络的光纤连接表连接网元间的光纤连线。

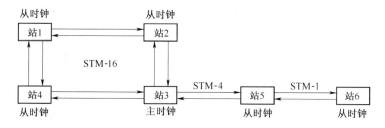

图 2-60   环带链传输网络时钟分配

（2）规划并填写网元时钟源

SDH 网络时钟规划首先确定网络中的主时钟网元的定时源,按优先级从高到低的顺序为:外部时钟、内部时钟、线路时钟;然后确定其他从时钟网元定时源,按优先级从高到低的顺序为:线路时钟、内部时钟。线路提取时钟时优先从距主时钟最近的线路提取。

本任务中站 3 占据重要位置,选为主时钟网元,第 1 时钟源为外时钟,第 2 时钟源为内时钟,第 3、4 时钟源为从线路中抽取时钟。其他网元时钟均为从时钟,从时钟网元的第 1 时钟源配置为从线路中抽取时钟。每个网元可以从它与其他网元连接的所有光纤线路中提取时钟。当有多个光纤线路可以抽取时钟时,优先从距主时钟最近的线路提取,然后再从距主时钟第二近的线路提取,如此下去,直到所有的线路都提取完时钟。从时钟网元的最后一级时钟源配置为内时钟。

例如,站 4 网元的第 1 时钟源可以从 OL16[1-1-2]端口 1(连接站 3)和 OL16[1-1-1]端口 1(连接站 1)两条线路提取时钟,但从 OL16[1-1-2]端口 1 线路传递过来的时钟比从 OL16[1-1-1]端口 1 距主时钟网元站 3 更近,故选择第 1 时钟源从 OL16[1-1-2]端口 1 线路提取;站 4 网元的第 2 时钟源从 OL16[1-1-1]端口 1 线路提取,站 4 网元的第 3 时钟源采用内时钟。因此,可以规划出环带链网络各网元的时钟源,见表 2-27。

表 2-27　网元时钟源规划表

网元名称	第 1 时钟源 (优先级:1)	第 2 时钟源 (优先级:2)	第 3 时钟源 (优先级:3)	第 4 时钟源 (优先级:4)
站 1	OL16[1-1-1]端口 1 线路抽时钟	OL16[1-1-2]端口 1 线路抽时钟	内时钟	—
站 2	OL16[1-1-1]端口 1 线路抽时钟	OL16[1-1-2]端口 1 线路抽时钟	内时钟	—
站 3	外时钟	内时钟	OL16[1-1-1]端口 1 线路抽时钟	OL16[1-1-2]端口 1 线路抽时钟
站 4	OL16[1-1-2]端口 1 线路抽时钟	OL16[1-1-1]端口 1 线路抽时钟	内时钟	—
站 5	OL4[1-1-4]端口 2 线路抽时钟	OL1[1-1-1]端口 1 线路抽时钟	内时钟	—
站 6	OL1[1-1-1]端口 2 线路抽时钟	内时钟	—	—

(3)为网元新建时钟源

根据时钟源规划,为每个网元新建时钟源。本任务只列出站 1 时钟源的配置,根据站 1 完成其他站点时钟源的配置。站 1 时钟源的配置如下:

在客户端操作窗口中,选择站 1 网元,单击[设备管理→SDH 管理→时钟源]菜单项,或单击工具条中的 按钮,弹出时钟源配置对话框。单击"新建",出现定时源配置窗口。

首先为站 1 新建第 1 时钟源从 OL16[1-1-1]单板的端口 1 线路提取时钟,优先级为 1,如图 2-61 所示。

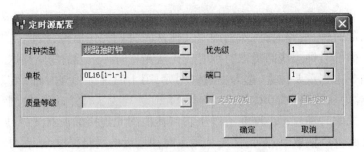

图 2-61　站 1 线路 1 抽时钟配置

　　然后新建站 1 的第 2 时钟源从单板 OL16［1-1-2］端口 1 线路抽时钟,优先级为 2,如图 2-62 所示。

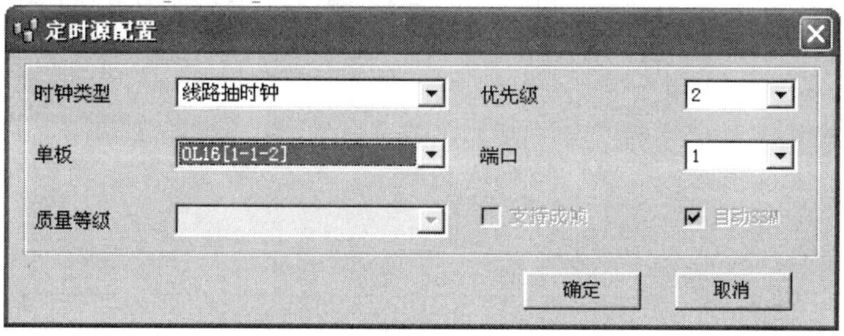

图 2-62　站 1 线路 2 抽时钟配置

　　再新建站 1 的第 3 时钟源为内时钟,优先级为 3,如图 2-63 所示。

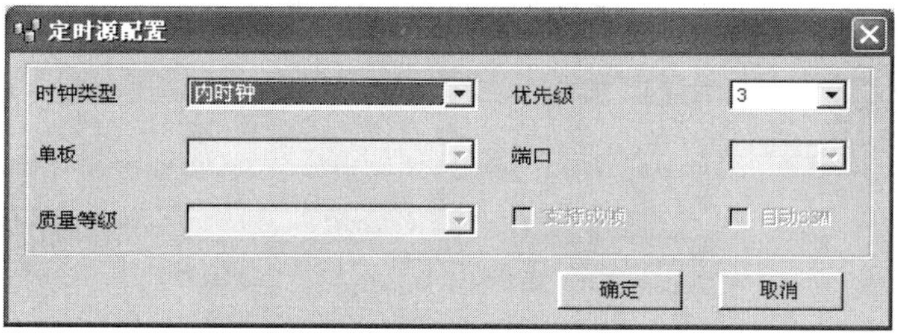

图 2-63　站 1 内时钟配置

（4）启用 SSM

　　在"时钟源配置"的"SSM 字节"中"启用 SSM",如图 2-64 所示。只有启用了 SSM 字节,在"时钟源配置"的"定时源配置"中的"自动 SSM"才会生效。

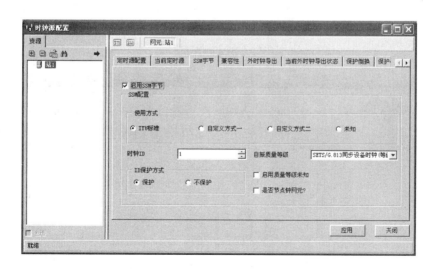

图 2-64　站 1 配置 SSM

　　站 1 ~站 6 时钟源配置分别如图 2-65 ~图 2-70 所示。时钟配置时要尤其小心,一旦时钟配置错误,将影响到站点间业务的连通。

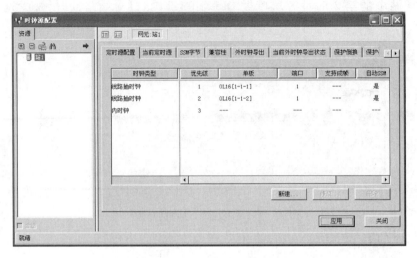

图 2-65　站 1 时钟源配置

图 2-66　站 2 时钟源配置

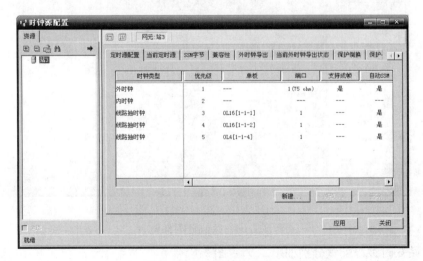

图 2-67　站 3 时钟源配置

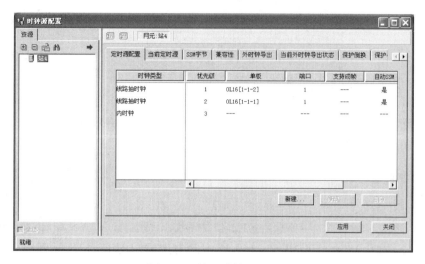

图 2-68 站 4 时钟源配置

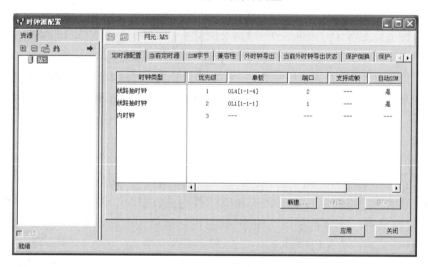

图 2-69 站 5 时钟源配置

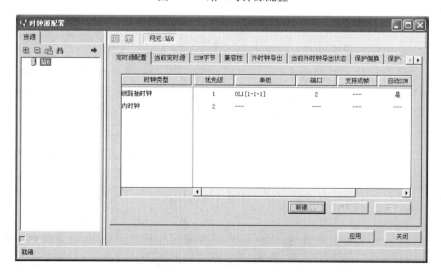

图 2-70 站 6 时钟源配置

拓展任务：根据环带链传输网的时钟配置，完成点到点、链形、环形、网状形、相切环传输网的时钟配置。

任务 5：相邻站点间 2 M 电路业务开通

任务：理解 SDH 的复用结构，掌握 2 M 业务信号复用进 STM-*N* 的过程。
要求：能开通 SDH 传输系统两个相邻站点间的 2 M 业务。

一、知识准备

1. SDH 复用结构

SDH 复用包括两种情况：一种是由 STM-*M* 信号复用成 STM-*N*($N > M$)信号；另一种是由 PDH 支路信号（如 2 Mbit/s、34 Mbit/s、140 Mbit/s）复用成 SDH 信号 STM-*N*。

（1）STM-*M* 信号复用成 STM-*N* 信号

STM-*M* 信号复用成 STM-*N* 信号，复用的方法主要通过字节间插的同步复用方式来完成的，复用的基数是 4，即 4×STM-1→STM-4，4×STM-4→STM-16，4×STM-16→STM-64。在复用过程中保持帧频不变(8 000 帧/s)，这就意味着高一级的 STM-*N* 信号是低一级的 STM-*N* 信号速率的 4 倍。在进行字节间插复用过程中，各帧的信息净负荷和指针字节按原值进行字节间插复用，而段开销则 ITU-T 另有规范。在同步复用形成的 STM-*N* 帧中，STM-*N* 的段开销并不是所有低阶帧中的段开销间插复用而成，而是舍弃了某些低阶帧中的段开销。

（2）各级 PDH 支路信号复用成 STM-*N* 信号

SDH 网的兼容性要求 SDH 的复用方式既能满足异步复用（例如，将 PDH 支路信号复用进 STM-*N*），又能满足同步复用（例如，STM-*M*→STM-*N*），而且能方便地由高速 STM-*N* 信号分接出低速信号，同时不造成较大的信号时延和滑动损伤，这就要求 SDH 需采用自己独特的一套复用步骤和复用结构。在这种复用结构中，通过指针调整定位技术来取代 125 μs 缓存器，用以校正支路信号频差和实现相位对准。

PDH 各种支路的业务信号最终进入 SDH 的 STM-*N* 帧都要经过映射、定位、复用 3 个过程。

①映射

PDH 的信号具有一定频差，E1 的速率范围为 2.048 Mbit/s ±50 ppm（百万分之），E3 的速率范围为 34.368 Mbit/s ±20 ppm，E4 的速率范围为 139.264 Mbit/s ±15 ppm。具有一定频差的 PDH 各种速率信号首先进入相应的容器（简称 C）里，完成码速调整等适配功能。由标准容器出来的数字流加上 POH 后就构成了虚容器（简称 VC），这个将各种速率信号适配装入 VC 相应过程称为映射。

映射相当于信号打包，实质是使各支路信号与相应的 VC 容量同步，以便使 VC 成为可以独立进行传送、复用和交叉连接。SDH 的映射方式有字节同步浮动模式、字节同步锁定模式、比特同步锁定模式和异步映射浮动模式。其中，最通用的映射工作方式是异步映射浮动模式。

②定位

定位的目的是使收端能正确地从 STM-*N* 中拆离出相应的 VC，进而分离出 PDH 低速信号，也就是实现从 STM-*N* 信号中分接出低速支路信号的功能。

定位是一种将帧偏移信息收进支路单元或管理单元的过程，即以附加于 VC 上的指针指示和确定 VC 帧的起点在支路单元(简称 TU)或管理单元(简称 AU)净负荷中的位置。定位伴随着指针调整,在发生相对帧相位偏差使 VC 帧起点"浮动"时,指针值亦随之调整,从而始终保证指针值准确指示 VC 帧起点的位置。

③复用

复用是指将多个 TU 适配到高阶 VC4 或把多个 AU 适配复用段的过程。例如,将低阶 TU-12 复用形成 TUG-2、TUG-3,最后形成 VC4;或由 AUG 复用形成 STM-N 帧。复用是通过字节间插复用方式实现的。

ITU-T 规定了一整套完整的映射复用结构(即映射复用路线),通过这些路线可将 PDH 数字信号以多种方法复用成 STM-N 信号。ITU-TG.707 建议的复用路线如图 2-71 所示。

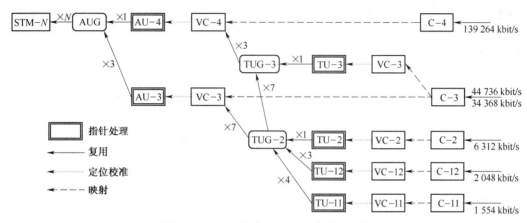

图 2-71　ITU-T 规定的 SDH 映射复用结构

复用结构是由一系列基本单元组成,而复用单元实际上就是一种信息结构。不同的复用单元,信息结构不同,因而在复用过程中所起的作用也不同。

从图 2-71 中可以看到此复用结构包括了一些基本的复用单元:容器(C)、虚容器(VC)、支路单元(TU)、支路单元组(TUG)、管理单元(AU)和管理单元组(AUG),这些复用单元的下标表示与此复用单元相应的信号级别。在图中从一个有效负荷到 STM-N 的复用路线不是唯一的,有多条复用路线,也就是说有多种复用方法。例如:2 Mbit/s 的信号有两条复用路线,可用两种方法复用成 STM-N 信号。ITU-T 规定的 SDH 映射复用结构不支持 8 Mbit/s 的 PDH 支路信号,也就是说 8 Mbit/s 的 PDH 支路信号是无法复用成 STM-N 信号的。

尽管一种信号复用成 SDH 的 STM-N 信号的路线有多种,但我国的光同步传输网技术体制规定了以 2 Mbit/s 信号为基础的 PDH 系列作为 SDH 的有效负荷,并选用 AU-4 的复用路线,其结构如图 2-72 所示。

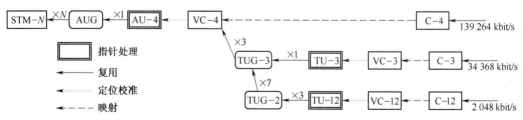

图 2-72　我国的 SDH 映射复用结构

我国 SDH 允许有三个 PDH 支路信号输入口,它们分别是 PDH 四次群 E4(速率为 139.264 Mbit/s,简写 140 M)、三次群 E3(速率为 34.368 Mbit/s,简写 34 M)和基群 E1(速率为 2.048 Mbit/s,简写 2 M)。在 SDH 中,一个 STM-1 能装载 63 个 E1,或 3 个 E3,或 1 个 E4 支路信号。

2. E1 复用进 STM-N 信号

由于传输设备与业务设备之间的接口大多采用 E1 接口,故 E1 信号的映射和同步复用是最重要的,也是最复杂的。

E1 支路信号映射复用进 STM-N 的映射方式有三种:异步映射、比特同步映射和字节同步映射。异步映射对映射信号的特性没有任何限制,也无需网同步,仅利用净负荷的指针调整即可将信号适配装入 SDH 帧结构中;字节同步映射和比特同步映射都要求映射信号与网络同步。由此可见异步映射要求最低,它是当前运用最多的映射方法。

与 E3 和 E4 相比,E1 复用进 STM-N 信号也是 PDH 信号映射复用进 STM-N 最复杂的一种方式。从 E1 信号到 STM-N 信号的复用过程如图 2-73 所示,复用结构是 3-7-3 结构,STM-N 可装入 $N \times 3 \times 7 \times 3 = 63 \times N$ 个 E1(2 M)信号。

$$E1 \xrightarrow{\text{适配}} C\text{-}12 \xrightarrow{+VC12\ POH} VC\text{-}12 \xrightarrow{+TU\text{-}12\ PTR} TU\text{-}12 \xrightarrow{\times 3} TUG\text{-}2 \xrightarrow{\times 7} TUG\text{-}3$$

$$\xrightarrow{\times 3 + VC4\ POH} VC\text{-}4 \xrightarrow{+AU\text{-}4\ PTR} AU\text{-}4 \xrightarrow{\times 1} AUG \xrightarrow{\times N + SOH} STM\text{-}N$$

图 2-73　从 E1 信号复用到 STM-N 信号的步骤

E1 复用进 STM-N 信号具体步骤为:

①E1 信号经过码速调整适配成 C-12

经 SDH 复用的各种速率的业务信号都应首先通过码速调整适配装进一个与信号速率级别相对应的标准容器:2 Mbit/s 业务信号经过码速调整适配成 C-12,34 Mbit/s 业务信号经过码速调整适配成 C-3,140 Mbit/s 业务信号经过码速调整适配成 C-4。容器的主要作用就是进行速率调整。2.048 Mbit/s 的信号装入 C-12 也就相当于将其打了个包封,使 2.048 Mbit/s 信号的速率调整为标准的 C-12 速率。

为了便于速率的适配采用了复帧的概念,即将 4 个 C-12 基帧组成一个复帧,如图 2-74 所示。C-12 的基帧帧频也是 8 000 帧/s,其复帧的帧频就成了 2 000 帧/s。在此,C-12 采用复帧不仅是为了码速调整,更重要的是为了适应低阶通道(VC-12)开销的安排。

若 E1 信号的速率是标准的 2.048 Mbit/s,那么装入 C-12 时正好是每个基帧装入 32 个字节(256 bit)的有效信息。但当 E1 信号的速率不是标准速率 2.048 Mbit/s 时,那么装入每个 C-12 的平均比特数就不是整数。例如:E1

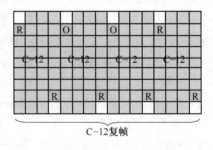

图 2-74　C-12 复帧

速率是 2.046 Mbit/s 时,那么将此信号装入 C12 基帧时平均每帧装入的比特数是:$(2.046 \times 10^6 \text{ bit/s})/(8\ 000 \text{ 帧/s}) = 255.75$ bit 有效信息,比特数不是整数,因此无法进行装入。若此时取 4 个基帧为一个复帧,那么正好一个复帧装入的比特数为:$(2.046 \times 10^6 \text{ bit/s})/(2\ 000 \text{ 帧/s}) = 1\ 023$ bit,可在前三个基帧每帧装入 256 bit(32 字节)有效信息,在第 4 帧装入 255 个 bit 的有效信息,这样就可将此速率的 E1 信号完整地适配进 C-12 中去。其中第 4 帧中所缺少的 1 个比特是填充比特。

C-12 基帧结构是 34 个字节的带缺口的块状帧。C-12 基帧结构是 $9 \times 4 - 2 = 34$ 字节,它是在 32 字节的基础上添加了 2 字节。C-12 复帧中每个 C-12 基帧添加的 2 字节内容都不一样。其中,D 为信息比特,C1、C2 为调整控制比特,S1、S2 为调整机会比特,O 为开销比特,R 为固定塞入比特。

$$C\text{-12 复帧} = (32 \times 3 \times 8 + 31 \times 8 + 7)D + 1S1 + 1S2 + 3C1 + 3C2 + (5 \times 8 + 9)R + 8O$$
$$= 1\ 023D + 1S1 + 1S2 + 3C1 + 3C2 + 49R + 8O$$

C-12 速率 $= 136/4 \times 8$ bit/帧 $\times 8\ 000$ 帧/s $= 2.176$ Mbit/s

当 C1C1C1 $= 000$ 时,S1 为信息比特 I;而 C1C1C1 $= 111$ 时,S1 为填充塞入比特 R。同样,当 C2C2C2 $= 000$ 时,S2 $= I$;而 C2C2C2 $= 111$ 时,S2 $= R$,由此实现了速率的正/零/负调整。由而,可以计算出 C-12 能容纳的信息速率。

C-12 能容纳的信息速率 $= (1\ 023D + S1 + S2)/4 \times 8\ 000$ 帧/s $= 2.046 \sim 2.050$ Mbit/s

也就是说当 E1 信号适配进 C-12 时,只要 E1 信号的速率范围在 2.046 Mbit/s ~ 2.050 Mbit/s 的范围内,就可以将其装载进标准的 C-12 容器中。PDH E1 速率为 2.048 Mbit/s ± 50 ppm,处于 C-12 能容纳的信息速率范围内,能适配装入 C-12。

②C-12 加 VC-12 POH 构成 VC-12

为了在 SDH 网的传输中能实时监测任何一个 2 Mbit/s 通道信号的性能,在每个 C-12 帧前插入 VC-12 的通道开销(VC-12 POH)字节,使其成为 VC-12 的信息结构。VC-12 POH 属于低阶通道开销,一个复帧有一组低阶通道开销,共 4 个字节:V5、J2、N2、K4,它们分别加在上述 C-12 复帧的左上角 4 个缺口处,如图 2-75 所示。因为 VC 在 SDH 传输系统中是一个独立的实体,因此对 2 Mbit/s 的业务的调配都是以 VC-12 为单位的。图 2-76 显示了完整的 TU-12 复帧中各字节内容。

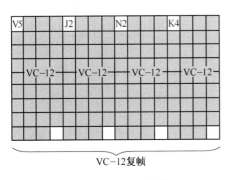

图 2-75　VC-12 复帧

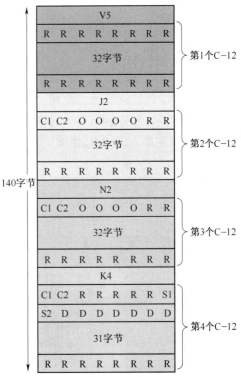

图 2-76　VC-12 复帧中的各字节

一组通道开销监测的是整个一个复帧在网络上传输的状态,一个 C1-2 复帧循环装载的是 4 帧 PCM30/32 的信号。因此,一组 LP-POH 监控和管理的是 4 帧 PCM30/32 信号的传输。

③VC-12 定位校准（加 TU-12 PTR）形成 TU-12

为了使接收端能正确定位 VC-12 帧,在 VC-12 复帧的 4 个缺口上再加上 4 个字节(V1 ~ V4)支路单元指针(TU-12 PTR),这就形成了 TU-12 信息结构(完整的 9 行 × 4 列),如图 2-77 所示。V1 ~ V4 就是 TU-PTR,它指示复帧中第一个 VC-12 的首字节在 TU-12 复帧中的具体位置。

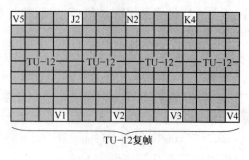

图 2-77　TU-12 复帧

④3 个 TU-12 复用形成 TUG-2

3 个 TU-12 经过字节间插复用合成 TUG-2,此时的帧结构是 9 行 × 12 列,如图 2-78 所示。TUG-2 速率为 9 行 × 12 列 × 8 bit/帧 × 8 000 帧/s = 6.912 Mbit/s。

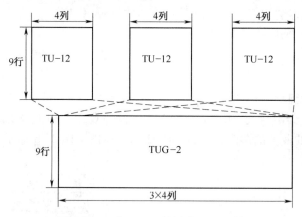

图 2-78　3 个 TU-12 复用成 TUG-2 帧

⑤7 个 TUG-2 复用形成 TUG-3

7 个 TUG-2 经过字节间插复用合成 TUG-3 的信息结构。注意 7 个 TUG-2 合成的信息结构是 9 行 × 84 列,为满足 TUG-3 的信息结构 9 行 × 86 列,则需在 7 个 TUG-2 合成的信息结构前加入 2 列固定塞入比特 R,如图 2-79 所示。

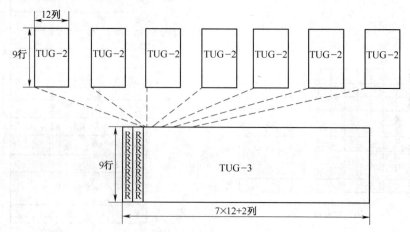

图 2-79　7 个 TUG-2 复用成 TUG-3 帧

⑥3 个 TUG-3 复用成 VC-4

3 个 TUG-3 经字节间插复用并加上两列的塞入字节和一列 VC-4 的通道开销(VC-4 POH)字节的形成 VC-4,如图 2-80 所示。VC-4 POH 由 J1、B3、C2、G1、F2、H4、F3、K3、N1 等 9 个比特组成。

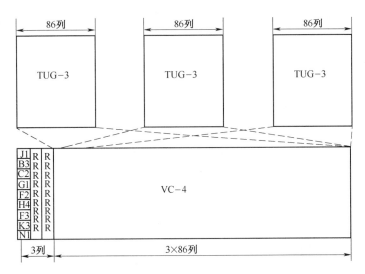

图 2-80 3 个 TUG-3 复用成 VC-4

⑦VC-4 定位校准(加 AU-4PTR)形成 AU-4

VC-4 加上 AU-4 管理单元指针(AU-4 PTR)后形成 AU-4。在 VC-4 前的第 4 行加 9 列的 AU-PTR(H1、Y、Y、H2、1*、1*、H3、H3、H3),构成 AU-4 帧,如图 2-81 所示。

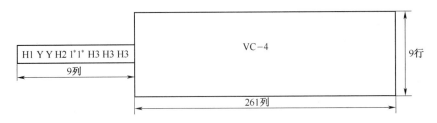

图 2-81 VC-4 加 AU-4PTR 形成 AU-4

⑧AU-4 直接复用形成 AUG

⑨N 个 AUG 复用形成 STM-N

N 个 AUG 按字节间插方式复用,并加上 $N \times 3$ 行 $\times 9$ 列的 RSOH 和 $N \times 5$ 行 $\times 9$ 列的 MSOH,构成 STM-N,如图 2-82 所示。

二、任务实施

本任务的目的是开通环带链拓扑中站 5 和站 6 两个相邻站点间的 1 个 2 M 业务,如图 2-83 所示。

1. 材料准备

高 2 m 的 19 英寸机柜,ZXMP S385 子架 6 套,单板若干,ZXONM E300 网管 1 套,G. 652 光纤跳线 12 根。

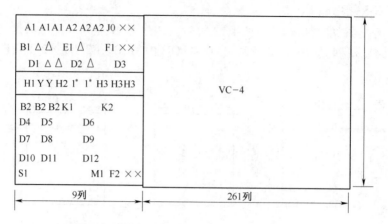

图 2-82　AUG 加上 RSOH 和 MSOH 构成 STM-1

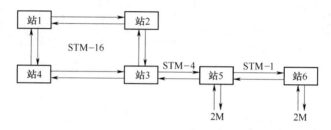

图 2-83　相邻站点 2 M 业务开通网络连接图

2. 实施步骤

（1）启动网管。

（2）根据任务 2 步骤创建网元、组建环带链拓扑。

（3）根据任务 3 步骤配置各网元时钟。

（4）业务配置

①规划业务时隙

规划并填写各网元业务时隙规划表，见表 2-28。

表 2-28　相邻站 2 M 业务时隙规划表

序号	业务名称	上/下业务		上/下业务	
		支路	时隙	时隙	支路
1	E1	站5：EPE1[1-1-12]1 号	站5：OL1[1-1-1][1-1]TU12(1)	站6：OL1[1-1-1][2-1]TU12(1)	站6：EPE1[1-1-12]2 号

　　OL1[1-1-1][1-1]TU12(1)表明在机柜号为 1、子架号为 1、1 槽位上的 OL1 单板第 1 个光端口的第 1 个 AUG 中的第 1 个 TU12。OL1[1-1-1][2-1]TU12(1)表明在机柜号为 1、子架号为 1、1 槽位上的 OL1 单板第 2 个光端口的第 1 个 AUG 中的第 1 个 TU12。EPE1[1-1-12]2 表明在机柜号为 1、子架号为 1、12 槽位上的 EPE1 单板第 2 个 2 M 电端口。

　　注意：由于每块 OL1 单板提供 8 个 STM-1 光端口，每个 STM-1 光端口包括 63 个 TU12。每个 2 M 业务信号用一个 TU12 来装载。在组建网络拓扑时，站 5 的 OL1[1-1-1]端口 1 和站 6 的 OL1[1-1-1]端口 2 使用光纤连接。在配置它们之间的业务时，光接口要与光纤连接端口保持一致,且站5和站6的 TU12 序号必须完全对应。但两个站点支路板 EPE1 上选择的2 M 端口序号可以不同。

②单击选择站5网元,单击[设备管理→SDH 管理→业务配置]菜单项或右击网元选择业务配置或单击工具条中的 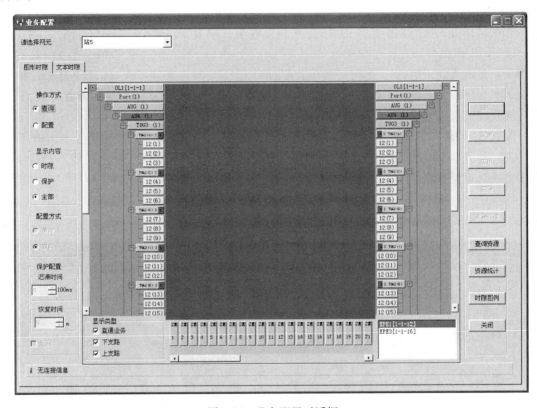 按钮,弹出业务配置对话框弹出业务配置对话框,如图 2-84 所示。

图 2-84 业务配置对话框

业务配置对话框中左侧树为接收端光板的时隙,右侧树为发送端光板的时隙,下方为已安装支路板的支路,已配业务用 * 符号标识。

下方的支路时隙列表中显示了当前支路板支持的支路速率和序号,可以看出一个 EPE1 支路板包含了 63 个 2 M 支路接口。

树形图中最上面显示的是当前站点已安装的光板信息,如 OL1[1-1-1]和 OL4[1-1-4]说明当前站点在槽位1上安装了1块 OL1 光板,在槽位4上安装了1块 OL4 光板。

单击光板信息前面的" + "符号,可以展开该光板包含的光接口名称,如 port(1)。可以看出 OL1 光板有8个 STM-1 光接口,OL4 光板有4个 STM-4 光接口,OL16 光板有1个 STM-16 光接口,OL64 光板有1个 STM-64 光接口。

单击光接口 port 名称前面的" + "符号,可以展开该光接口下包含的 AUG 数量,1个 STM-1 光接口只包含1个 AUG,1个 STM-4 光接口包含4个 AUG,1个 STM-16 光接口包含16个 AUG,1个 STM-64 光接口包含64个 AUG。单击 AUG 前面的" + "符号,可以展开 AUG 包含的 AU4 数量,可以看出1个 AUG 包含1个 AU4。

单击 AU4 前面的" + "符号,可以展开 AU 包含的 TUG3 数量,可以看出1个 AU4 包含3个 TUG3。

单击 TUG3 前面的"＋"符号,可以展开 TUG3 包含的 TUG2 数量,可以看出 1 个 TUG3 包含 7 个 TUG2。

单击 TUG2 前面的"＋"符号,可以展开 TUG2 包含的 TU12 数量,可以看出 1 个 TUG2 包含 3 个 TU12。1 个 STM-1 光接口包含 63 个 TU12,在 TU12 后面的括号内注明了当前 TU12 的序号。一个 TU12 可以装载一个 2 M 业务。这里的树形结构与 E1 复用进 STM-1 信号步骤一致。

③在操作方式下方点击选择配置,在左侧接收端光板 OL1[1-1-1]下 port(1)的时隙中选择一个 TU12 或在右侧为发送端光板 OL1[1-1-1]下 port(1)的时隙中选择第 1 个 TU12,在下方为支路板的支路中选择一个 2 M,将在选中的 TU12 和 2 M 支路间形成一条红色虚线。红色虚线表明当前线为未确定下发的时隙配置线或保护配置线。由于默认为双向配置方式,只需要在接收端或发送端选择一个 TU12,系统将自动选择另一端对应的 TU12。

④点击"确认",确认配置,系统将自动选择另一端对应的 TU12 与支路相连。选中的接收端 TU12、发送端 TU12 和 2 M 支路间将形成 2 条白色实线。白色实线表明当前线为已确认但未下发的时隙配置线。

⑤点击"应用",将配置下发到 NCP 板。白色实线将变成绿色实线,如图 2-85 所示。绿色实线表明当前线为已确认并下发的时隙配置线。

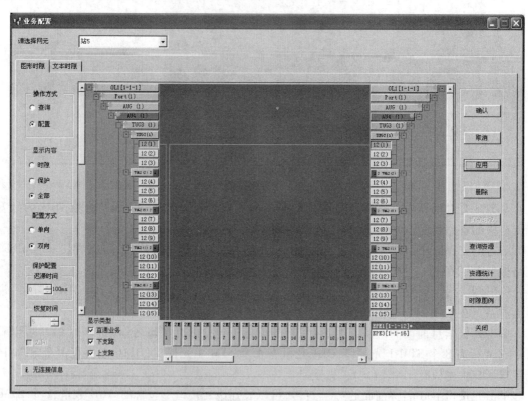

图 2-85　已确认并下发的时隙配置

⑥点击"文本时隙"选项卡,将操作方式选择为查询,查看已配置的业务信息,如图 2-86 所示。

图 2-86 中业务类型中 TU12/VC12 表明配置的时隙为 TU12/VC12,业务速率为 2 Mbit/s;源板位和宿板位下方为光纤连接两个站点的光接口中 AUG 号,例如,OL1[1-1-1][1-1]表明槽

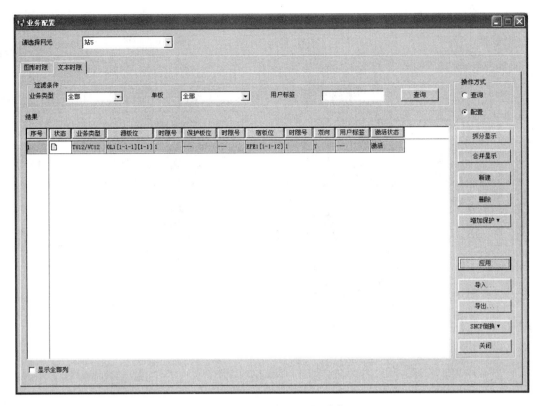

图 2-86　站 5 已配置的时隙

位 1 中板卡的端口 1 中的第 1 个 AUG；时隙号表明当前业务使用的是 AUG 中的时隙序号，例如，时隙号为 1 表明当前业务使用的是当前 AUG 中的第一个 TU12 时隙。双向中 Y 表明当前业务条目为双向业务。

若出现业务配置错误，可以在文本时隙或图形时隙中将操作方式选择为配置，选中要删除业务线或条目，单击"删除"，然后点击"应用"，即可删除不需要的业务。删除网元之前，要将所有已配置的业务都删除。

文本时隙和图形时隙都可以新建和删除业务信息。只是在图形时隙中新建业务更直观，当新建业务量小时可以采用。当新建业务量大时建议采用文本时隙。由于文本时隙不需要逐层打开时隙，更方便删除业务。当出现错误配置时，利用文本时隙可以很方便地查询已配置的业务条目。

站 6 网元进行业务配置，完成步骤（1）～（5）。

注意：站 5 和站 6 的接口和 TU12 序号必须完全对应。站 5 的 OL1［1-1-1］光口 1 和站 6 的 OL1［1-1-1］光口 2 使用光纤连接，业务配置时站 5 选择了 OL1［1-1-1］port（1）中的 TU12（1），那么站 6 就要选择 OL1［1-1-1］port（2）中的 TU12（1）。但是站 5 和站 6 的 2 M 端口号可以选择不同，即站 5 可以选为 EPE1 的 1 号 2 M，站 6 可以选为 EPE1 的 2 号 2 M，如图 2-87 和图 2-88 所示。

⑦查询业务配置的正确性

右击站 5 或站 6 网元，选择相关业务查询，点击列出的业务，将在上方的拓扑图窗口中看到业务路由拓扑图，如图 2-89 所示。

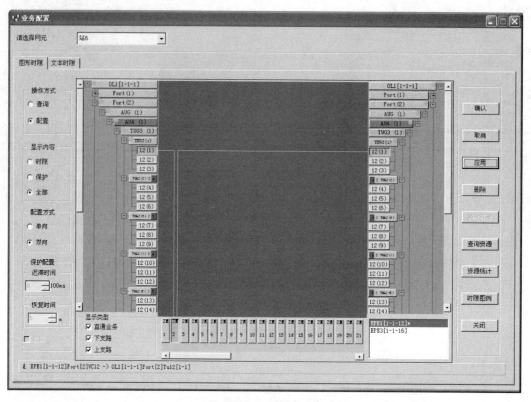

图 2-87　站 6 的业务配置图形时隙

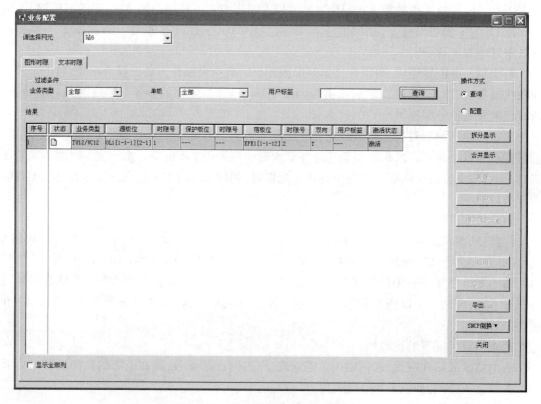

图 2-88　站 6 的业务配置文本时隙

告警状态	速率	A网元	单板	端口	方向	Z网元	单板	端口	用户标签	电路名称
无告警	VC12	站5	EPE1[1-1-12]	[1]	<-->	站6	EPE1[1-1-12]	[2]		

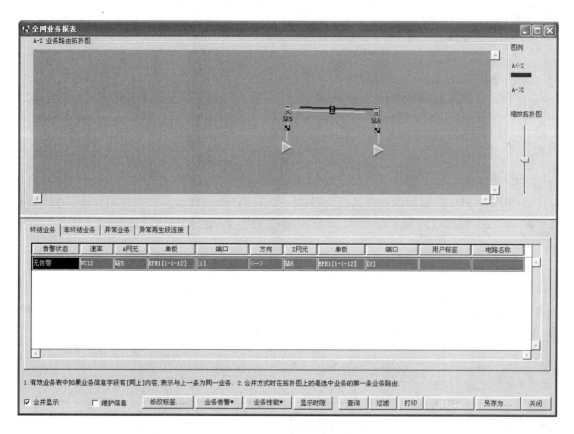

图 2-89　业务路由拓扑图

单击“显示时隙”，可以查看站 5 和站 6 配置的详细时隙信息，如图 2-90 所示。

序号	方向	网元	入单板	入端口	出单板	出端口	保护单板	工作端口
1	Z-->A	站6	EPE1[1-1-12]	[2]	OL1[1-1-1]	[2#1-1-1-1-1:1]		
2	Z-->A	站5	OL1[1-1-1]	[1#1-1-1-1-1:1]	EPE1[1-1-12]	[1]		
3	A-->Z	站5	EPE1[1-1-12]	[1]	OL1[1-1-1]	[1#1-1-1-1-1:1]		
4	A-->Z	站6	OL1[1-1-1]	[2#1-1-1-1-1:1]	EPE1[1-1-12]	[2]		

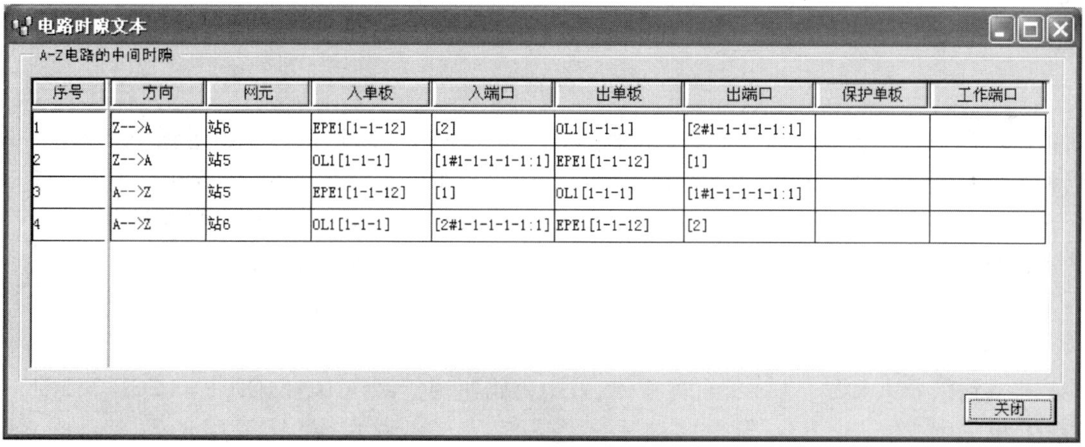

图 2-90　电路时隙文本

从图 2-90 中可以看出，站 5 配置了 OL1[1-1-1][1#1-1-1-1-1:1]到 EPE1[1-1-12][1]的电路业务，站 6 配置了 OL1[1-1-1][2#1-1-1-1-1:1]到 EPE1[1-1-12][2]的电路业务。

拓展任务：请完成站 1 与站 2 之间 1 个 2 M 业务的开通，站 2 与站 3 之间 2 个 2 M 业务的开通，完成站 3 和站 4 之间 1 个 2 M 业务的开通，完成站 3 和站 5 之间 2 个 2 M 业务的开通。

任务 6：相邻站点间 34 M 电路业务开通

任务：掌握 34 M 业务信号复用进 STM-N 的过程。

要求：能开通 SDH 传输系统两个相邻站点间的 34 M 业务。

一、知识准备

除了 E1 业务信号以外，我国 SDH 映射复用结构还支持 E3 和 E4 业务信号的复用。

1. E3 复用进 STM-N 信号

E3 复用进 STM-N 信号的复用路线为：34M→C-3→VC-3→TU-3→TUG-3→VC-4→ AU-4→ STM-N。STM-1 能复用进 3 路 E3 信号。E3 复用进 STM-N 信号的具体步骤为：

①E3 信息经码速调整，形成 C-3。

C-3 基帧由 C-3 子帧（T1、T2 和 T3）组成，每个子帧为 3 行 84 列，如图 2-91 所示。

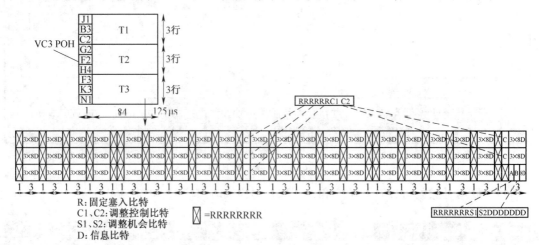

图 2-91　C-3 基帧

C-3 子帧中，C 字节包括 6 个 R 码和两个 C 码（C1 和 C2 码），因此每个子帧中有 5 个 C1 码和 5 个 C2 码，1 比特 S1 码和 1 比特 S2 码。由 5 个 C1 码控制一个 S1 码，5 个 C2 码控制一个 S2 码，当 5 个 C1 全为 0 时 S1 = D，当 5 个 C1 全为 1 时 S1 = R。C2 与 C1 的情况相同。

每个 C-3 子帧中有 3 行 × （20 + 20 + 19）8D + 5C + 1A + 1B + 3 行 × 22Y + 1Y

$$= 1\ 431D + 1S1 + 1S2 + 5C1 + 5C2 + 573R$$

C-3 速率 = 9 行 × 84 列 × 8 bit/帧 × 8 000 帧/s = 48.384 Mbit/s

当支路信号速率大于 C-3 标称速率时，采用负码速调整，令 C1C1C1C1C1 = C2C2C2C2C2 = 00000，相应的 S1 = S2 = D；当支路信号速率小于 C-3 标称速率时，采用正码速调整，令 C1C1C1C1C1 = C2C2C2C2C2 = 11111，相应的 S1 = S2 = R；当支路信号速率等于 C-3 标称速率时，采用 0 码速调整，令 C1C1C1C1C1 = 11111，C2C2C2C2C2 = 00000，相应的 S1 = R，S2 = D。

C-3 能容纳的信息速率 = （1 431D + S1 + S2） × 3 行 × 8 000 帧/s = 34.344 ~ 34.392 Mbit/s

PDH E3 支路信号的速率范围为 34.368 Mbit/s ± 20 ppm，即 34.369 ~ 34.367 Mbit/s，正处于 C-3 能容纳的净负荷范围之内，所以能适配地装入 C-3。

②C-3 映射（加 POH）成 VC-3。

在 C-3 的 3 个子帧前依次插入 VC-3 POH（J1、B3、C2、G1、F2、H4、F3、K3、N1），构成 VC-3 帧（9 行×85 列），如图 2-92 所示。

VC-3 速率 =9 行× 85 列×8 bit/帧×8 000 帧/s =48.960 Mbit/s

③VC-3 定位校准（加 PTR）形成 TU-3。

在 VC-3 前加 3 字节的 TU-PTR（H1、H2、H3），构成 TU-3 帧。

④TU-3 复用成 TUG-3。

TU-3 加 6 个塞入字节形成 TUG-3，如图 2-93 所示。

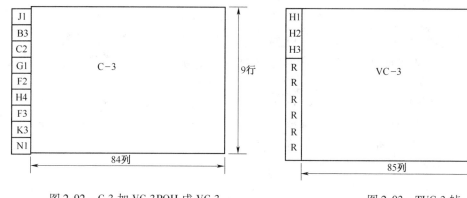

图 2-92　C-3 加 VC-3POH 成 VC-3　　　　　　图 2-93　TUG-3 帧

TUG-3 速率 =9 行×86 列×8 bit/帧×8 000 帧/s =49.536 Mbit/s

⑤3 个 TUG-3 复用进 VC-4。

⑥VC-4 定位校准（加 PTR）形成 AU-4。

⑦AU-4 直接复用形成 AUG。

⑧*N* 个 AUG 复用形成 STM-*N*。

2. E4 复用进 STM-*N* 信号

E4 复用进 STM-*N* 信号的复用路线为 140M→C-4→VC-4→AU-4→STM-*N*。STM-1 仅能复用进 1 路 E4 信号。E4 复用进 STM-*N* 信号具体步骤为：

①E4 信息经码速调整（适配），形成 C-4。

首先将 140 Mbit/s 的 PDH 信号经过正码速调整（比特塞入法）适配进 C-4，C-4 是用来装载 140 Mbit/s 的 PDH 信号的标准信息结构。140 Mbit/s 的信号装入 C-4 也就相当于将其打了个包封，使 139.264 Mbit/s 信号的速率调整为标准的 C-4 速率。C-4 的帧结构是以字节为单位的块状帧，帧频是 8 000 帧/s，也就是说经过速率适配，139.264 Mbit/s 的信号在适配成 C-4 信号后就已经与 SDH 传输网同步了。这个过程也就是将异步的 139.264 Mbit/s 信号装入 C-4。

C-4 基帧由 9 个 C-4 子帧构成，如图 2-94 所示。

C-4 每个子帧为 C-4 基帧的一行（260 列），每个子帧为一个速率调整单元，分成 20 个字节块，每个字节块 13 个字节。每个字节块的首字节依次为 W、X、Y、Y、Y、X、Y、Y、X、Y、Y、Y、X、Y、Y、X、Y、Z。每个字节块的后 12 个字节方的是 E4 信息比特，共 12 ×8 =96 字节。每个 C-4 子帧 = (12 ×20 +1) W + 13Y + 5X + 1Z = 1934D + 1S + 5C + 130R + 10O。

C-4 信号的帧有 260 列 ×9 行（PDH 信号在复用进 STM-*N* 中时，其块状帧总是保持 9 行），则 C-4 速率 =9 行×260 列×8 bit/帧×8 000 帧/s =149.760 Mbit/s。

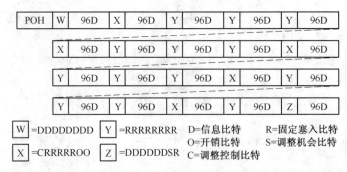

图 2-94　C-4 基帧

当支路信号速率大于 C-4 标称速率时,CCCCC = 0000,相应的 S = D;当支路信号速率小于 C-4 标称速率时,CCCCC = 11111,相应的 S = R。由此实现了速率的正/零/负调整。从而,可以计算出 C-4 能容纳的信息速率。

C-4 能容纳的信息速率 = (1934D + S) ×9 行 ×8 000 帧/s = 139.248 ~ 139.320 Mbit/s

G.703 规范标准的 PDH E4 信号速率范围是 139.264 Mbit/s ± 15 ppm,处于 C-4 能容纳的信息速率范围内,通过速率适配可将这个速率范围的 E4 信号,调整成标准的 C-4 速率 149.760 Mbit/s,也就是说能够装入 C-4 容器。

②C-4 映射(加 POH)成 VC-4。

在 C-4 的 9 个子帧前依次插入 VC-4 POH(J1、B3、C2、G1、F2、H4、F3、K3、N1),构成 VC-4 帧,如图 2-95 所示。

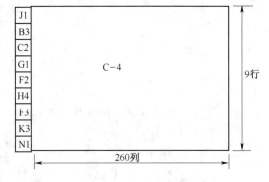

图 2-95　C-4 映射成 VC-4

VC-4 速率 = 9 行 × 261 列 ×8 bit/帧 ×8 000 帧/s = 150.336 Mbit/s

③VC-4 定位校准(加 PTR)形成 AU-4。

④AU-4 直接复用形成 AUG。

⑤N 个 AUG 复用形成 STM-N。

二、任务实施

本任务的目的是开通环带链拓扑中站 3 和站 5 两个相邻站点间的 1 个 34 M 业务。

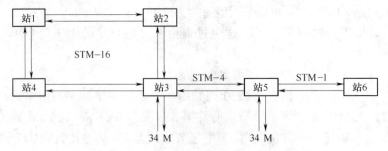

图 2-96　相邻站点 34 M 业务开通网络连接图

1. 材料准备

高 2 m 的 19 英寸机柜,ZXMP S385 子架 6 套,单板若干,ZXONM E300 网管 1 套,G.652

光纤跳线 12 根。

2. 实施步骤

（1）启动网管。

（2）根据任务 2 步骤创建环带链拓扑。

（3）根据任务 3 步骤配置网络时钟。

（4）业务配置

①规划业务时隙

规划并填写各网元业务时隙规划表，见表 2-29。

表 2-29　相邻站 34 M 业务时隙规划表

序号	业务名称	上/下业务		上/下业务	
		支路	时隙	时隙	支路
1	E3	站 3：EPE3［1-1-16］1 号	站 3：OL4［1-1-4］［1-1］TUG3(1)	站 5：OL4［1-1-4］［2-1］TUG3(1)	站 5：EPE3［1-1-16］3 号

②单击选择站 3 网元，单击［设备管理→SDH 管理→业务配置］菜单项或右击网元选择业务配置或单击工具条中的 🞽 按钮，弹出业务配置对话框弹出业务配置对话框。下方的支路时隙列表中显示了当前支路板支持的支路速率和序号，可以看出一个 EPE3 支路板包含了 6 个 34 M 支路接口。

③在操作方式下方点击选择配置，在左侧接收端光板 OL4［1-1-4］下 port(1) 的时隙中选择第一个 TUG3(E3 业务经码速调整直接映射到 TUG3)，在下方 EPE3 支路板的支路中选择一个 34 M。

④点击"确认"，确认配置，系统将自动选择另一端对应的 TUG3 与支路相连。

⑤点击"应用"，将配置下发到 NCP 板，图形时隙配置如图 2-97 所示。

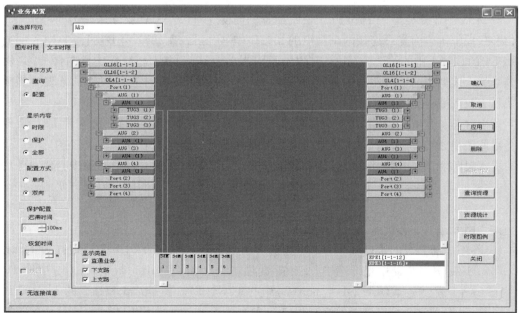

图 2-97　站 3 配置 34 M 业务图形时隙

⑥点击"文本时隙"选项卡,将操作方式选择为查询,查看已配置的业务信息,如图2-98所示。

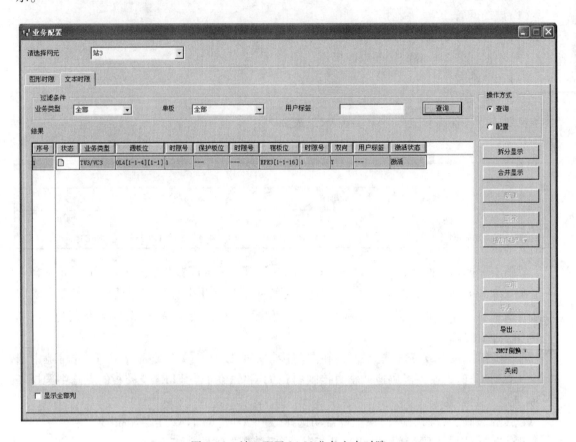

图 2-98　站 3 配置 34 M 业务文本时隙

图 2-98 中业务类型中 TU3/VC3 表明配置的时隙为 TU3/VC3,业务速率为 34 Mbit/s;源板位和宿板位下方为光纤连接两个站点的光接口中 AUG 号,例如 OL4[1-1-4][1-1]表明槽位 4 中板卡的端口 1 中的第 1 个 AUG;时隙号表明当前业务使用的是 AUG 中的时隙序号,例如时隙号为 1 表明当前业务使用的是当前 AUG 中的第一个 TUG3 时隙。双向中 Y 表明当前业务条目为双向业务。

若出现业务配置错误,可以在文本时隙或图形时隙中将操作方式选择为配置,选中要删除业务线或条目,单击"删除",然后点击"应用",即可删除不需要的业务。

文本时隙和图形时隙都可以新建和删除一条业务信息。只是在图形时隙中新建业务更直观,在文本时隙中删除业务更方便。当出现错误配置时,利用文本时隙可以很方便地查询已配置的业务条目。

站 5 网元进行业务配置,完成步骤(1)～(5)。

注意:站 3 和站 5 的接口和 TUG3 序号必须完全对应。站 3 的 OL4[1-1-4]光口 1 和站 5 的 OL4[1-1-4]光口 2 使用光纤连接,业务配置时站 3 选择了 OL4[1-1-4]port(1)中的 TUG3 (1),那么站 5 就要选择 OL4[1-1-4]port(2)中的 TUG3(1)。但是站 3 和站 5 的 34 M 端口号可以选择不同,即站 3 可以选择 EPE3(1 号 34 M),站 5 可以选择 EPE3(3 号 34 M),如图 2-99 和图 2-100 所示。

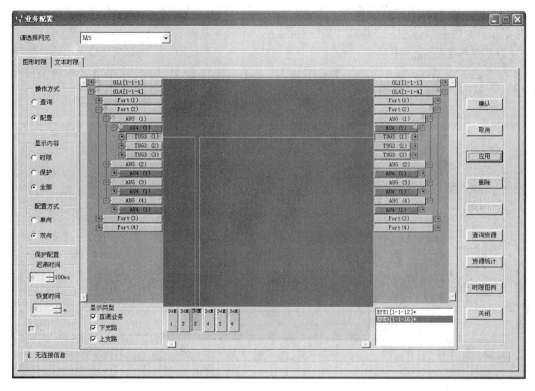

图 2-99　站 5 配置 34 M 业务图形时隙

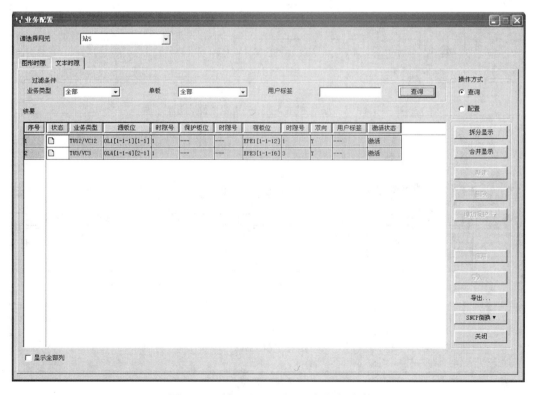

图 2-100　站 5 配置 34 M 业务文本时隙

图 2-100 中列出了两条业务配置信息,第一条为任务 4 中站 5 与站 6 之间配置的一个 2 M 业务,第二条为本任务中站 3 和站 5 之间配置的一个 34 业务。

⑦查询业务配置的正确性

右击站 3 或站 5 网元,选择相关业务查询,点击列出的业务,将在上方的拓扑图窗口中看到业务路由拓扑图,如图 2-101 所示。

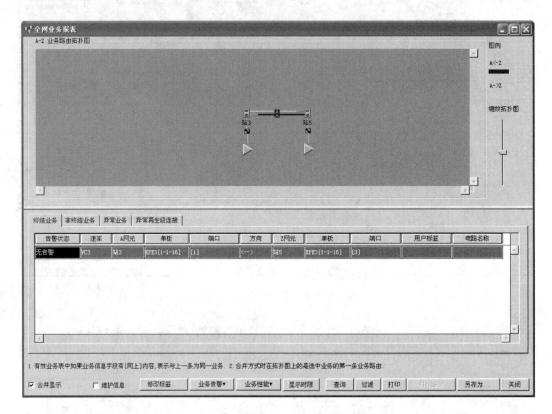

图 2-101　站 3 和站 5 间 34 M 业务路由拓扑图

单击业务路由拓扑图的"显示时隙",可以查看站 3 和站 5 配置的详细时隙信息,如图 2-102 所示。

序号	方向	网元	入单板	入端口	出单板	出端口	保护单板	工作端口
1	Z-->A	站5	EPE3[1-1-16]	[3]	OL4[1-1-4]	[2#1-1-1]		
2	Z-->A	站3	OL4[1-1-4]	[1#1-1-1]	EPE3[1-1-16]	[1]		
3	A-->Z	站3	EPE3[1-1-16]	[1]	OL4[1-1-4]	[1#1-1-1]		
4	A-->Z	站5	OL4[1-1-4]	[2#1-1-1]	EPE3[1-1-16]	[3]		

图 2-102　站 3 和站 5 间 34 M 电路时隙文本

从图 2-102 中可以看出,站 3 配置了 OL4[1-1-4][1#1-1-1]到 EPE3[1-1-16][1]的电路业务,站 5 配置了 OL4[1-1-4][2#1-1-1]到 EPE3[1-1-16][3]的电路业务。

拓展任务:请完成站 1 与站 2 之间 1 个 34 M 业务的开通,站 2 与站 3 之间 2 个 34 M 业务的开通,完成站 3 和站 4 之间 1 个 34 M 业务的开通,完成站 5 和站 6 之间 2 个 34 M 业务的开通。

任务7:跨站点间2M电路业务开通

任务:掌握 SDH 传输系统跨站点间 2 M 业务的流向。
要求:能开通 SDH 传输系统跨站点间的 2 M 业务。

一、知识准备

在相邻站点间配置电路业务时,每个站点都要上、下支路,对电路业务进行分接和插入。而在跨站点之间配置电路业务时,中间站点对业务不进行分接和插入,而是从东向接口线路交叉连接到西向接口线路,或从西向接口线路交叉连接到东向接口线路,俗称穿透。

当开通的业务量较大时建议采用文本时隙。由于文本时隙不需要逐层打开树形图标,更方便删除业务。当出现错误配置时,利用文本时隙可以很方便地查询已配置的业务条目。

二、任务实施

本任务的目的是开通环带链网络中途径站 2 在站 1 和站 3 间传送 10 个 2 M 业务,如图 2-103 所示为跨站点间 2 M 业务开通网络连接图。

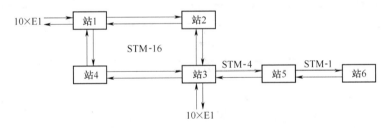

图 2-103　跨站点间 2 M 业务开通网络连接图

1. 材料准备

高 2 m 的 19 英寸机柜,ZXMP S385 子架 6 套,单板若干,ZXONM E300 网管 1 套,G. 652 光纤跳线 12 根。

2. 实施步骤

(1)启动网管。

(2)根据任务 2 步骤创建环带链拓扑。

(3)根据任务 3 步骤配置网络时钟。

(4)业务配置

①规划业务时隙

规划并填写各网元业务时隙规划表,见表 2-30。

表 2-30 跨站点 2 M 业务时隙规划表

序号	业务名称	上/下业务		中间穿透		上/下业务	
		支路	时隙	时隙	时隙	时隙	支路
1	E1	站1：EPE1[1-1-12]1-10 号	站1：OL16[1-1-1][1-1]TU12(1-10)	站2：OL16[1-1-2][1-1]TU12(1-10)	站2：OL16[1-1-1][1-1]TU12(11-20)	站3：OL16[1-1-2][1-1]TU12(11-20)	站3：EPE1[1-1-12]1-10 号

注意：站 1 的 OL16[1-1-1]光口 1 和站 2 的 OL16[1-1-2]光口 1 已使用光纤连接，站 2 的 OL16[1-1-1]光口 1 和站 3 的 OL16[1-1-2]光口 1 已使用光纤连接，它们之间的光接口与 TU12 序号必须完全对应。但站 1 和站 3 支路板上的 2 M 端口号可以不同。

②站 1 配置业务

根据时隙规划，站 1 配置 10 个 2 M 业务上/下。单击选择站 1 网元，在文本时隙中将操作方式选择为"配置"，在文本时隙中点击"新建"，在弹出的新建时隙对话框中选择业务类型为 TU12/VC12，源端单板为 OL16[1-1-1]，端口为 1，AUG 为 1，时隙号为 1-10；选择宿端单板为 EPE1[1-1-12]，时隙号为 1-10，如图 2-104 所示。点击"应用"关闭新建时隙对话框，在业务配置中点击"应用"，将配置数据下发。图形时隙配置如图 2-105 所示。

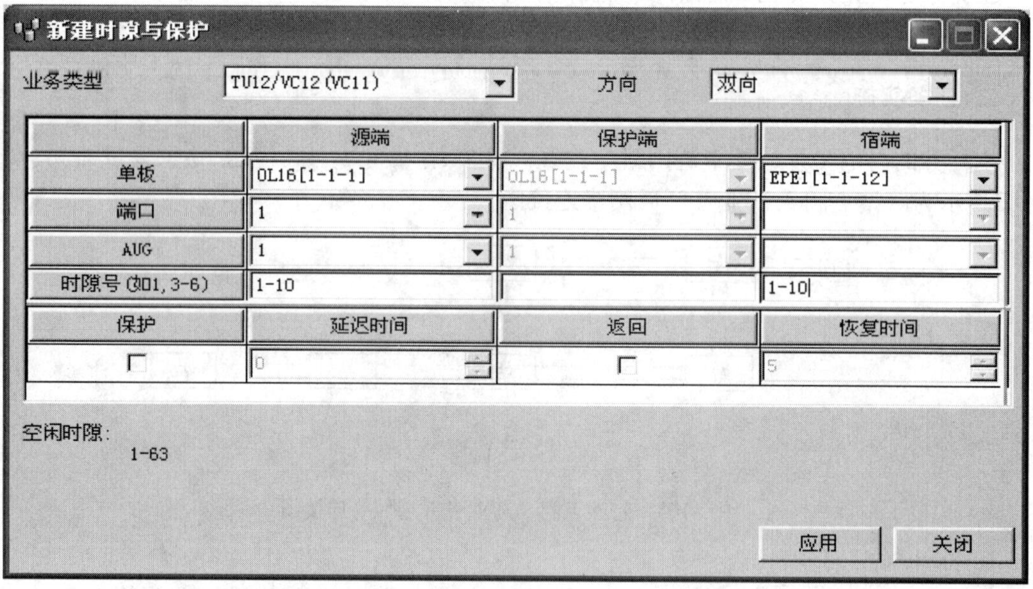

图 2-104 站 1 配置跨站点 2 M 业务文本时隙

③站 2 配置业务

根据时隙规划，站 2 配置 10 个 2 M 业务穿透。单击选择站 2 网元，在文本时隙中将操作方式选择为"配置"，点击"新建"，在弹出的新建时隙对话框中选择业务类型为 TU12/VC12，选择源端单板为 OL16[1-1-2]，端口为 1，AUG 为 1，时隙号为 1-10；选择宿端单板为 OL16[1-1-1]，端口为 1，AUG 为 1，时隙号为 11-20，如图 2-106 所示。点击"应用"关闭新建时隙对话框，在业务配置中点击"应用"，将配置数据下发。图形时隙配置如图 2-107 所示。

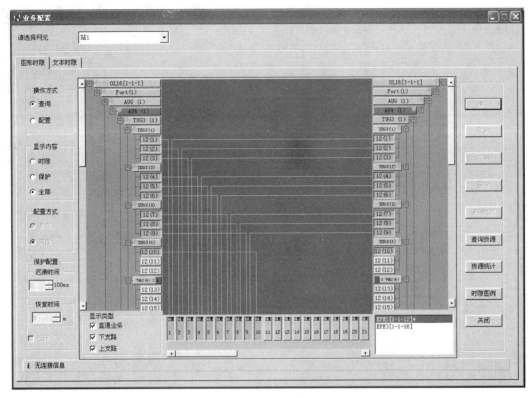

图 2-105　站 1 配置跨站点 2 M 业务图形时隙

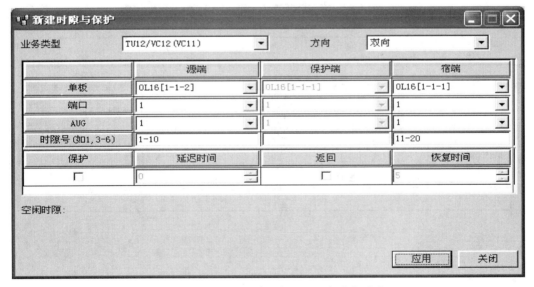

图 2-106　站 2 配置跨站点 2 M 业务文本时隙

④站点 3 配置业务

根据时隙规划,站 3 配置 10 个 2 M 业务上/下。单击选择站 3 网元,在文本时隙中将操作方式选择为"配置",在文本时隙中点击"新建",在弹出的新建时隙对话框中选择业务类型为 TU12/VC12,选择源端单板为 OL16[1-1-2],端口为 1,AUG 为 1,时隙号为 11-20;选择宿端单板为 EPE1[1-1-12],时隙号为 1-10,如图 2-108 所示。点击"应用"关闭新建时隙对话框,在业

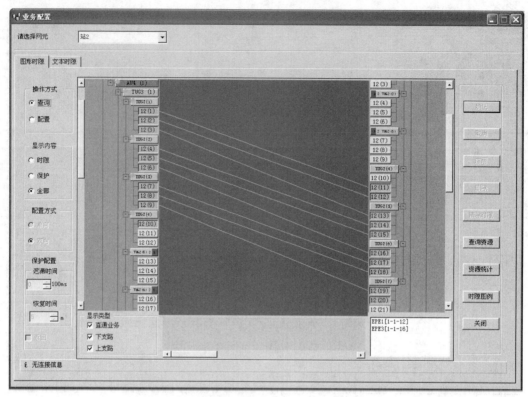

图 2-107　站 2 配置跨站点 2 M 业务图形时隙

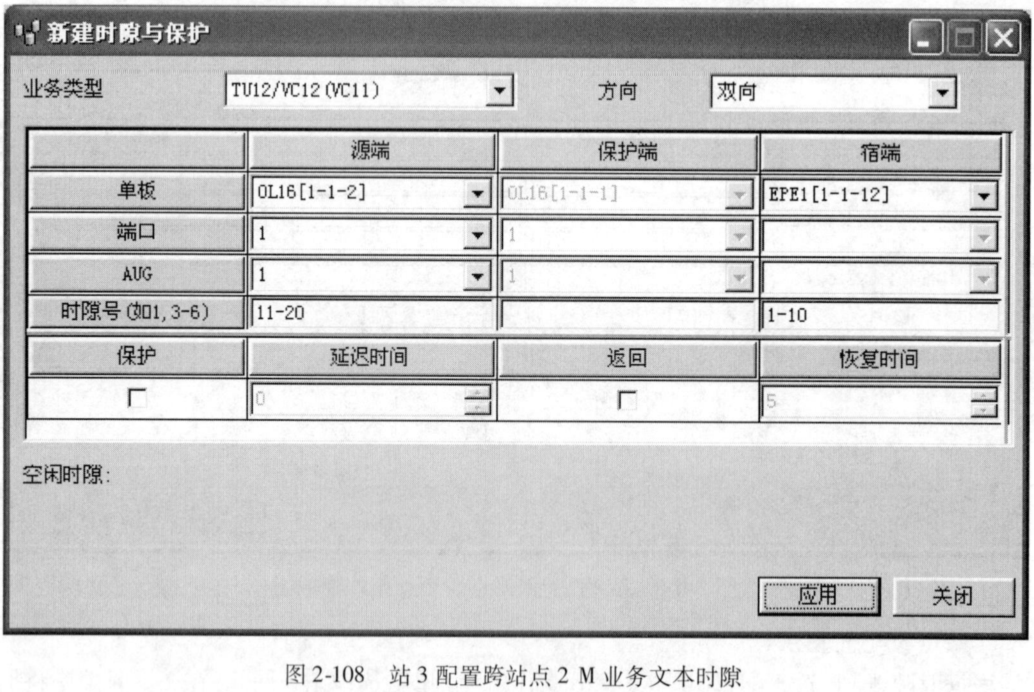

图 2-108　站 3 配置跨站点 2 M 业务文本时隙

务配置中点击"应用",将配置数据下发。图形时隙配置如图 2-109 所示。

⑤查询业务配置的正确性

右击站 1 或站 3 网元,选择相关业务查询,点击列出的业务,将在上方的拓扑图窗口中看

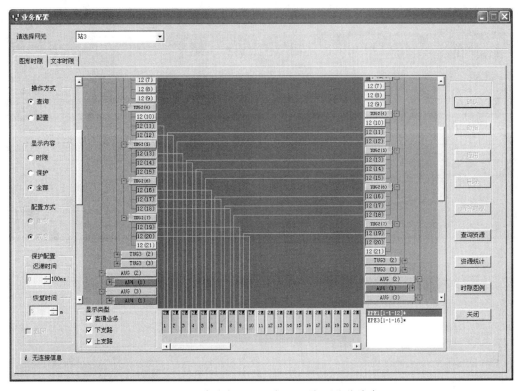

图 2-109　跨站点 2 M 业务配置站 3 图形时隙

到业务路由拓扑图，如图 2-110 所示。

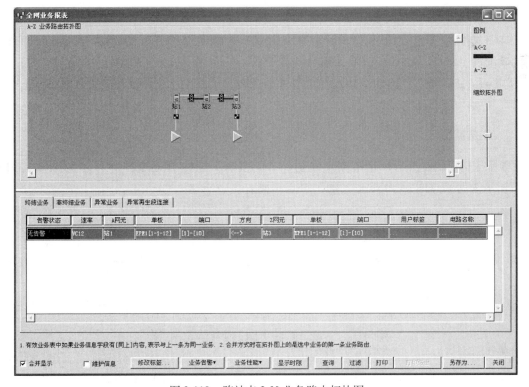

图 2-110　跨站点 2 M 业务路由拓扑图

⑥单击"显示时隙",可以查看站1、站2和站3配置的详细时隙信息,如图2-111所示。

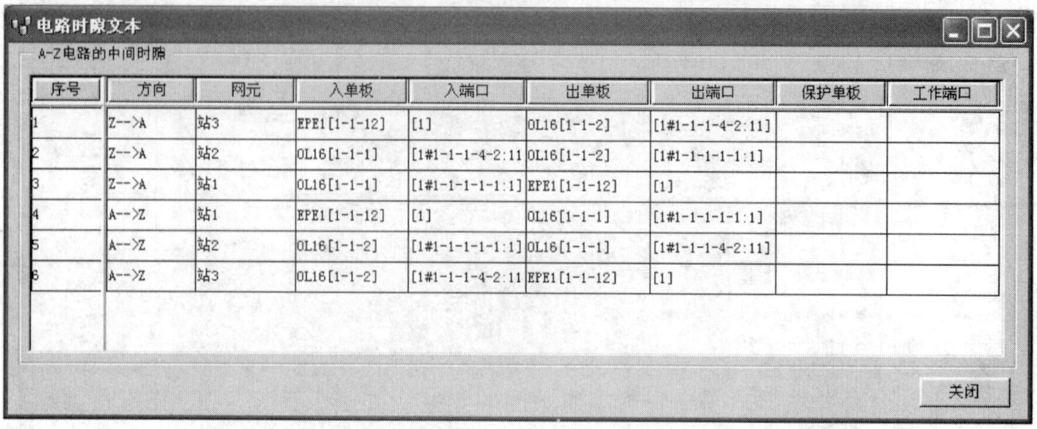

电路时隙文本

A-Z电路的中间时隙

序号	方向	网元	入单板	入端口	出单板	出端口	保护单板	工作端口
1	Z-->A	站3	EPE1[1-1-12]	[1]	OL16[1-1-2]	[1#1-1-1-4-2:11]		
2	Z-->A	站2	OL16[1-1-1]	[1#1-1-1-4-2:11]	OL16[1-1-2]	[1#1-1-1-1-1:1]		
3	Z-->A	站1	OL16[1-1-1]	[1#1-1-1-1-1:1]	EPE1[1-1-12]	[1]		
4	A-->Z	站1	EPE1[1-1-12]	[1]	OL16[1-1-1]	[1#1-1-1-1-1:1]		
5	A-->Z	站2	OL16[1-1-2]	[1#1-1-1-1-1:1]	OL16[1-1-1]	[1#1-1-1-4-2:11]		
6	A-->Z	站3	OL16[1-1-2]	[1#1-1-1-4-2:11]	EPE1[1-1-12]	[1]		

关闭

图2-111　跨站点2 M业务电路时隙文本

拓展任务:请完成途径站4在站1与站3之间开通15个2 M业务,途径站2和站3在站1与站4之间开通20个2 M业务,途径站3和站5在站4和站6之间开通30个2 M业务。

任务8:跨站点间34 M电路业务开通

任务:掌握SDH传输系统跨站点间34 M业务的流向。

要求:能开通SDH传输系统跨站点间的34 M业务。

一、知识准备

34 M电路业务需要通过VC3时隙来承载,每个AUG包含3个VC3通道。一个STM-1光接口包含1个AUG,一个STM-4包含4个AUG,一个STM-16光接口包含16个AUG,一个STM-64光接口包含64个AUG。当34 M业务超过3个时,需要配置多个AUG中的VC3时隙。

二、任务实施

本任务的目的是开通环带链拓扑中途径站2在站1和站3间传送5个34 M业务,如图2-112所示为跨站点间34 M业务开通网络连接图。

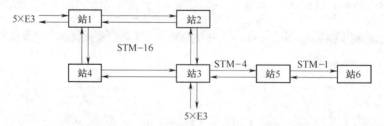

图2-112　跨站点间34 M业务开通网络连接图

1. 材料准备

高2 m的19英寸机柜,ZXMP S385子架6套,单板若干,ZXONM E300网管1套,G.652光纤跳线12根。

2. 实施步骤

(1)启动网管。

(2)根据任务 2 步骤创建环带链拓扑。

(3)根据任务 3 步骤配置网络时钟。

(4)业务配置

①规划业务时隙

规划并填写各网元业务时隙规划表,见表 2-31。

表 2-31　跨站点 34 M 业务时隙规划表

序号	业务名称	上/下业务		中间穿透		上/下业务	
		支路	时隙	时隙	时隙	时隙	支路
1	E3	站1: EPE3[1-1-16] 1-5 号	站1: OL16[1-1-1] [1-1] TUG3(2-3) +OL16[1-1-1] [1-2] TUG3(1-3)	站2: OL16[1-1-2] [1-1] TUG3(2-3) +OL16[1-1-2] [1-2] TUG3(1-3)	站2: OL16[1-1-1] [1-1] TUG3(2-3) +OL16[1-1-1] [1-2] TUG3(1-3)	站3: OL16[1-1-2] [1-1] TUG3(2-3) +OL16[1-1-2] [1-2] TUG3(1-3)	站3: EPE3[1-1-16] 2-6 号

注意:站 1 的 OL16[1-1-1]光口 1 和站 2 的 OL16[1-1-2]光口 1 已使用光纤连接,站 2 的 OL16[1-1-1]光口 1 和站 3 的 OL16[1-1-2]光口 1 已使用光纤连接,它们之间的光接口和 TU12 序号必须完全对应。但站 1 和站 3 支路板上的 2 M 端口号可以不同。

②站 1 配置业务

根据时隙规划,站 1 配置 5 个 34 M 业务上/下。单击选择站 1 网元,在文本时隙中将操作方式选择为"配置",在文本时隙中点击"新建",在弹出的新建时隙对话框中选择业务类型为 AU3/TU3/VC3,源端单板为 OL16[1-1-1],端口为 1,AUG 为 1,时隙号为 2-3(点击时隙号后面的空格将在下窗口显示该 AUG 中空闲的时隙号);选择宿端单板为 EPE3[1-1-16],时隙号为 1-2,点击"应用"关闭新建时隙对话框,如图 2-113 所示。

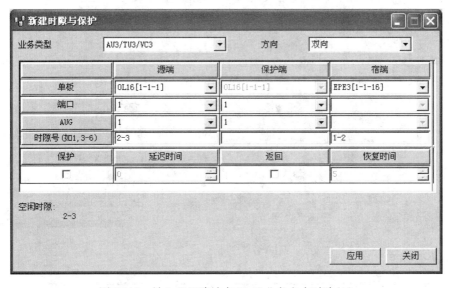

图 2-113　站 1 配置跨站点 34 M 业务文本时隙(1)

由于 AUG(1) 中空闲的时隙号只剩 2 个，还需要从 AUG(2) 中空闲的时隙号中选择 3 个时隙。选择源端单板为 OL16［1-1-1］，端口为 1，AUG 为 2，时隙号为 1-3；选择宿端单板为 EPE3［1-1-16］，时隙号为 3-5，如图 2-114 所示，点击"应用"关闭新建时隙对话框。在业务配置中点击"应用"，将配置数据下发。图形时隙配置如图 2-115 所示。

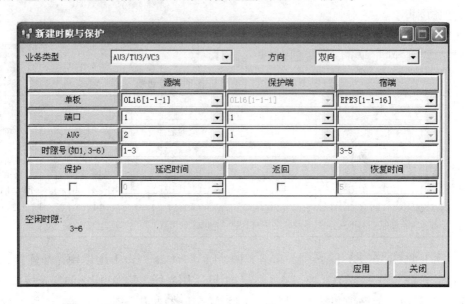

图 2-114 站 1 配置跨站点 34 M 业务文本时隙(2)

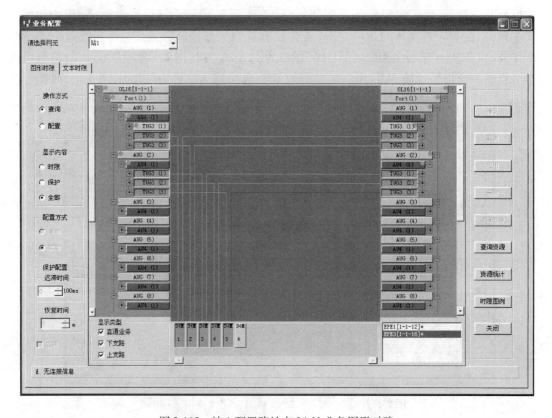

图 2-115 站 1 配置跨站点 34 M 业务图形时隙

③站 2 配置业务

根据时隙规划,站 2 配置 5 个 2 M 业务穿透。单击选择站 2 网元,在文本时隙中将操作方式选择为"配置",点击"新建",在弹出的新建时隙对话框中选择选择业务类型为 AU3/TU3/VC3,源端单板为 OL16[1-1-2],端口为 1,AUG 为 1,时隙号为 2-3;选择宿端单板为 OL16[1-1-1],端口为 1,AUG 为 1,时隙号为 2-3,如图 2-116 所示。

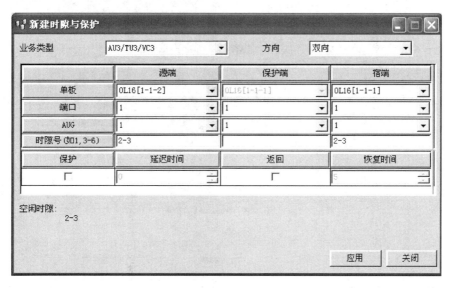

图 2-116　站 2 配置跨站点 34 M 业文本时隙(1)

选择源端单板为 OL16[1-1-2],端口为 1,AUG 为 2,时隙号为 1-3;选择宿端单板为 OL16[1-1-1],端口为 1,AUG 为 2,时隙号为 1-3,如图 2-117 所示。点击"应用"关闭新建时隙对话框,在业务配置中点击"应用",将配置数据下发。图形时隙配置如图 2-118 所示。

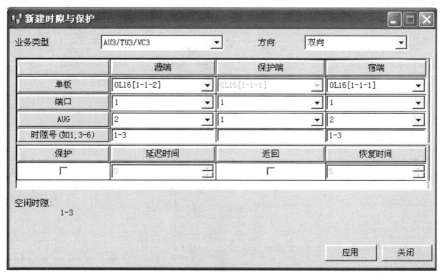

图 2-117　站 2 配置跨站点 34 M 业务文本时隙(2)

④站点 3 配置业务

根据时隙规划,站 3 配置 5 个 34 M 业务上/下。单击选择站 3 网元,在文本时隙中将操作方式选择为"配置",在文本时隙中点击"新建",在弹出的新建时隙对话框中选择选择业务类

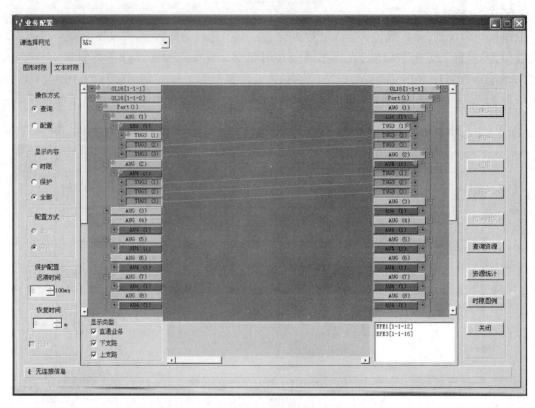

图 2-118　站 2 配置跨站点 2 M 业务图形时隙

型为 AU3/TU3/VC3,源端单板为 OL16[1-1-2],端口为 1,AUG 为 1,时隙号为 2-3;选择宿端单板为 EPE3[1-1-16],时隙号为 2-3,如图 2-119 所示。点击"应用"关闭新建时隙对话框。

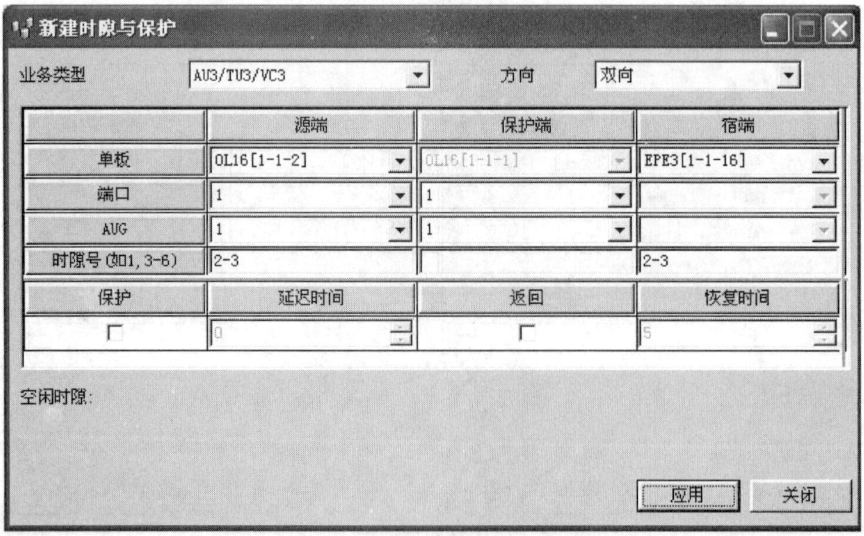

图 2-119　站 3 配置跨站点 34 M 业务文本时隙(1)

选择源端单板为 OL16[1-1-2],端口为 1,AUG 为 2,时隙号为 1-3;选择宿端单板为 EPE3[1-1-16],时隙号为 4-6,如图 2-120 所示。点击"应用"关闭新建时隙对话框。在业务配置中点击"应用",将配置数据下发,图形时隙配置如图 2-121 所示。

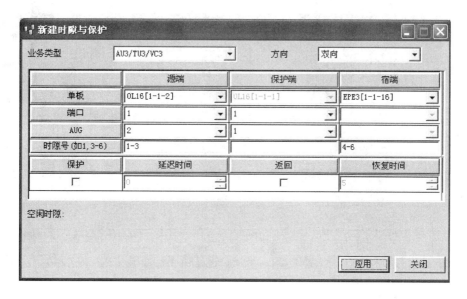

图 2-120　站 3 配置跨站点 34 M 业务文本时隙(2)

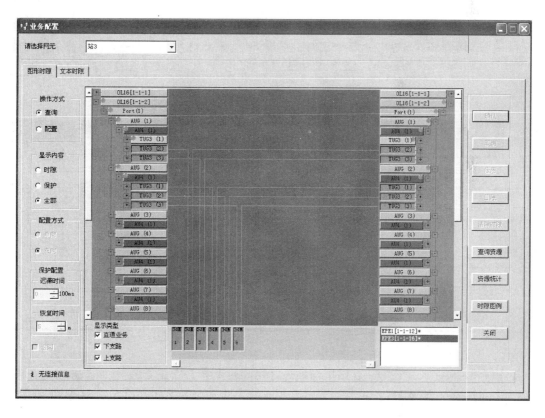

图 2-121　站 3 配置跨站点 34 M 业务图形时隙

⑤查询业务配置的正确性

右击站 1 或站 3 网元,选择相关业务查询,点击列出的业务,将在上方的拓扑图窗口中看到业务路由拓扑图,如图 2-122 所示。单击"显示时隙",可以查看站 1、站 2 和站 3 配置的详细时隙信息,如图 2-123 所示。

全网业务报表
A-Z 业务路由拓扑图
图例
A<-Z
A->Z
缩放拓扑图
站1
站2
站3
终结业务
非终结业务
异常业务
异常再生段连接
告警状态 | 速率 | A网元 | 单板 | 端口 | 方向 | Z网元 | 单板 | 端口 | 用户标签 | 电路名称
无告警 | VC12 | 站1 | EPE1[1-1-12] | [1]-[10] | <--> | 站3 | EPE1[1-1-12] | [1]-[10]
无告警 | VC3 | 站1 | EPE3[1-1-16] | [1]-[5] | <--> | 站3 | EPE3[1-1-16] | [2]-[6]
1.有效业务表中如果业务信息字段有[同上]内容,表示与上一条为同一业务. 2.合并方式时在拓扑图上的是选中业务的第一条业务路由.
合并显示
维护信息
修改标签...
业务告警
业务性能
显示时隙
查询
过滤
打印
另存为
关闭

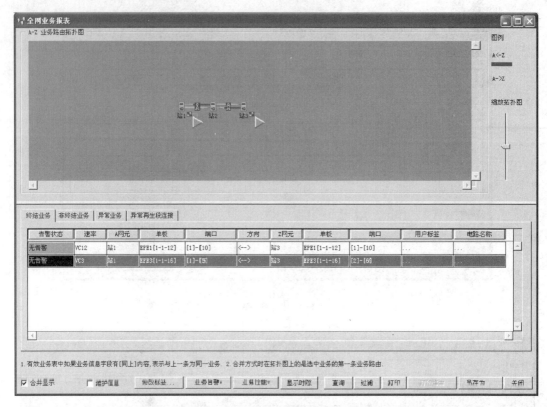

图 2-122　跨站点 34 M 业务路由拓扑图

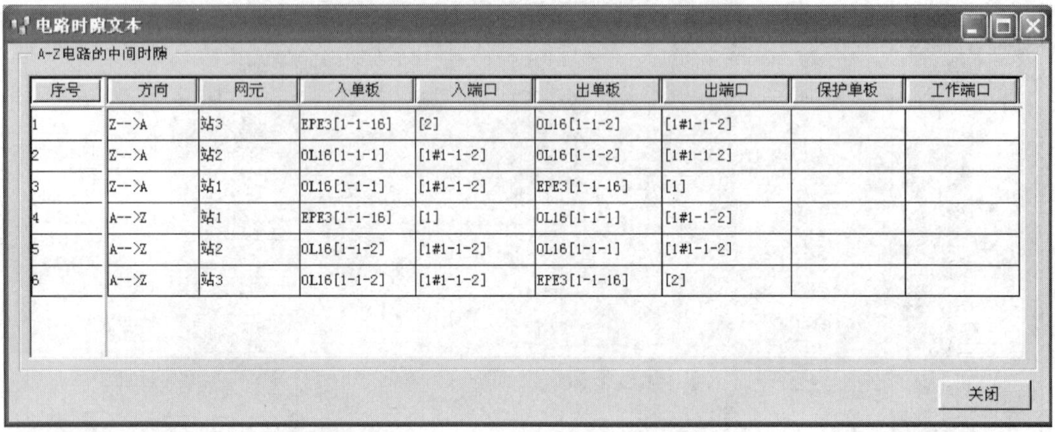

电路时隙文本
A-Z电路的中间时隙
序号 | 方向 | 网元 | 入单板 | 入端口 | 出单板 | 出端口 | 保护单板 | 工作端口
1 | Z-->A | 站3 | EPE3[1-1-16] | [2] | OL16[1-1-2] | [1#1-1-2]
2 | Z-->A | 站2 | OL16[1-1-1] | [1#1-1-2] | OL16[1-1-2] | [1#1-1-2]
3 | Z-->A | 站1 | OL16[1-1-1] | [1#1-1-2] | EPE3[1-1-16] | [1]
4 | A-->Z | 站1 | EPE3[1-1-16] | [1] | OL16[1-1-1] | [1#1-1-2]
5 | A-->Z | 站2 | OL16[1-1-2] | [1#1-1-2] | OL16[1-1-1] | [1#1-1-2]
6 | A-->Z | 站3 | OL16[1-1-2] | [1#1-1-2] | EPE3[1-1-16] | [2]
关闭

图 2-123　跨站点 34 M 业务电路时隙文本

拓展任务:请完成途径站 4 在站 1 与站 3 之间开通 4 个 2 M 业务,途径站 2 和站 3 在站 1 与站 4 之间开通 5 个 34 M 业务,途径站 3 和站 5 在站 4 和站 6 之间开通 6 个 34 M 业务。

任务 9:透传以太网业务开通

任务:掌握 SDH 传输系统跨站点间透传以太网业务的流向。

要求:能开通 SDH 传输系统跨站点间的透传以太网业务。

一、知识准备

传统的 SDH 主要是针对语音业务的多路复用传输技术,随着 Internet 技术的发展和在 Internet 开展的各项应用的普及,数据业务量已经大大超过了语音业务量,因此要求在 SDH 传输技术上增加多种业务传送的功能。于是,基于 SDH 技术的多业务传送平台(简称 MSTP)得到了较为广泛的应用,很好地兼容了原有 SDH 技术,同时也满足了数据业务的传送功能。

所谓多业务传送的含义是同时支持时分复用和分组交换两种技术。也就是说多业务传送平台不仅能提供基于时分复用的专用通道,而且能直接提供以太网接口,甚至具有 ATM 信元交换和以太网二层交换的能力。MSTP 可以将传统的 SDH 复用器、数字交叉链接器(DXC)、WDM 终端、网络二层交换机和 IP 边缘路由器等多个独立的设备集成为一个网络设备,进行统一控制和管理。基于 SDH 的 MSTP 最适合作为网络边缘的融合节点支持混合型业务,特别是以 TDM 业务为主的混合业务。

1. MSTP 技术发展

MSTP 技术的发展主要体现在对以太网业务的支持上,以太网新业务的 QoS 要求推动着 MSTP 的发展。一般认为,MSTP 技术发展可以划分为四个阶段,每个阶段的 MSTP 特点如下:

(1)第一阶段

第一阶段的 MSTP 在原有 SDH 设备上增加支持以太网业务处理板卡,提供了 ATM 和 Ethernet 接口,仅解决了数据业务在 MSTP 中"传起来"问题。业务最小颗粒度受限于 VC12,达到能够透明传送数据业务的目的。引入 PPP 和 ML-PPP 映射方式,实现点对点的数据传输,没有数据带宽共享和统计复用,所以分组数据业务的传送效率还是低,导致资源浪费;不支持以太环网,数据的保护倒换时间长。

(2)第二阶段

在第一阶段 MSTP 的基础上提供了强大的交换能力,该交换能力并不仅仅指 SDH 的交叉连接能力,更重要的是提供了以太网的二层交换能力和 ATM 的交换功能。通过划分 VLAN,有效而安全地完成用户隔离。同时,还可组建 ATM 的 VP-Ring 和利用以太网的 STP 保护。

(3)第三阶段

这一时期的 MSTP 最大的特点就是引进了 GFP 封装机制、LCAS 链路容量调整方案和虚级联技术,使得 MSTP 对数据业务的支持能力进一步加强。同时,在以太网和 SDH 中引入智能的中间适配层如弹性分组环(简称 RPR)、多协议标记交换(简称 MPLS)技术,并结合多种先进技术提高设备的数据处理与 QoS 支持能力,克服了第二阶段 MSTP 所存在的缺陷。

(4)第四阶段

第四阶段 MSTP 增加了网络拓扑自动发现、带宽动态申请和释放等智能特性。

2. MSTP 功能框图

MSTP 是在基于 TDM 传送的 SDH 功能之上,增加了 EoS(Ethernet over SDH)和 AoS(ATM over SDH)两大关键功能,实现同一平台的技术融合,使单一设备能适应 TDM、ATM、以太网等多种业务的需要。在 MSTP 平台中,TDM 业务、ATM 业务、IP 业务都可高效接入和高效传输,它既能满足日益增长的数据业务的需求,又能兼容目前大量应用的 TDM 业务。

MSTP 的接口主要类型有 PDH 接口(E1/T1、E3/T3)、SDH 接口(STM-N)、以太网接口(FE、GE)和 ATM 接口(155 M)等,如图 2-124 所示。PDH、SDH 接口加上后续的 VC 映射和段开销处理部分,就是原来 SDH 的设备框图。可见,MSTP 是在 SDH 之上添加了 ATM 和以太网接口,以及相应的信号处理部分。

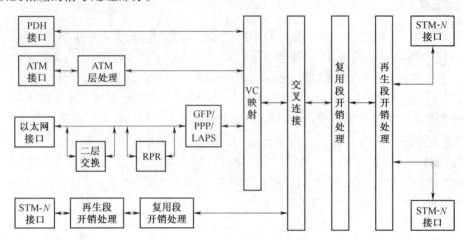

图 2-124 基于 SDH 的 MSTP 功能框图

一般以太网业务首先经过以太网处理模块实现流控制、虚拟局域网(简称 VLAN)处理、二层交换、性能统计等功能。然后在利用通用成帧规程(简称 GFP)、LAPS 或 PPP 等协议封装映射到 SDH 相应的虚容器中。

ZXMP S385 设备的 SEC 板用户侧提供 8 个 10 M/100 M 以太网接口和 1 个 1 000 M 以太网接口,系统侧提供 48 个或 24 个 10 M/100 M 以太网接口,最大可实现 48∶1 的汇聚比。系统侧带宽为 1. 25 G 或 622 M。SEC 板的主要功能是从用户侧接收以太网数据帧,进行二层交换,根据学习查找的结果发送到相应的系统侧端口,将该端口的以太网帧进行相应的封装协议处理送给背板。发送方向是如上所述的逆过程。

3. 以太网端口模式

SEC 板用户端口和系统端口的 VLAN 处理模式包括接入模式、干线模式、TLS 接入模式和透传模式。

(1)接入模式

当用户端口和系统端口处于接入模式时,接收数据帧不带 VLAN 标识,由本端口按照 Pvid 添加一层 VLAN 后进行交换。如果端口采用接入模式,需设置端口速率、双工模式和 Pvid。

(2)干线模式

当用户端口和系统端口处于干线模式时,接收数据帧必须携带 VLAN 标识,未携带 VLAN 标识的数据帧将被过滤,发送侧不剥离 VLAN。

(3)TLS 接入模式

TLS 接入模式下,无论接收到的数据帧是否携带 VLAN 标识,均由本端口按 TPID、PVID 和 QoS 优先级固定添加一层 VLAN 标签后进行交换;转发时,如果单板 TPID 与数据帧 VLAN 标签中的 TPID 匹配,则剥离最外层 VLAN 标签后转发该数据帧;如果不匹配,则直接转发该数据帧。

(4)透传模式

透传模式下,用户端口与 VCG(EOS)端口一一对应,业务在两个端口之间透明传送。设置用户端口是否支持传递链路状态,仅在用户端口为透传模式,且 VCG(EOS)端口使用 GFP 封装方式时该设置项有效。

透传以太网业务由以太网单板提供点到点的透明传输通道,将用户端口与 VCG(EOS)端口(即系统端口)——绑定,数据帧只在绑定的用户端口和 VCG(EOS)端口之间转发。

二、任务实施

如图 2-125 所示为透传以太网业务开通网络连接图。本任务的目的是开通环带链拓扑中站 1 和站 3 两个站点间的 1 个 10 M 带宽的以太网透传业务,要求使用用户口 1,透传端口 ID 为 2。

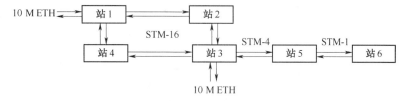

图 2-125 透传以太网业务开通网络连接图

1. 材料准备

高 2 m 的 19 英寸机柜,ZXMP S385 子架 6 套,单板若干,ZXONM E300 网管 1 套,G.652 光纤跳线 12 根。

2. 实施步骤

(1)启动网管。

(2)根据任务 2 步骤创建网元、组建环带链拓扑。

①启动网管

②创建网元

规划并填写网元参数,见表 2-24。根据规划在网管客户端创建网元。

③安装单板

规划并填写表 2-32 中各网元单板安装数量。

表 2-32 环带链网络单板配置表

单板名称 网元名称	NCP	OW	CS	OL16	OL4	OL1	SE
站 1	2 块	1 块	2 块	2 块	—	—	1 块
站 2	2 块	1 块	2 块	2 块	—	—	1 块
站 3	2 块	1 块	2 块	2 块	1 块	—	1 块
站 4	2 块	1 块	2 块	2 块	—	—	1 块
站 5	2 块	1 块	2 块	—	1 块	1 块	1 块
站 6	2 块	1 块	2 块	—	—	1 块	1 块

④连接网元

规划并填写各网元间光纤连接表,见表 2-26。

⑤设置网关网元

选择站点 1,选择[设备管理→设置网关网元],将站 1 添加到右侧网关网元列表中,将站 1 设置为网关网元。

(3)根据任务 3 步骤配置各网元时钟。

(4)设置 SEC 板

①双击站 1 和站 3 网元,在安装单板管理窗口中右键点击 SEC 板,在弹出的右键菜单中选择进入以太网接入适配管理,在端口属性界面启动用户端口 1 和系统 VCG(EOS)端口 1,如图 2-126 所示。端口被启用后,与该端口相关的设置才能生效。

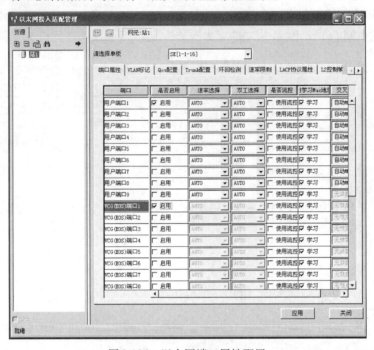

图 2-126　以太网端口属性配置

②进入[VLAN 标记]菜单,将用户端口 1 和系统 VCG(EOS)端口 1 的 VLAN 处理模式设置成透传模式,并设置这两个端口的透传端口 ID 都为 2,如图 2-127 所示。注意:用户口和系

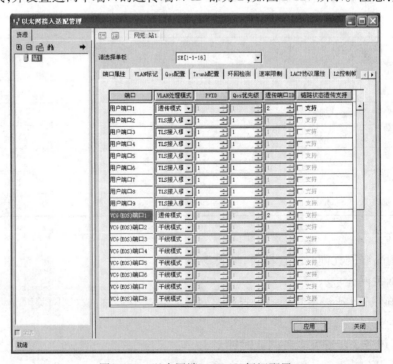

图 2-127　以太网端口 VLAN 标记配置

统口必须一致,当设置多组透传业务时透传端口 ID 要选择不同的值。

　　③在站 1 安装单板对话框中右键点击 SEC 板,在弹出的右键菜单中选择进入[VCG 端口容量设置],选择系统 VCG(EOS)端口 1 的封装方式为 GFP,选择时隙类型为 VC12,选中 TU12(1)～ TU12(5)时隙,如图 2-128 所示。

图 2-128　以太网端口封装方式配置

　　点击"增加"按钮,选中的时隙添加到时隙列表中,如图 2-129 所示。为启用的系统 VCG(EOS)端口 1 分配时隙 TU12(1)～ TU12(5),带宽为 $5×2\ M=10\ M$。

图 2-129　以太网端口分配带宽

（5）业务配置

①规划业务时隙

规划并填写各网元业务时隙规划表，见表2-33。注意，SE板上选择的时隙号须与图2-129配置的时隙号保持一致。

表2-33　透传以太网业务时隙规划表

序号	业务名称	上/下业务		中间穿透		上/下业务	
		支路	时隙	时隙	时隙	时隙	支路
1	ETH 10 M	站1：SE[1-1-16][1-1]TU12(1-5)	站1：OL16[1-1-1][1-1]TU12(1-5)	站2：OL16[1-1-2][1-1]TU12(1-5)	站2：OL16[1-1-1][1-1]TU12(1-5)	站3：OL16[1-1-2][1-1]TU12(1-5)	站3：SE[1-1-16][1-1]TU12(1-5)

②站1配置业务

根据时隙规划，站1配置以太网板与光线路板间5个2 M业务的连接。

③站2配置业务

根据时隙规划，站2配置5个2 M业务穿透。

④站3配置业务

根据时隙规划，站3配置以太网板与光线路板间5个2 M业务的连接。

⑤查询业务配置的正确性

右击站1或站3网元，选择相关业务查询，点击列出的业务，将在上方的拓扑图窗口中看到业务路由拓扑图，如图2-130所示。单击"显示时隙"，可以查看站1、站2和站3配置的详细时隙信息，如图2-131所示。

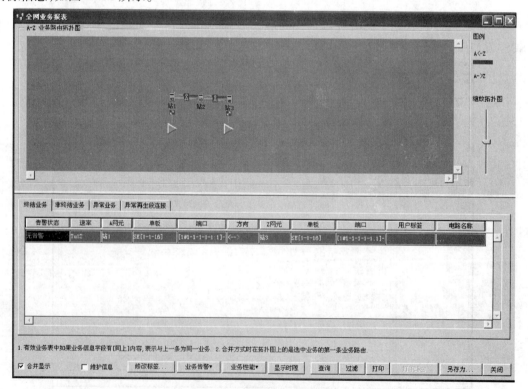

图2-130　以太网业务查询

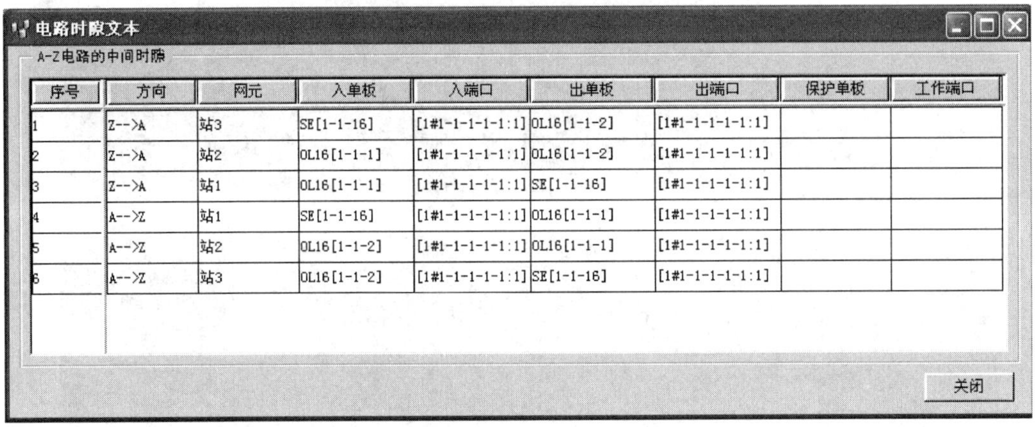

图 2-131　以太网业务详细时隙信息查询

如果一块以太网板的系统端口通过 SDH 网络与另外一块以太网板的系统端口连接,那么为这两个系统端口分配的带宽必须相同。

(6)业务测试

业务配置成功后可以利用网管或者外接业务设备来进行测试。利用网管测试时,需要事先设置 SE 板的 IP 地址。选择配置了业务和数据板 IP 地址的网元,选择[维护→以太网维护→数据板 ping 功能],在全网数据单板中选择目的单板,点击"启动 ping",进行连通性测试,如图 2-132 所示。

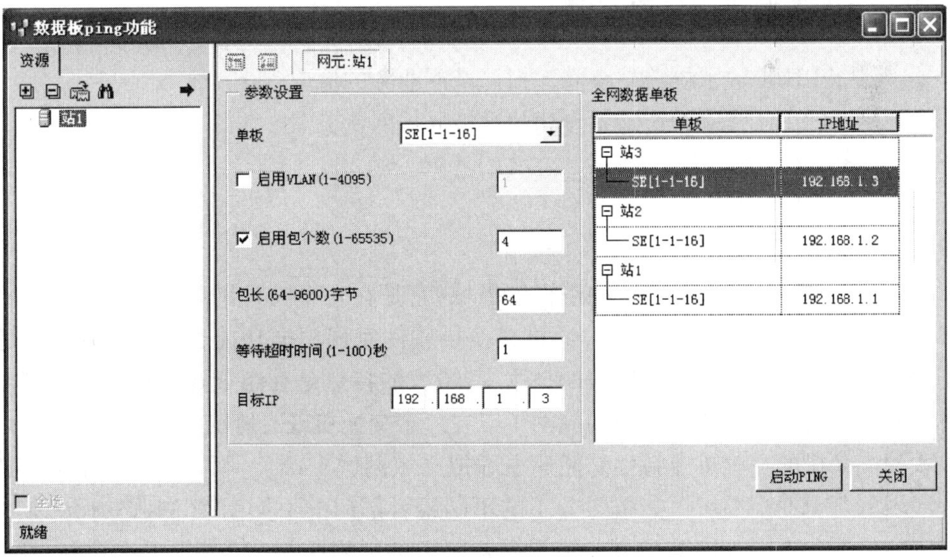

图 2-132　数据板 ping 测试

外接业务设备来进行业务测试时,将两台计算机分别连在站 1 和站 3 的 SE 板用户口 1 上,并设置两台计算机 IP 地址设置为同一个网段的,互相 ping 对方的 IP 地址,进行连通性测试,如图 2-133 所示。丢包率为 0%(0% Loss)说明两台计算机已连通。

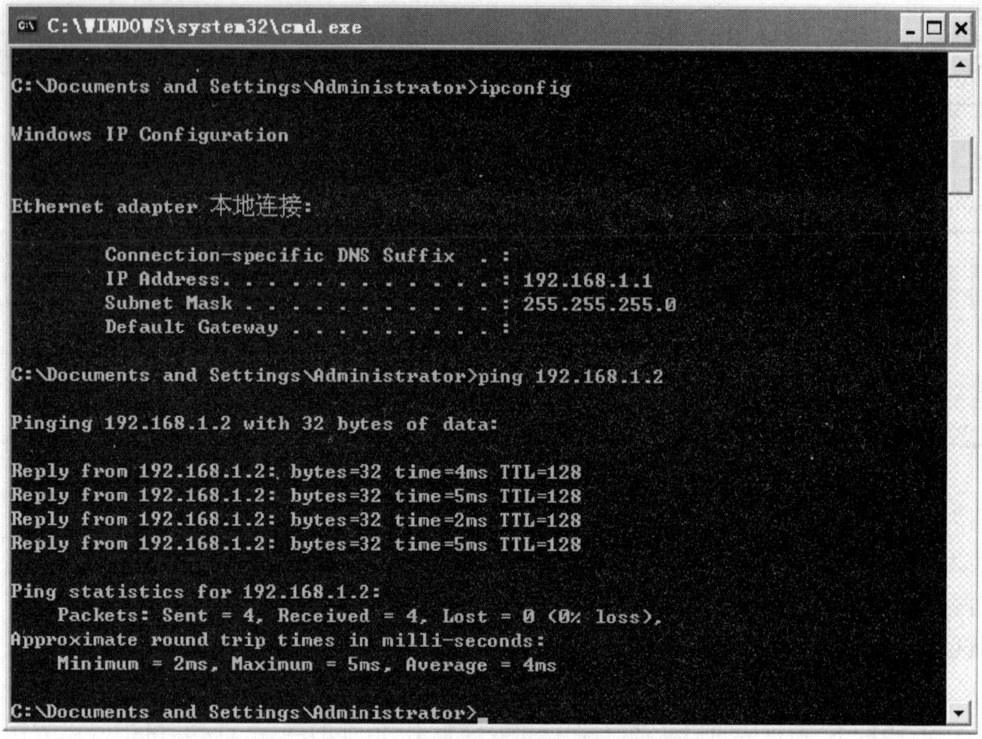

图 2-133　两台计算机连通性测试

任务 10：虚拟局域网业务开通

任务：掌握 SDH 传输系统跨站点间虚拟局域网业务的流向。
要求：能开通 SDH 传输系统跨站点间的虚拟局域网业务。

一、知识准备

1. 虚拟局域网

虚拟局域网（简称 VLAN）是一种逻辑广播域，它是在一个物理网络上划分出来的逻辑网络。VLAN 是以局域网交换机为基础，通过交换机软件实现根据功能、部门、应用等因素将设备或用户组成虚拟工作组或逻辑网段的技术，其最大的特点是在组成逻辑网时无须考虑用户或设备在网络中的物理位置。虚拟局域网可以在一个交换机或者跨交换机实现。

以太网交换机的一个重要特性是能建立虚拟局域网（VLAN）。VLAN 是一个能够跨越多重物理区域的逻辑的广播域。能按照分工的不同或者部门的不同组织 VLAN，而无须考虑使用者的实际位置。不同 VLAN 之间的流量是被隔离的。VLAN 一般基于工作功能、部门或项目团队来逻辑地分割交换网络，而不管使用者在网络中的物理位置。同组内全部的工作站和服务器共享在同一 VLAN，不管物理连接和位置在哪里。

2. VLAN 的优点

（1）控制网络中的广播风暴

采用 VLAN 技术后，可将某个交换端口划到某个 VLAN 中，而一个 VLAN 中的广播风暴不会传播到其他 VLAN,影响其他 VLAN 的通信效率和网络性能。一个 VLAN 就是一个逻辑广播域,通过对 VLAN 的创建,隔离了广播,缩小了广播范围,可以控制广播风暴的产生。

（2）提高了网络的安全性

通过将可以相互通信的网络节点放在一个 VLAN 内,或将受限制的应用和资源放在一个安全 VLAN 内,并提供基于应用类型、协议类型、访问权限等不同策略的访问控制表,就可以有效限制进入或离开 VLAN 的数据流;属于不同 VLAN 的主机,即便是在同一台交换机上的用户主机,如果它们不在同一 VLAN 也不能通信。

（3）简化网络管理,提高组网灵活性

对于交换式以太网,假如对某些用户重新进行网段分配,需要网络管理员对网络系统的物理结构重新进行调整,甚至需要追加网络设备,从而增加了网络管理的工作量。而对于采用VLAN 技术的网络来说,一个 VLAN 可以根据部门职能、对象组或者应用,将不同地理位置的网络用户划分为一个逻辑网段。在不改动网络物理连接的情况下,可以任意地将工作站在工作组或子网之间移动。利用虚拟网络技术,大大减轻了网络管理和维护工作的负担,降低了网络维护费用。在一个交换网络中,VLAN 提供了网段和机构的弹性组合机制。

（4）提供了基于第二层的通信优先级服务

在千兆位以太网中,基于与 VLAN 相关的 IEEE 802.1P 标准可以在交换机上为不同的应用提供不同的服务（如传输优先级等）。

总之,虚拟局域网是交换式网络的灵魂,其不仅从逻辑上对网络用户和资源进行有效、灵活、简便管理提供了手段,同时提供了极高的网络扩展和移动性。

3. VLAN 的实现方式

VLAN 的划分可以根据功能、部门或应用,而无须考虑用户的物理位置。以太网交换机的每个端口都可以分配给一个 VLAN。分配在同一个 VLAN 的端口共享广播域（一个站点发送希望所有站点接收的广播信息,同一 VLAN 中的所有站点都可以听到）,分配在不同 VLAN 的端口不共享广播域。虚拟局域网既可以在单台交换机中实现,又可以跨越多个交换机。

从实现的方式上看,所有 VLAN 均是通过交换机软件实现的;从实现的机制或策略分,VLAN 分为静态 VLAN 和动态 VLAN 两种。

（1）静态 VLAN

在静态 VLAN 中,由网络管理员根据交换机端口进行静态的 VALN 分配,当在交换机上将某一个端口分配给一个 VLAN 时,其将一直保持不变直到网络管理员改变这种配置,所以又称为基于端口的 VLAN。也就是根据以太网交换机的端口来划分广播域。交换机某些端口连接的主机在一个广播域内,而另一些端口连接的主机在另一广播域,VLAN 和端口连接的主机无关,如图 2-134 所示。

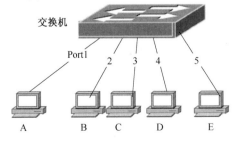

端口	VLAN ID
Port1	VLAN2
Port2	VLAN3
Port3	VLAN2
Port4	VLAN3
Port5	VLAN2

图 2-134　基于端口的 VLAN 划分

假定指定交换机的端口 1、3、5 属于 VLAN2，端口 2、4 属于 VLAN3，此时，主机 A、主机 C、主机 E 在同一 VLAN，主机 B 和主机 D 在另一 VLAN 下。如果将主机 A 和主机 B 交换连接端口，则 VLAN 表仍然不变，而主机 A 变成与主机 D 在同一 VLAN。基于端口的 VLAN 配置简单，网络的可监控性强，但缺乏足够的灵活性。当用户在网络中的位置发生变化时，必须由网络管理员将交换机端口重新进行配置。所以静态 VLAN 比较适合用户或设备位置相对稳定的网络环境。

（2）动态 VLAN

动态 VLAN 是指交换机上以连网用户的 MAC 地址、逻辑地址（如 IP 地址）或数据包协议等信息为基础将交换机端口动态分配给 VLAN 的方式。总之，不管以何种机制实现，分配在同一个 VLAN 的所有主机共享一个广播，而分配在不同 VLAN 的主机将不会共享广播域。也就是说，只有位于同一 VLAN 中的主机才能直接相互通信，而位于不同 VLAN 中的主机之间是不能直接相互通信的。

无论是哪种实现方式，通过虚拟局域网配置功能可同时创建多个属性完全相同的 VLAN，适用于 VLAN 多且属性相同的情况。每个 VLAN 可包含多个端口，以太网业务只能在具有相同 VLAN ID 的端口之间收发。

二、任务实施

本任务的目的是开通 MSTP 环带链网络中站 1 和站 5 两个站点间的 1 个 10 M 带宽的虚拟局域网业务。要求使用用户口为 2，VLAN ID 为 3。

1. 材料准备

高 2 m 的 19 英寸机柜，ZXMP S385 子架 6 套，单板若干，ZXONM E300 网管 1 套，G. 652 光纤跳线 12 根。

2. 实施步骤

（1）启动网管。

（2）根据任务 2 步骤创建网元、组建环带链拓扑。

①启动网管

②创建网元

规划并填写网元参数，见表 2-24。根据规划在网管客户端创建网元。

③安装单板

规划并填写表 2-32 中各网元单板安装数量。

④连接网元

规划并填写各网元间光纤连接表，见表 2-26。

⑤设置网关网元

选择站点 3，选择［设备管理→设置网关网元］，将站 3 添加到右侧网关网元列表中，将站 3 设置为网关网元。

（3）根据任务 3 步骤配置各网元时钟。

（4）设置 SEC 板

①双击站 1 和站 5 网元，在安装单板管理窗口中右键点击 SEC 板，在弹出的右键菜单中选择进入以太网接入适配管理，在端口属性界面启动用户口和系统口。

②进入 VLAN 标记菜单，选择用户口和系统口的 VLAN 处理模式为接入模式，设置 PVID

值为 3，QoS 优先级为 1，如图 2-135 所示。

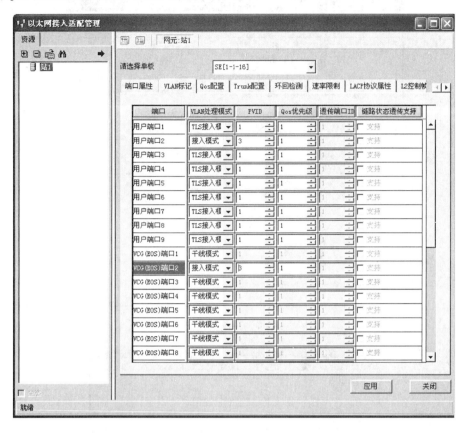

图 2-135　以太网端口 VLAN 标记配置

PVID 为 VLAN 标记号，设置范围为 1～4095。PVID 仅在用户端口为接入模式、TLS 接入模式时该设置项有效。VLAN 名称和 ID 是 VLAN 在网络中的唯一标识，不能重复。用户端口所属的 VLAN 的 ID 必须与数据端口属性页面中该端口所设的 PVID 相同。

QoS 业务的优先级设置范围为 1～8，数值越大，表示业务优先级越高。QoS 业务的优先级仅在用户端口为接入模式、TLS 接入模式时该设置项有效。

③双击站 1 和站 5 网元，在单板对话框中右键点击 SEC 板，在弹出的右键菜单中选择进入[VCG 端口容量设置]，为启用的 VCG(EOS)端口 2 分配时隙，选择系统口的封装方式。

（5）创建用户

选择[业务管理→客户管理]菜单，创建用户，如图 2-136 所示。

（6）创建 VLAN

①选择[设备管理→以太网管理→虚拟局域网配置]菜单，弹出数据板虚拟局域网配置对话框。

②单击"增加 VLAN"按钮，弹出增加 VLAN 对话框，输入 VLAN 的起始 ID 和终止 ID，如图 2-137 所示。

单击"增加"按钮，新建的 VLAN 出现在 VLAN 列表中，如图 2-138 所示。

单击"应用"按钮，保存 VLAN 信息，返回虚拟局域网配置对话框，[虚拟局域网信息]列表中将增加该 VLAN 的信息，如图 2-139 所示。

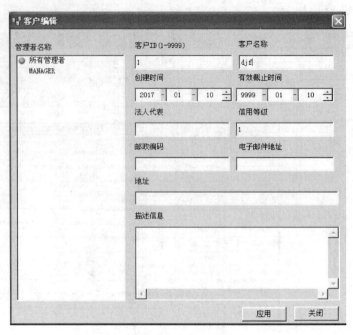

图 2-136　创建业务管理客户

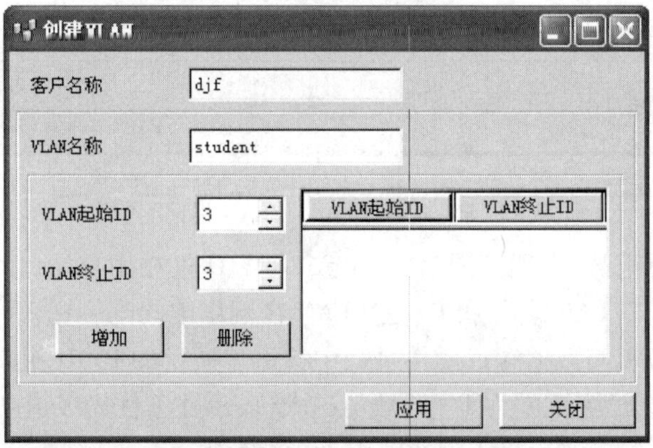

图 2-137　创建 VLAN

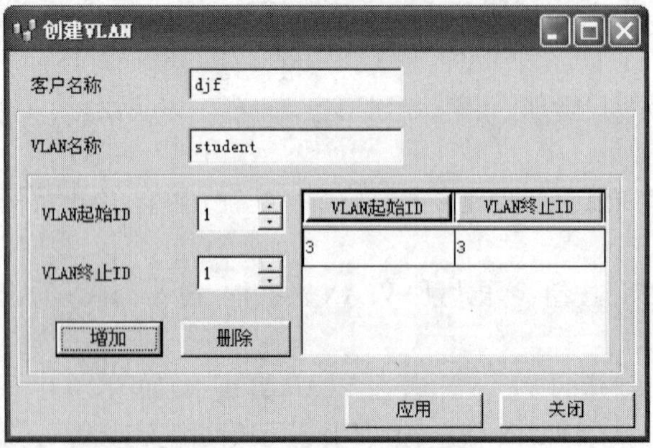

图 2-138　创建 VLAN 成功

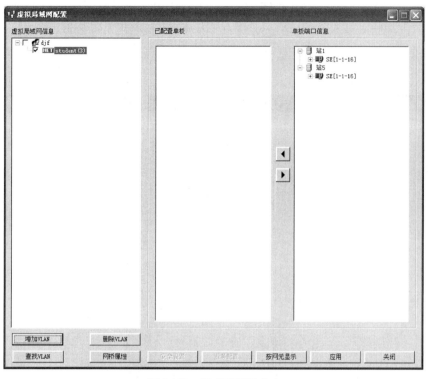

图 2-139　VLAN 配置成功

③单击虚拟局域网信息列表中待配置的 VLAN,单板端口信息中将显示客户端操作窗口中所选网元智能以太网板的配置信息,如图 2-140 所示。

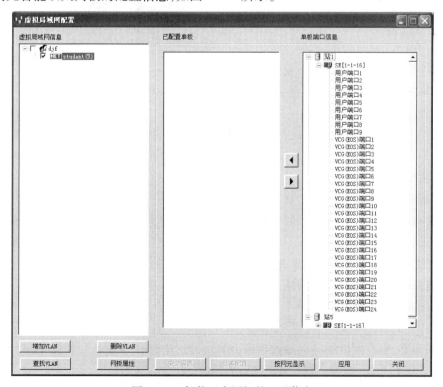

图 2-140　智能以太网板的配置信息

　　④在［单板端口信息］中，展开待配置的网元单板下的端口，选择用户端口 2，单击
◀按钮，在［已配置单板的虚拟局域网信息］中将增加该端口的信息，如图 2-141 所示。
在［已配置单板的虚拟局域网信息］中单击选择端口，单击▶按钮，删除该端口在 VLAN
中的配置。

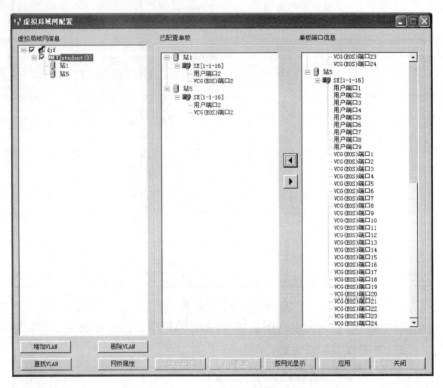

图 2-141　添加至已配置单板的虚拟局域网信息

　　⑤单击"应用"按钮，保存并下发配置命令。

　　站 1 和站 5 都要创建 VLAN，并将用户端口添加到创建的 VLAN 中。

　　（7）业务配置

　　根据以太网业务要求，选择［设备管理→SDH 管理→业务配置］菜单，在业务配置对话框
中，根据表 2-33 所示的业务时隙规划表，按照时隙交叉配置的方法建立以太网板的系统端口
与光线路板的连接。

　　（8）生成树协议配置

　　当以太网业务构成环形或网形网络时，为避免业务成环，建议配置虚拟网桥的生成树协
议。选择［设备管理→以太网管理→虚拟局域网配置］菜单，将 VLAN 中成环的单板运行生成
树协议。为当前 VLAN 启动生成树协议：

　　①在虚拟局域网配置对话框的［虚拟局域网信息］中，单击需要配置的 VLAN。

　　②在［已配置单板］中，单击待配置的单板，点击左下方的"网桥属性"按钮，弹出网桥属性
对话框。

　　③根据需要，修改网桥的各项参数。在［STP 设置］中，选中"使能"，如图 2-142 所示。

　　④单击"VLan STP"按钮，选择 STP 设置为使能，如图 2-143 所示。

　　⑤单击"确定"按钮，保存并下发配置命令。

图 2-142　虚拟网桥属性配置

图 2-143　VLAN STP 配置

（9）测试

业务配置成功后,可以利用网管或者外接业务设备来进行测试。

任务 11：SDH 传输系统公务配置

任务:掌握传输系统公务联络的功能和实现;理解公务电话的防环措施。

要求:能配置对传输系统各站点进行公务配置,并设置公务控制点或使用公务防护字节来防止公务电话成环。

一、知识准备

1. 传输系统公务电话功能与实现

SDH 帧结构中安排了丰富的开销字节,其中 E1 和 E2 两个字节是用来提供公务联络电话的,用于光纤连通但业务未通或业务已通时各站间的公务联络。E1 和 E2 分别提供一个 64 kbit/s 的公务联络语音通道。E1 属于 RSOH,用于再生段之间的本地公务联络,可以在中继器终端接入;E2 属于 MSOH,用于复用段之间的直达公务联络,可以在复用段终端接入。另外,F1 字节为特殊维护目的,提供临时数据/语音通路连接。

在进行传输系统开通和维护管理时,公务联络必不可少。传输设备上的公务联络电话功能由个站点的公务盘来实现。在终端、中继器和 ADM 设备上均有公务盘,这些公务盘通过开销字节中 E1 字节提供的 64 kbit/s 通道组成一体的公务联络系统。ZXMP S385 的 OW 板就提供公务联络功能。每个站点的公务盘有一套设置和属性,包括本站点的物理号码、电话号码、主备用系统的数量、工作方式等。

只要光纤连通,且站点的网元正常工作,任意两个站点间的公务联络可通过拨对方的电话号码来进行选址呼叫,也可以在某一授权站召开会议电话,进行群呼。

2. 防止公务电话成环

传输系统公务联络系统要求话音清晰、无啸叫、拨号无误。在实际使用中,传输设备的公务电话会向所有的光方向并发,如果存在公务成环,将造成本站点发出的信号通过环路后本站点收到,引起啸叫,造成公务电话不通。

在实际使用中,常利用公务控制点或公务防护字节两种方法来防止公务电话成环。

(1)公务控制点

公务控制点防止公务成环的方法是将传输网络中的某个网元设置为公务控制点。公务控制点向其他站点发送测试字节,其他站点将该测试字节向下传递。若公务控制点从某个光方向收到它自己传递出去的测试字节,就将该方向关闭,从而避免了公务电话成环。

(2)公务保护字节

公务保护字节通过传送保护信令来破坏公务成环。设置公务保护字节后,通过发送检测公务保护字节来自动将某一方向关断。如果传输网络的正常业务方向中断,自动将这一方向打开,使公务电话可通,从而实现了公务保护。ZXMP S385 支持 E2、R2C9、F1 作为公务保护字节。

二、任务实施

本任务的目的是完成环带链传输系统公务号码的设置。为防止公务电话成环,需要将站 3 设置为公务控制点或统一对接光板配置公务保护字节。

1. 材料准备

高 2 m 的 19 英寸机柜,ZXMP S385 子架 6 套,单板若干,ZXONM E300 网管 1 套,G. 652 光纤跳线 12 根。

2. 实施步骤

(1)启动网管,根据模块二任务 2 步骤创建环带链拓扑。

(2)根据模块二任务 3 步骤配置网络时钟。

(3)根据模块二任务 4～任务 7 配置业务,根据模块三任务 2 配置通道保护;或根据模块三任务 3 配置复用段保护,根据模块二任务 4～任务 7 配置业务。

(4)公务配置

①公务号码设置

a. 在客户端操作窗口中,选择站 1～站 6 网元,单击[设备管理→公共管理→公务配置]

菜单项,弹出公务配置对话框,为站 1~站 6 分别配置公务电话为 101~106,强插密码为 999、群呼密码为 888,如图 2-144 所示。注意:公务电话号码、强插密码、群呼密码要求在 100~999之间的数字。

图 2-144　公务配置对话框

b. 在公务配置对话框中,单击"应用"按钮,保存并下发公务号码设置。

还可以点击"自动设置"按钮,由系统自动配置站 1~站 6 的公务电话号码、强插密码为999、群呼密码。

②公务控制点设置

a. 在客户端操作窗口中,选择站 3,单击[设备管理→公共管理→公务配置]菜单项,弹出公务配置对话框。

b. 单击"配置公务保护"前的圆形按钮,使按钮为 ⊙,将当前所选网元设置为控制点网元。"控制点顺序"默认为"1",使用默认设置,如图 2-145 所示。单击"应用"按钮。

c. 单击"查询保护"按钮,右侧[公务保护信息]中显示的控制点信息与设置相符。

③公务保护字节设置

除了设置公务控制点来防止公务电话成环,还可以设置公务保护字节防止公务电话成环。公务保护字节设置如下:

a. 在客户端操作窗口中,选择站 1~站 6 网元,单击[设备管理→SDH 管理→公务保护字节选择]菜单项,弹出公务保护字节选择对话框。在[工作方式选择]中,单击选择[自动配置],激活[自动配置]选择框。

b. 在[自动配置]的[全网预设保护字节]中,单击选择[R2C9]。单击"应用"按钮,统一全网的公务保护字节为 R2C9，如图 2-146 所示。点击弹出询问对话框的确认，将提示站 1～站 6 保护配置完成，如图 2-147 所示。

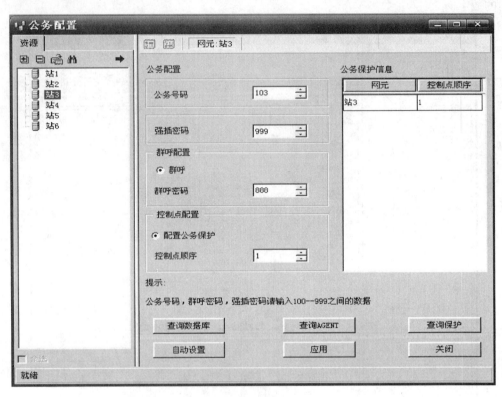

图 2-145　公务控制点设置

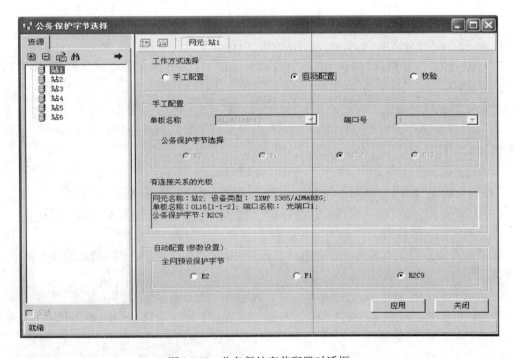

图 2-146　公务保护字节配置对话框

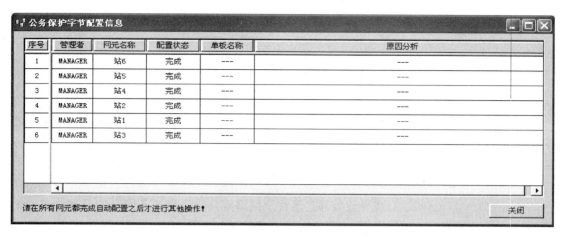

图 2-147　公务保护配置完成信息

c. 在［工作方式选择］中选择［校验］，单击"应用"按钮，检查全网公务保护字节，系统提示配置正确，如图 2-148 所示。

（5）将配置数据下发到网元中，利用每个网元的公务话机进行公务电话拨打测试，看看呼叫是否成功。

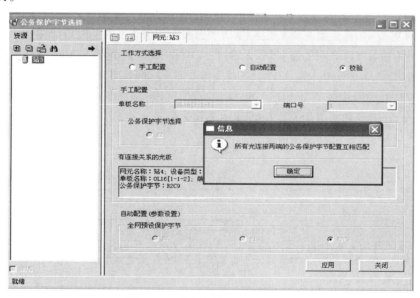

图 2-148　公务保护字节校验结果

模块三　SDH 网络保护

任务 1：SDH 网络保护机制分析

任务：理解传输网络保护机制的功能，掌握 SDH 不同保护类型的优缺点。

要求：能分析二纤单向通道保护环、二纤双向通道保护环、二纤双向复用段保护环、四纤双向复用段保护环的网络保护机理。

一、知识准备

(一) 传输系统保护分类

传输系统保护分为设备级保护和网络级保护。

1. 设备级保护

设备级保护是指在硬件上采用冗余设计,对业务总线、开销总线、时钟总线采用双总线的结构体系,大大提高了系统的可靠性和稳定性。传输设备采用两块电源板、主控板、交叉时钟板,实现 1 + 1 设备级保护,一块作为主用单板,另一块作为备用单板。

2. 网络级保护

传输系统一旦出现故障,将导致局部甚至整个网络瘫痪。为了提高网络的可靠性和安全性,要求传输网络有较高的生存能力,即传输网络具有自愈功能。网络级保护是指传输网络发生故障(如光纤断)时,无需人为干预,网络自动地在极短的时间(ITU-T 规定为 50 ms)内,使业务自动从故障中恢复传输,用户几乎感觉不到网络出了故障。具备这种自愈能力的网络称为自愈网。

自愈是传输网络具有自愈功能的先决条件是有冗余的备用信道,节点交叉连接能力强大。自愈仅是通过备用信道将失效的业务恢复,而不涉及具体故障的部件和线路的修复或更换,所以故障点的修复仍需人工干预才能完成,例如光缆断了还需人工接续。

要理解自愈技术,首先要明确界定再生段、复用段和通道。再生段是指在两个设备的再生段终端功能块(如 REG)之间的维护区段,例如,TM 和 REG 之间的 STM-4。复用段是指在两个设备的复用段终端功能块(如 ADM)之间的维护区段,例如 TM 和 ADM 之间 STM-4 中的 STM-4。通道是复用段中的某个 VC 通道之间的维护区段,例如 TM 和 ADM 之间的一个 VC12 通道。再生段、复用段和通道的基本位置如图 2-149 所示。

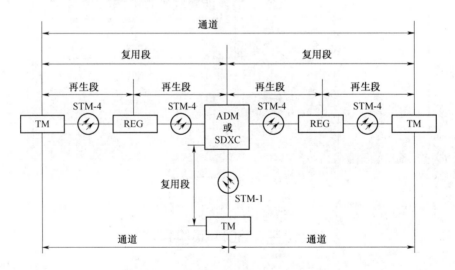

图 2-149　再生段、复用段和通道的基本位置

当网络发生自愈保护时,业务切换到保护通道的方式有恢复方式和不恢复方式两种。恢复方式是当工作路由故障被恢复后,工作路由从保护路由倒回工作路由。不恢复方式是即使工作路由故障恢复后倒换仍保持,不恢复到工作路由。

(二)SDH 网络保护机制

根据适用的网络拓扑结构分类,SDH 网络中的自愈保护可以分为链形网络保护、环形网络保护和子网连接保护三类。

1. 链形网络保护

链形网络多使用四纤线性保护方式,以复用段或通道为基础,采用分段保护。当出现故障时,由工作通道倒换到保护通道,使业务得以继续传送。线性保护有 1 + 1 线性保护和 1∶N 线性保护两种方式。

(1)1 + 1 线性保护

1 + 1 方式采用双发选收的保护机制。正常情况下,工作路由和保护路由同时传送主业务信号,但接收端仅从工作路由接收主业务信号。当工作路由故障时,接收端切换到保护路由接收业务信号。当采用 1 + 1 线性复用段保护时,工作路由和保护路由是永久性桥接的,因而 1 + 1 方式不可能提供无保护的额外业务。1 + 1 线性保护如图 2-150 所示。

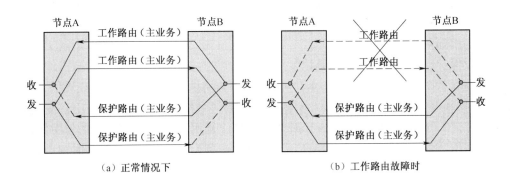

图 2-150　1 + 1 线性保护

(2)1∶N 线性保护

1∶N 方式是 N(N = 1 ~ 14)个工作路由共用 1 个保护路由。正常情况下,工作路由传送优先级高的主业务信号,保护路由传送优先级低的额外业务信号。当其中任意一个工作路由出现故障时,保护路由丢弃额外业务信号,根据自动保护倒换(APS)协议,通过将故障路由上的主业务信号切换到保护路由上传送。其中,1∶1 方式是 1∶N 方式的一个特例,1∶1 线性保护如图 2-151 所示。

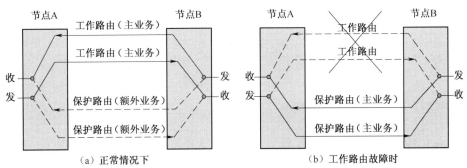

图 2-151　1∶1 线性保护

2. 环形网络保护

目前传输系统使用最多的拓扑结构是环形网,其自愈能力比链形网更强。

按照进入环的支路信号与经由该支路信号分路节点返回的支路信号的方向是否相同来分类,自愈环可以分为单向环和双向环。正常情况下,单向环中所有业务信号按同一方向在环中传输。双向环中,进入环的支路信号按同一个方向传输,而由该支路信号分路节点返回的支路信号按相反的方向传输。

按照一对节点间所用光纤的最小数量来区分,可以分为二纤环和四纤环。

按照保护的业务级别可将自愈环划分为通道保护环、复用段保护环。

(1)通道保护环

通道保护环中业务量的保护是以 VC 通道为基础的,倒换与否按某一个 VC 通道信号质量的优劣而定,通常利用接收端是否收到简单的 TU-AIS 信号来决定该通道是否应进行倒换。例如在 STM-16 环上,若接收端收到第 4 个 VC4 的第 48 个 TU-12 有 TU-AIS,那么就仅将该通道切换到保护信道上去。通道保护环往往使用专用保护,在正常情况下保护信道也传主用业务(业务为 1+1 保护),保护时隙为整个环专用,信道利用率不高。

(2)复用段保护环

复用段保护环中业务量的保护是以复用段为基础的,倒换与否按每一对节点间的复用段信号质量的优劣而定。倒换是由 K1、K2(b1~b5)字节所携带的 APS 协议来启动的,当复用段出现问题时,环上整个 STM-N 或 1/2 STM-N 的业务信号都切换到备用信道上。复用段保护倒换的条件是 LOF、LOS、MS AIS、MS EXC 告警信号。复用段保护环往往使用公用保护,正常情况下主用信道传主用业务,保护信道传额外业务(业务为 1:1 保护),保护时隙由每对节点共享,信道利用率高。复用段保护环也可以使用专用保护方式,但用得较少。

3. 子网连接保护

子网连接保护(简称 SNCP)是指对某一子网连接预先安排专用的保护路由,一旦子网发生故障,专用保护路由便取代子网承担在整个网络中的传送任务,适用于所有拓扑结构。SNCP 的子网是广义上的子网,即一条链或一个环都是一个子网。

SNCP 是一种 1+1 方式,采用单端倒换的保护,如图 2-152 所示。SNCP 主要用于对跨子网业务进行保护,具有双发选收的特点,不需要 APS 协议。

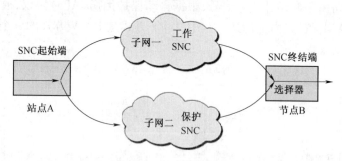

图 2-152　子网连接保护

SNCP 每个传输方向的保护通道都与工作通道走不同的路由。正常情况下,业务在工作子网和保护子网上同时传送。节点 A 和 B 之间通过 SNCP 传送业务,即站点 A 通过桥接的方式分别通过子网 1(工作 SNC)和子网 2(保护 SNC)将业务传向节点 B,而节点 B 则按照倒换准则从两个方向选取一路业务信息。当工作子网连接失效或性能劣于某一规定水平时,工作子网连接将由保护子网连接代替。SNCP 作为通道层的保护还可用于不同的网络结构中,如网状网及环网等。

SDH 自愈环的各种保护方式比较见表 2-34。

表 2-34　SDH 自愈环各种保护方式的比较

项目	通道保护环	复用段保护环	子网连接保护(SNCP)
节点数	K	K	K
线路速率	STM-N	STM-N	STM-N
环传输容量	STM-N	$K/2 \times$ STM-N 或 $K \times$ STM-N	STM-N
APS 协议	不用	用	不用
倒换时间	< 20 ms	20 ~ 50 ms	50 ms 左右
节点成本	低	中	很低
系统复杂性	简单	复杂	简单
主要应用场合	本地接入网等集中型业务	干线网、本地骨干网和本地中继网等分散型业务	本地接入网等各类业务

从表中不难看出:与其他保护方案相比,SNCP 保护在接入网应用中具有成本低、无需 APS 协议支持、组网灵活、系统简单等突出的特点,被较多厂家所采用。

二、任务实施

分析中国铁路总公司铁路传输网采用的网络保护机制。

1. 材料准备

无

2. 实施步骤

中国铁路总公司采用骨干层、汇聚层和接入层组成完善的传输网络。骨干层由 10 Gbit/s 的 SDH 设备接入到 40 波 OTN 或 DWDM 传输网上,相邻大站间通过铁路两侧不同物理径路的两对四芯光纤组成 1 + 1 线性复用段保护。汇聚层由 2.5 Gbit/s 的 SDH 设备构成,汇聚层和骨干层的相邻大站之间采用四纤 1 + 1 线性复用段保护方式。接入层采用 622 Mbit/s 的 SDH 设备实现基站、牵引电站、信号中继站等业务设备的接入,接入层的基数基站环、偶数基站环、电力牵引环三个 SDH 传输环采用二纤双向复用段保护方式。此外,骨干层与汇聚层之间、汇聚层与接入层之间为链形组网,均采用四纤 1 + 1 线性复用段保护方式。

任务 2:通道保护配置

任务:掌握通道保护的网络保护机理。

要求:能配置对传输网络进行不带额外业务的二纤双向通道保护。

一、知识准备

通道保护中业务量的保护是以通道为基础的,环形网络的复用段保护环主要有二纤单向通道保护环和二纤双向通道保护环。通道保护的工作路由和保护路由可以为不同光纤上的 VC 通道,也可以为同一光纤上不同的 VC 通道。

1. 二纤单向通道保护环

二纤单向通道保护环通常由两根光纤实现,其中一根光纤为工作路由,记为 W 光纤;另一根光纤为保护路由,记为 P 光纤,如图 2-153 所示。工作路由和保护路由都用于传送业务信号。单向通道保护环使用"首端桥接,末端倒换"的双发选收结构,是一种 1+1 保护方式。发送时,工作路由和保护路由同时携带业务信号并分别向两个方向传输,而接收端只选择其中较好的一路,默认选择接收工作路由传输来的业务信号。

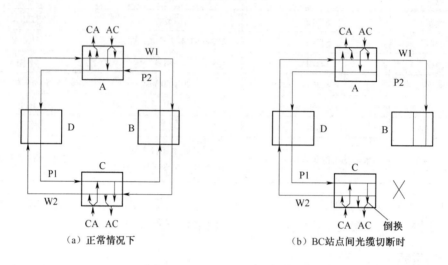

（a）正常情况下　　　　　　　　　　（b）BC 站点间光缆切断时

图 2-153　二纤单向通道保护环

下面将以站点 A 和站点 C 进行通信为例说明二纤单向通道保护环工作原理。网络正常时如图 2-153（a）中所示,站点 A 将要传送的业务信号 AC 同时馈入工作路由 W1 光纤和保护路由 P1 光纤,其中 W1 按顺时针方向将业务信号送入站点 C,而 P1 按逆时针方向将同样的业务信号送入站点 C。接收端 C 同时收到来自两个方向的业务信号,按照通信信号的优劣决定选择哪一路信号,默认从 W1 光纤上接收传送来的业务信号。同理,从站点 C 以同样的方法完成到站点 A 的通信。站点 C 将要传送的业务信号 CA 同时馈入工作路由 W2 和保护路由 P2 光纤,其中 W2 按顺时针方向将业务信号送入站点 A,而 P2 按逆时针方向将同样的业务信号送入站点 A。接收端 C 同时收到来自两个方向的业务信号,默认选用从 W2 光纤上传送来的业务信号。

当 BC 站点间的光缆被切断时,两根光纤同时被切断,如图 2-153（b）所示。在站点 C 上从 W1 光纤上传送的 AC 信号丢失,按照通道选优的准则,倒换开关将由 W1 光纤倒换到 P1 光纤,站点 C 接收从 P1 光纤传来的 AC 信号,从而使 AC 间业务信号得以维持,不会丢失。站点 A 仍然从 W2 光纤上接收从站点 C 发往站点 A 的信号,不发生保护倒换。

二纤单向通道保护环不能用保护路由传送额外业务,业务容量固定不变,恒定为 STM-N,与环上的站点数和网元间的业务分布无关。

2. 二纤双向通道保护环

二纤双向通道保护环仍采用两根光纤,可分为 1+1 和 1:1 两种方式。其中的 1+1 方式与单向通道保护环基本相同（双发优收）,只是返回信号沿相反方向（双向）而已。二纤双向通道保护采用 1:1 方式时,在保护路由中可传送优先级较低的额外业务。只在故障出现时,才从工作路由倒换到保护路由,需要 APS 协议支持。

下面将以站点 A 和站点 C 进行通信为例说明 1 + 1 二纤双向通道保护环工作原理。网络正常时如图 2-154(a)所示,站点 A 将要传送的业务信号 AC 同时馈入工作路由 W1 和保护路由 P1 光纤。其中 W1 按顺时针方向将业务信号送入站点 C,而 P1 按逆时针方向将同样的业务信号送入站点 C。接收端 C 同时收到来自两个方向的支路信号,默认选择由 W1 光纤传送来的业务信号。站点 C 发往站点 A 的业务信号 CA 从 C 点同时馈入工作路由 W2 和保护路由 P2 光纤。其中 W2 按逆时针方向将业务信号送入分路站点 C,而 P2 按顺时针方向将同样的支路信号送入分路站点 A。接收端 A 同时收到来自两个方向的支路信号,默认选择由 W2 光纤传送来的业务信号。

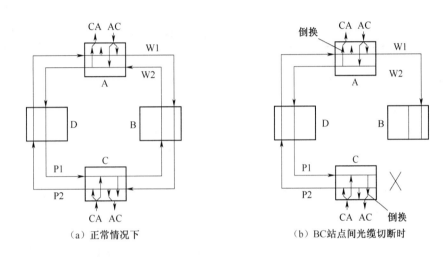

（a）正常情况下　　　　　　　　　　（b）BC 站点间光缆切断时

图 2-154　二纤双向通道保护环

当 BC 站点间的光缆被切断时,两根光纤同时被切断,如图 2-154(b)所示,从站点 A 发往站点 C 途径 B 的 W1 光纤上传送的 AC 业务信号和从 C 发往 A 途径 B 的 W2 光纤上传送的 CA 业务信号均丢失。按照通道选优的准则,站点 C 的倒换开关迅速由 W1 光纤倒换到 P1 光纤,站点 A 的倒换开关迅速将由 W2 光纤倒换到 P2 光纤,站点 C 接收由 P1 光纤传来的 AC 信号,站点 A 接收由 P2 光纤传来的 CA 信号。二纤双向通道保护环业务容量与二纤单向通道保护环一样,恒定为 STM-N。

二、任务实施

本任务的目的是使用二纤双向通道保护提高网络的可靠性,配置站 1 和站 3 之间 1 个 2 M 业务信号的通道保护,工作路由为站 1 - 站 2 - 站 3,保护路由为站 1 - 站 4 - 站 3,保护路由也传送主用业务。如图 2-155 所示为通道保护配置网络连接图。

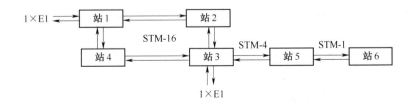

图 2-155　通道保护配置网络连接图

1. 材料准备

高 2 m 的 19 英寸机柜,ZXMP S385 子架 6 套,单板若干,ZXONM E300 网管 1 套,G.652 光纤跳线 12 根。

2. 实施步骤

(1)启动网管。

(2)根据任务 2 步骤创建网元、组建环带链拓扑。

(3)根据任务 3 步骤配置各网元时钟。

(4)业务配置

①填写各网元业务时隙规划表,见表 2-35。

表 2-35　通道保护网元业务时隙规划表

	上/下业务		中间穿透		上/下业务	
	支路	时隙	时隙	时隙	时隙	支路
工作路由	站 1： EPE1[1-1-12] 1 号	站 1： OL16[1-1-1] [1-1]TU12(1)	站 2： OL16[1-1-2] [1-1]TU12(1)	站 2： OL16[1-1-1] [1-1]TU12(1)	站 3： OL16[1-1-2] [1-1]TU12(1)	站 3： EPE1[1-1-12] 1 号
	上/下业务		中间穿透		上/下业务	
	支路	时隙	时隙	时隙	时隙	支路
保护路由	站 1： EPE1[1-1-12] 1 号	站 1： OL16[1-1-2] [1-1]TU12(1)	站 4： OL16[1-1-1] [1-1]TU12(1)	站 4： OL16[1-1-2] [1-1]TU12(1)	站 3： OL16[1-1-1] [1-1]TU12(1)	站 3： EPE1[1-1-12] 1 号

注意:工作路由和保护路由上站点支路板 EPE1 上选择的 2 M 端口序号一定要相同,才能达到通道保护的目的。

②配置工作路由:站 1 配置 1 个 2 M 业务的上/下;站 2 配置 1 个 2 M 业务的交叉连接;站 3 配置 1 个 2 M 业务的上/下。下面介绍文本时隙法配置 2 M 业务。

单击选择站 1 网元,在文本时隙中将操作方式选择为"配置",在文本时隙中点击"新建",在弹出的新建时隙与保护对话框中选择业务类型为 TU12/VC12,源端单板为 EPE1[1-1-12],时隙号为 1;选择宿端单板为 OL16[1-1-1],端口为 1,AUG 为 1,时隙号为 1,如图 2-156 所示。点击"应用"关闭新建时隙对话框,在业务配置中点击"应用",将配置数据下发。

单击选择站 2 网元,在文本时隙中将操作方式选择为"配置",在文本时隙中点击"新建",在弹出的新建时隙与保护对话框中选择业务类型为 TU12/VC12,源端单板为 OL16[1-1-2],端口为 1,AUG 为 1,时隙号为 1;选择宿端单板为 OL16[1-1-1],端口为 1,AUG 为 1,时隙号为 1,如图 2-157 所示。点击"应用"关闭新建时隙对话框,在业务配置中点击"应用",将配置数据下发。

单击选择站 3 网元,在文本时隙中将操作方式选择为"配置",在文本时隙中点击"新建",在弹出的新建时隙与保护对话框中选择业务类型为 TU12/VC12,源端单板为 OL16[1-1-2],端口为 1,AUG 为 1,时隙号为 1;选择宿端单板为 EPE1[1-1-12],时隙号为 1,如图 2-158 所示。点击"应用"关闭新建时隙对话框,在业务配置中点击"应用",将配置数据下发。

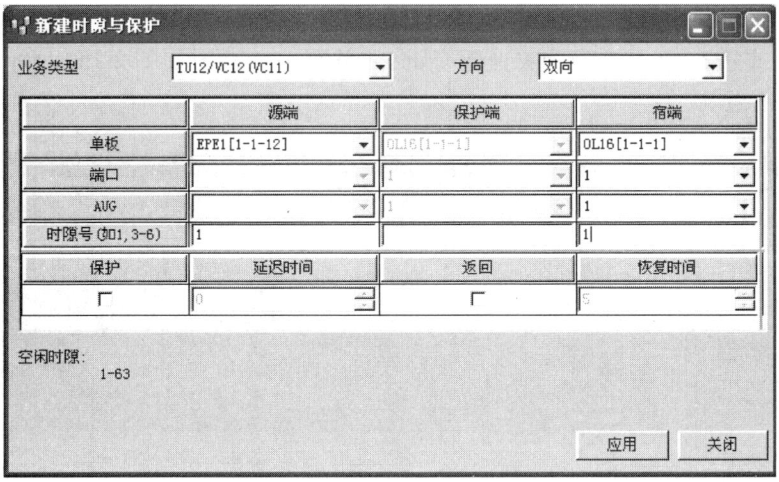

图2-156　站1新建时隙

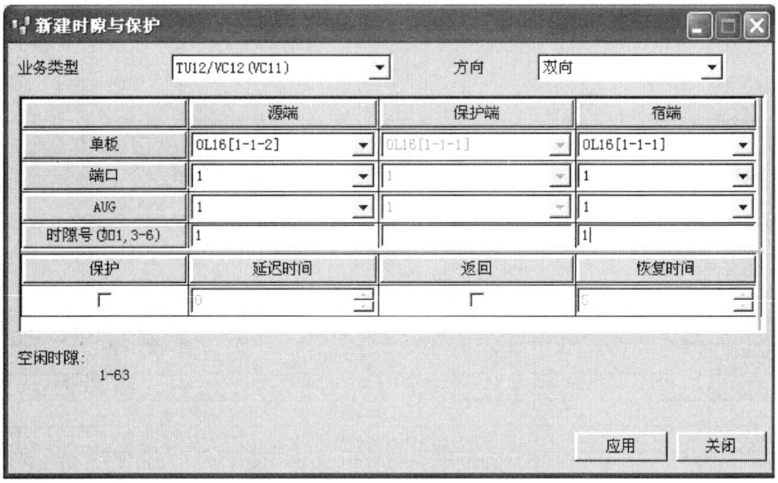

图2-157　站2新建时隙

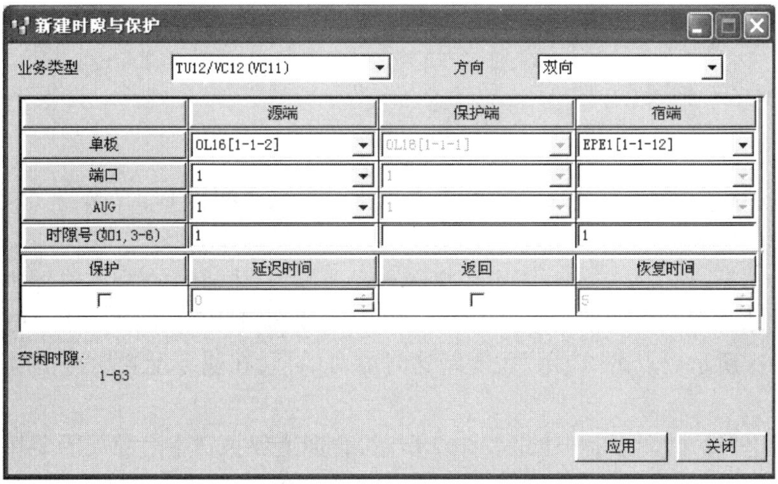

图2-158　站3新建时隙

③在查询工作路由配置的正确性

右击站1或站3网元,选择相关业务查询,业务路由拓扑图如图2-159所示,电路时隙文本如图2-160所示。

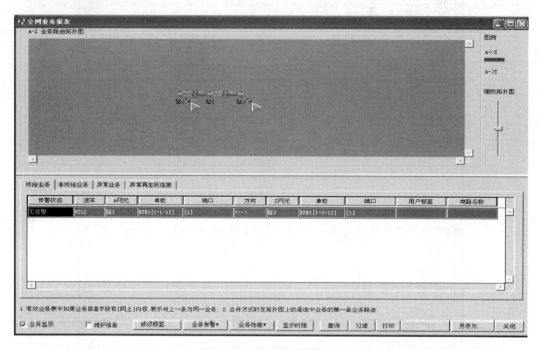

图2-159　业务路由拓扑图

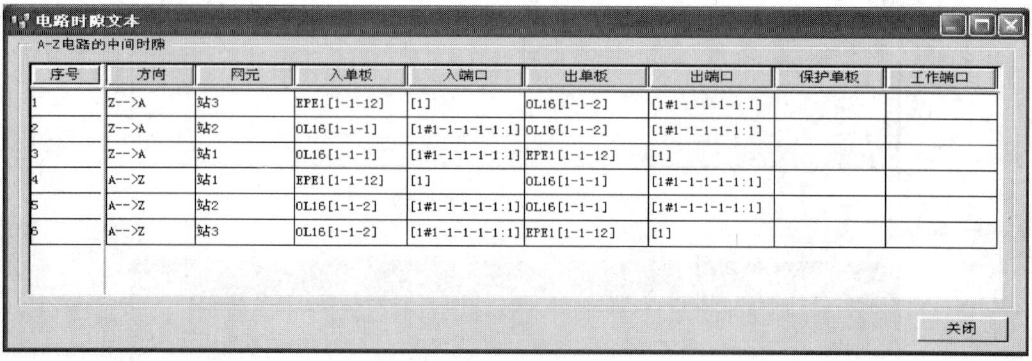

图2-160　电路时隙文本

④配置保护路由:站1配置1个2M业务的上/下;站4配置1个2M业务的交叉连接;站3配置1个2M业务的上/下。下面介绍文本时隙法配置2M业务。

单击选择站1网元,在文本时隙中将操作方式选择为"配置",在文本时隙中点击"增加保护",在弹出的增加保护对话框中选择保护端单板为OL16[1-1-2],端口为1,AUG为1,时隙号为1,如图2-161所示。点击"应用"关闭新建时隙对话框,在业务配置中点击"应用",将配置数据下发。

站1含通道保护的图形时隙如图2-162所示,含通道保护文本时隙如图2-163所示。在已配置的工作时隙基础上,再配置经过另一个路由的保护时隙,完成通道保护的配置。配置方法与业务配置相同,注意支路板的2M端口号要与工作路由一致。当为多条业务配置保护时,可以使用文本时隙的增加保护来添加通道保护配置。

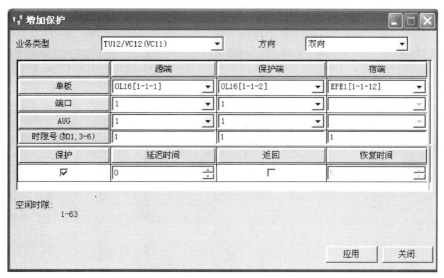

图 2-161　站 1 保护时隙配置

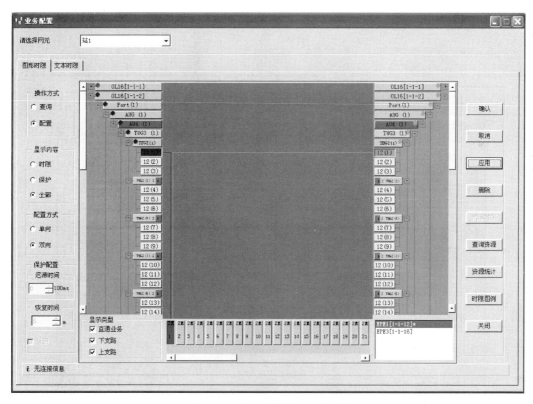

图 2-162　含通道保护的图形时隙

先配置的时隙连接称为工作路由,用红色实线表示;后配置的时隙连接称为保护路由,用蓝色实线表示。

单击选择站 4 网元,在文本时隙中将操作方式选择为"配置",在文本时隙中点击"新建",在弹出的新建时隙与保护对话框中选择业务类型为 TU12/VC12,源端单板为 OL16[1-1-1],端口为1,AUG 为1,时隙号为1;选择宿端单板为OL16[1-1-2],端口为1,AUG 为1,时隙号为1,如图2-164 所示。点击"应用"关闭新建时隙对话框,在业务配置中点击"应用",将配置数据下发。

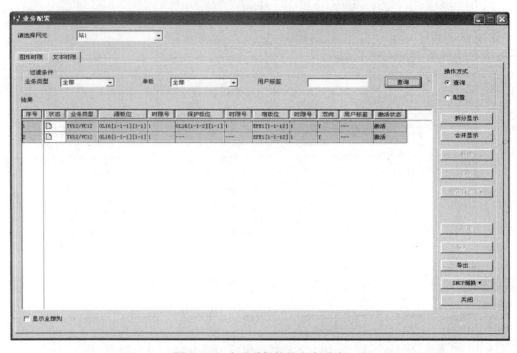

图 2-163　含通道保护的文本时隙

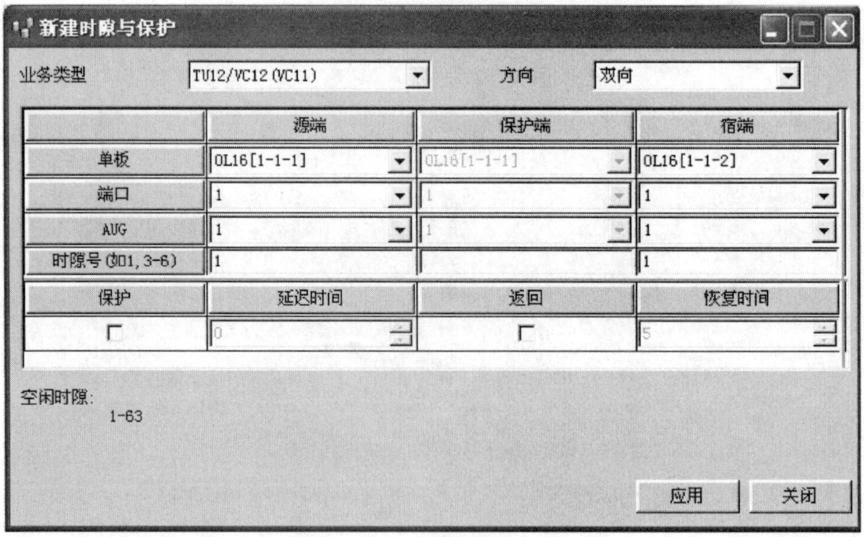

图 2-164　站 4 新建时隙

单击选择站 3 网元,在文本时隙中将操作方式选择为"配置",在文本时隙中点击"增加保护",在弹出的增加保护对话框中选择保护端单板为OL16[1-1-1],端口为1,AUG 为1,时隙号为1,如图2-165 所示。点击"应用"关闭新建时隙对话框,在业务配置中点击"应用",将配置数据下发。

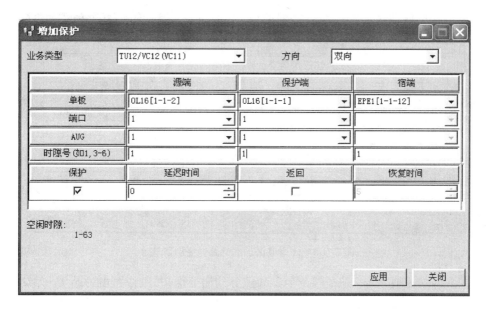

图 2-165 站 3 保护时隙配置

⑤查询工作路由和保护路由配置的正确性

在站 1 或站 3 上进行相关业务查询,能查询到站 1-站 3 间有两条路由,如图 2-166 和图 2-167 所示。其中站 1-站 2-站 3 为工作路由,站 1-站 4-站 3 为保护路由。

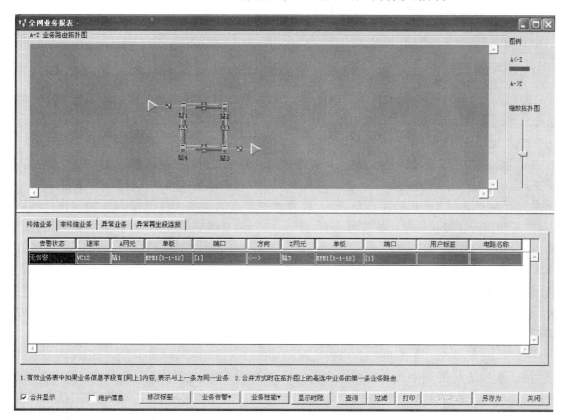

图 2-166 含通道保护的电路业务

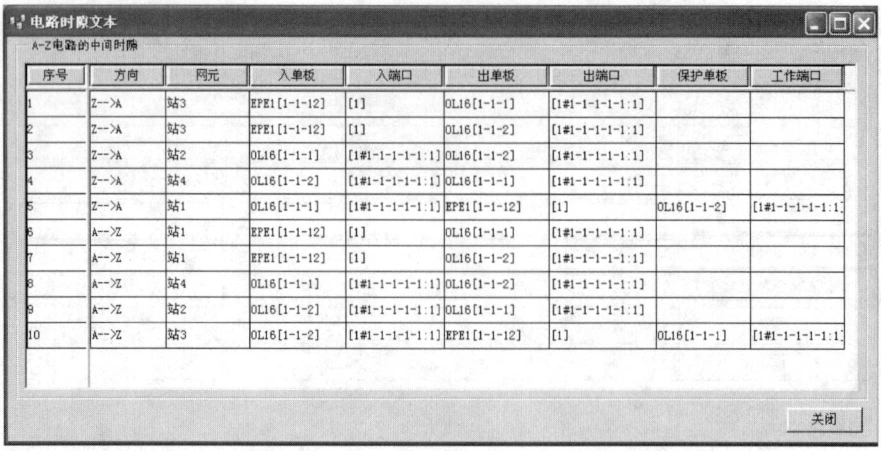
电路时隙文本

A-Z电路的中间时隙

序号	方向	网元	入单板	入端口	出单板	出端口	保护单板	工作端口
1	Z-->A	站3	EPE1[1-1-12]	[1]	OL16[1-1-1]	[1#1-1-1-1-1:1]		
2	Z-->A	站3	EPE1[1-1-12]	[1]	OL16[1-1-2]	[1#1-1-1-1-1:1]		
3	Z-->A	站2	OL16[1-1-1]	[1#1-1-1-1-1:1]	OL16[1-1-2]	[1#1-1-1-1-1:1]		
4	Z-->A	站4	OL16[1-1-2]	[1#1-1-1-1-1:1]	OL16[1-1-1]	[1#1-1-1-1-1:1]		
5	Z-->A	站1	OL16[1-1-1]	[1#1-1-1-1-1:1]	EPE1[1-1-12]	[1]	OL16[1-1-2]	[1#1-1-1-1-1:1]
6	A-->Z	站1	EPE1[1-1-12]	[1]	OL16[1-1-1]	[1#1-1-1-1-1:1]		
7	A-->Z	站1	EPE1[1-1-12]	[1]	OL16[1-1-2]	[1#1-1-1-1-1:1]		
8	A-->Z	站4	OL16[1-1-1]	[1#1-1-1-1-1:1]	OL16[1-1-2]	[1#1-1-1-1-1:1]		
9	A-->Z	站2	OL16[1-1-2]	[1#1-1-1-1-1:1]	OL16[1-1-1]	[1#1-1-1-1-1:1]		
10	A-->Z	站3	OL16[1-1-2]	[1#1-1-1-1-1:1]	EPE1[1-1-12]	[1]	OL16[1-1-1]	[1#1-1-1-1-1:1]

关闭

图 2-167　含通道保护的电路业务时隙文本

拓展任务:请完成站 1—站 2 间 5 个 2 M 业务的通道保护,工作路由为站 1—站 2,保护路由为站 1—站 4—站 3—站 2;站 2—站 3 间 2 个 34 M 业务的通道保护,工作路由为站 2—站 3,保护路由为站 2—站 1—站 4—站 3。

任务 3:复用段保护配置

任务:掌握复用段保护环的网络保护机理。

要求:能配置对传输网络进行不带额外业务的二纤双向复用段保护。

一、知识准备

复用段保护环中业务量的保护是以复用段为基础的,环形网络的复用段通道保护环主要有二纤单向复用段保护环、二纤双向复用段保护环、四纤双向复用段保护环。

1. 二纤单向复用段保护环

复用段保护以复用段为基础,倒换与否由每一对节点之间的复用段信号质量优劣来决定。采用复用段保护的网络中每个节点在支路业务信号分插功能前的每一光纤高速线路上都有一个保护倒换开关。当复用段出现故障时,故障两侧节点的光端口自动按 APS 协议执行环回(将发送和接收连接在一起),故障范围内光纤上整个 STM-*N* 或 1/2　STM-*N* 业务信号将在工作路由和保护路由之间切换。

下面将以站点 A 和站点 C 进行通信为例说明二纤单向复用段保护环工作原理。网络正常时如图 2-168(a)中所示,站点 A 将要传送的业务信号 AC 送入工作路由 W1 光纤,站点 C 从 W1 光纤上接收信号。站点 C 将要传送的业务信号 CA 送入工作路由 W2 光纤,站点 A 从 W2 光纤上接收信号。保护路由 P1 和保护路由 P2 可以传送主用业务、额外业务或不传送业务。

当 BC 站点间的光缆被切断时,两根光纤同时被切断,如图 2-168(b)所示。故障两侧的站点(站点 B 和站点 C)将利用 APS 协议在工作路由和保护路由之间执行环回功能。在 B 节点,W1 光纤上的业务信号 AC 环回到 P1 光纤上,经由站点 A 和节点 D 到达站点 C,站点 C 再将 P1 光纤上的业务信号 AC 环回到 W1 光纤上,站点 C 从 W1 光纤上接收业务信号。站点 A 仍然从 W2 光纤上接收从站点 C 发往站点 A 的业务信号 CA,不发生保护倒换。

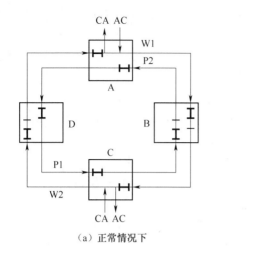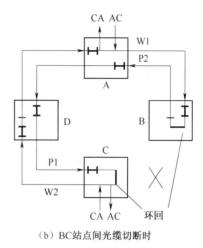

（a）正常情况下　　　　　　　　　　　（b）BC站点间光缆切断时

图 2-168　二纤单向复用段保护环

2. 二纤双向复用段保护环

二纤双向复用段保护环采用时隙保护,它将每根光纤上复用段的前一半时隙(如时隙 1 到 $M/2$)用作工作路由传送主业务信号,后一半时隙(如时隙 $M/2+1$ 到 M)用作保护路由传送额外业务信号或不传送业务信号。这样就可以把一根光纤的保护路由用来保护另一根光纤上的主业务信号。将 A 发往 C 的工作路由 W1 和 C 发往 A 的保护路由 P2 置于一根光纤上,称为 W1/P2 光纤,其中 W1 占用该复用段的前一半时隙,P1 占用该复用段的后一半时隙。也可以将 C 发往 A 的工作路由 W2 光纤和 A 发往 C 的保护路由 P1 同时置于另一根光纤上,称为 W2/P1 光纤,其中 W2 占用该复用段的前一半时隙,P2 占用该复用段的后一半时隙。二纤双向复用段保护环上没有专门的主用光纤和备用光纤,每一条光纤的前一半时隙是主用路由,后一半时隙为保护。W1/P2 光纤上的后半时隙 P2 作为 W2/P1 光纤上 W2 的保护,W2/P1 光纤上的后半时隙 P1 作为保护 W1/P2 光纤上 W1 的保护,如图 2-169 所示。

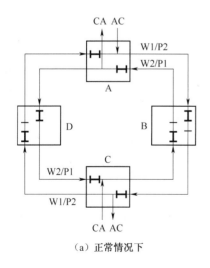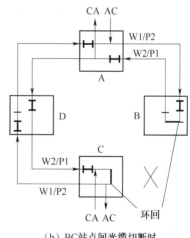

（a）正常情况下　　　　　　　　　　　（b）BC站点间光缆切断时

图 2-169　二纤双向复用段保护环

下面将以站点 A 和站点 C 进行通信为例说明二纤双向复用段保护环工作原理。网络正常时如图 2-169(a)中所示,站点 A 到站点 C 的主业务信号 AC 放在 W1/P2 光纤的工作时隙

W1 上传送。站点 C 到站点 A 的主业务信号 CA 放在 W2/P1 光纤上的工作时隙 W2 传送,而保护时隙可以传送主用业务、额外业务或不传送业务。

当 BC 站点间的光缆被切断时,两根光纤同时被切断,如图 2-169(b)所示。故障两侧的站点(站点 B 和站点 C)将利用 APS 协议在工作路由和保护路由之间执行环回功能,将 W1/P2 光纤和 W2/P1 光纤连通。站点 A 发往站点 C 的主业务信号 AC 沿 W1/P2 光纤传送到节点 B 时,节点 B 将 W1/P2 光纤工作时隙 W1 与 W2/P1 光纤的保护时隙 P1 进行环回,业务信号沿 W2/P1 光纤经过站点 A 和节点 D 传送到站点 C,站点 C 再将 W2/P1 光纤的 P2 与 W1/P2 光纤的 W1 环回,业务信号回到 W1 上,站点 C 从 W1 上提取该业务信号。从站点 C 发往站点 A 的主业务信号 CA 同样在站点 C 和节点 B 上进行环回,最终将数据传送给站点 A。

二纤双向复用段保护环需要用到 APS 协议,保护倒换时间比通道保护时间长。二纤双向复用段共享保护环关系配置只需配置网元的环保护关系,通信容量为 $(K/2) \times$ STM-N,其中 K 为节点数。二纤双向复用段保护环上网元节点个数最大为 16。二纤双向复用段保护环的通信容量为环网上只存在相邻节点业务而无跨节点业务时,才能达到的一种最大业务量。

3. 四纤双向复用段保护环

四纤双向复用段保护环采用四根光纤,两根光纤用作工作光纤 W1 和 W2,另两根光纤用作保护光纤 P1 和 P2。其中 W1 工作光纤形成一顺时针信号环,W2 工作光纤形成一个逆时针业务信号环,而 P1 保护光纤和 P2 保护光纤分别形成与 W1 和 W2 反向的两个保护环。四纤双向复用段保护环在每个站点的每根光纤上都有一个倒换开关作保护环回用。

下面将以站点 A 和站点 C 进行通信为例说明四纤双向复用段保护环工作原理。网络正常时如图 2-170(a)所示,从站点 A 发往站点 C 的信号,沿 W1 顺时针传输到站点 C。从站点 C 发往站点 A 的信号沿 W2 光纤逆时针传输到站点 A,P1 保护光纤和 P2 保护光纤可以传送主用业务、额外业务或不传送业务。

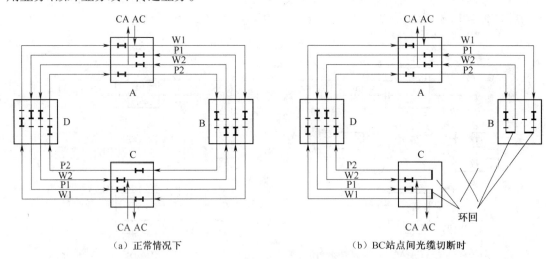

(a) 正常情况下　　　　　　　　　(b) BC站点间光缆切断时

图 2-170　四纤双向复用段保护环

当 BC 节点间的光缆被切断时,四根光纤全部被切断,如图 2-170(b)所示。故障两侧的站点(站点 B 和站点 C)将利用 APS 协议在工作路由和保护路由之间执行环回功能,将 W1 光纤和 P1 光纤连通,W2 光纤和 P2 光纤连通。站点 A 发往站点 C 的主业务信号 AC 沿 W1 光纤传送到节点 B 时,节点 B 将 W1 光纤与 P1 光纤进行环回,业务信号沿 P1 光纤经过站点 A 和节点 D 传送到站点 C,站点 C 再将 P1 光纤与 W1 光纤环回,业务信号回到 W1 上,站点 C 从 W1 上提取该业务信号。从站点 C 发往站点 A 的主业务信号 CA 同样在站点 C 和节点 B 上进行环回,最终将数据传送给站点 A。

四纤双向复用段保护环也需要用到 APS 协议支持,其业务量的路由仅仅是环的一部分,业务通路可以重新使用,相当于允许更多的支路信号从环中进行分插,因而业务容量可以增加很多。极限情况下,每个节点处的全部系统都进行分插,于是整个环的业务容量可达单个站点 ADM 业务容量的 K 倍(K 是节点数),即 $K \times$ STM-N。但是四纤双向复用段保护环所需的光纤数量也很多。

二、任务实施

本任务的目的是使用二纤双向复用段保护环提高网络的可靠性,环型网站点 1、站点 2、站点 3、站点 4 构成不带额外业务的二纤双向复用段保护环,站点 1 和站点 3 之间有一个 2 M 业务。如图 2-171 所示为复用段保护配置网络连接图。

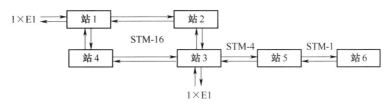

图 2-171　复用段保护配置网络连接图

1. 材料准备

高 2 m 的 19 英寸机柜,ZXMP S385 子架 6 套,单板若干,ZXONM E300 网管 1 套,G. 652 光纤跳线 12 根。

2. 实施步骤

(1)启动网管。

(2)根据任务 2 步骤创建网元、组建环带链拓扑。

(3)根据任务 3 步骤配置各网元时钟。

(4)复用段保护配置

①在客户端操作窗口中,选中需要配置复用段保护的网元站 1～站 4,单击[设备管理→公共管理→复用段保护配置]菜单项,弹出复用段保护配置对话框。准备创建二纤双向复用段保护环。

②复用段保护组配置

在复用段保护配置对话框中,单击"新建"按钮,配置复用段保护组。选择二纤双向复用段保护组的参数,二纤双向复用段共享环保护环(不带额外业务)。单击"确定"按钮,[保护组列表]显示所配置的二纤双向复用段保护环。为[保护组网元树]列表框中的"1"选择网元,并调整保护环的网元顺序,如图 2-172 所示。

③APS ID 配置

在复用段保护配置对话框的[保护组列表]中,选中保护组"1",单击"全量下发"按钮,再单击"下一步"按钮,进入 APS ID 配置对话框,默认系统设置。

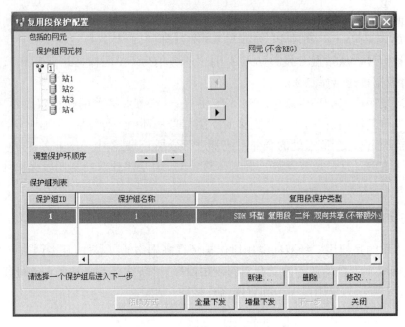

图 2-172　创建复用段保护组

④复用段保护关系配置

在如图 2-173 所示对话框中,单击"下一步"按钮,进入复用段保护关系配置对话框。建立站 1 的 OL16[1-1-1]端口 1 与 OL16[1-1-2]端口 1 的连接。该连接的含义为:各网元 OL16 [1-1-1]端口 1 的后 8 个 AUG 单元保护 OL16[1-1-2]端口 1 的前 8 个 AUG 单元,OL16[1-1-2] 端口 1 的后 8 个 AUG 单元保护 OL16[1-1-1]端口 1 的前 8 个 AUG 单元。

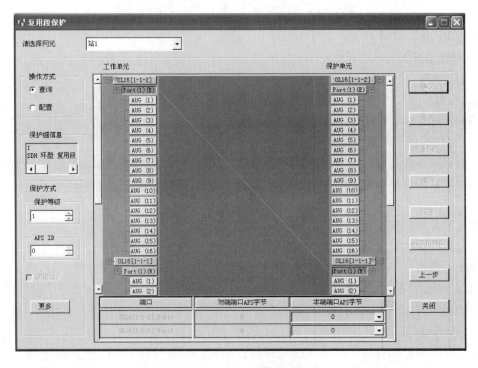

图 2-173　复用段保护配置

依次建立站 2、站 3、站 4 的第一块 OL16 板端口 1 与第二块 OL16 板的端口 1 的连接。点击 GUI 主窗口左侧树形结构中复用段保护组下新建保护组的名称,可以看到复用段保护组的拓扑结构,如图 2-174 所示。

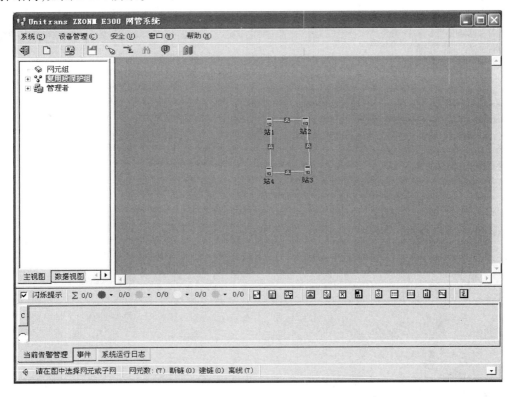

图 2-174　复用段保护组拓扑结构

⑤启动 APS

在客户端操作窗口中,选择站 1、站 2、站 3、站 4 网元,单击[维护→诊断→复用段保护组 APS 操作]菜单项,在复用段保护组 APS 操作对话框中,单击"全部启动"按钮,为四个网元启动 APS 协议处理器,如图 2-175 所示。单击"应用"按钮,使 APS 操作生效。

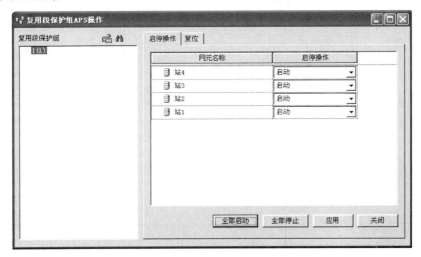

图 2-175　启动 APS

⑥结果验证

在客户端操作窗口中,选择复用段保护组中的网元,单击[设备管理→SDH 管理→业务配置]菜单项,打开业务配置对话框。以站 1 为例,如图 2-176 所示。

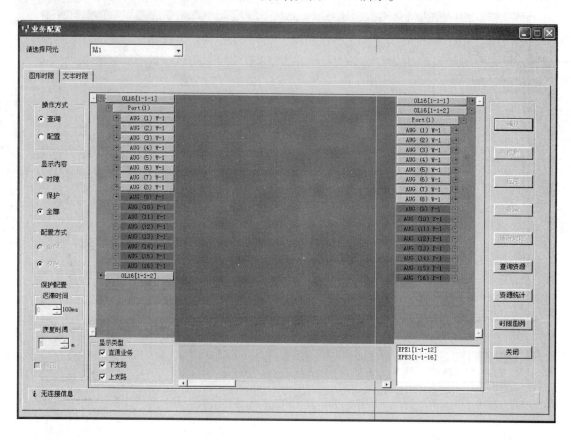

图 2-176　复用段保护时隙查询

站 1、站 2、站 3 和站 4 的 OL16[1-1-1] port1 与 OL16[1-1-2] port1 的后 8 个 AUG 处于灰色不可配置状态,且前 8 个 AUG 按钮显示"W-1",表示工作通道;后 8 个 AUG 按钮显示"P-1",表示保护通道。

(5)业务配置

①填写各网元业务时隙规划表,见表 2-36。

表 2-36　复用段保护网元业务时隙规划表

序号	业务名称	上/下		中间穿透		上/下	
		支路	时隙	时隙	时隙	时隙	支路
1	E1	站 1: EPE1[1-1-12]1 号	站 1: OL16[1-1-1] [1-1]TU12(1)	站 2: OL16[1-1-2] [1-1]TU12(1)	站 2: OL16[1-1-1] [1-1]TU12(1)	站 3: OL16[1-1-2] [1-1]TU12(1)	站 3: EPE1[1-1-12]1 号

②站点 1 配置 1 个 2 M 业务的上/下;站点 2 配置 1 个 2 M 业务的交叉连接;站点 3 配置 1个 2 M 业务的上/下。

③在查询业务配置的正确性

右击站1或站3网元,选择相关业务查询,业务路由拓扑图如图2-177所示。

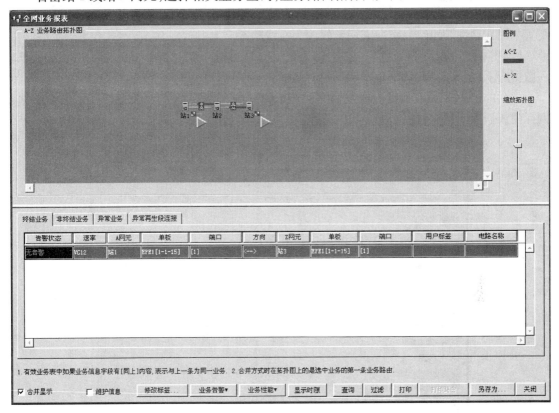

图2-177　业务路由拓扑图

拓展任务:请为环带链传输网络中环型网站点1、站点2、站点3、站点4配置带额外业务的二纤双向复用段保护环,并开通经站2、站1与站3间10个2 M 业务。

任务4:网元数据库下载

任务:掌握 SDH 网管配置下载到 SDH 网元设备上的方法。

要求:下载 SDH 网管的配置数据到 SDH 网元设备上。

一、知识准备

前面的任务都是网管在网元离线下配置的,为了保持网元 NCP 上的配置数据与网元保持一致,在所有数据配置完成后,需要将 SDH 网管配置下载到 SDH 网元设备上,实现 SDH 传输系统的在线管理。

二、任务实施

本任务的目的是将配置数据下载到网元设备的 NCP 板上。

1. 材料准备

高2 m 的19英寸机柜,ZXMP S385 子架6 套,单板若干,ZXONM E300 网管1 套,G.652

光纤跳线 12 根。

2. 实施步骤

（1）修改网元状态为在线状态。在客户端操作窗口中，选择网元，单击［设备管理→网元配置→网元属性］菜单项，将所有网元修改为在线状态。

（2）等网元图标变为绿色后，在客户端操作窗口中，选择网元，单击［系统→NCP 数据管理→数据库下载］菜单项，弹出数据库下载对话框。

（3）单击［选择所有文件］前的选择框，使选择框内有符号"√"。单击"应用"按钮。站 1 网元的数据库下载对话框如图 2-178 所示。

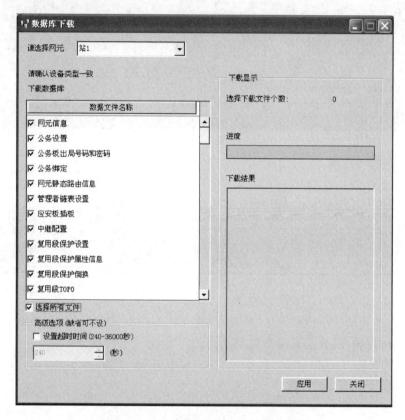

图 2-178　站 1 网元的数据库下载对话框

（4）数据下载后，设备可正常运行。

（5）在客户端操作窗口中，选择网元，单击［系统→NCP 数据管理→上载比较］菜单项，弹出"上载比较"对话框，选择配置文件，单击"上载比较"按钮。网元上报的 NCP 侧数据与网管侧数据应相同。

（6）设置网元与网管时间同步。选择网元，单击［维护→网元同步时间设置］，选择网元的同步方式为自动同步，并设置同步时间间隔，如图 2-179 所示。

如果网络中已经配置了网络时间协议（简称 NTP）服务器，还要设置网元与 NTP 服务器的时间同步。在网元同步时间设置对话框中，选择 NTP 服务器设置选项，单击"添加"，输入 NTP 服务器的 IP 地址，点击"确定"，设置网元与 NTP 服务器时间同步，如图 2-180所示。

时间同步设置完成后，可以选择网元，单击［维护→时间管理］查询网元的当前时间。

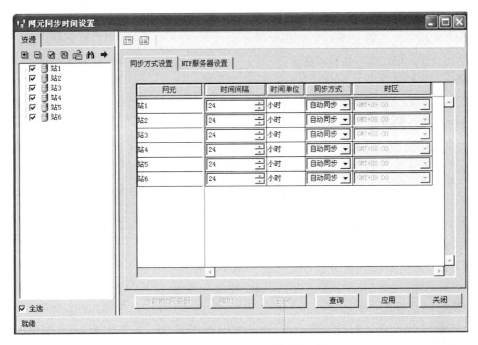

图 2-179　设置网元与网管时间同步

图 2-180　设置网元与 NTP 服务器时间同步

复习思考题

1. 简述 SDH 的特点。
2. 试画出 STM-1 基本帧结构图,并指出各部分名称。

3. 简述 SDH 开销字节中各字节的含义。

4. SDH 管理单元指针有哪些? 它们有何功能?

5. 简述 V-16.3 光接口表示的含义。

6. SDH 网络管理系统是如何分层的? 简述各层的功能。

7. 某高铁线路上 A、B、C、D、E 五个站点物理上为链形,请将五个站点的网元逻辑上连接成一个二纤双环形拓扑结构,并说明网元应选择哪种类型。

8. 某高铁线路上 A、B、C、D、E 五个站点选用中兴 S385 设备组成一个 2.5 Gbit/s 二纤环形拓扑结构的光纤传输系统,B、C、D、E 四个站点分别有 20 个 2 Mbit/s 业务连接到 A 站,请为该五个站的网元配置单板。

9. SDH 网元的时钟源有哪些? 请列出主时钟网元的时钟源优先级由高到低依次排列顺序。

10. 从时钟有哪几种工作模式?

11. 简述 2.048 Mbit/s 支路信号复用进 STM-1 的步骤。

12. 中兴 S385 设备一块 OL1 板卡的 port1 中可以配置多少个 2 M 业务? 如何查看某条 2 M 业务使用的是第几个 TU12?

13. 中兴 S385 设备一个 OL4 板卡的 port1 中可以配置多少个 2 M 业务? 一个 OL16 板卡的 port1 中可以配置多少个 2 M 业务? 一个 OL64 板卡的 port1 中可以配置多少个 2 M 业务?

14. 站 1 的 OL1[1-1-1]板光口 1 和站 2 的 OL1[1-1-1]板光口 2 通过两根光纤连接,时隙规划如下表所示,该业务的速率为多少? 当整个线路连接正确且没有环回时,该业务是否连通? 若有错误,请说明理由,并请改正。

序号	业务名称	上/下业务		上/下业务	
		支路	时隙	时隙	支路
1	E1	站 1: EPE1[1-1-12]1 号	站 2:OL1[1-1-1] [1-1]TU12(3)	站 2:OL1[1-1-1] [2-2]TU12(3)	站 2: EPE1[1-1-12]2 号

15. 简述 34 Mbit/s 支路信号复用进 STM-16 的步骤。

16. 站 1 的 OL16[1-1-1]板光口 1 和站 2 的 OL16[1-1-2]板光口 1 通过两根光纤连接,站 2 的 OL16[1-1-1]板光口 1 和站 3 的 OL16[1-1-2]板光口 1 通过两根光纤连接,站 3 的 OL16[1-1-1]板光口 1 和站 1 的 OL16[1-1-2]板光口 1 通过两根光纤连接,时隙规划如下表所示,该业务的速率为多少? 当整个线路连接正确且没有环回时,该业务是否连通? 若有错误,说明理由,并改正。

序号	业务名称	上/下业务		中间穿透		上/下业务	
		支路	时隙	时隙	时隙	时隙	支路
1	E3	站 1:EPE3 [1-1-16]2-6 号	站 1: OL16[1-1-1] [1-1] TUG3(1-3) +OL16[1-1-1] [1-2] TUG3(1-2)	站 2: OL16[1-1-2] [1-1] TUG3(1-3) +OL16[1-1-2] [1-2] TUG3(1-2)	站 2: OL16[1-1-1] [1-1] TUG3(2-3) +OL16[1-1-1] [1-2] TUG3(1-3)	站 3: OL16[1-1-2] [1-1] TUG3(2-3) +OL16[1-1-2] [1-2] TUG3(1-3)	站 3:EPE3 [1-1-16]1-5 号

17. 什么是 MSTP? 它与 SDH 有何联系?

18. 传输系统的公务联络电话形成环路后有何危害？如何仿环？

19. 图 2-181 为 A、B、C、D 四个站点组成的 SDH 二纤双向通道保护环。图(a)为正常工作情况,图(b)为 A、B 站之间光纤都被切断情形。请在图(a)和图(b)上标出业务信号从 A 站发送至 C 站的工作路由 W1 和保护路由 P1,并绘制出业务信号从 A 站发送至 C 站的信号流向。简单说明该倒换环的工作原理。

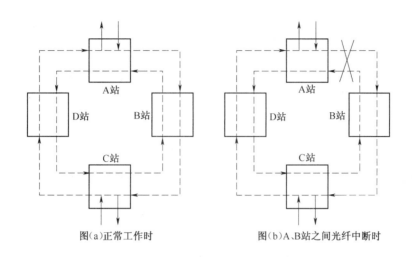

图 2-181　SDH 二纤双向通道保护环

20. 将上题中改为 A、B、C、D 四个站点组成 SDH 二纤双向复用段保护环。请在图(a)和图(b)上标出业务信号从 A 站发送至 C 站的工作路由 W1 和保护路由 P1,并绘制出业务信号从 A 站发送至 C 站的信号流向。简单说明该倒换环的工作原理。

项目 3　　DWDM 传输系统组建

模块一　　WDM 认知

任务 1：WDM 技术认知

任务：掌握 WDM 的特点，掌握 WDM 系统的传输方式和应用模式，区分 CWDM 和 DWDM 的不同。

要求：能分析 WDM 技术在中国铁路总公司骨干层传输网的传输方式和应用模式。

一、知识准备

（一）WDM 技术

SDH 和 PDH 采用"一纤一波"方式，由于受器件自身特性的限制，其传输容量及扩容方式均无法满足需求，产生了 WDM 技术。WDM 技术充分利用了单模光纤的低损耗区的巨大带宽资源，在不增加线路的情况下，大大增加了系统的通信容量。

波分复用（简称 WDM）技术是利用一根光纤可以同时传输多个不同波长的光载波特点，把光纤可能应用的波长范围划分为若干个波段，每个波段用作一个独立的通道传输一种预定波长的光信号技术。WDM 技术在发送端采用合波器（也称光复用器）将不同规定波长的信号光载波合并起来送入一根光纤进行传输，在接收端再由分波器（也称光解复用器）将这些不同波长承载不同信号的光载波分开。由于不同波长的光载波信号可以看成是互相独立的（不考虑光纤非线性时），从而在一根光纤中可实现多路光信号的复用传输。

WDM 系统组成及光谱如图 3-1 所示。由于不同波长的载波是相互独立的，所以双向传输问题，迎刃而解。根据不同的波分复用器/分用器可以复用/分用不同数量的波长。

1. WDM 技术的特点

WDM 技术具有以下特点：

（1）超大容量传输。

由于 WDM 系统的复用光通路速率可以为 2.5 Gbit/s、10 Gbit/s 等，而复用光通路的数量可以是 4、8、16、32、40、80、160，甚至更多，因此系统的传输容量可以达到 1 600 Gbit/s，甚至更大。

（2）节约光纤资源。

对于单波长系统而言，1 个 SDH 系统就需要一对光纤；而对于 WDM 系统来讲，不管有多少个 SDH 分系统，整个复用系统只需要一对光纤。例如，对于 16 个 2.5 Gbit/s 系统来说，单波长系统需要 32 根光纤，而 WDM 系统仅需要两根光纤。WDM 技术不仅大幅度地增加了网络的容量，而且还充分利用了光纤的宽带资源，减少了网络资源的浪费。

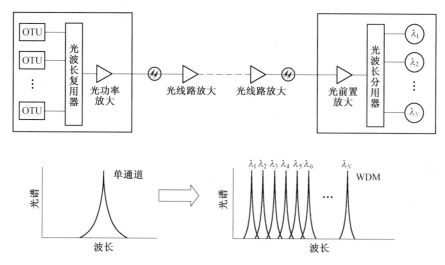

图 3-1　WDM 系统组成及光谱示意图

（3）各信道透明传输，平滑升级、扩容。

只要增加复用信道数量和设备就可以增加系统的传输容量以实现扩容，WDM 系统的各复用信道是彼此相互独立的，所以各信道可以分别透明地传送不同的业务信号，如语音、数据和图像等，彼此互不干扰，这给使用者带来了极大的便利。

（4）利用 EDFA 实现超长距离传输。

EDFA 具有高增益、宽带宽、低噪声等优点，且其光放大范围为 1 530 ~ 1 565 nm，但其增益曲线比较平坦的部分是 1 540 ~ 1 560 nm。EDFA 几乎可以覆盖 WDM 系统的 1 550 nm 的工作波长范围。所以用一个带宽很宽的 EDFA 就可以对 WDM 系统的各复用光通路信号同时进行放大，以实现系统的超长距离传输，并避免了每个光传输系统都需要一个光放大器的情况。WDM 系统的超长传输距离可达数百公里，同时节省大量中继设备，降低成本。

（5）可组成全光网络。

全光网络是未来光纤传送网的发展方向。在全光网络中，各种业务的上/下、交叉连接等都是在光路上通过对光信号进行调度来实现的，从而消除了电/光转换中电子器件的瓶颈。WDM 系统可以与光插复用器（简称 OADM）、光交叉连接器（简称 OXC）混合使用，以组成具有高度灵活性、高可靠性、高生存性的全光网络，适应带宽传送网的发展需要。

WDM 系统可以将来自不同光方向的各类信号复用在一根光缆中进行传输，从而节省了光纤资源，提高了传送的容量。大容量、长距离传输是 WDM 区别于 SDH 的最大特点。但是WDM 系统也存在着一些瓶颈，如组网能力弱、保护机制简单、业务调度能力差、监控能力较差等。

2. WDM 系统的传输方式

WDM 系统的传输方式包括双纤单向传输方式和单纤双向传输方式。

（1）双纤单向传输

双纤单向传输是 WDM 系统最常使用的一种传输方式，它采用两根光纤，一根光纤只完成一个方向光信号的传输，反向光信号的传输由另一根光纤来完成，如图 3-2 所示。

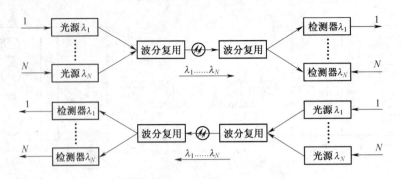

图 3-2　双纤单向传输的 WDM 系统

　　双纤单向传输的 WDM 系统可以充分利用光纤的巨大带宽资源,使一根光纤的传输容量扩大几倍至几十倍。在长途网中,可以根据实际业务量的需要逐步增加波长来实现扩容,十分灵活。双纤单向传输是目前波分复用系统最常用的传输方式。

　　(2)单纤双向传输

　　单纤双向传输的 WDM 系统只用一根光纤,在一根光纤中实现两个方向光信号的同时传输,两个方向光信号应安排在不同波长上,如图 3-3 所示。

　　单纤双向传输方式允许单根光纤携带全双工通路,通常可以比单向传输节约一半的光纤器件,由于两个方向传输的信号不会因交互而产生四波混频现象,因此其总的四波混频比双纤单向传输少很多,但缺点是该系统需要采用特殊的措施来对付光反射,以防多径干扰;当需要将光信号放大以延长传输距离时,必须采用双向光纤放大器以及光环形器等元件,但其噪声系数稍差。

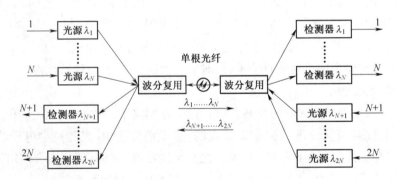

图 3-3　单纤双向传输的 WDM 系统

　　3. WDM 系统的应用模式

　　根据应用模式分类,WDM 系统可以分为集成式 WDM 系统和开放式 WDM 系统。

　　(1)集成式 WDM 系统

　　集成式 WDM 系统没有采用波长转换技术,它要求复用终端光信号的波长符合 DWDM 系统的规范,不同的复用终端设备发送不同的符合 ITU-T 建议的波长,这样它们在接入合波器时就能占据不同的通道,从而完成合波,如图 3-4 所示。集成式 WDM 系统要求 SDH 终端必须具有满足 G.692 的光接口,包括标准的光波长和满足长距离传输的光源。即需要把标准的光波长和长色散受限距离光源集成在 SDH 系统中。集成式 WDM 系统构造比较简单,没有增加多余设备。

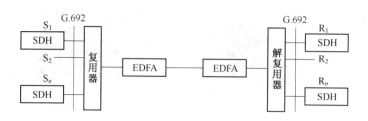

图 3-4 集成式 WDM 系统

（2）开放式 WDM 系统

开放式 WDM 系统是在波分复用器前加入光波长转换器（简称 OTU），将 SDH 非规范的波长转换为标准波长，然后进行合波，如图 3-5 所示。开放式 WDM 系统的特点是对复用终端光接口没有特别的要求，只要求这些接口符合 ITU-T 建议的光接口标准。在同一开放式 WDM系统中，可接入不同厂商的 SDH 系统。

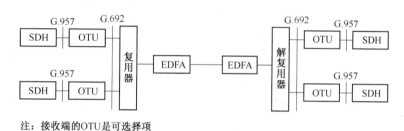

注：接收端的OTU是可选择项

图 3-5 开放式 WDM 系统

根据工程的需要可以选用不同的应用形式。在实际应用中，开放式 WDM 系统和集成式WDM 系统可以混合使用。由于开放式 WDM 系统对复用终端光接口没有特别的要求，应用较集成式 WDM 系统更为广泛。

4. WDM 分类

由于目前一些光器件（如带宽很窄的滤光器、相干光源等）还不很成熟，因此，要实现光信道非常密集的光频分复用是很困难的，但基于目前的器件水平，已可以实现相隔光信道的频分复用。人们通常把光波长间隔较大（甚至在光纤不同窗口上）的 WDM 称为稀疏波分复用（简称 CWDM），把在同一窗口中波长间隔较小的 WDM 称为密集波分复用（简称 DWDM）。

（1）CWDM

ITU-T G.694.2 标准规定了 CWDM 波长间隔为 20 nm，波长范围为 1 270 ~ 1 610 nm 区段，如图 3-6 所示。CWDM 载波通道间距较宽，因此一根光纤上只能复用 2 ~ 16 个左右波长的光信号。其中 1 400 nm 波段由于损耗较大，一般不用。

（2）DWDM

ITU-T G.692 建议 DWDM 系统的绝对参考频率为 193.1 THz（对应的波长为 1 552.52 nm）。DWDM 在 1 550 nm 波长区段内，波长间隔为 1.6 nm、0.8 nm、0.4 nm、0.2 nm 或更低，其对应的带宽约为 200 GHz、100 GHz、50 GHz、25 GHz 或更窄。波长间隔为 0.8 nm 的 DWDM 如图 3-6所示。

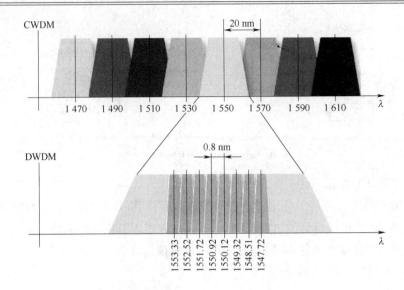

图 3-6　CWDM 和 DWDM 的信道间隔

在同一根光纤中传输的不同波长之间的间距是区分 DWDM 和 CWDM 的主要参数。DWDM 采用的是冷却激光，CWDM 调制激光采用非冷却激光。冷却激光采用温度调谐，非冷却激光采用电子调谐。由于在一个很宽的波长区段内温度分布很不均匀，因此温度调谐实现起来难度很大，成本也很高。CWDM 避开了这一难点，大幅降低了成本，整个 CWDM 系统成本只有 DWDM 的 30%。

由于波长不被放大，CWDM 系统不能长距离传输数据，通常 CWDM 的传输距离高达 160 km。而 DWDM 系统能够通过充分利用带宽资源实现超长距离的传输。

CWDM 在单根光纤上支持的复用波长个数较少，日后扩容成本较高，适合于短距离、高带宽、接入点密集的通信场合，如大楼内或大楼之间的网络通信。DWDM 在单根光纤上支持的复用波长个数较多，广泛应用于长途干线网、本地骨干网和中继网中。

二、任务实施

本任务是分析 WDM 技术在中国铁路总公司 2015 年以前骨干层传输网上的应用。

1. 材料准备

无

2. 实施步骤

中国铁路总公司骨干层传输网用于连接铁路总公司和 18 个铁路局（或集团），为各铁路局至铁路总公司、铁路局与铁路局之间的直达业务互通提供传输通道，也为汇聚层大颗粒业务提供迂回保护通道。

2015 年骨干网改造之前，骨干层传输网由 5 个传输环组成，包括京沪穗核心环和东南环、西南环、西北环、东北环共 4 个片区环，如图 3-7 所示。

（1）京沪穗环 40 × 10 Gbit/s DWDM 系统于 2001 年开通建成，采用北电网络有限公司 DWDM 设备，涉及 7 个铁路局。

（2）东北环 16 × 2.5 Gbit/s DWDM 系统于 2002 年开通建成，采用中兴通讯股份有限公司 DWDM 设备，涉及 3 个铁路局。

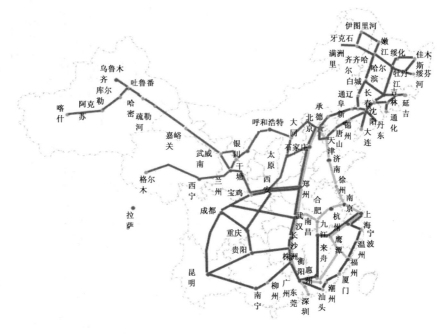

图 3-7　铁路总公司 5 个骨干层传输环

（3）西北环 32×2.5 Gbit/s + 16×2.5 Gbit/s DWDM 系统于 2001 年开通建成，采用马可尼公司 DWDM 设备，西北环 40×2.5 Gbit/s DWDM 系统于 2006 年开通建成，采用中兴通讯股份有限公司 DWDM 设备，涉及 8 个铁路局。

（4）东南环 40×10 Gbit/s DWDM 系统于 2002 年开通建成，采用北电网络有限公司 DWDM 设备，涉及 3 个铁路局。

（5）西南环 32×2.5 Gbit/s DWDM 系统于 2002 年开通建成，采用华为技术有限公司 DWDM 设备，涉及 7 个铁路局。

中国铁路总公司既有骨干层 5 个传输环的传输方式均为双纤单向传输，应用模式均为开放式 WDM 系统。

任务 2：WDM 光接口识别

任务：掌握 WDM 光接口的分类，理解各类光接口所处的位置。
要求：能根据光接口代码分析光接口的类别、工作波长、类型和支持的速率。

一、知识准备

根据 WDM 线路系统中是否设置有 EDFA，可以将 WDM 线路系统分为有线路光放大器 WDM 系统和无线路光放大器 WDM 系统。

1. 有线路光放大器 WDM 系统

（1）有线路光放大器 WDM 系统的参考配置

有线路光放大器 WDM 系统的参考配置如图 3-8 所示。图中 Tx1、Tx2、…、Txn 为光发送机，Rx1、Rx2、…、Rxn 为光接收机，OA 为光放大器，OM 为合波器，OD 为分波器。

图 3-8 中所示的 WDM 系统中的各参考点定义见表 3-1。

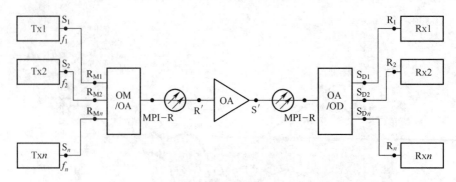

图 3-8 有线路光放大器 WDM 系统的参考配置

表 3-1 WDM 系统中各参考点定义

参考点	定　义
S1、…、Sn	通道 1 至 n 在发送机输出连接器处光纤上的参考点
RM1、…、RMn	通道 1 至 n 在 OM/OA 的光输入连接器处光纤上的参考点
MPI-S	OM/OA 的光输出连接器后面光纤上的参考点
S′	线路光放大器的光输出连接器后面光纤上的参考点
R′	线路光放大器的光输入连接器前面光纤上的参考点
MPI-R	在 OM/OA 的光输入连接器前面光纤上的参考点
SD1、…、SDn	通道 1 至 n 在 OA/OD 的光输出连接器处光纤上的参考点
R1、…、Rn	通道 1 至 n 接收机光输入连接器处光纤上的参考点

（2）有线路光放大器 WDM 系统的分类与应用代码

在有线路光放大器的 WDM 系统的应用中,线路放大器之间目标距离的标称值为 80 km 和 120 km,需要再生之前的总目标距离标称值为 360 km、400 km、600 km 和 640 km。

ITU-T G.692 规范的带有光放大器多信道系统的光接口应用类型用"nWx-$y.z$"来表示,如 16L5-16.2 光接口。光接口各部分代码的含义为:

n 代表最大波长数。

W 代表传输跨度距离。L 为长距离,目标距离可达 80 km;V 为超长距离,目标距离可达 120 km;U 为甚长距离,目标距离可达 160 km。

x 代表最大的无再生中继段数量。$x=1$ 表示系统未使用线路放大器,可不显示此位。

y 代表波长信号载运的 STM 最大速率等级。1、4、16、64 分别代表 SDH 体系中的 STM-1、STM-4、STM-16、STM-64。

z 代表光纤类型。2、3、5 分别表示 G.652 光纤、G.653 光纤、G.655 光纤。

表 3-2 列出了有线路光放大器 WDM 系统相应的分类和应用代码。

表 3-2 有线路光放大器 WDM 系统的应用代码

应用	长距离区段		超长距离区段	
区段数	5	8	3	5
4 波	4L5-$y.z$	4L8-$y.z$	4V3-$y.z$	4V5-$y.z$
8 波	8L5-$y.z$	8L8-$y.z$	8V3-$y.z$	8V5-$y.z$
16 波	16L5-$y.z$	16L8-$y.z$	16V3-$y.z$	16V5-$y.z$

2. 无线路光放大器 WDM 系统

（1）无线路光放大器 WDM 系统的参考配置

无线路光放大器 WDM 系统的参考配置如图 3-9 所示。

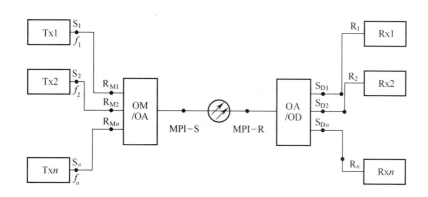

图 3-9　无线路光放大器 WDM 系统的参考配置

（2）无线路光放大器 WDM 系统的分类和应用代码

无线路光放大器 WDM 系统可将 8 个或 16 个光通路复用在一起，每个通路的速率可以是 STM-4、STM-16 或其他，也可以将不同速率的通路同时混合在一起。这些系统在 G.652、G.653 和 G.655 光纤传输的目标距离的标称值为 80 km、120 km 和 160 km。

表 3-3 给出了相应的分类和应用代码（各符号的定义与前述相同，此时 $x=1$，表示无线路放大器，表中不予表述）。

表 3-3　无线路光放大器 WDM 系统的应用代码

应用	长距离	超长距离	甚长距离
4 波	4L-$y.z$	4V-$y.z$	4U-$y.z$
8 波	8L-$y.z$	8V-$y.z$	8U-$y.z$
16 波	16L-$y.z$	16V-$y.z$	16U-$y.z$

二、任务实施

本任务的目标是分析铁路总公司某骨干网采用的光接口代码及表示的含义。

1. 材料准备

铁路总公司某骨干网光接口。

2. 实施步骤

铁路总公司某骨干网采用的光接口代码为 40L5-64.5。

40L5-64.5 光接口表示的含义为：该光接口为长距离局间通信的有线路光放大器 WDM 光接口，目标距离可达 80 km；最大波长数为 40；所用光纤为 G.655 光纤；波长信号载运的 STM 最大速率等级为 STM-64。

模块二　　DWDM 传输系统配置

任务 1：DWDM 系统结构

任务：掌握 DWDM 系统的组成，DWDM 系统的监控技术，DWDM 系统的工作波长。
要求：能根据业务需求为 DWDM 系统规划波长。

一、知识准备

1. DWDM 系统的组成

DWDM 技术是在波长 1 550 nm 窗口附近，在 EDFA 能提供增益的波长范围内，选用密集的但相互又有一定波长间隔的多路光载波，这些光载波各自受不同数字信号的调制，复合在一根光纤上传输，提高了每根光纤的传输容量。典型的单向 DWDM 系统由光发射机、光中继放大、光接收机、光监控信道和网络管理系统五部分组成，如图 3-10 所示。

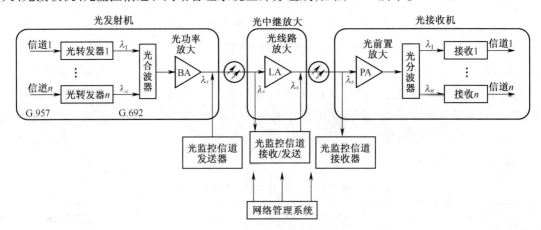

图 3-10　　DWDM 系统组成示意图

（1）光发射机

光发射机是 DWDM 系统的核心，对发射激光器的中心波长有特殊的要求外，还需要根据 DWDM 系统的不同应用来选择具有一定色度色散容限的发射机。开放式 DWDM 的光发射机包括光波长转换器（简称 OTU）和光合波器。

OTU 根据其所在 DWDM 系统中的位置，可分为发送端 OTU、中继器使用 OTU 和接收端 OTU。发送端 OTU 的主要作用是将来自终端设备（如 SDH 光端机）输出的非标准的波长（G. 957 建议）转换为 ITU-T 所规范的标准波长（G. 692 建议），系统中应用光/电/光的变换，即先用光电二极管 PIN 或 APD 把接收到的光信号转换为电信号，然后该电信号对标准波长的激光器进行调制，从而得到满足 WDM 要求的窄谱光信号，因此其不同波道 OTU 的型号不同。中继器使用 OTU 主要作为再生中继器用，执行光/电/光转换，实现 3R 功能，并对某些再生段开销字节进行监视。

光合波器是一种具有多个输入端口和一个输出端口的器件，它的每一个输入端口输入一个预选波长的光信号，输入的不同波长的光波由同一输出端口输出。要求合波器插入损耗及其偏差要小，信道间串扰小，偏振相关性低。合波器主要类型有介质薄膜干涉型、布拉格光栅型、星形耦合器、光照射光栅和阵列波导光栅(简称 AWG)等。

(2)光放大器

光放大器(简称 OA)是一种不需要经过光/电/光变换而直接对光信号进行放大的有源器件。它能高效补偿光功率在光纤传输中的损耗,延长通信系统的传输距离,扩大用户分配网覆盖范围。

OA 在 WDM 系统中的应用主要有功率放大器(简称 OBA)、线路放大器(简称 OLA)、前置放大器(简称 OPA)三种形式。OBA 放置于光发射机内,用以提高光发射机的发送光功率。OLA 放置于中间线路,用以延长光信号的传输距离。OPA 放置于光接收机内,用以提高接收机的灵敏度,如图 3-11 所示。

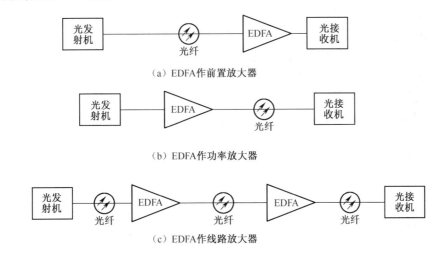

(a) EDFA 作前置放大器

(b) EDFA 作功率放大器

(c) EDFA 作线路放大器

图 3-11　光纤放大器的三种形式

OLA 可以根据情况决定有或没有,其作用是对光信号进行直接放大。在目前实用的光线路放大器中主要有掺铒光纤放大器(简称 EDFA)、半导体光放大器(简称 SOA)和光纤拉曼放大器(FRA)等,其中,掺铒光纤放大器以其优越的性能被广泛应用于长距离、大容量、高速率的光纤通信系统中,作为前置放大器、线路放大器、功率放大器使用。

(3)光接收机

在接收端,PA 放大经光纤传输而损耗的主信道光信号,利用光分波器从主信道光信号中分离出特定波长的光信号。光分波器用于传输系统的接收端,正好与光合波器相反,它具有一个输入端口和多个输出端口,将多个不同波长信号分类开来。接收端 OTU 的主要作用是将光分波器送过来的光信号转换为宽谱的通用光信号。

光接收机不但要满足一般接收机对光信号灵敏度、过载功率等参数的要求,还要能承受有一定光噪声的信号,要有足够的电带宽性能。

(4)光监控信道(简称 OSC)

光监控信道是为 WDM 光传输系统的监控而设立的,用于监控系统内各信道的传输情况。帧同步字节、公务字节以及网管所用的开销字节都是通过光监控信道来传递的。

(5)网络管理系统

网络管理系统通过光监控信道物理层传送开销字节道其他节点或接收来自其他字节的开销,对 WDM 系统进行管理,实现配置管理、故障管理、性能管理、安全管理等功能,并与上层管理系统(如 TMN)相连。

2. DWDM 的监控技术

DWDM 的关键技术包括光源技术、光接收机技术、光放大技术、光波分复用器和解复用器技术以及监控技术。本任务主要介绍 DWDM 系统的监控技术。

在 SDH 系统中,网管可以通过 SDH 帧结构中的 E1、E2、D1 ～ D12 等开销字节来处理对网络中的设备进行管理和监控。与 SDH 系统不同,带光放大器的 DWDM 系统增加了对 EDFA 光放大器的监测与管理功能。由于 EDFA 光放大器只有光放大而无电信号接入,尤其是作为光放大器再生器使用时,因没有业务信号的上/下而无任何电接口接入,为对其进行监控增加了难度;此外在 SDH 开销中也没有对 EDFA 进行监控的专用字节,所以必须增加一个电信号来对 EDFA 的状态进行监控。DWDM 系统增加一个波长信道专用于对系统的管理,这个信道就是光监控信道(简称 OSC)。

(1)DWDM 对光监控信道的要求

①监控通路波长优选 1 510 nm,监控速率优选 2 Mbit/s。

②光监控通路的 OSC 功能应满足以下条件:光监控通道不限制光放大器的泵浦波长;不限制两个光线路放大器之间的距离;不限制未来在 1 310 nm 波长的业务;线路放大器失效时光监控通道仍然可用;OSC 传输是分段的且具有再放大、再整形、再定时(简称 3R)功能和双向传输功能;应有 OSC 保护路由,防止光纤被切断后监控信息不能传送的严重后果。

③监控通路的帧结构中至少有 2 个时隙作为公务联络通路,至少有 1 个时隙供网络提供者使用(F1 字节),至少有 4 个时隙作为网络管理信息的 DCC 通道。

(2)DWDM 系统的监控方式

DWDM 系统的监控方式有带内波长监控方式和带外波长监控方式。

①带内波长监控技术

带内监控技术选用位于 EDFA 增益带宽内的 1 532 nm 波长,其优点是可利用 EDFA 增益,此时监控系统的速率可提高至 155 Mbit/s。

②带外波长监控技术

带外波长监控技术采用一特定波长作为光监控信道,传送监测管理信息,此波长位于业务信息传输带外时可选 1 310 nm、1 480 nm 或 1 510 nm,优先选用 1 510 nm。由于它们位于 EDFA 增益带宽之外,所以称之为带外波长监控技术。

在发送端,光监控信道发送器产生波长为 1 510 nm 波长的光监控信号,与主信道光信号合波后输出到光纤中传输。在接收端,将接收到的光信号分波,1 510 nm 的光监控信号送入到光监控信道接收器,业务信道光信号送入到光接收机。中间链路若存在 EDFA 放大器时,光监控信道必须在 EDFA 之前下光路,而在 EDFA 之后上光路。

由于带外监控信号不能通过 EDFA,监控信号在 EDFA 之前要取出,在 EDFA 之后要插入。带外监控信号得不到 EDFA 的放大,传送的监控信息速率低,一般为 2.048 Mbit/s。

ITU-T 建议采用带外波长监控技术的 DWDM 系统,如图 3-12 所示。光监控信道应该与主信道完全独立,主信道与监控信道的独立在信号流向上表现得也比较充分。在发送端,监控信道是在合波、放大后才接入监控信道的;在接收端,监控信道是首先被分离的,之后系统才对主信道进行预放和分波。可以看出:在整个传送过程中,监控信道没有参与放大,但在每一个站点,都被终结和再生了。这点恰好与主信道相反,主信道在整个过程中都参与了光功率的放大,而在整个线路上没有被终结和再生,波分设备只是为其提供了一个通明的光通道。

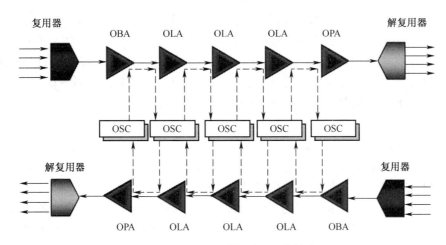

图 3-12 DWDM 的带外波长监控技术

3. DWDM 系统的工作波长

为了保证不同 DWDM 系统之间的横向兼容性,必须对各个通路的中心频率进行标准化。ITU-T G.692 对于使用 G.652 光纤和 G.655 光纤的 DWDM 系统推荐使用标准波长给出了中心波长和标准中心频率建议值,表 3-4 列出了 40 波系统的波长分配。

表 3-4 G.692 标准中心波长和标准中心频率

波长序号	标准中心频率(THz) 100 GHz 间隔	标准中心波长 (nm)	波长序号	标准中心频率(THz) 100 GHz 间隔	标准中心波长 (nm)
1	192.10	1 560.61	21	194.10	1 544.53
2	192.20	1 559.79	22	194.20	1 543.73
3	192.30	1 558.98	23	194.30	1 542.94
4	192.40	1 558.17	24	194.40	1 542.14
5	192.50	1 557.36	25	194.50	1 541.35
6	192.60	1 556.55	26	194.60	1 540.56
7	192.70	1 555.75	27	194.70	1 539.77
8	192.80	1 554.94	28	194.80	1 538.98
9	192.90	1 554.13	29	194.90	1 538.19
10	193.00	1 553.33	30	195.00	1 537.40
11	193.10	1 552.52	31	195.10	1 536.61
12	193.20	1 551.72	32	195.20	1 535.82
13	193.30	1 550.92	33	195.30	1 535.04
14	193.40	1 550.12	34	195.40	1 534.25
15	193.50	1 549.32	35	195.50	1 533.47
16	193.60	1 548.51	36	195.60	1 532.68
17	193.70	1 547.72	37	195.70	1 531.90
18	193.80	1 546.92	38	195.80	1 531.12
19	193.90	1 546.12	39	195.90	1 530.33
20	194.00	1 545.32	40	196.00	1 529.55

中心频率偏差定义为标称中心频率与实际中心频率之差。对于 DWDM 系统来说,由于信道间隔比较小,一个极小的信道偏移就可能造成极大的影响。最大中心频率偏移是指在系统设计寿命终结时,考虑到温度、湿度等各种因素仍能满足的数值。ITU-T 规定,100 GHz 频率间隔的系统,速率为 2.5 Gbit/s 以下时,最大中心频率偏移为 ±20 GHz(约 ±0.16 nm);速率为 10 Gbit/s时,最大中心频率偏移为 ±12.5 GHz。50 GHz 频率间隔的系统最大中心频率偏移为 ±5 GHz。

在 DWDM 系统中,一般选择常规 G.652 光纤的 193.1 THz(对应波长为 1 552.52 nm)作为频率间隔的参考频率,不同波长的频率间隔为 100 GHz 或 50 GHz 的整数倍。8 波、16 波、32 波、40 波、80 波系统均工作在 C 波段(1 530 ~ 1 565 nm),频率范围为 192.1 ~ 196.1 THz,但它们的频率间隔不同。8 波频率间隔为 200 GHz,16 波、32 波、40 波系统频率间隔为 100 GHz,80 波系统频率间隔为 50 GHz。160 波系统工作在 C 波段(1 530 ~ 1 565 nm)和 L 波段(1 565 ~ 1 625 nm),频率间隔为 50 GHz。

二、任务实施

本任务是使用 40 波 DWDM 系统对环带链 SDH 网络进行扩容,拓扑结构如图 3-13 所示。站 M1 ~ 站 M6 之间的业务如下:

(1)站 M1 与站 M3、站 M4 之间各有 1 个 STM-16 光信号业务。

(2)站 M3 和站 M4 之间有 1 个 STM-16 光信号业务。

(3)站 M3 与站 M5 之间有 1 个 STM-4 光信号业务。

(4)站 M5 和站 M6 之间有 1 个 STM-1 光信号业务。

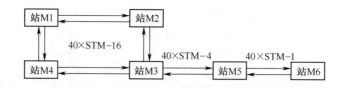

图 3-13　环带链 DWDM 系统拓扑结构

1. 材料准备

无。

2. 实施步骤

根据业务需求填写波长规划表,见表 3-5。

表 3-5　波长规划表

	站 M1	站 M3	站 M4	站 M5	站 M6
站 M1	—	192.1 THz	192.2 THz	—	—
站 M3	192.1 THz	—	192.3 THz	192.4 THz	—
站 M4	192.2 THz	—	—	—	—
站 M5	—	192.4 THz	—	—	192.5 THz
站 M6	—	—	—	192.5 THz	—

任务2:DWDM 设备硬件配置

任务:掌握 DWDM 网元类型,ZXMP M800 各单板的功能。

要求:能区分不同类型的 DWDM 网元,会根据 DWDM 网元的类型为中兴 M800 子架配置不同的单板。能对 DWDM 传输系统进行设备配置,完成网元内光纤连接。

一、知识准备

1. DWDM 网元

DWDM 系统主要网络单元有光终端复用器、光分插复用器、光交叉连接器、光纤放大器、电中继器。

(1)光终端复用器(简称 OTM)

OTM 网元具有一个方向的 DWDM 线路端口,将 SDH 等业务信号通过合波单元插入到 DWDM 线路上去,同时经过分波单元从 DWDM 线路上分下来。

(2)光分插复用器(简称 OADM)

OADM 网元具有两个方向的 DWDM 线路端口,主要功能是从传输设备中有选择地下路去往本地的光信号,同时上路本地用户发往其他用户的光信号,而不影响其他波长信号的传输,即将需要上/下业务的波道采用分插复用技术终端送至 OTU 设备。此外,还可以将一个线路端口中的某个波长光信号穿通送往另一个线路端口。

(3)光交叉连接器(简称 OXC)

OXC 网元具有两个以上方向的 DWDM 线路端口,是实现全光网络的核心器件,其功能类似于 SDH 系统中的 DXC,完成不同波长的交叉连接功能。差别在于 OXC 在光域上直接实现了光信号的交叉连接、路由选择、网络恢复等功能,无需进行 OEO 转换和电处理。

(4)光纤放大器(简称 OA)

OLA 网元仅有两个方向的 DWDM 线路端口,无业务上/下,主要是利用 EDFA 对线路上的光信号功率进行放大,补偿光线路上的损耗,延长光信号的传输距离。

(5)电中继器(简称 REG)

REG 网元具有两个方向的 DWDM 线路端口,无业务上/下,利用光/电/光方式对光信号放大和再生,主要补偿光纤线路上的色散,延伸色散受限系统的传输距离。

2. 中兴 M800 设备

中兴 WDM 设备产品可以满足城域网/本地网从核心层、汇聚层到接入层、长途网和干线网的各种应用,为用户提供不同容量、不同传输距离的传送解决方案。

中兴通讯 WDM 设备产品整个系列包括 ZXWM M900、ZXMP M800 和 ZXMP M600。本项目以 ZXMP M800 为例说明 DWDM 传输系统组建。

ZXMP M800 分为硬件和软件系统结构,两个系统结构既相对独立,又协同工作。ZXMP M800 软件系统与 ZXMP S385 类似,这里不再重复介绍。

ZXMP M800 硬件结构可划分为业务接入与汇聚子系统、合分波子系统、光放大子系统、监控子系统、交叉子系统、保护子系统、光层管理子系统和通用控制子系统。

(1)通用控制子系统

通用控制子系统由子架电源盒板、电源监控板、风扇控制板组成,为子架提供电源和散热功能。

①子架电源盒板(简称 PBX)

PBX 板分别处理来自电源分配子架的主、备电源,为本子架各槽位单板供电,监测本子架的输入、输出电源电压,向网管上报欠压、过压告警。

②电源监控板(简称 PWSB)

PWSB 板自动检测本机架输出电压的过压和欠压状态,检测各子架的电压告警和子架电源板的板在位状态,输出声光告警信号,并可将告警上报网管,输出设备告警状态至机房列头柜。

③风扇控制板(简称 FCB)

FCB 板监控风扇的运转状况以及风扇插箱的温度,网管通过 NCPF 板、FCB 板查询风扇工作状态、插箱温度,自动调整风扇转速。在网管禁用自动调速功能,或 FCB 板与网管通信失败时,FCB 板可通过自带的温度传感器提供降温措施,根据传感器上报的温度调整转速。在 FCB 板失效时,将不再控制风扇,风扇转速强制为全速。

(2)监控子系统

监控子系统由百兆主控板、百兆光监控通道板、百兆开销处理板、百兆自动保护倒换板组成,提供通讯总线、网管管理接口、监控信道传输功能。

①百兆主控板(简称 NCPF)

NCPF 板实现 100 Mbit/s 监控系统网元级网络管理功能。

②百兆光监控通道板(简称 OSCF)

OSCF 板实现 100 Mbit/s 监控系统中网元之间 ECC 数据、公务与透明用户通道数据、APS 信息的传递和交换。

③百兆开销处理板(简称 OHPF)

OHPF 板实现 100 Mbit/s 监控系统中站点间的公务和透明用户通道的处理功能。

④百兆自动保护倒换板(简称 APSF)

APSF 板实现 100 Mbit/s 监控系统自动保护倒换(简称 APS)信息的管理和倒换控制功能。

(3)交叉子系统

交叉子系统由时钟分配板、时钟交叉板、数据业务接入复用板、SDH 业务群路汇聚板、SDH 业务接入单元组成,为设备提供时钟支持,实现业务的接入、交叉、复用和解复用。

①时钟分配板(简称 CA)

对于输入的不同级别的时钟,CA 板完成质量监测和优先级排序,选择最优时钟作为参考时钟源。输入时钟支持线路时钟和外时钟,生成满足 ITU-TG.813 建议的输出时钟,分配给各单板作为参考时钟,同时也可作为外时钟输出。

②时钟交叉板(简称 CSU)

CSU 板完成交叉功能和时钟功能。接收来自 TMUX 子架各业务板(如 DSAE、SMU 板)的背板业务信号,进行交叉处理,并将处理后的信号送至各业务板;选择最优的输入时钟作为系统时钟。输入时钟支持线路时钟、外时钟和来自另一块 CSU 板的时钟。将系统时钟转换成各种格式的时钟信号输出,分配给 TMUX 子架各业务板作为参考时钟,同时也可作为外时钟输出,或提供给另一块 CSU 板。

③数据业务接入复用板(简称 DSAE)

DSAE 板完成支路侧 8 路 GE、FC、ESCON、FICON、DVB-ASI 等数据业务信号与背板侧

2.5 Gbit/s 信号的复用和解复用功能。

④SDH 业务群路汇聚板(简称 SMU)

SMU 板完成背板侧 2.5 Gbit/s 信号与群路侧 OTU2 信号的复用和解复用功能。

⑤SDH 业务接入单板(简称 SAU)

SAU 板完成 STM-16 业务经耦合器一分二后接入背板,STM-16 业务的优选发送功能。

(4)业务接入与汇聚子系统

业务接入与汇聚子系统包括光转发类型单板和汇聚类型单板,实现 1 路或多路客户业务的接入,并将业务进行汇聚或转换,输出满足 G.694.1 或其他标准要求波长的光信号。同时,业务接入子系统还实现 FEC 编解码、客户信号性能监测等功能。

①光转发类单板

光转发类单板有 OTU 板、OTU10G 板、EOTU10G 板。

OTU 板为光转发板,有单路双向 OTU 和中继 OTU 两种类型单板。单路双向 OTU 实现单路双向 STM-16(2.5 Gbit/s)或以下速率的多业务信号的波长转换及其逆过程,转换后的波长符合 G.694.1 要求。中继 OTU(OTU G)实现双路线路侧光信号的整形、定时提取和数据再生,作为单路双向 OTU、SRM42 的中继单板使用。

OTU10G 板为 10 Gbit/s 光转发板,有单路双向终端 OTU10G 和单路单向中继 OTU10G 两种类型单板。单路双向终端 OTU10G(OTU10G T/R)实现单路双向 STM-64(9.953 Gbit/s)、OTU2(10.709 Gbit/s)、10 GE(10.312 5 Gbit/s)或 10G FC(10.518 75 Gbit/s)速率光信号的波长转换。单路单向中继 OTU10G(OTU10G G)实现单路单向线路侧光信号的整形、定时提取和数据再生。

EOTU10G 板为增强型 10 Gbit/s 光转发板,有单路双向终端 EOTU10G、单路单向中继 EO-TU10G 两种类型单板。单路双向终端 EOTU10G(EOTU10G T/R)实现单路双向 STM-64(9.953 Gbit/s)、OTU2(10.709 Gbit/s)或 10 GE(10.312 5 Gbit/s)速率光信号的波长转换。单路单向中继 EOTU10G(EOTU10G G)实现单路单向线路侧光信号的整形、定时提取和数据再生。

②光汇聚类型单板

光汇聚类型单板见表 3-6。

表 3-6　汇聚类型单板

单板代号	单板名称	功能描述
SRM41	4 路 2.5 G 子速率汇聚板	实现 4 路满足 G.957 的 STM-16 与 1 路 OTU2 之间的复用和解复用
SRM42	4 路 622 M/155 M 子速率汇聚板	实现 4 路满足 G.957 的 STM-1/STM-4 与 1 路 STM-16 之间的复用和解复用
DSA	数据业务汇聚板	完成 8 路 GE、FC、ESCON、FICON、DVB 等数据业务信号与 2 路 STM-16 信号的复用和解复用功能
DSAF	带 FEC 的数据业务接入汇聚	完成 2/4 路 GE、FC、ESCON、FICON、DVB 等多数据业务信号与带 FEC 的 OTU1 信号复用和解复用功能
GEM2	2 路千兆以太网汇聚板	完成 2 路 GE 信号与 G.694.1 规范的 STM-16 信号的复用和解复用功能。具有 SDH 信号的 B1、B2、J0 检测功能

单板代号	单板名称	功能描述
GEM8	8 路千兆以太网汇聚板	完成 8 路 GE 信号与 OTU2 信号的复用和解复用功能,支持标准 FEC 和 AFEC 功能
GEMF	带 FEC 功能的千兆以太网汇聚板	完成 2 路 GE 信号与 STM-16 信号的复用和解复用功能,支持 FEC 功能
FCA	FC 业务接入单元	实现 2 路4GFC,或者 4 路 2GFC,或者 8 路 FC 业务的接入。完成 FC 信号与 OTU2 信号的复用和解复用功能

（5）合分波子系统

合分波子系统由分插复用单元、组合分波单元和合分波单元组成,提供合分波和分插复用功能,包括 OMU 板、ODU 板、WBU 板、WSU 板、WBM 板等。

OMU 板为光合波板,实现合波功能并且提供合路光的在线监测口。ODU 板为光分波板,实现分波功能并且提供合路光的在线监测口。WBU 板为波长阻断板,实现上/下波长的可配置功能。WSU 板为波长选择板,实现上/下波长的可配置功能。WBM 板为波长阻断复用板,实现上/下波长的可配置功能。

（6）光放大子系统

光放大子系统由增强型光放大板（简称 EOA）、分布式拉曼放大板（简称 DRA）和线路损耗补偿板（简称 LAC）组成,提供光信号的放大、线路损耗补偿和监控信道的上下路功能。

①增强型光放大板（简称 EOA）

EOA 板利用 EDFA 实现对光信号的全光放大,根据单板功能和在系统中位置的不同,EOA 板分为增强型光功率放大板（简称 EOBA）、增强型光线路放大板（简称 EOLA）、增强型光前置放大板（简称 EOPA）、增强型光节点放大板（简称 EONA）四种类型。EOBA 板对光源的发射光信号进行放大,用于提高入纤光功率,延长传输距离。EOLA 板直接插入光纤传输链路中对信号进行放大。EOPA 板对经过线路损耗后的小信号进行预放大,提高进入接收机的光信号功率,以满足接收机接收灵敏度的要求。EONA 将 EDFA 直接插入光纤传输链路中对信号进行放大,增益可大范围调整,以适应不同的中继距离需求,可在中间级插入 DCM 模块进行色散补偿。

②分布式拉曼放大板（简称 DRA）

DRA 板利用分布式拉曼放大器将 RAMAN 泵浦光反向馈入传输光纤,实现对光信号的分布式放大。

③线路损耗补偿板（简称 LAC）

LAC 利用网管调整电可调光衰减器实现线路光功率的损耗补偿。

（7）监控分插复用板（简称 SDM）

SDM 分为发送端监控分插复用板（简称 SDMT）和接收端监控分插复用板（简称 SDMR）。SDMT 用在节点没有放大器时,进行监控信道信号与主光通道信号的合波;SDMR 常用于监控信道信号与主光通道信号的分波。一般情况下考虑到系统功率分配的要求,在短距离 ZXMP M800 系统中一般常常省略 OBA 单板,配置 SDMT 单板。

（8）保护子系统

保护子系统由光保护板（简称 OP）、双路光保护板（简称 DOP）、光通道共享保护板（简称 OPCS）、光复用段共享保护板（简称 OPMS）和光多通道保护板（简称 OMCP）组成。支持光通道 1＋1 保护、光复用段 1＋1 保护、光通道 1：N 保护、光层两纤双向通道共享保护、光层两纤双向复用段共享保护和基于环网的光层通道 1 + 1 保护多种保护方式。

①光保护板(简称 OP)

OP 板根据接收光功率、来自网管的手工倒换/恢复设置命令或来自网管的自动保护倒换(APS)外部命令(遵循 G. 841 标准),执行保护倒换或恢复操作。

②双路光保护板(简称 DOP)

DOP 板与 OP 板功能相同,一块 DOP 单板具有两路的 1 + 1 光通道保护功能。

③光通道共享保护板(简称 OPCS)

OPCS 板实现光通道故障检测和在线路出现故障时光通道的光路倒换功能。OPCS 板接收并执行来自 OSCF/APSF 板的保护倒换命令或恢复命令,倒换与恢复由单板上的光开关实现。

④光复用段共享保护板(简称 OPMS)

OPMS 板实现光复用段共享保护的倒换功能。

⑤光多通道保护板(简称 OMCP)

OMCP 板通过单板内部的光开关倒换模块,以光交叉的方式完成业务的上下和保护倒换。

(9)光层管理子系统

光层管理子系统由光波长监控板(简称 OWM)和光性能检测板(简称 OPM)组成,实现对光信号中波长、功率、光信噪比等重要性能量的监测,为光信号性能参数的调整提供可靠依据。

①光波长监控板(简称 OWM)

OWM 板监控合波后光通道的中心频率漂移情况,并将频率调整信息发送至主控板。

②光性能检测板(简称 OPM)

OPM 板完成各光信道光性能的监测功能,测量每个光通路的参数,如光功率、中心波长和光信噪比,并将相应数据上报网管系统。

二、任务实施

本任务为中兴 M800 站 D1 ~ 站 D3 网元配置单板,使之分别作为 40 波 DWDM 系统的 OTM、OLA、QADM 使用。所有站点均采用 2 Mbit/s 的监控通道,站 D1 网元线路速率为 40 × 2.5 G,连接 STM-4 SDH 设备。站 D2 网元线路速率为 40 × 10 G。站 D3 网元线路速率为 40 × 10 G,连接 STM-16 SDH 设备。

1. 材料准备

高 2 m 的 19 英寸机柜,ZXMP M800 子架 6 套,单板若干,ZXONM E300 网管 1 套,G. 655 光纤跳线若干根。

2. 实施步骤

在 DWDM 网管系统上进行数据配置的时候,网元先设为离线状态。当所有数据配置完成后,将网元改为在线,下载网元数据库。数据下载后设备即可正常运行。

DWDM 传输系统数据配置一般依据如下步骤进行:创建网元→配置单板→建立网元间光纤连接→建立网元内光纤连接→配置业务→配置保护→配置时钟→配置公务。

(1)启动网管:启动 Server- > 启动 GUI

点击[开始→程序→ZXONM E300→Server]启动 Server,启动成功后工具栏右下角会出现 图标。点击[开始→程序→ZXONM E300→GUI]启动 GUI,用户名:root,密码为空。

(2)创建网元

根据表 3-7 网元规划创建站 D1 ~ 站 D3 网元。

表 3-7　　DWDM 硬件配置网元规划表

网元名称	网元标识	网元地址	系统类型	设备类型	网元类型	速率等级	在线/离线
站 D1	11	192. 2. 11. 18	ZXMP M800(2 M)	ZXMP M800(2 M)	OTM	40×2.5 G	离线
站 D2	12	192. 2. 12. 18	ZXMP M800(2 M)	ZXMP M800(2 M)	OLA	40×10 G	离线
站 D3	13	192. 2. 13. 18	ZXMP M800(2 M)	ZXMP M800(2 M)	OADM	40×10 G	离线

创建网元步骤如下:在客户端操作窗口中,单击[设备管理→创建网元]选项,或单击工具条中的 ▢ 按钮,弹出创建网元对话框。通过定义网元的名称、标识、IP 地址(192.2.×.18)、系统类型、设备类型、网元类型、速率等级、网元状态(离线)等参数,在网管客户端创建网元,如图 3-14 和图 3-15 所示。

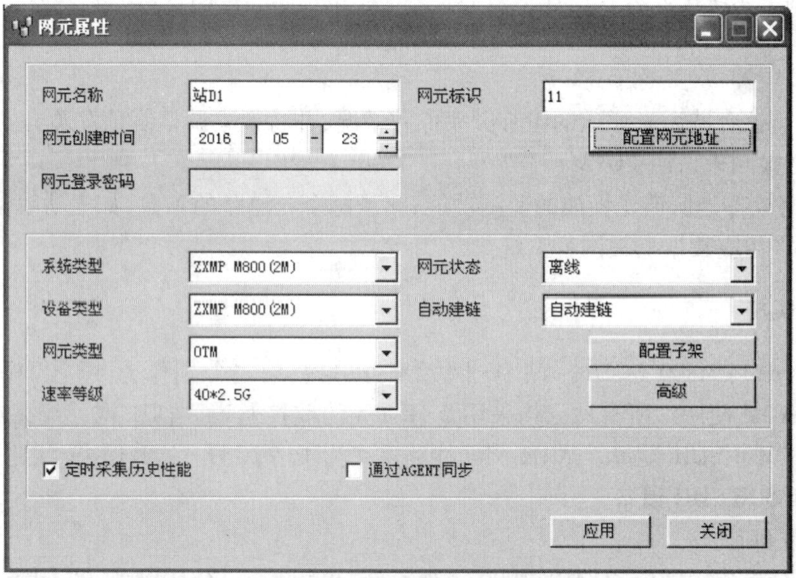

图 3-14　创建 DWDM 网元

图 3-15　设置 DWDM 网元 IP 地址

若添加错误网元,可以根据下列方法删除网元:选中要删除的网元,确保网元处于离线状态,单击[设备管理→删除网元]选项,点击"确定",即可删除网元。如果要删除的网元中已配置有时钟或业务,需要先删除时钟和业务,并使网元处于离线状态,才能删除网元。

（3）安装单板

①为站 D1 配置单板,见表3-8,使之作为提供40×2.5 G 线路接口的 OTM 使用,支持4 路STM-1 业务汇聚。

表3-8　站 D1 单板配置表

单板名称 网元名称	NCP	OHP	OSCL	PWSB	FCB	SRM42	OMU	ODU	SDMT	OPA
站 D1	1 块	1 块	1 块	1 块	9 块	1 块	1 块	1 块	1 块	1 块

双击拓扑图中的站 D1 网元图标,弹出子架配置界面,手工安装各单板。手工安装单板步骤为:点击选中右侧的单板类型,子架上可配置该单板的槽位将变成亮黄色,勾选窗口左下角的预设属性选项框,单击选中要安装的槽位,设置单板属性,逐一添加单板。站 D1 单板配置如图 3-16 所示。

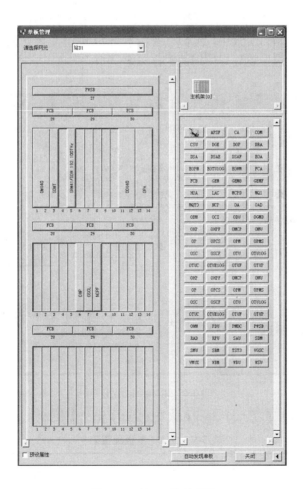

图 3-16　站 D1 单板配置

配置 OPA 板时,勾选预设属性,选中 OA 板,在高级选项中选择模块类型为 OPA 单板,如图 3-17 所示。

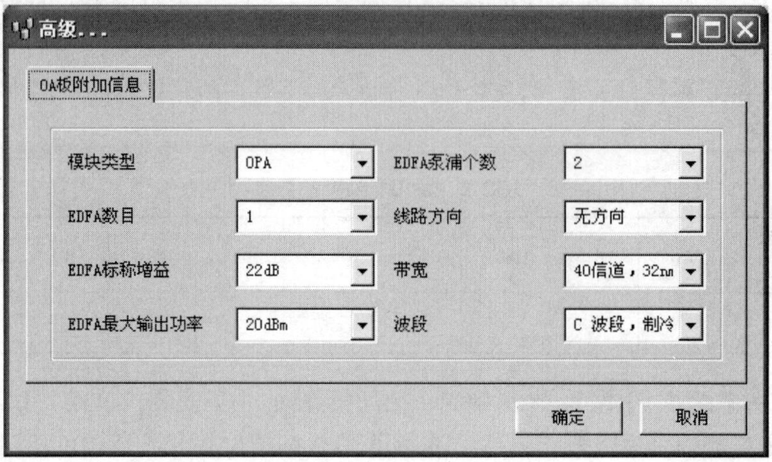

图 3-17　OPA 单板配置

配置 SRM42 板时,勾选预设属性,选中 SRM 板,在高级选项中选择单板子类型为 SRM42,群路速率为 2.5 G,选择接收器类型,设置群路模块频率为 192.1 THz,如图 3-18 所示。SRM42 板提供 4 路满足 G.957 标准的 STM-1 或 STM-4 与 1 路 STM-16 信号之间的复用与解复用。在配置 SRM41 板以前需要事先规划好使用的工作频率。

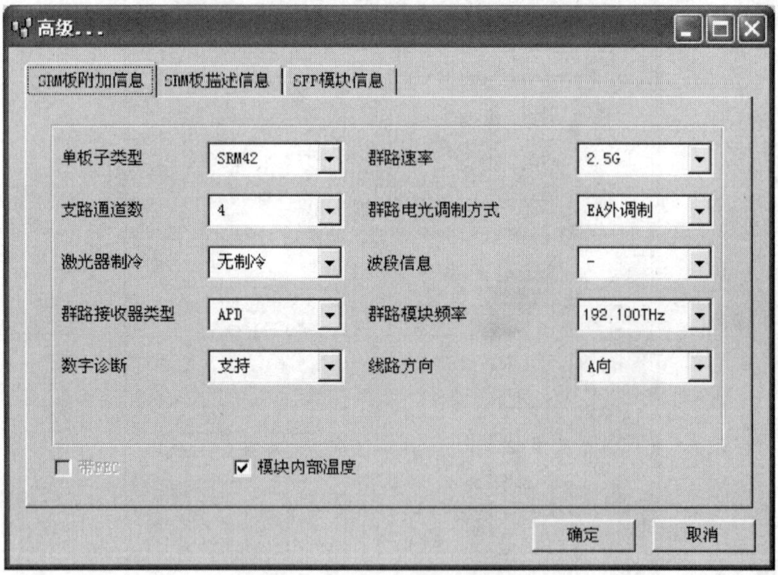

图 3-18　SRM42 单板配置

②为站 D2 配置单板,见表 3-9,使之作为提供 40×10 G 线路接口的 OLA 使用。

表 3-9　站 D2 单板配置表

网元名称＼单板名称	NCP	OHP	OSCL	PWSB	FCB	SDMT	OPA
站 D2	1 块	1 块	1 块	1 块	9 块	2 块	2 块

双击拓扑图中的站 D2 网元图标,弹出子架配置界面,手工安装各单板。手工安装单板步骤为:点击选中右侧的单板类型,子架上可配置该单板的槽位将变成亮黄色,勾选窗口左下角的预设属性选项框,单击选中要安装的槽位,设置单板属性,逐一添加单板。站 D2 单板配置如图 3-19 所示。

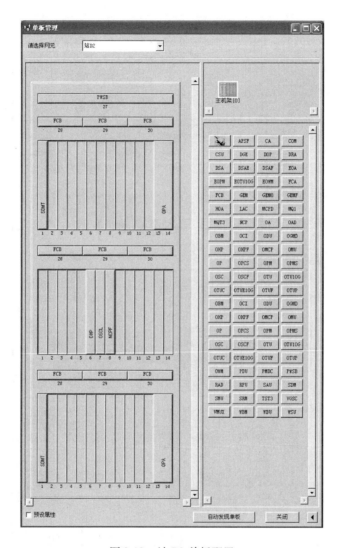

图 3-19　站 D2 单板配置

OLA 不需要配置业务板、合波板 OMU 和分波板 ODU。

③为站 D3 配置单板,见表 3-10,使之作为提供 40×10G 线路接口的 OADM 使用,支持 4 路 STM-16 业务汇聚。

表 3-10　站 D3 单板配置表

单板名称 网元名称	NCP	OHP	OSCL	PWSB	FCB	SRM41	OMU	ODU	OBA	OPA
站 D3	1 块	1 块	1 块	1 块	9 块	2 块	2 块	2 块	2 块	2 块

　　双击拓扑图中的站 D3 网元图标,弹出子架配置界面,手工安装各单板。手工安装单板步骤为:点击选中右侧的单板类型,子架上可配置该单板的槽位将变成亮黄色,勾选窗口左下角的预设属性选项框,单击选中要安装的槽位,设置单板属性,逐一添加单板。站 D3 单板配置如图 3-20 所示。

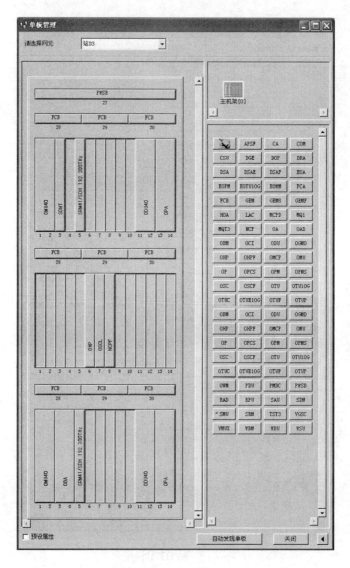

图 3-20　站 D3 单板配置

　　配置 OBA 板时,勾选预设属性,选中 OA 板,在高级选项中选择模块类型为 OBA 单板,如图 3-21 所示。

　　配置 SRM41 板时,勾选预设属性,选中 SRM 板,在高级选项中选择单板子类型为 SRM41,群路速率为 10G,选择接收器类型,设置群路模块频率为 192.2 THz,如图 3-22 所示。SRM41 板提供 4 路满足 G. 957 标准的 STM-16 与 1 路 STM-64 信号之间的复用与解复用。在配置 SRM41 板时需要事先规划好使用的工作频率。

　　若添加错误单板,则根据下列方法删除单板:先点右侧的 ⭦ 图标,使其变亮 ⭦,选中要删除的单板,右键选择拔板,即可删除单板。

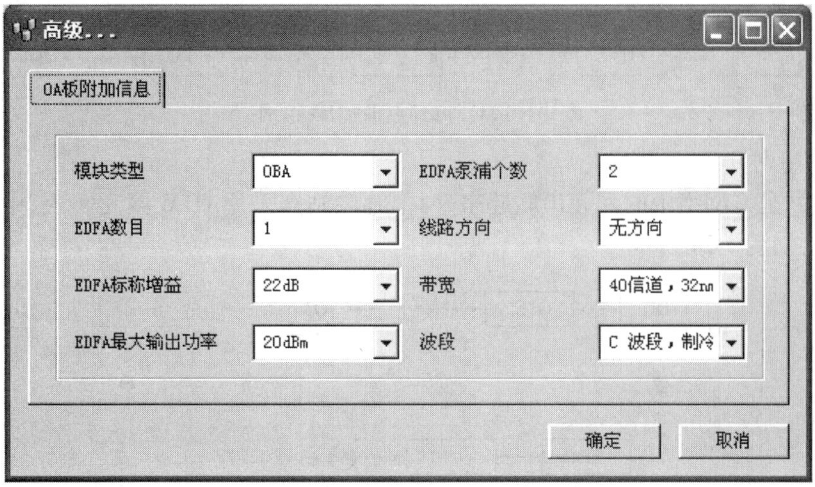

图 3-21 OBA 单板配置图

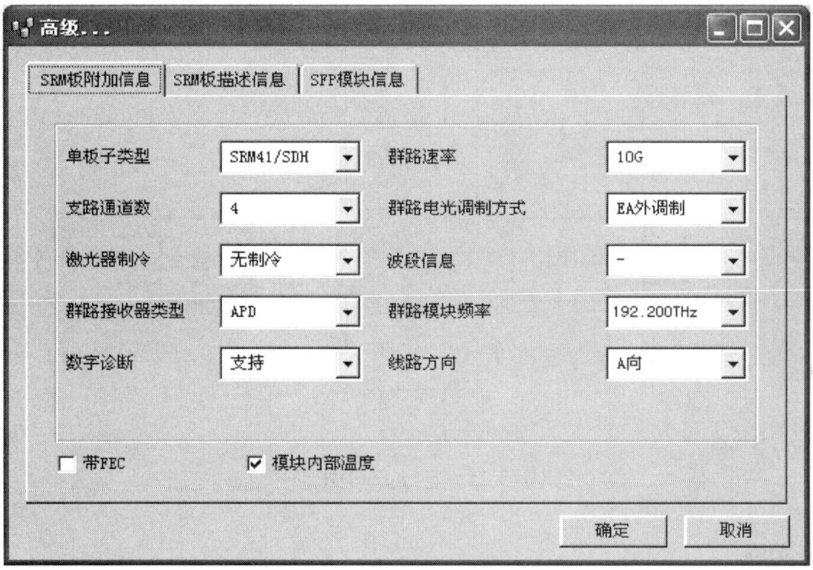

图 3-22 SRM41 单板配置图

任务 3：建立 DWDM 系统拓扑

任务：掌握不同 DWDM 传输系统网络结构的特点。

要求：能组建环带链 DWDM 传输网拓扑。

一、知识准备

DWDM 网络拓扑结构可分为最基本的点到点网络、链形网络、环形网络，以及由这三种拓扑组合成的其他复杂拓扑网络，如环带链、相切环网络。

1. 点到点组网

点到点组网是 DWDM 最基本的网络结构，两个终端站点采用 OTM 网元实现，OLA 为中继站,如图 3-23 所示。

图 3-23　点到点 DWDM 组网

2. 链形组网

链形组网是将网络中的网元串联起来,两个终端站点采用 OTM 网元实现,中间网元采用 OADM 实现,如图 3-24 所示。

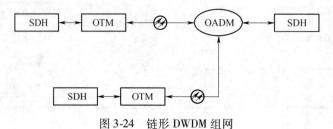

图 3-24　链形 DWDM 组网

3. 环形组网

环形组网是将网络中的网元首尾连接起来,网元均采用 OADM 实现,如图 3-25 所示。

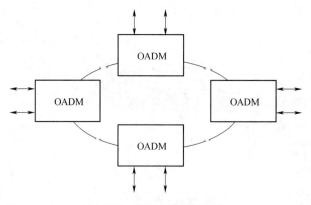

图 3-25　环形 DWDM 组网

二、任务实施

本任务是使用 40 波 DWDM 系统对环带链 SDH 网络进行扩容,为站 M1 ~ 站 M6 选择网元类型,配置单板。其中站 M1 与站 M2 之间相距 10 km,站 M1 与站 M4 之间相距 80 km,其他所有两个相邻站之间均在 30 km 左右。所有站点均采用 2 Mbit/s 的监控通道。各站网元均连接 SDH 设备。站 3 为中心网元,连接网管服务器。站点之间的业务如下:站 M1 与站 M3、站 M4 之间各有 4 个 STM-16 光信号业务;站 M3 和站 M4 之间有 4 个 STM-16 光信号业务;站 M3 与站 M5 之间有 4 个 STM-4 光信号业务;站 M5 和站 M6 之间有 4 个 STM-1 光信号业务。

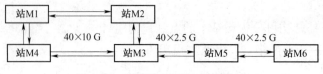

图 3-26　环带链 DWDM 网络拓扑

1. 材料准备

高 2 m 的 19 英寸机柜,ZXMP M800 子架 6 套,单板若干,ZXONM E300 网管 1 套,G. 655 光纤跳线若干根。

2. 实施步骤

在网管系统上进行数据配置的时候,网元先设为离线状态。当所有数据配置完成后,将网元改为在线,下载网元数据库。数据下载后设备即可正常运行。

(1)启动网管

(2)创建网元

规划并填写网元参数表,见表 3-11。

表 3-11　网元参数表

网元名称	网元标识	网元地址	系统类型	设备类型	网元类型	速率等级	在线/离线
站 M1	21	192. 2. 21. 18	ZXMPM800(2 M)	ZXMPM800(2 M)	OADM	40 × 10 G	离线
站 M2	22	192. 2. 22. 18	ZXMPM800(2 M)	ZXMPM800(2 M)	OLA	40 × 10 G	离线
站 M3	23	192. 2. 23. 18	ZXMPM800(2 M)	ZXMPM800(2 M)	OADM	40 × 10 G	离线
站 M4	24	192. 2. 24. 18	ZXMPM800(2 M)	ZXMPM800(2 M)	OADM	40 × 10 G	离线
站 M5	25	192. 2. 25. 18	ZXMPM800(2 M)	ZXMPM800(2 M)	OADM	40 × 2.5 G	离线
站 M6	26	192. 2. 26. 18	ZXMPM800(2 M)	ZXMPM800(2 M)	OTM	40 × 2.5 G	离线

根据规划在网管客户端创建网元。其中,站 M1 的网元配置和 IP 地址设置如图 3-27 所示。

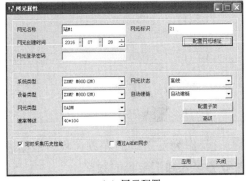 

　　　　(a)网元配置　　　　　　　　　　　　　　(b)IP 地址配置

图 3-27　站 M1 的网元配置和 IP 地址设置

(3)波长规划

根据业务需求填写波长规划表,见表 3-12。

表 3-12　DWDM 波长规划表

波长 ＼ 站点	站 M1	站 M3	站 M4	站 M5	站 M6	业务
CH1 192. 1 THz	←					4×STM-16
CH2 192. 2 THz	←		→			4×STM-16
CH3 192. 3 THz		←	→			4×STM-16
CH4 192. 4 THz		←	→	→		4×STM-4
CH5 192. 5 THz			←	→		4×STM-1

当 DWDM 网络上的不同业务使用同一根光纤传输时,要规划不同的波长。

(4)安装单板

规划并填写单板配置表,见表 3-13。DWDM 网元的 27 槽位固定安插 1 块 PWSB 板,每个子架的 28、29、30 槽位安插 3 块 FCB 板,OA 子架 6 槽位安插 1 块槽位安插 1 块 OHP 板,OA 子架 7 槽位安插 1 块槽位安插 1 块 OSCL 板,OA 子架 8 槽位安插 1 块槽位安插 1 块 NCPF 板,这些公共单板不再在表 3-13 中列出。

表 3-13 DWDM 单板配置表

网元名称 \ 单板名称	OMU40	SDMT	OBA	ODU40	OPA	SRM41	SRM42
站 M1	2 块 [1-1-1] [1-3-1]	1 块 [1-1-3]	1 块 [1-3-3]	2 块 [1-1-11] [1-3-11]	2 块 [1-1-13] [1-3-13]	2 块 [1-1-5] [1-3-5]	—
站 M2	—	2 块 [1-1-3] [1-3-3]	—	—	2 块 [1-1-13] [1-3-13]	—	
站 M3	3 块 [1-1-1] [1-2-1] [1-3-1]	3 块 [1-1-3] [1-2-3] [1-3-3]	—	3 块 [1-1-11] [1-2-11] [1-3-11]	3 块 [1-1-13] [1-2-13] [1-3-13]	2 块 [1-1-5] [1-3-5]	1 块 [1-2-4]
站 M4	2 块 [1-1-1] [1-3-1]	1 块 [1-3-3]	1 块 [1-1-3]	2 块 [1-1-11] [1-3-11]	2 块 [1-1-13] [1-3-13]	2 块 [1-1-5] [1-3-5]	
站 M5	2 块 [1-1-1] [1-3-1]	2 块 [1-1-3] [1-3-3]	—	2 块 [1-1-11] [1-3-11]	2 块 [1-1-13] [1-3-13]	—	2 块 [1-1-5] [1-3-5]
站 M6	1 块 [1-3-1]	1 块 [1-3-3]		1 块 [1-3-11]	1 块 [1-3-13]		1 块 [1-3-5]

在短跨距情况下,可以使用 SDMT 板代替 OBA 板,作为发送端的光放大板。根据波长规划表和单板配置表建立站 M1 至站 M6 网元,配置业务接入和汇聚板的频率。

(5)连接网元间连线

规划并填写各网元间光纤连接表,见表 3-14。

表 3-14 网元间光纤连接表

序号	源网元端口号源方向	目的网元端口号目的方向
1	站 M1 的 SDMT[0-1-3]输出端口 1 发送	站 M2 的 OPA[0-3-13]输入端口 1 接收
2	站 M2 的 SDMT[0-1-3]输出端口 1 发送	站 M3 的 OPA[0-3-13]输入端口 1 接收
3	站 M3 的 SDMT[0-1-3]输出端口 1 发送	站 M4 的 OPA[0-3-13]输入端口 1 接收
4	站 M4 的 OBA[0-1-3]输出端口 1 发送	站 M1 的 OPA[0-3-13]输入端口 1 接收
5	站 M1 的 OBA[0-3-3]输出端口 1 发送	站 M4 的 OPA[0-1-13]输入端口 1 接收
6	站 M4 的 SDMT[0-3-3]输出端口 1 发送	站 M3 的 OPA[0-1-13]输入端口 1 接收
7	站 M3 的 SDMT[0-3-3]输出端口 1 发送	站 M2 的 OPA[0-1-13]输入端口 1 接收
8	站 M2 的 SDMT[0-3-3]输出端口 1 发送	站 M1 的 OPA[0-1-13]输入端口 1 接收

续上表

序号	源网元端口号源方向	目的网元端口号目的方向
9	站 M3 的 SDMT[0-2-3]输出端口 1 发送	站 M5 的 OPA[0-3-13]输入端口 1 接收
10	站 M5 的 SDMT[0-3-3]输出端口 1 发送	站 M3 的 OPA[0-2-13]输入端口 1 接收
11	站 M5 的 SDMT[0-1-3]输出端口 1 发送	站 M6 的 OPA[0-3-13]输入端口 1 接收
12	站 M6 的 SDMT[0-3-3]输出端口 1 发送	站 M5 的 OPA[0-1-13]输入端口 1 接收

在客户端操作窗口中,选中要建立链接的网元,单击[设备管理→公共管理→连接配置]菜单项,或单击工具条中的 ✎ 按钮,弹出连接配置对话框,单击[网元间连接配置]选项卡,根据规划表选中源网元的源端口源方向和目的网元的目的端口目的方向,如图 3-28 所示。单击"增加",将网元间连接关系添加到下方的连接配置窗口中,然后点击"应用",拓扑图上的两个网元间将出现光纤连线。

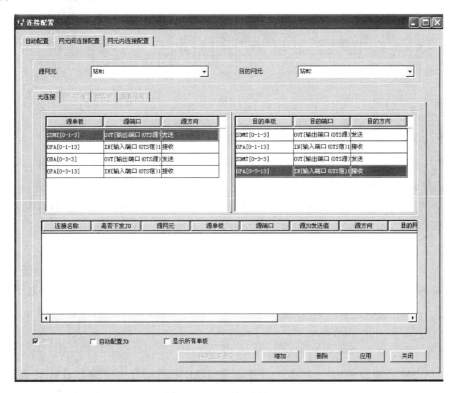

图 3-28　网元间连接配置

根据网元间光纤连接表配置所有网元间的连接。

(6)设置网关网元

选择站点 3,选择[设备管理→设置网关网元],将站 3 添加到右侧网关网元列表中,将站 3 设置为网关网元。

任务 4:DWDM 网元内单板连接

任务:掌握 DWDM 各种网元内的信号流图。

要求：能配置 DWDM 网元内各单板之间的光纤连接。

一、知识准备

网元内单板间使用光纤连接，需要在网管上进行网元内单板连接。不同网元类型的网元内连线不同。

1. OTM 网元内功能框图

OTM 网元只有一个线路侧端口和支路侧端口。在发送方向，OTM 把波长为 λ_1、$\cdots$、λ_n 的 n 个信号经过合波器复用成一个 DWDM 主信道信号，然后对其进行光放大，并附加上波长为 λ_s 的光监控通道信号。在接收方向，OTM 先把光监控通道信号取出，然后对 DWDM 主信道信号进行光放大，经分波器解复用成 n 个波长的信号。OTM 网元内功能框图如图 3-29 所示。

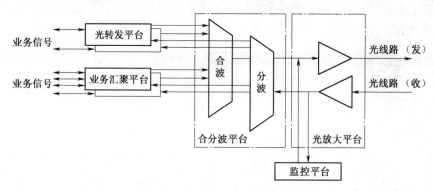

图 3-29　OTM 网元内功能框图

2. OADM 网元内功能框图

DWDM 系统的 OADM 有两种类型，一种是采用静态上/下波长的静态 OADM 模块，另一种是由两个 OTM 采用背靠背的方式组成一个可上/下波长的 OADM 网元。

（1）静态 OADM

当静态 OADM 网元接收到线路的光信号后，先从光信号中提取出光监控通道信号，再用静态 OADM 模块将珠光通道信号预放大，通过上/下单元从主光通道中按波长取下一定数量的波长通道后送出设备。要插入的波长经上/下单元直接插入主信道，经过功率放大后插入本地光监控通道信号，送往光线路。

（2）两个 OTM 背靠背组成的 OADM

用两个 OTM 背靠背组成一个可上/下波长的 OADM 网元方式比静态 OADM 灵活，可任意上/下多个波长，更易于组网。如果某一路信号不在本站上/下，可以从分波器的输出口直接接入到合波器对应波长的输入口。两个 OTM 背靠背组成的 OADM 网元内功能框图如图 3-30 所示。

3. OLA 网元内功能框图

DWDM 系统的 OLA 网元在每个传输方向均配有一个光线路放大器。在每个传输方向先取出光监控通道信号并处理，再将主信道信号进行放大，然后将主信道信号与新的光监控通道信号合并，送入光纤。OLA 网元内功能框图如图 3-31 所示。

二、任务实施

本任务的目的是配置 DWDM 网元内各单板之间的光纤连接。

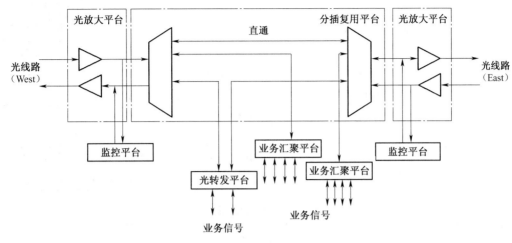

图 3-30　OADM 网元内功能框图

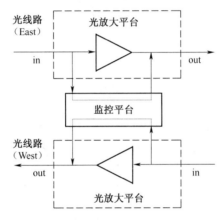

图 3-31　OLA 网元内功能框图

1. 材料准备

高 2 m 的 19 英寸机柜,ZXMP M800 子架 6 套,单板若干,ZXONM E300 网管 1 套,G. 655 光纤跳线若干根。

2. 实施步骤

(1)规划网元内连接

规划站 M1 至站 M6 网元内连接配置表,见表 3-15 ~ 表 3-20。

表 3-15　站 M1 网元内连接配置表

顺时针方向(站 M1——站 M2 方向)					
源单板	源端口	源方向	目的单板	目的端口	目的方向
SRM41[0-1-5]	输出端口(OCH 源)1	发送	OMU40[0-1-1]	输入端口(OCH 源)1	接收
OMU40[0-1-1]	输出端口(OMS 源)1	发送	SDMT[0-1-3]	输入端口(OMS 源)1	接收
OSCL[0-2-7]	监控通道源 1	发送	SDMT[0-1-3]	监控通道宿 1	接收
OPA[0-1-13]	监控通道源 1	发送	OSCL[0-2-7]	监控通道宿 1	接收
OPA[0-1-13]	输出端口(OMS 宿)1	发送	ODU40[0-1-11]	输入端口(OMS 宿)1	接收
ODU40[0-1-11]	输出端口(OCH 宿)1	发送	SRM41[0-1-5]	输入端口(OCH 宿)1	接收

逆时针方向（站 M1——站 M4 方向）					
源单板	源端口	源方向	目的单板	目的端口	目的方向
SRM41[0-3-5]	输出端口（OCH 源）1	发送	OMU40[0-3-1]	输入端口（OCH 源）2	接收
OMU40[0-3-1]	输出端口（OMS 源）1	发送	OBA[0-3-3]	输入端口（OMS 源）1	接收
OSCL[0-2-7]	监控通道源 2	发送	OBA[0-3-3]	监控通道 1	接收
OPA[0-3-13]	监控通道源 1	发送	OSCL[0-2-7]	监控通道宿 2	接收
OPA[0-3-13]	输出端口（OMS 宿）1	发送	ODU40[0-3-11]	输入端口（OMS 宿）1	接收
ODU40[0-3-11]	输出端口（OCH 宿）2	发送	SRM41[0-3-5]	输入端口（OCH 宿）1	接收

表 3-16　站 M2 网元内连接配置表

顺时针方向（站 M2——站 M3 方向）					
源单板	源端口	源方向	目的单板	目的端口	目的方向
OSCL[0-2-7]	监控通道源 1	发送	SDMT[0-1-3]	监控通道宿 1	接收
OPA[0-1-13]	监控通道源 1	发送	OSCL[0-2-7]	监控通道宿 1	接收
逆时针方向（站 M2——站 M1 方向）					
源单板	源端口	源方向	目的单板	目的端口	目的方向
OSCL[0-2-7]	监控通道源 2	发送	OBA[0-3-3]	监控通道宿 1	接收
OPA[0-3-13]	监控通道源 1	发送	O3CL[0-2-7]	监控通道宿 2	接收

表 3-17　站 M3 网元内连接配置表

顺时针方向（站 M3——站 M4 方向）					
源单板	源端口	源方向	目的单板	目的端口	目的方向
SRM41[0-1-5]	输出端口（OCH 源）1	发送	OMU40[0-1-1]	输入端口（OCH 源）3	接收
OMU40[0-1-1]	输出端口（OMS 源）1	发送	SDMT[0-1-3]	输入端口（OMS 源）1	接收
OSCL[0-2-7]	监控通道源 1	发送	SDMT[0-1-3]	监控通道宿 1	接收
OPA[0-1-13]	监控通道源 1	发送	OSCL[0-2-7]	监控通道宿 1	接收
OPA[0-1-13]	输出端口（OMS 宿）1	发送	ODU40[0-1-11]	输入端口（OMS 宿）1	接收
ODU40[0-1-11]	输出端口（OCH 宿）3	发送	SRM41[0-1-5]	输入端口（OCH 宿）1	接收
逆时针方向（站 M3——站 M2 方向）					
源单板	源端口	源方向	目的单板	目的端口	目的方向
SRM41[0-3-5]	输出端口（OCH 源）1	发送	OMU40[0-3-1]	输入端口（OCH 源）1	接收
OMU40[0-3-1]	输出端口（OMS 源）1	发送	SDMT[0-3-3]	输入端口（OMS 源）1	接收
OSCL[0-2-7]	监控通道源 2	发送	SDMT[0-3-3]	监控通道宿 1	接收
OPA[0-3-13]	监控通道源 1	发送	OSCL[0-2-7]	监控通道宿 2	接收
OPA[0-3-13]	输出端口（OMS 宿）1	发送	ODU40[0-3-11]	输入端口（OMS 宿）1	接收
ODU40[0-3-11]	输出端口（OCH 宿）1	发送	SRM41[0-3-5]	输入端口（OCH 宿）1	接收
顺时针方向（站 M3——站 M5 方向）					
源单板	源端口	源方向	目的单板	目的端口	目的方向
SRM42[0-2-4]	输出端口（OCH 源）1	发送	OMU40[0-2-1]	输入端口（OCH 源）4	接收

顺时针方向（站 M3——站 M5 方向）					
源单板	源端口	源方向	目的单板	目的端口	目的方向
OMU40［0-2-1］	输出端口（OMS 源）1	发送	SDMT［0-2-3］	输入端口（OMS 源）1	接收
OSCL［0-2-7］	监控通道源 3	发送	SDMT［0-2-3］	监控通道宿 1	接收
OPA［0-2-13］	监控通道源 1	发送	OSCL［0-2-7］	监控通道宿 3	接收
OPA［0-2-13］	输出端口（OMS 宿）1	发送	ODU40［0-2-11］	输入端口（OMS 宿）1	接收
ODU40［0-2-11］	输出端口（OCH 宿）4	发送	SRM42［0-2-4］	输入端口（OCH 宿）1	接收

表 3-18　站 M4 网元内连接配置表

顺时针方向（站 M4——站 M1 方向）					
源单板	源端口	源方向	目的单板	目的端口	目的方向
SRM41［0-1-5］	输出端口（OCH 源）1	发送	OMU40 ［0-1-1］	输入端口（OCH 源）2	接收
OMU40［0-1-1］	输出端口（OMS 源）1	发送	OBA［0-1-3］	输入端口（OMS 源）1	接收
OSCL［0-2-7］	监控通道源 1	发送	OBA［0-1-3］	监控通道宿 1	接收
OPA［0-1-13］	监控通道源 1	发送	OSCL［0-2-7］	监控通道宿 1	接收
OPA［0-1-13］	输出端口（OMS 宿）1	发送	ODU40［0-1-11］	输入端口（OMS 宿）1	接收
ODU40［0-1-11］	输出端口（OCH 宿）2	发送	SRM41［0-1-5］	输入端口（OCH 宿）1	接收
逆时针方向（站 M4——站 M3 方向）					
源单板	源端口	源方向	目的单板	目的端口	目的方向
SRM41［0-3-5］	输出端口（OCH 源）1	发送	OMU40［0-3-1］	输入端口（OCH 源）3	接收
OMU40［0-3-1］	输出端口（OMS 源）1	发送	SDMT［0-3-3］	输入端口（OMS 源）1	接收
OSCL［0-2-7］	监控通道源 2	发送	SDMT［0-3-3］	监控通道宿 1	接收
OPA［0-3-13］	监控通道源 1	发送	OSCL［0-2-7］	监控通道宿 2	接收
OPA［0-3-13］	输出端口（OMS 宿）1	发送	ODU40［0-3-11］	输入端口（OMS 宿）1	接收
ODU40［0-3-11］	输出端口（OCH 宿）3	发送	SRM41［0-3-5］	输入端口（OCH 宿）1	接收

表 3-19　站 M5 网元内连接配置表

顺时针方向（站 M5——站 M6 方向）					
源单板	源端口	源方向	目的单板	目的端口	目的方向
SRM42［0-1-5］	输出端口（OCH 源）1	发送	OMU40 ［0-1-1］	输入端口（OCH 源）5	接收
OMU40［0-1-1］	输出端口（OMS 源）1	发送	SDMT［0-1-3］	输入端口（OMS 源）1	接收
OSCL［0-2-7］	监控通道源 1	发送	SDMT ［0-1-3］	监控通道宿 1	接收
OPA［0-1-13］	监控通道源 1	发送	OSCL［0-2-7］	监控通道宿 1	接收
OPA［0-1-13］	输出端口（OMS 宿）1	发送	ODU40［0-1-11］	输入端口（OMS 宿）1	接收
ODU40［0-1-11］	输出端口（OCH 宿）5	发送	SRM42［0-1-5］	输入端口（OCH 宿）1	接收
逆时针方向（站 M5——站 M3 方向）					
源单板	源端口	源方向	目的单板	目的端口	目的方向
SRM42［0-3-5］	输出端口（OCH 源）1	发送	OMU40［0-3-1］	输入端口（OCH 源）4	接收
OMU40［0-3-1］	输出端口（OMS 源）1	发送	SDMT［0-3-3］	输入端口（OMS 源）1	接收

续上表

逆时针方向（站 M5——站 M3 方向）					
源单板	源端口	源方向	目的单板	目的端口	目的方向
OSCL[0-2-7]	监控通道源2	发送	SDMT[0-3-3]	监控通道宿1	接收
OPA[0-3-13]	监控通道源1	发送	OSCL[0-2-7]	监控通道宿2	接收
OPA[0-3-13]	输出端口（OMS 宿）1	发送	ODU40[0-3-11]	输入端口（OMS 宿）1	接收
ODU40[0-3-11]	输出端口（OCH 宿）4	发送	SRM42[0-3-5]	输入端口（OCH 宿）1	接收

表 3-20　站 M6 网元内连接配置表

逆时针方向（站 M6——站 M5 方向）					
源单板	源端口	源方向	目的单板	目的端口	目的方向
SRM42[0-3-5]	输出端口（OCH 源）1	发送	OMU40[0-3-1]	输入端口（OCH 源）5	接收
OMU40[0-3-1]	输出端口（OMS 源）1	发送	SDMT[0-3-3]	输入端口（OMS 源）1	接收
OSCL[0-2-7]	监控通道源2	发送	SDMT[0-3-3]	监控通道宿1	接收
OPA[0-3-13]	监控通道源1	发送	OSCL[0-2-7]	监控通道宿2	接收
OPA[0-3-13]	输出端口（OMS 宿）1	发送	ODU40[0-3-11]	输入端口（OMS 宿）1	接收
ODU40[0-3-11]	输出端口（OCH 宿）5	发送	SRM42[0-3-5]	输入端口（OCH 宿）1	接收

（2）根据表 3-15 的网元内连接规划表连接网元内各单板。

在客户端操作窗口中，选择网元，单击［设备管理→公共管理→连接配置］菜单项，选择"网元内连接配置"选项卡，选择"手动配置"，根据网元内连接规划表逐条在窗口左侧选择源单板的源端口和源方向，在窗口右侧选择目的单板的目的端口和目的方向，单击"增加"按钮添加选中的连接，再点击"应用"按钮，将添加的连接下发到 NCP 单板，如图 3-32 所示。

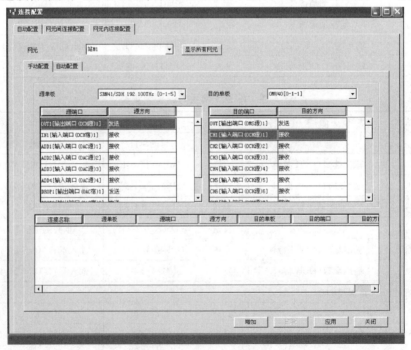

图 3-32　网元内连接配置

（3）进入各网元的连接配置对话框的网元内连接配置页面，在［源单板］和［目的单板］下拉列表框中选择"所有单板"，查询到的连接关系应与实际配置相符。站 M1 网元内连接配置如图 3-33 所示。

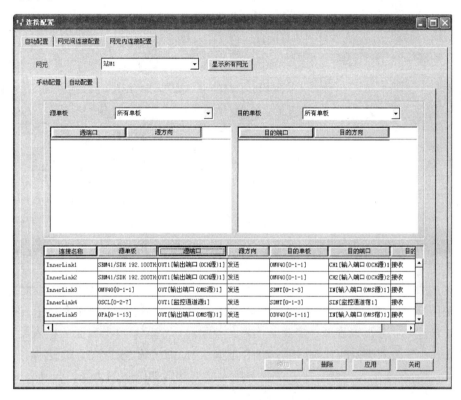

图 3-33　站 M1 网元内连接配置

任务 5：DWDM 系统业务开通

任务：理解 DWDM 传输系统的业务类型。
要求：能开通 DWDM 传输系统站点间的波分业务。

一、知识准备

DWDM 系统支持业务包括 STM-16、STM-4、STM-1、GE、光纤分布式数据接口（简称 FDDI）、光纤通道、数字视频广播（简称 DVB）、高清晰度电视（简称 HDTV）等。中兴 M800 的 OTU 单板可接入满足 G.957 建议要求的任意厂家的光信号，速率范围为 12.3 Mbit/s～2.7 Gbit/s。

DWDM 系统只支持业务上/下路和波分复用，不支持业务电层的时分复用。DWDM 业务配置较为简单，只需要配置接入业务类型和汇聚业务的上/下路。

二、任务实施

本任务的目的是配置 DWDM 传送业务的类型和业务的上/下路。

1. 材料准备

高 2 m 的 19 英寸机柜，ZXMP M800 子架 6 套，单板若干，ZXONM E300 网管 1 套，G.655

光纤跳线若干根。

2. 实施步骤

(1) 根据业务需求规划接入业务类型表,见表 3-21。

表 3-21　接入业务类型规划表

源网元	目的网元	业务类型	源网元单板类型	接入类型
站 M1	站 M3	4 个 STM-16 光信号业务	SRM41[0-1-5]	STM-16
站 M1	站 M4	4 个 STM-16 光信号业务	SRM41[0-3-5]	STM-16
站 M3	站 M1	4 个 STM-16 光信号业务	SRM41[0-3-5]	STM-16
站 M3	站 M4	4 个 STM-16 光信号业务	SRM41[0-1-5]	STM-16
站 M3	站 M5	4 个 STM-4 光信号业务	SRM42[0-2-4]	STM-4
站 M4	站 M1	4 个 STM-16 光信号业务	SRM41[0-1-5]	STM-16
站 M4	站 M3	4 个 STM-16 光信号业务	SRM41[0-3-5]	STM-16
站 M5	站 M3	4 个 STM-4 光信号业务	SRM42[0-3-5]	STM-4
站 M5	站 M6	4 个 STM-1 光信号业务	SRM42[0-1-5]	STM-1
站 M6	站 M5	4 个 STM-1 光信号业务	SRM42[0-3-5]	STM-1

(2) 按照接入业务配置要求,配置各网元的接入业务。在客户端操作窗口中,选择网元,单击[设备管理→业务配置管理→多业务接入类型配置]菜单项,单击多业务接入类型配置选项卡,弹出多业务接入类型配置对话框,选中[汇聚层]前的按钮,根据表 3-21 选择各汇聚类型单板支路端口的业务接入类型。站 1 多业务接入类型配置如图 3-34 所示,选中所有的业务,点击"应用"按钮,将业务配置下发。

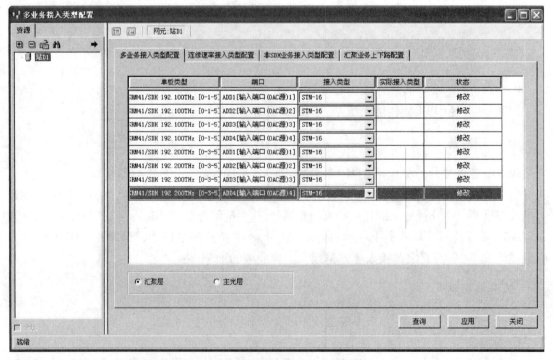

图 3-34　站 1 多业务接入类型配置

在图 3-34 的［端口］列中，"输入端口（OAC 源）1"表示支路信号输入端口，数字表示支路号。

（3）配置汇聚业务的上下路。单击［汇聚业务上下路配置］选项卡，弹出汇聚业务上下路配置对话框。将所有网元的 SRM42 板的所有支路端口，［通道状态］选择"上下路"。站 1 汇聚业务上下路配置如图 3-35 所示，选中所有的业务，点击"应用"按钮，将业务配置下发。

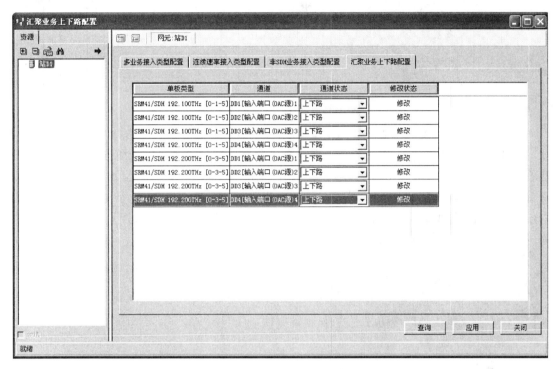

图 3-35　站 1 汇聚业务上下路配置

（4）当设备处于在线状态时，在多业务接入类型配置对话框中，选择［汇聚层］，单击"查询"按钮，各业务板支路端口接入的实际业务类型应与配置相同。在汇聚业务上下路配置对话框中，单击"查询"按钮，各汇聚板支路端口的通道状态应与配置相同。

DWDM 传输系统公务配置与 SDH 传输系统配置一致，本项目不再叙述。所有数据配置完成后，按照项目 2 中的下载网元数据库步骤将网管配置下载到网元设备上，并设置网元与网管、NTP 服务器时间同步，然后进行网元之间的公务号码拨打测试。

任务 6：DWDM 网络保护配置

任务：理解 DWDM 传输网络保护机制的功能，掌握不同保护类型的优缺点。

要求：能配置对 DWDM 传输网络进行 1 + 1 光通道保护。

一、知识准备

DWDM 系统有光线路保护、光通道保护两种保护机制。

1. 光线路保护

DWDM 设备提供对光层线路的 1 + 1 保护，通过 OLP 单板进行信号的并发选收来实现，保护机制如图 3-36 所示。

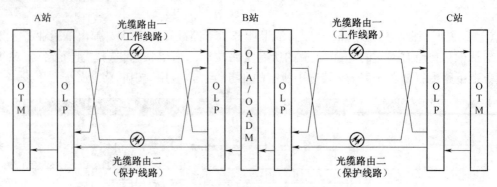

图 3-36　DWDM 线路 1 + 1 保护

图中一条光缆中的两条光纤线路是工作线路,另外一条光缆中的两条光纤用作保护线路。在一般情况下,设备工作在工作线路上,但当发生意外,例如工作线路(光缆)发生断纤或者性能下降时,设备通过 OLP 单板会自动切换到保护线路(光缆)上,使业务不发生中断。另外,设备对保护线路具有实时监测功能,当保护线路发生断纤或性能下降时,设备也会及时检测到,以便及时处理。因此,DWDM 设备的保护对象是光层上的传输线路,通过 OLP 单板实现光线路保护,提高了网络的可生存性。

2. 光通道保护

(1)1 + 1 光通道保护

在环形组网中,每个波长都可以选择光通道保护,实现方式如图 3-37 所示。1 + 1 光通道保护的优点是无需保护倒换协议支持,倒换速度快。

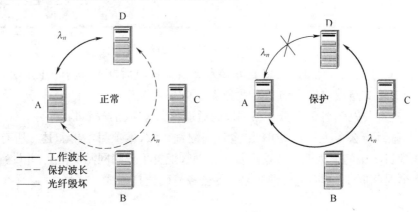

图 3-37　1 + 1 光通道保护

(2)板内 1 + 1 光通道保护

双发选收的波长转换板从客户端接入光信号,经过整形、再生、重定时处理后,通过一个分路器送出到工作通道和保护通道中。经过光缆传输后,在接收端,将工作通道和保护通道中的光信号接收下来,然后选择一路光信号处理、转换后发送给客户侧设备。

板内 1 + 1 光通道保护的优点为成本低,缺点为如果波长转换板自身损坏则无法提供保护。

(3)板间 1 + 1 光通道保护

对于采取保护的波长,在发送端利用一块 SCS 单板将客户端的业务分作两路,分别送入主用和备用 OTU,在接收端利用另一块 SCS 单板将主用和备用 OTU 的业务送往客户端。

正常情况下,主用通道上的业务会被接收,并进行处理,而备用通道的业务会被终止。此时在接收端只有主用通道的信号输出端有信号输出,备用通道的客户侧光发送模块是关闭的,无光输出。当检测到工作通道的信号上报 LOS 告警,则备用通道的信号会进行正常处理,而主用通道的信号会被终结。此时接收端主用通道的客户侧光发送模块关闭,备用通道输出信号。在系统中每个业务波长通道都可以选择进行保护或不进行保护,如果需要保护则需要 OTU 的数量加倍,且需要配置相应数量的 SCS 单板。

（4）客户侧保护

客户侧保护方式只适用于具有汇聚功能的波长转换板。SCS 单板可以分别对两组光信号进行分光和耦合处理。两路客户侧业务光信号进入 SCS 单板后,分别进行分路处理后送入主用和备用 OTU 单板,经汇聚和波长转换后分别送入线路传输。当某一路客户侧信号出现故障时,仅对此一路信号进行倒换,波分侧不发生倒换。此时是将主用 OTU 单板此路客户侧信号的激光器关闭,将备用 OTU 单板此路客户侧信号的激光器打开。其他正常的客户侧信号仍通过主用 OTU 单板进行传输。客户侧保护方式相当于 OTU 板间 1 + 1 保护方式的一个子集,其特点是当发生保护倒换时,可以只将部分客户侧业务倒换到备用 OTU 单板上,而不需将所有业务进行倒换。

二、任务实施

本任务是使用 40 波 DWDM 系统对环带链 SDH 网络进行扩容,为站 M1 ~ 站 M6 选择网元类型,配置单板。其中站 M1 与站 M2 之间相距 10 km,站 M1 与站 M4 之间相距 80 km,其他所有两个相邻站之间均在 30 km 左右。所有站点均采用 2 Mbit/s 的监控通道。各站网元均连接 SDH 设备。站 3 为中心网元,连接网管服务器。站点之间的业务如下:

（1）站 M1 与站 M3、站 M4 之间各有 4 个 STM-16 光信号业务,通过 SDH 设备形成 1 + 1 光通道长径和短径保护。

（2）站 M3 和站 M4 之间有 4 个 STM-16 光信号业务,通过 SDH 设备形成 1 + 1 光通道长径和短径保护。

（3）站 M3 与站 M5 之间有 4 个 STM-4 光信号业务。

（4）站 M5 和站 M6 之间有 4 个 STM-1 光信号业务。

1. 材料准备

高 2 m 的 19 英寸机柜,ZXMP M800 子架 6 套,单板若干,ZXONM E300 网管 1 套,G.655 光纤跳线若干根。

2. 实施步骤

在网管系统上进行数据配置的时候,网元先设为离线状态。当所有数据配置完成后,将网元改为在线,下载网元数据库。数据下载后设备即可正常运行。

（1）启动网管

（2）创建网元

规划并填写网元参数表,见表 3-11。根据规划在网管客户端创建网元。

（3）波长规划

进行波长规划,见表 3-12。

（4）安装单板

规划并填写单板配置表,表 3-22。DWDM 网元的 27 槽位固定安插 1 块 PWSB 板,每个子架的 28、29、30 槽位安插 3 块 FCB 板,OA 子架 6 槽位安插 1 块槽位安插 1 块 OHP 板,OA 子架 7 槽位安插 1 块槽位安插 1 块 OSCL 板,OA 子架 8 槽位安插 1 块槽位安插 1 块 NCPF 板,这些公共单板不再在表 3-22 中列出。

表 3-22　带保护 DWDM 网络的单板配置表

单板名称 网元名称	OMU40	SDMT	OBA	ODU40	OPA	SRM41	SRM42
站 M1	2 块 [1-1-1] [1-3-1]	1 块 [1-1-3]	1 块 [1-3-3]	2 块 [1-1-11] [1-3-11]	2 块 [1-1-13] [1-3-13]	4 块 [1-1-5] [1-1-6] [1-3-5] [1-3-6]	—
站 M2	—	2 块 [1-1-3] [1-3-3]			2 块 [1-1-13] [1-3-13]	—	
站 M3	3 块 [1-1-1] [1-2-1] [1-3-1]	3 块 [1-1-3] [1-2-3] [1-3-3]	—	3 块 [1-1-11] [1-2-11] [1-3-11]	3 块 [1-1-13] [1-2-13] [1-3-13]	4 块 [1-1-5] [1-1-6] [1-3-5] [1-3-6]	2 块 [1-1-7] [1-3-7]
站 M4	2 块 [1-1-1] [1-3-1]	1 块 [1-3-3]	1 块 [1-1-3]	2 块 [1-1-11] [1-3-11]	2 块 [1-1-13] [1-3-13]	4 块 [1-1-5] [1-1-6] [1-3-5] [1-3-6]	—
站 M5	2 块 [1-1-1] [1-3-1]	2 块 [1-1-3] [1-3-3]	—	2 块 [1-1-11] [1-3-11]	2 块 [1-1-13] [1-3-13]	—	2 块 [1-1-5] [1-3-5]
站 M6	1 块 [1-3-1]	1 块 [1-3-3]	—	1 块 [1-3-11]	1 块 [1-3-13]	—	1 块 [1-3-5]

在短跨距情况下,可以使用 SDMT 板代替 OBA 板,作为发送端的光放大板。根据波长规划表和单板配置表建立站 M1 至站 M6 网元,根据表 3-12 配置业务接入和汇聚板的频率。

(5)连接网元间连线

规划并填写各网元间光纤连接表,见表 3-14。根据网元间光纤连接表配置所有网元间的连接。

(6)设置网关网元

选择站点 3,选择[设备管理→设置网关网元],将站 3 添加到右侧网关网元列表中,将站 3 设置为网关网元。

(7)网元内连接

规划网元内连接配置,见表 3-23 ~ 表 3-28。

表 3-23　站 M1 网元内连接配置表

顺时针方向（站 M1——站 M2 方向）					
源单板	源端口	源方向	目的单板	目的端口	目的方向
SRM41[0-1-5]	输出端口（OCH 源）1	发送	OMU40 [0-1-1]	输入端口（OCH 源）1	接收
SRM41[0-1-6]	输出端口（OCH 源）1	发送	OMU40 [0-1-1]	输入端口（OCH 源）2	接收
OMU40[0-1-1]	输出端口（OMS 源）1	发送	SDMT[0-1-3]	输入端口（OMS 源）1	接收
OSCL[0-2-7]	监控通道源 1	发送	SDMT[0-1-3]	监控通道宿 1	接收
OPA[0-1-13]	监控通道源 1	发送	OSCL[0-2-7]	监控通道宿 1	接收
OPA[0-1-13]	输出端口（OMS 宿）1	发送	ODU40[0-1-11]	输入端口（OMS 宿）1	接收
ODU40[0-1-11]	输出端口（OCH 宿）1	发送	SRM41[0-1-5]	输入端口（OCH 宿）1	接收
ODU40[0-1-11]	输出端口（OCH 宿）2	发送	SRM41[0-1-6]	输入端口（OCH 宿）1	接收
逆时针方向（站 M1——站 M4 方向）					
SRM41[0-3-5]	输出端口（OCH 源）1	发送	OMU40[0-3-1]	输入端口（OCH 源）1	接收
SRM41[0-3-6]	输出端口（OCH 源）1	发送	OMU40[0-3-1]	输入端口（OCH 源）2	接收
OMU40[0-3-1]	输出端口（OMS 源）1	发送	OBA[0-3-3]	输入端口（OMS 源）1	接收
OSCL[0-2-7]	监控通道源 2	发送	OBA[0-3-3]	监控通道宿 1	接收
OPA[0-3-13]	监控通道源 1	发送	OSCL[0-2-7]	监控通道宿 2	接收
OPA[0-3-13]	输出端口（OMS 宿）1	发送	ODU40[0-3-11]	输入端口（OMS 宿）1	接收
ODU40[0-3-11]	输出端口（OCH 宿）1	发送	SRM41[0-3-5]	输入端口（OCH 宿）1	接
ODU40[0-3-11]	输出端口（OCH 宿）2	发送	SRM41[0-3-6]	输入端口（OCH 宿）1	接收

表 3-24　站 M2 网元内连接配置表

顺时针方向（站 M2——站 M3 方向）					
源单板	源端口	源方向	目的单板	目的端口	目的方向
OSCL[0-2-7]	监控通道源 1	发送	SDMT[0-1-3]	监控通道宿 1	接收
OPA[0-1-13]	监控通道源 1	发送	OSCL[0-2-7]	监控通道宿 1	接收
逆时针方向（站 M2——站 M1 方向）					
OSCL[0-2-7]	监控通道源 2	发送	OBA[0-3-3]	监控通道宿 1	接收
OPA[0-3-13]	监控通道源 1	发送	OSCL[0-2-7]	监控通道宿 2	接收

表 3-25　站 M3 网元内连接配置表

顺时针方向（站 M3——站 M4 方向）					
源单板	源端口	源方向	目的单板	目的端口	目的方向
SRM41[0-1-5]	输出端口（OCH 源）1	发送	OMU40 [0-1-1]	输入端口（OCH 源）1	接收
SRM41[0-1-6]	输出端口（OCH 源）1	发送	OMU40 [0-1-1]	输入端口（OCH 源）2	接收
SRM42[0-1-7]	输出端口（OCH 源）1	发送	OMU40 [0-1-1]	输入端口（OCH 源）3	接收
OMU40[0-1-1]	输出端口（OMS 源）1	发送	SDMT[0-1-3]	输入端口（OMS 源）1	接收
OSCL[0-2-7]	监控通道源 1	发送	SDMT[0-1-3]	监控通道宿 1	接收
OPA[0-1-13]	监控通道源 1	发送	OSCL[0-2-7]	监控通道宿 1	接收
OPA[0-1-13]	输出端口（OMS 宿）1	发送	ODU40[0-1-11]	输入端口（OMS 宿）1	接收

续上表

顺时针方向（站 M3——站 M4 方向）					
源单板	源端口	源方向	目的单板	目的端口	目的方向
ODU40［0-1-11］	输出端口（OCH 宿）1	发送	SRM41［0-1-5］	输入端口（OCH 宿）1	接收
ODU40［0-1-11］	输出端口（OCH 宿）2	发送	SRM42［0-1-6］	输入端口（OCH 宿）1	接收
ODU40［0-1-11］	输出端口（OCH 宿）3	发送	SRM41［0-1-7］	输入端口（OCH 宿）1	接收
逆时针方向（站 M3——站 M2 方向）					
SRM41［0-3-5］	输出端口（OCH 源）1	发送	OMU40［0-3-1］	输入端口（OCH 源）1	接收
SRM41［0-3-6］	输出端口（OCH 源）1	发送	OMU40［0-3-1］	输入端口（OCH 源）2	接收
SRM42［0-3-7］	输出端口（OCH 源）1	发送	OMU40［0-3-1］	输入端口（OCH 源）3	接收
OMU40［0-3-1］	输出端口（OMS 源）1	发送	SDMT［0-3-3］	输入端口（OMS 源）1	接收
OSCL［0-2-7］	监控通道源 2	发送	SDMT［0-3-3］	监控通道宿 1	接收
OPA［0-3-13］	监控通道源 1	发送	OSCL［0-2-7］	监控通道宿 2	接收
OPA［0-3-13］	输出端口（OMS 宿）1	发送	ODU40［0-3-11］	输入端口（OMS 宿）1	接收
ODU40［0-3-11］	输出端口（OCH 宿）1	发送	SRM41［0-3-5］	输入端口（OCH 宿）1	接
ODU40［0-3-11］	输出端口（OCH 宿）2	发送	SRM41［0-3-6］	输入端口（OCH 宿）1	接收
ODU40［0-3-11］	输出端口（OCH 宿）3	发送	SRM42［0-3-7］	输入端口（OCH 宿）1	接收

表 3-26　站 M4 网元内连接配置表

顺时针方向（站 M1——站 M2 方向）					
源单板	源端口	源方向	目的单板	目的端口	目的方向
SRM41［0-1-5］	输出端口（OCH 源）1	发送	OMU40［0-1-1］	输入端口（OCH 源）1	接收
SRM41［0-1-6］	输出端口（OCH 源）1	发送	OMU40［0-1-1］	输入端口（OCH 源）2	接收
OMU40［0-1-1］	输出端口（OMS 源）1	发送	OBA［0-1-3］	输入端口（OMS 源）1	接收
OSCL［0-2-7］	监控通道源 1	发送	OBA［0-1-3］	监控通道宿 1	接收
OPA［0-1-13］	监控通道源 1	发送	OSCL［0-2-7］	监控通道宿 1	接收
OPA［0-1-13］	输出端口（OMS 宿）1	发送	ODU40［0-1-11］	输入端口（OMS 宿）1	接收
ODU40［0-1-11］	输出端口（OCH 宿）1	发送	SRM41［0-1-5］	输入端口（OCH 宿）1	接收
ODU40［0-1-11］	输出端口（OCH 宿）2	发送	SRM41［0-1-6］	输入端口（OCH 宿）1	接收
逆时针方向（站 M1——站 M4 方向）					
SRM41［0-3-5］	输出端口（OCH 源）1	发送	OMU40［0-3-1］	输入端口（OCH 源）1	接收
SRM41［0-3-6］	输出端口（OCH 源）1	发送	OMU40［0-3-1］	输入端口（OCH 源）2	接收
OMU40［0-3-1］	输出端口（OMS 源）1	发送	SDMT［0-3-3］	输入端口（OMS 源）1	接收
OSCL［0-2-7］	监控通道源 2	发送	SDMT［0-3-3］	监控通道宿 1	接收
OPA［0-3-13］	监控通道源 1	发送	OSCL［0-2-7］	监控通道宿 2	接收
OPA［0-3-13］	输出端口（OMS 宿）1	发送	ODU40［0-3-11］	输入端口（OMS 宿）1	接收
ODU40［0-3-11］	输出端口（OCH 宿）1	发送	SRM41［0-3-5］	输入端口（OCH 宿）1	接
ODU40［0-3-11］	输出端口（OCH 宿）2	发送	SRM41［0-3-6］	输入端口（OCH 宿）1	接收

表 3-27　站 M5 网元内连接配置表

源单板	源端口	源方向	目的单板	目的端口	目的方向
顺时针方向(站 M1——站 M2 方向)					
SRM42〔0-1-5〕	输出端口(OCH 源)1	发送	OMU40〔0-1-1〕	输入端口(OCH 源)1	接收
OMU40〔0-1-1〕	输出端口(OMS 源)1	发送	SDMT〔0-1-3〕	输入端口(OMS 源)1	接收
OSCL〔0-2-7〕	监控通道源 1	发送	SDMT〔0-1-3〕	监控通道宿 1	接收
OPA〔0-1-13〕	监控通道源 1	发送	OSCL〔0-2-7〕	监控通道宿 1	接收
OPA〔0-1-13〕	输出端口(OMS 宿)1	发送	ODU40〔0-1-11〕	输入端口(OMS 宿)1	接收
ODU40〔0-1-11〕	输出端口(OCH 宿)1	发送	SRM42〔0-1-5〕	输入端口(OCH 宿)1	接收
ODU40〔0-1-11〕	输出端口(OCH 宿)2	发送	SRM42〔0-1-6〕	输入端口(OCH 宿)1	接收
逆时针方向(站 M1——站 M4 方向)					
SRM42〔0-3-5〕	输出端口(OCH 源)1	发送	OMU40〔0-3-1〕	输入端口(OCH 源)1	接收
OMU40〔0-3-1〕	输出端口(OMS 源)1	发送	SDMT〔0-3-3〕	输入端口(OMS 源)1	接收
OSCL〔0-2-7〕	监控通道源 2	发送	SDMT〔0-3-3〕	监控通道宿 1	接收
OPA〔0-3-13〕	监控通道源 1	发送	OSCL〔0-2-7〕	监控通道宿 2	接收
OPA〔0-3-13〕	输出端口(OMS 宿)1	发送	ODU40〔0-3-11〕	输入端口(OMS 宿)1	接收
ODU40〔0-3-11〕	输出端口(OCH 宿)1	发送	SRM42〔0-3-5〕	输入端口(OCH 宿)1	接
ODU40〔0-3-11〕	输出端口(OCH 宿)2	发送	SRM42〔0-3-6〕	输入端口(OCH 宿)1	接收

表 3-28　站 M6 网元内连接配置表

源单板	源端口	源方向	目的单板	目的端口	目的方向
逆时针方向(站 M6——站 M5 方向)					
SRM42〔0-3-5〕	输出端口(OCH 源)1	发送	OMU40〔0-3-1〕	输入端口(OCH 源)1	接收
OMU40〔0-3-1〕	输出端口(OMS 源)1	发送	SDMT〔0-3-3〕	输入端口(OMS 源)1	接收
OSCL〔0-2-7〕	监控通道源 2	发送	SDMT〔0-3-3〕	监控通道宿 1	接收
OPA〔0-3-13〕	监控通道源 1	发送	OSCL〔0-2-7〕	监控通道宿 2	接收
OPA〔0-3-13〕	输出端口(OMS 宿)1	发送	ODU40〔0-3-11〕	输入端口(OMS 宿)1	接收
ODU40〔0-3-11〕	输出端口(OCH 宿)1	发送	SRM42〔0-3-5〕	输入端口(OCH 宿)1	接

根据表 3-23 ~ 表 3-28 所示连接站 M1 ~ 站 M6 网元内连线。

(8)业务配置

根据业务需求规划接入业务类型表,见表 3-29。

表 3-29　接入业务类型规划表

源网元	目的网元	业务类型	源网元单板类型	接入类型
站 M1	站 M3	4 个 STM-16 光信号业务	SRM41〔0-1-5〕	STM-16
			SRM41〔0-3-5〕	STM-16
站 M3	站 M1	4 个 STM-16 光信号业务	SRM41〔0-3-5〕	STM-16
			SRM41〔0-1-5〕	STM-16
站 M1	站 M4	4 个 STM-16 光信号业务	SRM41〔0-1-6〕	STM-16
			SRM41〔0-3-6〕	STM-16

续上表

源网元	目的网元	业务类型	源网元单板类型	接入类型
站 M4	站 M1	4 个 STM-16 光信号业务	SRM41[0-3-5]	STM-16
			SRM41[0-1-5]	STM-16
站 M3	站 M4	4 个 STM-16 光信号业务	SRM41[0-1-6]	STM-16
			SRM41[0-3-6]	STM-16
站 M4	站 M3	4 个 STM-16 光信号业务	SRM41[0-3-6]	STM-16
			SRM41[0-1-6]	STM-16
站 M3	站 M5	4 个 STM-4 光信号业务	SRM42[0-1-7]	STM-4
			SRM42[0-3-7]	STM-4
站 M5	站 M3	4 个 STM-4 光信号业务	SRM42[0-3-5]	STM-4
			SRM42[0-1-5]	STM-4
站 M5	站 M6	4 个 STM-1 光信号业务	SRM42[0-1-6]	STM-1
			SRM42[0-3-6]	STM-1
站 M6	站 M5	4 个 STM-1 光信号业务	SRM42[0-3-5]	STM-1
			SRM42[0-1-5]	STM-1

　　按照接入业务配置要求,配置各网元的接入业务。在客户端操作窗口中,选择网元,单击[设备管理→业务配置管理→多业务接入类型配置]菜单项,单击多业务接入类型配置选项卡,弹出多业务接入类型配置对话框,选中[汇聚层]前的按钮,根据表 3-29 选择各汇聚类型单板支路端口的业务接入类型。站 3 多业务接入类型配置如图 3-38 所示。

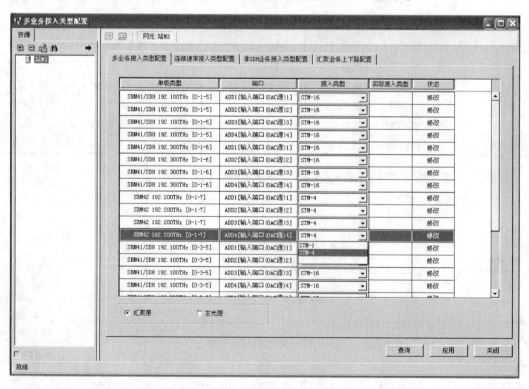

图 3-38　站 3 多业务接入类型配置

　　配置汇聚业务的上下路。单击[汇聚业务上下路配置]选项卡,弹出汇聚业务上下路配置对话框。将所有网元的 SRM42 板的所有支路端口,[通道状态]选择"上下路"。站 3 汇聚业务上下路配置如图 3-39 所示。

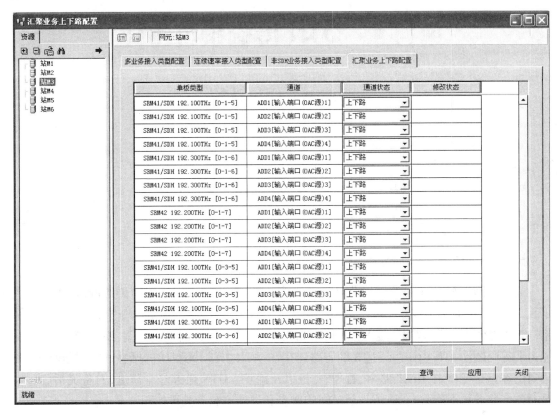

图 3-39　站 3 汇聚业务上下路配置

　　(9)当设备处于在线状态时,在多业务接入类型配置对话框中,选择[汇聚层],单击"查询"按钮,各 SRM42 板支路端口接入的实际业务类型应与配置相同。在汇聚业务上下路配置对话框中,单击"查询"按钮,各汇聚板支路端口的通道状态应与配置相同。

复习思考题

1. 什么是 WDM? 它有何特点?
2. WDM 有哪几种传输方式?
3. WDM 有哪几种应用模式?
4. 画出 DWDM 的系统组成,简述各组成部分的功能。
5. 简述 WDM 系统中监控通道的作用。

项目 4　OTN 传输系统组建

模块一　OTN 认知

任务 1：OTN 技术认知

任务：理解 OTN 技术的优点，掌握 OTN 的帧结构。

要求：能比较 SDH 技术和 OTN 技术的异同，能分析 OTN 技术在铁路总公司骨干层传输网上的应用。

一、知识准备

光传送网（简称 OTN）是以波分复用技术为基础、在光层组织网络的传送网，用于长途大干线，通过 ITU-T G. 872、G. 709、G. 798 等一系列 ITU-T 的建议所规范的新一代"数字传送体系"和"光传送体系"，解决传统 WDM 网络无波长/子波长业务调度能力差、组网能力弱、保护能力弱等问题。OTN 由一组通过光纤链路连接在一起的光网元组成的网络，能够提供给予光通道的客户信号传送、服用、路由、管理、监控以及保护。OTN 通过多年演进，具备灵活、高效、可靠的多业务承载能力，在通信与互联网的融合和发展中起着关键作用。

1. OTN 与 SDH 的主要异同

OTN 是作为传送网技术提出的，它继承了 SDH 传送网的许多思想，因此在网络体系、帧结构、功能模型、物理层接口、开销安排、性能监测、分层结构、速率等级、映射复用方法、网络保护、同步和管理等方面，都与 SDH 十分相似，OTN 主要改进或区别有：

（1）引入了新的光开销通道，对多波长光信道进行有效的管理。纯粹的 WDM 网络中，各波长信号都自有格式，网络运营商很难为每个信号提供统一的操作、管理、维护与配置（简称 OAM&P），只能依赖客户信号自己的管理系统。

（2）引入了标准的前向纠错（简称 FEC）编码，改善了光信道光信噪比的劣化，所提高的误码性能或使光线路距离延长，或使同一光纤的比特率提高。

（3）引入了串行连接监控（简称 TCM）功能，一定程度上解决了光通道跨多自治域监控的互操作问题；

（4）标准化了大容量的光通道 ODUk 等级（类似 SDH 的 VC 通道），业务调度更方便。

（5）帧结构不同。SDH 的帧周期固定为 125 μs，不同速率等级一帧里的字节数不同。而 OTN 不同速率等级，帧字节数固定，帧周期不同。

OTN 与 SDH 的主要区别见表 4-1。

2. OTN 的特点

OTN 技术是在 SDH 技术和 WDM 技术的基础上发展起来的，是对 SDH 技术和 WDM 技

表 4-1 OTN 与 SDH 的主要区别

	SDH	OTN
线路速率	155 M/622/2.5G/10G bit/s	2.7 G/11 G/43 G/111 G bit/s
帧周期	固定 125 μs,不同速率等级的帧字节数不同	不同速率等级的帧字节数量相同,帧周期不同
客户信号	PDH、ATM、IP、10M/100M/GE……	IP、SDH、ODU、1/10/100GE、ATM……
FEC	带内,信噪比增加 3 ~ 4 dB	带外,信噪比增加 6 dB 或更高
串联连接监控	1 级	6 级,多运营商网络下保护
交叉连接级别	1.5 M /2 M /6 M /45 M /34 M /139 M	2.7/11/43 G,光波长

的扬长避短。与 SDH 技术和 WDM 技术相比,OTN 具有以下三大亮点:

(1)超大容量的光传送系统

信号的传送有了新的速率等级。OTN 提供 2.7 Gbit/s、10.7 Gbit/s、43 Gbit/s 乃至 111 Gbit/s 的高速接口,使信号传送有了更大的通道,解决了 SDH 带宽不够的问题,再加上波分复用的超强带宽能力,每光纤可达到 Tbit/s,满足了数据带宽爆炸性的增长需求。

提升了交叉连接的容量,可进行 Tbit/s 以上的大容量调度。SDH 应用以来,以 VC-12 作低阶交叉支持 E1 语音信号,以 VC-3/VC-4 作高阶交叉实现对业务的管理。而 OTN 单路数字信号速率已达 40 Gbit/s,若将 4 个 SDH 的 10Gbit/s 支路信号复用成 1 路 40 Gbit/s 线路信号,即使用 VC-4 来实现交叉连接,也需要对 256 个 VC-4 进行处理,这么小"颗粒"的复用方案不仅硬件复杂,调度、管理和操作也是很大的负担。换成 OTN 就简单得多,按它的速率等级,4 个 10 Gbit/s 信号可以很方便地复接成 40 Gbit/s 传输。

(2)全业务传送

有了强大的分组数据的传送能力,这是对 SDH 只考虑话音业务的一项大的改进。能面向更大"颗粒"(指速率等级)进行 IP 信号的处理。在客户层支持多协议,物理层支持多波长,能方便有效地进行各种信号的综合传输。

OTN 可以满足运营商的多种需求,用尽量少的基础设施来提供尽量多的业务类型,把宽带接入、大企业数据、视频信号、下一代网络(简称 NGN)、第三代/第四代/第五代移动通信技术等兼有网络和通信特点的业务统一到同一个传送平台上。它能透明传送各种客户数据,如 $N \times 64K$、2 M、STM-N、10M/FE/GE 以太网、ATM、MPLS、甚至 OTN 信号自身(ODUk)以及自定义速率数据流,具备强大的 IP、ATM、TDM 综合传送能力。OTN 是目前唯一能在 IP/以太网交换机和路由器间全速传送 10G 以太网业务的传送平台。另外,OTN 还有与 SDH 类似的虚级联功能,支持链路容量自动调整(简称 LCAS)。

(3)智能化

相对 SDH 增加了控制平面,使超大带宽的光信号能够自动交换,自动选路,对光、电通信路径统一进行标记,从而能够对多种传送"颗粒"进行控制,达到传送网智能化的目标。

3. OTN 的帧结构

ITU-T G.709 标准的 OTN 内容包括三个方面:定义了 OTN 的光传输体系;定义了 OTN 的开销功能;定义了用于映射客户端信号的 OTN 的帧结构、比特率和格式。该标准之下的 OTN 设备,能提供各类型业务的大容量通道传送高速客户信号,能在光域和电域进行复用,能实现多方向的、多级别的业务交叉,能对客户信号进行全面监测,还支持多种网络拓扑,提供各种保护方式等,功能大多都优于 SDH。

从本质上讲,OTN 也是基于时分复用(简称 TDM)的传输技术,OTN 的帧结构与 SDH 很类似,但也有些区别,信号的封装也是如此。OTN 采用 TDM 帧结构,吸取了 SDH 的最好特性。OTN 在加保护客户数据的开销形成"数字包封"时,新增大约 7% 的比特率。

OTU 帧结构为 4 行、4080 列矩形结构,如图 4-1 所示,单位是字节,数据传输时从上到下,从左到右。其中 ODUk 为光通道数据单元、OPUk 为光通道净荷单元、OTUk 为完全标准化的光通道传送单元,k = 1 ~ 4。

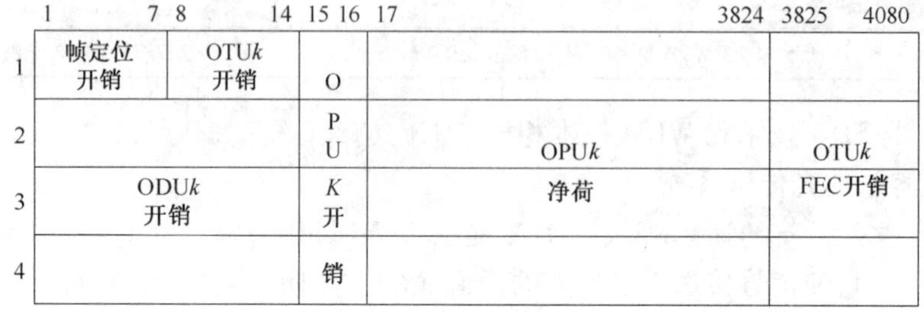

	1　　　　7	8　　　14	15 16　17		3824	3825　　4080
1	帧定位 开销	OTUk 开销	O			
2			P U	OPUk		OTUk
3	ODUk 开销		K 开	净荷		FEC开销
4			销			

图 4-1　OTN 帧结构

OTN 帧结构中,每行包括 16 个子行,每个子行由 255 个字节组成,子行由间插字节组成,以便第一个子行包含第一个开销字节、第一个净荷字节以及第一个 FEC 字节,并且对于帧中每行的剩余子行也是如此。所有子行的第一个 FEC 字节均开始于位置 240。

对于不同速率的 G.709 OTUk 信号,即 OTU1、OTU2、OTU3、OTU4 具有相同的帧大小,但每帧的时长(帧周期)是不同的,这与 SDH 不一样。SDH 的 STM-N 帧,时长均为 125 μs(即每秒 8 000 帧,与话音传输时常用的帧频一致),不同速率信号帧的大小不同,为 9 × 270 × N 字节。而 OTN 不管哪个级别的速率,1 个 OTU 帧字节数都是 4 × 4 080 = 16 320 字节。同样是 10 Gbit/s 的速率,OTN 帧比 SDH 帧小很多。

OPUk 携带用户信号,与 SDH 的"容器"相似。ODUk 为 OPUk 增加了多级别的连接监控能力,与 SDH 的"虚容器"或"通道"相似。OTUk 为 ODUk 做长链路传送准备,可类比 SDH 中的再生段。

OTN 帧由开销区、FEC 区、用于承载用户数据的净负荷区三部分组成。

(1)开销区

OTN 借鉴 SDH 的开销思想,引入丰富的开销,使 OTN 真正具有 OAM&P 能力。OTN 用于运行、维护、管理的开销区中,沿用了 SDH 的不中断业务的性能监测、保护等许多管理功能。为了有效解决国际以及运营商之间网络争端问题,增加了独立于客户信号的串连连接监控开销(简称 TCM)进行网络监视。

加开销实际上是给用户数据"打包"。OTN 电信号处理部分与 SDH 信号封装十分类似,光信号处理部分则是 OTN 特有的。给客户信号添加标注了净负荷类型之类的字节(OPU OH)变成光净负荷单元(简称 OPU),再加添加对信号做监控的字节(ODU OH)变成光数据单元(简称 ODU),就可以进行时分复用;之后添加帧定位等字节(OTU OH)变成光传送单元(简称 OTU),就可以在光通道(简称 OCh)上传送了;多个不同波长复接后形成光复用单元(简称 OMU),再添加进行波长监控的开销,就成为光传送模块(简称 OTM)。

(2)FEC 区

FEC 用于前向纠错,是 OTN 帧较之 SDH 新增的一个区,是光纤传输前所未有的。FEC 是一种具有一定纠错能力的码型,利用码字与码字之间有规律的数学相关性来发现并纠正错误。

它在接收端解码后,不仅可以发现错误,而且能够判断错误码元所在的位置并自动纠错,实时性好。

FEC 码按信息码和监督码之间的关系分为分组码和卷积码两类,它们特性不同。

G.709 标准使用了里德-所罗门码(简称 RS 码)进行前向纠错。RS 码属于循环线性分组码,为带外 FEC 编码。RS 分组码 + 卷积码组合起来(卷积码是带内编码),称之为 RS 级联码,适用于时延要求不高、编码增益要求特别高的系统。

FEC 可以显著减少由于噪声所产生的误码数量。OTN 由于信道 FEC 编码虽然增加了传送的数据量,但实际结果是增大每路通道的码率。RS-FEC 最初应用在海底光缆传送中,在误码率为 10^{-15} 的指标上比 FEC 关掉时提供超过 4 dB 的光信噪比(简称 OSNR)增益。

G.709 支持"私有的"FEC 编码,就是说,厂家可以采用不同的 RS 码。FEC 区可以根据需要变大或变小,甚至取消。通常私有的 FEC 编码比标准的 RS-FEC 编码具有更强的纠错能力,占用较多的 FEC 开销字节,因而使线路速率增加。

每 OTN 帧用 4×256 个字节存放 FEC 计算结果,使用 RS(255/239)编码方式,表示每 239 个字节的数据,要添加 $255 - 239 = 16$ 个字节用于错误校正。这 16 个字节监督 239 个字节可以纠正每码字八个符号的错误,或者检测 16 个符号错误。利用码多项式和预设的生成多项式,计算得到余数,将余数加到信息位后作为监督位。与 OTN 帧包括的 BIP 字节结合,FEC 在应对错误突发方面将更加灵活,最多可以校正每行 128 个连续字节。

FEC 的引入,改进了光系统的 BER 性能和线路的总体传输质量;增加了最大单跨距(即中继段)距离,因而延长了信号的总传输距离;在光输出总功率有限的情况下,因为误码率减少而降低了每通道光功率,从而增加单根光纤的光通道数,降低了多通道对器件指标和系统配置的要求。

(3)净负荷区

信息净负荷区是存放 OTN 客户信息的区域,位于 OTN 帧结构中第 1~4 行、第 17~3824 列。OTN 客户信息包括 IP、SDH、ODU、1/10/100GE、ATM 等。

4. OTN 的速率

OTN 的速率等级见表 4-2。

表 4-2　OTN 的速率等级

OTU 等级	ODU 等级	速率简称	OTU 实际速率	ODU 实际速率	OPU 实际速率	OPU 比特速率容差
—	ODU0	1.25 G	—	1.244 160 Gbit/s	1.238 954 310 Gbit/s	±20 ppm
OTU1	ODU1	2.5 G	2.666 057 143 Gbit/s	2.498775 126 Gbit/s	2.488 320 000 Gbit/s	±20 ppm
OTU2	ODU2	10 G	10.709 225 316 Gbit/s	10.037 273 924 Gbit/s	9.995 276 962 Gbit/s	±20 ppm
OTU3	ODU3	40 G	43.018 413 559 Gbit/s	40.319 218 983 Gbit/s	40.150 519 322 Gbit/s	±20 ppm
OTU4	ODU4	100 G	111.809 Gbit/s	104.794 445 815 Gbit/s	104.355 975 330 Gbit/s	±20 ppm
—	ODU2e	10 G	—	10.399 525 316 Gbit/s	10.356 012 658 Gbit/s	±100 ppm
—	ODUflex(CBR)	—	—	239/238 ×客户信号比特速率	—	±100 ppm
—	ODUflex(GFP-F)	—	—	可配置的比特速率	—	±20 ppm

如同针对不同体积的货物有不同规格的箱子一样,SDH 规定的各种线路速率分别适用于

不同的客户端信号,把规定的这些线路速率称为各种"容器",OTN 中也是这种叫法。

ODU1 是 OTN 体系中的"1 阶"光数据单元,用于传输 2.5 Gbit/s 信号。ODU2 是 OTN 体系中的"2 阶"光数据单元,用于传输 10 Gbit/s 信号。ODU3 是 OTN 体系中的"3 阶"光数据单元,用于传输 40 G 信号。ODU4 是 OTN 体系中的"4 阶"光数据单元,用于传输 100 Gbit/s 信号。ODU2e 是 OTN 体系中的"2 阶"光数据单元,用于传输 10GE 信号。ODUflex 是 OTN 体系中的"2 阶"光数据单元,用于传输 10GE 信号。

(1)OTUk 帧速率 $= 255/(239-k) \times$ STM-N 帧速率($k=1$、2、3)

OTU1:($255/238 \times 2.488\ 320$ Gbit/s $\approx 2.666\ 057\ 143$ Gbit/s),也称为 2.7 Gbit/s;

OTU2:($255/237 \times 9.953280$ Gbit/s $\approx 10.709\ 225\ 316$ Gbit/s),也称为 10.7 Gbit/s;

OTU3:($255/236 \times 39.813120$ Gbit/s $\approx 43.018\ 413\ 559$ Gbit/s),也称为 43 Gbit/s;

OTU4:$255/227 \times 99.532\ 800$ Gbit/s $\approx 111.809\ 973\ 568$ Gbit/s,也称为 100 Gbit/s。

其中,2.488320 Gbit/s 为 STM-16 速率,9.953 280 Gbit/s 为 STM-64 速率,39.81312 Gbit/s 为 STM-256 速率,99.532 800 Gbit/s 为 STM-64 速率的 10 倍(OTU4 与 OTU3 不是 4 倍的关系)。

OTUk 标称速率中的系数 255/238、255/237、255/236 表示 FEC 校验后字节数与 FEC 校验前字节数的比值。每个 OTUk 有 4 080×4 字节,每个 OPUk 净负荷有 3 808×4 字节。

OTU1 中 FEC 校验后字节数与校验前字节数的比值为:$(4\ 080 \times 4)/(3\ 808 \times 4) = 255/238$。

OTU2 中 STM-64 作为净负荷映射到 OPU2 时,有 16 列填充信息,因此 FEC 校验后字节数与校验前字节数的比值为:$(4\ 080 \times 4)/[(3\ 808 - 16) \times 4] = 255/237$。

OTU3 中 STM-256 作为净负荷映射到 OPU3 时,有 32 列填充信息,因此 FEC 校验后字节数与校验前字节数的比值为:$(4\ 080 \times 4)/[(3\ 808 - 32) \times 4] = 255/236$。

(2)ODUk 帧速率 $= 239/(239-k) \times$ STM-N 帧速率($k=1$、2、3)

ODU0:速率是 STM-16 速率的 50%,1 244 160 kbit/s;

ODU1:速率是 STM-16 速率的 239/238 倍,239/238 × 2 488 320 kbit/s ≈ 2.49877512605042016 Gbit/s;

ODU2:速率是 STM-16 速率的 239/237 ×4 倍,

239/237 × 9 953 280 kbit/s ≈ 10.037 273 924 050 632 91 Gbit/s;

ODU2e:239/237 × 10 312 500 kbit/s(10GBASE-R 的速率)± 100 ppm ≈ 10.399525 Gbit/s;

ODU3:速率是 STM-16 速率的 239/236 × 16 倍,239/236 × 39 813 120 kbit/s ≈ 40.3192189830508474 Gbit/s;

ODU4:速率是 STM-16 速率的 239/227 × 40 倍,239/227 × 99 532 800 kbit/s ≈ 104.794445814977973 Gbit/s;

每个 ODUk 有 3 824×4 字节,ODUk 标称速率的系数 239/238、239/237、239/236 表示 ODUk 字节数与 OPUk 净负荷(不含填充信息)的比值。

ODU1 中 STM-16 作为净负荷映射到 OPU1 时,无填充信息,因此 ODU1 字节数与 OPU1 净负荷的比值为:$(3\ 824 \times 4)/(3\ 808 \times 4) = 239/238$。

ODU2 中 STM-64 作为净负荷映射到 OPU2 时,有 16 列填充信息,因此 ODU2 字节数与 OPU2 净负荷(不含填充信息)的比值为:$(3\ 824 \times 4)/[(3\ 808 - 16) \times 4] = 239/237$。

ODU3 中 STM-256 作为净负荷映射到 OPU3 时,有 32 列填充信息,因此 ODU3 字节数与 OPU3 净负荷(不含填充信息)的比值为:$(3\ 824 \times 4)/[(3\ 808 - 32) \times 4] = 239/236$。

（3）OPUk 帧速率 = 238/（239 – k）×STM-N 帧速率（k = 1、2、3）

OPU0：238/239 × 1 244 160 kbit/s ≈ 1.23895430962 Gbit/s；

OPU1：238/238 × 2.488 320 Gbit/s = 2.488 320 Gbit/s；

OPU2：238/237 × 9 953 280 kbit/s ≈ 9.9952769620253164556 Gbit/s；

OPU2e：238/237 × 10 312 500 kbit/s ≈ 10.3560126582 Gbit/s；

OPU3：238/236 × 39 813 120 kbit/s ≈ 40.15051932203389830 Gbit/s；

OPU4：238/227 × 99 532 800 kbit/s ≈ 104.355975330396475770 Gbit/s；

每个 OPUk 净负荷有 3 808 × 4 字节，可以类推出速率系数。

ODUk 有 3 824 × 4 字节，每个 OPUk 净负荷有 3 808 × 4 字节，OPU0 净负荷标称速率的 238/239 表示 OPU0 净负荷（3 808/2）与 ODU0（3 824/2）字节数的比值，OPUk 净负荷标称速率的系数 238/237、238/236 表示 OPUk 净负荷与 OPUk 净负荷（不含填充信息）的比值。

OPU0 净负荷与 ODU0 字节数的比值为（3 808 × 4）/（3 824 × 4）= 238/239。

OPU1 中 STM-16 作为净负荷映射到 OPU1 时，无填充信息。

OPU2 中 STM-64 作为净负荷映射到 OPU2 时，有 16 列填充信息，因此 OPU2 净负荷与 OPU2 净负荷（不含填充信息）的比值为：（3 808 × 4）/[（3 808 – 16）× 4] = 238/237。

OPU3 中 STM-256 作为净负荷映射到 OPU3 时，有 32 列填充信息，因此 OPU3 净负荷与 OPU3 净负荷（不含填充信息）的比值为：（3 808 × 4）/[（3 808 – 32）× 4] = 238/236。

不同级别的 OTUk、ODUk、OPUk 帧大小相同，帧速率不同来源于帧周期不同，不同级别的 OTUk、ODUk、OPUk 帧周期见表 4-3。

表 4-3　OTUk、ODUk、OPUk 的帧周期

信号类型	周期
ODU0/OPU0	98.354 μs
OTU1/ODU1/OPU1/OPU1-Xv	48.971 μs
OTU2/ODU2/OPU2/OPU2-Xv	12.191 μs
OTU3/ODU3/OPU3/OPU3-Xv	3.035 μs
OTU4/ODU4/OPU4	1.168 μs
ODU2e/OPU2e	11.767 μs
ODUflex/OPUflex	恒定比特率（简称 CBR）客户信号：121856/客户侧信号速率
	帧映射的通用成帧规程（简称 GFP-F）封装的客户信号：122368/ ODUflex 速率

注：给出的周期值只是一个近似值，精确到小数点后 3 位。

由帧周期（帧频）也可得出：

OPU1 每秒约 20420.25 帧 × 3808 × 4 × 8 ≈ 2488329984 bit/s，简称 2.5 Gbit/s。

OPU2 每秒约 82027.73 帧 × 3808 × 4 × 8 ≈ 9995571066.88 bit/s，简称 10 Gbit/s。

OPU3 每秒约 329489.29 帧 × 3808 × 4 × 8 ≈ 40150246922.24 bit/s，简称 40 Gbit/s。

OPU4 每秒约 856164.39 帧 × 3808 × 4 × 8 ≈ 104328767907.84 bit/s，简称 100 Gbit/s。

5. OTN 的分层

OTN 是在传统 SDH 网络中引入光层发展而来的，其分层结构如图 4-2 所示。光层负责传送电层适配到物理媒介层的信息，在 ITU-T G.872 建议中，由上至下被细分成三层：光通道（简称 OCh）层、光复用段（简称 OMSn）层、光传送段（简称 OTSn）层。

OTN 有 OTM-n. 和 OTM-nr 两种光接口,分别称为全功能的 OTN 接口和简化功能的 OTN 接口,它们的不同之处是,全功能的 OTN 接口 OTM-n 将物理层分为 OMSn 层和 OTSn 层两层,而简化功能的 OTN 接口 OTM-nr 只有一层,整体作为光物理段(简称 OPSn)层。

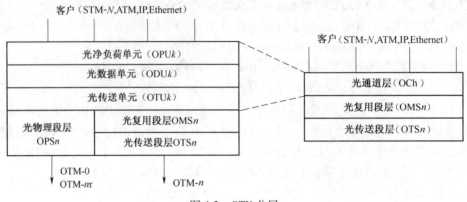

图 4-2　OTN 分层

客户信号进入到 OCh 层前,从信号的映射复用,到 OTN 开销的插入,这些处理都处于时分复用的范围,是在电域内进行的;而客户信号进到 OCh 层后,从光信号的复用、放大及光监控通道的加入,这些处理都处于波分复用的范围,是在光域内进行的。

(1)光通道层(简称 OCh)

OCh 层又可分成光净负荷单元、光数据单元、光传送单元三层结构。它们都是数字信号,以时分复用方式复接。在这一层,可以进行光通道连接的重组,光通道开销处理,光通道监控,保证网络生存性能力。

(2)光复用段层(简称 OMSn)

OMSn 层是将接入点之间的各个不同波长的光通道 OCh(一个波长就是一个光通道载波 OCC)波分复用,变成 OMS"净负荷",再加上了 OMSn 开销形成的。光复用段开销的内容通过独立的光监控信道(简称 OSC)传输,用于检测和管理本层的运行和维护,支持光复用段层连接和连接监控,保证相邻两个波长复用传输设备间多波长光信号的完整传输。

OMSn 层为来自电复用段层的客户信号选择路由和分配波长,为多波长信号实现网络等级上的操作和管理。本层可以为各种格式的客户信号提供透明的光通道,为选路安排灵活的光通道连接。通过重新选路来实现保护倒换和网络恢复,可以隔离和排除 OTN 中某个 DWDM 网络段的故障。OMSn 是光复用器和光解复用器之间的那一段。

(3)光传送段层(简称 OTSn)

OTSn 层由 n 个光复用段组成 OTS"净负荷",加上 OTSn 开销形成。OTSn 开销是为光传送段提供维护和运营的信息,通过光监控信道 OSC 传输。

OTSn 层为光信号在不同类型的光介质上提供传输功能,进行光传送段的开销处理,对光放大器和中继器进行检测和控制。OTSn 层允许管理和监控光网络设备(如光学分插复用器、放大器或光交换)之间的光纤段,可向网络运营商报告诸如光信号功率电平、色散和信号损失等属性,以方便在物理光纤级别上隔离故障。OTSn 是一条光链路上两个放大器间的那一段。

二、任务实施

本任务是分析 OTN 技术在中国铁路总公司骨干层传输网上的应用。

1. 材料准备

无。

2. 实施步骤

中国铁路总公司在《十二五铁路通信网规划》中指出,在十二五期间新建 1-5 号环,逐步替代既有京沪穗环和东南环、西南环、东北环和部分西北环。通过补强改造既有西北环和新建6-1 号环,构成骨干层传输 6 号环。新建的 6 个骨干层传输环网采用 OTN + MSTP 技术,容量不小于 120 Gbit/s,提供 2 Mbit/s ~ 10 Gbit/s 各类电路和波道。《十二五铁路通信网规划》对铁路总公司骨干层传输网规划如图 4-3 所示。

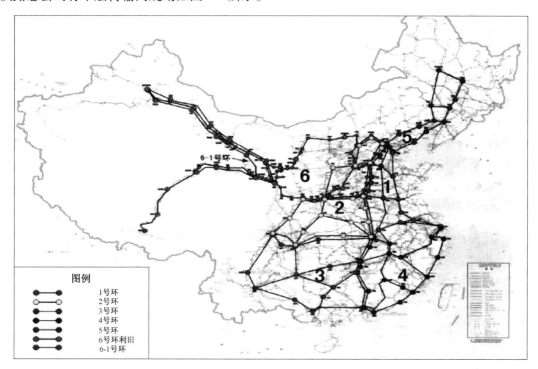

图 4-3 铁路总公司骨干层传输网规划

2015 年 4 月 1 日,骨干传输网 1、4 号环(京沪穗和东南环改造工程)正式开通试运行,京沪穗和东南环改造工程选用华为 100 G OTN 方案建设 10 G&100 G 混合骨干传输网,运行带宽为 380 G,后续随着业务的发展可提供 1.98 Tbit/s 的超大带宽。京沪穗和东南环改造工程是中国铁路通信骨干传输网的重要组成部分,整个网络贯穿铁路总公司以及北京、济南、郑州、武汉、上海、南昌铁路局和广州铁路(集团)公司,形成京广高铁、京九铁路、京沪高铁及沿海铁路通道 3 条纵向,郑徐高铁、沪汉蓉铁路大通道、沪昆高铁杭长段、南昌至福州铁路、赣龙铁路及龙厦铁路 5 条横向的网络架构,线路里程达 12 410 km。

目前,其他骨干层传输环网改造正在进行中。

任务2:OTN 开销认知

任务:掌握 OTN 帧结构各开销的含义和作用。

要求:能说明 OTN 中各开销字节所处的位置和作用,能分析 OTN 进行监测传输质量的机理。

一、知识准备

SDH 的复接体系限于时分复用,OTN 增加了波分复用体系,规定了光波长的复用路径,这样就在 SDH/SONET 的分层结构之外,多了光通道层。为了支持多波长光网络,进行光层的监视、管理和控制,OTN 在光层设置了开销,部分克服了 WDM 系统故障定位困难、无波长/子波长业务调度能力、网络生存性较弱等缺点。在光通道层内部沿用 SDH 的思想,处理方式类似于 SDH 的虚容器映射,但重新设置了帧结构,补充了许多开销,新增大约 7% 的比特率。可见,OTN 中的开销分为关联开销和非关联开销。

关联开销是处理电信号的,都在 OTN 帧内,直接与客户信号相关。关联开销和净负荷一起传输,属带内随路方式。非关联开销是进行波长监控的开销。OTS 开销、OMS 开销和 OCh 开销,称为光传输模块开销信号(简称 OOS),组合在一起加在光监控信道(简称 OSC)上,与工作波长波分复用后传输,属纤内带外方式。

(一)OTUk 关联开销

OTN 开销区分为 OTU 开销、ODU 开销、OPU 开销三部分。每部分都可以进一步细分,如图 4-4 所示。

列 行	1	2	3	4	5	6	7	8	9	10	11	12	13	14	15	16
1				FAS			MFAS		SM		GCC0		RES		RES	JC
2	RES			TCM ACT	TCM6			TCM5			TCM4		TTL		RES	JC
3	TCM3		TCM2		TCM1			PM			EXP				RES	JC
4	GCC1		GCC2		APS/PCC		RES								PSI	NJO

图 4-4　OTN 帧的开销字节

1. OTU 开销

OTU 由 ODU、附加的 FEC 和 OTU 开销组成。其帧结构可由厂家自定义成与标准 OTUk 帧完全不同的帧结构,FEC 区也可由厂家自定义,此时记为 OTUkV 以示区别。OTU 的错误检测、校正和段层连接监控功能,来自于所加的 OTU 开销。OTU 开销位于帧结构中第 1 行、第 1 ~14 列,包括帧定位信号、段检测(简称 SM)字节、通用通信信道(简称 GCC)字节和保留(简称 RES)字节。

(1)帧定位信号

虽然客户信号加入开销后封装成了帧,但在线路上传输的还是串行的比特流,对于接收方需要找到每一帧的起始点,从而根据帧结构找出各个开销或净负荷进行相应的处理。OTU 用于成帧的字节有帧定位信号(简称 FAS)和复帧定位信号(简称 MFAS)两种。

FAS 与 SONET/SDH 作用相似,用 0x F6 F6 F6 28 28 28 这六个字节为整个信号提供成帧。为了给同步提供足够的 1/0 转变,对除 FAS 字节之外的整个 OTU 帧使用扰码。帧定位信号在 OTN 帧的第 1 行第 1 ~6 列,可以用于帧失步(简称 OOF)和帧丢失(简称 LOF)的认定。

MFAS 为 1 字节,256 帧构成一个复帧序列。因为一些 OTUk 和 ODUk 开销信号要横跨多个 OTUk/ODUk 帧,比如说路径踪迹标识符(简称 TTI)、净负荷结构指示符(简称 PSI)信号和串联连接监控(简称 TCM)信号等,它们与其他复帧结构的开销信号一样,需要多个帧才能发送完毕,也需要对多个帧接收到的相应信号进行排列处理,因此定义了一个复帧同步信号。

MFAS 的值随着传输的 OTUk/ODUk 帧数而增加,每多一帧加 1,记数范围为 0 ~ 255,从而可提供 256 种复帧指示。MFAS 字节要与 OTU 帧中的其他比特一起扰码。

(2)SM 字节

SM 字节用于路径踪迹标识、奇偶校验、后向缺陷指示和输入帧定位错误,它们为 OTN 系统重定时、重整形、重产生(简称 3R)再生器之间的信号传输提供条件。SM 开销包括路径踪迹标识符(简称 TTI)、奇偶校验(简称 BIP-8)、后向输入帧定位错误(简称 BIAE),如图 4-5 所示。

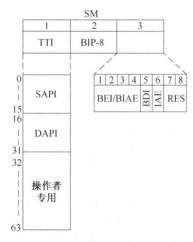

图 4-5　SM 开销

SM 中的 TTI 字节类似于 SDH 中的追踪字节 J_0,分布于复帧中,长度为 64 个字节。它在每复帧中重复四次(256/64 = 4 次)。TTI 的 64 个字节中,0 ~ 15 字节为源接入点标识符,16 ~ 31 字节为目的接入点标识符,32 ~ 63 字节为为网络操作者专用字节。

接入点标识(简称 API)用于在网络中路由 OTN 信号。每个 API 在它的网络中必须是全球唯一的。API 要能用于横跨运营商内部的网络建立通路,并在其他运营商的网络中仍然有效。API 在接入点存在期间保持不变。API 能确定源/目的接入点的国家和网络运营者。接入点标识计划有统一的独立的管理。接入点标识符 API 包括 3 字节的国际代号 IS 和 12 字节的国内代号 NS。国际代号 IS 是 ISO 3166 地理的/政治的国家码 CC,如 USA、FRA。国内代号 NS 包括 ICC 和 UAPC。ICC 是 ITU 网络运营商/服务供应商代码, UAPC 是保证唯一性的接入点代码,根据 ICC 码的不同可包括 6 ~ 11 个字符,如果不足则用 NULL 填满。API 结构如图 4-6 所示。

国际代码 IS			国内代码 NS											
1	2	3	4	5	6	7	8	9	10	11	12	13	14	15
国家代码 CC			ICC	UAPC										
CC			ICC		UAPC									
CC			ICC			UAPC								
CC			ICC				UAPC							
CC			ICC					UAPC						
CC			ITU运营商代码 ICC							接入点代码 UAPC				

图 4-6　API 结构

SM 中的 BIP-8 字节是对 OTUk 第 I 帧的 OPUk 区域进行 BIP-8 计算得到,然后插入到 I + 2 帧的位置。

SM 中的后向缺陷指示(简称 BDI)占一个比特,用于回送 OTUk 接收到的信号缺陷(简称

SD)状态。BDI 为"1"时表示缺陷状态,否则为"0"。

SM 中的输入帧定位错误(简称 IAE)占一个比特,用于向对端指示 OTUk 检测到了帧定位错误。IAE 为"1"时表示有帧定位错误,否则为"0"。

SM 中的后向错误指示和后向帧定位错误(简称 BEI/BIAE)用来向上游方向传输 OTUk 接收方用 BIP-8 检测到的比特间插误码块的数量,也用来指示检测到的输入帧定位错误。有误码时,BEI/BIAE 插入的是 0~8 个误码计数。在 IAE 条件满足期间,编码"1011"插入 BEI/BIAE,表示帧定位错误,此时忽略误码计数。

（3）GCC 字节

GCC 类似于 SDH 的数据通信信道 DCC,格式没有特别说明。整个帧中一共有 3 个 GCC,GCC0 位于 OTU 开销中,是一个用于在 OTU 终端之间传输信息的通道。GCC1 和 GCC2 在 ODU 开销中。

（4）RES 字节

RES 字节暂未定义。

2. ODU 开销

ODU 包含 OPUk 和进行通道层连接监控的相关开销,提供串联连接监测、端到端通路监测,用于保护光净负荷单元里的客户信号。

ODU 开销位于 OTU 帧中的第 2~4 行、1~14 列,包括保留（RES）字节、串连监控激活（简称 TCM ACT）字节、六级串连监控（简称 TCMi, $i=1\sim6$）字节、通道监控（简称 PM）字节、故障定位（简称 FTFL）字节、实验（简称 EXP）字节、通用通信信道（简称 GCC1/GCC2）字节和自动保护切换/保护控制信道（APS/PCC）字节。

（1）TCM ACT 字节

TCM ACT 字节用于串联监测的激活与禁用,提供了信道层保护,如用在光域的光信道共享保护环。通过 ODU OH 在通道层设立保护功能,就可以以波长为基础决定对单个光信道进行保护或不保护。

（2）PM 字节

PM 字节提供连接监控和管理功能,是监测通道错误的,包括 TTI、BIP-8、BEI、BDI 和 STAT 字节,如图 4-7 所示。

TTI 和 BIP-8 与 OTU 开销含义相同,STAT 字节用于指示 ODUk 通道状态,表示是否存在维护信号及维护信号的种类。除 STAT 字节外,PM 的其他内容在维护信号出现期间不定义。STAT 字节指示的 ODUk 通道状态见表4-4。

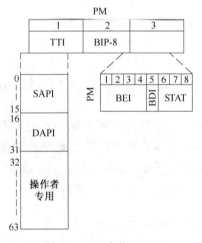

图 4-7　PM 中的 STAT

表 4-4　STAT 字节指示的 ODUk 通道状态

STAT 字节	ODUk 通道状态
000	保留
001	正常通道信号
010	保留
011	保留

续上表

STAT 字节	ODUk 通道状态
100	保留
101	维护信号 ODUk-LCK
110	维护信号 ODUk-OCI
111	维护信号 ODUk-AIS

（3）串联连接监测 TCM

ODU 定义了 6 个 TCM 字段,使运营者监测传输信号能从网络入口到出口的误码性能。SONET/SDH 利用 N_1/N_2 开销字节只有单一级别的 TCM,而 OTN 有六个级别的串联连接监测。TCMi 有与 PM 相似的结构,包含 BEI/BIAE、BDI 和 STAT 字段,串联连接监测能力的激活/与禁止用 TCM ACT 字节控制。TCM 开销字节如图 4-8 所示。

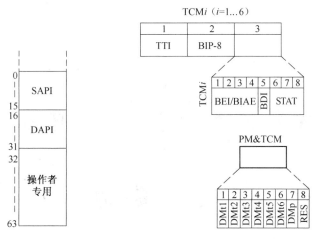

图 4-8　TCM 开销字节

TCM 的 STAT 字段与 PM 用法相同,可以在各个连接级别上标识当前信号是否是维护信号(ODUk-LCK、ODUk-OCI、ODUk-AIS)。维护信号用于通告影响信息流的上行维护条件,指示网络各段所提供服务质量,便于用户和运营商隔离网络故障段。此外,TCM 还可以监测每个连接级别的 BIP-8 和 BEI 错误。

六个 TCMi 字段用于不同级别的连接监测,监测连接分配目前为手动过程,有数种类型的监测连接拓扑:多级级联、多级嵌套和多级重叠。

图 4-9 显示了 TCM 多级级联监控应用,可用于网络规模较大或不同的网络运营商之间租用网络资源时,对某一特定的网络区域(如线路资源出租方的传输网络)内的传输信道质量进行监视。用户 1 和用户 2 经过 3 个运营商网络。两个用户之间的客户信号传输质量和租用线路服务质量(简称 QoS)用户监测;租用线路的 QoS 由服务提供者和网络运营者监测;工作/保护通道连接的状态由信号失效(SF)和信号劣化(SD)条件监测。ODUk 切换电路初始化"连接重建"用户与网络之间的接口(简称 UNI-UNI)连接监测。OTN 通过 ODU 中的 TCM 开销提供的功能,不需要查询所有站点,只需要查询网络边缘接口处的各级 TCM 信道质量报告就可以进行快速故障定位或解决网络争议。

图 4-10 显示了三种实际监测不同连接的嵌套和级联方式。图 4-11 显示了三种实际监测不同连接的嵌套和重叠方式。

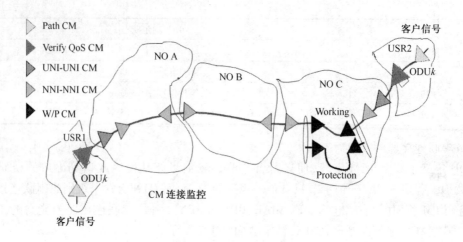

图 4-9　多级级联监控应用示意图

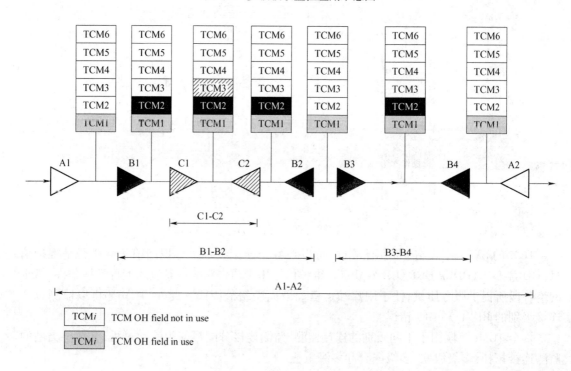

图 4-10　嵌套和级联的 ODUk 连接监测

TCM 与 SM、PM 格式很类似,在电中继站点处理 SM 开销,设备终端处理 PM 开销字节,TCM 监测的范围更长些。

(4) FTFL 字节

FTFL 占 1 个字节,用作前向和后向通道级故障指示,用复帧传送 256 个字节的信息容量,用复帧定位信号 MFAS 来定位,与跨区域的 TCM 相关。

TFL 信息结构如图 4-12 所示,第 0 ~ 127 字节为前向指示区域,第 128 ~ 255 字节为后向指示区域。前向和后向指示区域又分别分为相同的 3 个子区域:故障指示代码域、运营商标识域、运营商说明域。

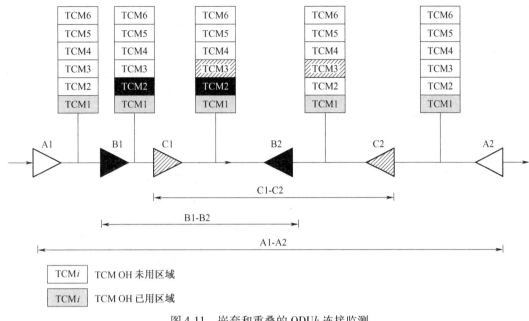

图 4-11　嵌套和重叠的 ODU*k* 连接监测

图 4-12　TFL 信息结构

FTFL 的故障指示代码见表 4-5。

表 4-5　FTFL 的故障指示代码

故障指示代码	定义
0000 0000	无错
0000 0001	信号失效
0000 0010	信号劣化
0000 0011 ~ 1111 1111	保留

当检测到 SD/SF 事件时,在段和 TCM 端点插入 FTFL。在 UNI 接口中能提取 FTFL 前向信息,并且把它作为后向信息向相反方向传送;在网络中间节点能读取 FTFL 前向和后向信息;故 FTFL 能帮助服务提供者(SP)自动定位故障/劣化至特定网络运营商区域。

(5)EXP 字节

EXP 为实验目的而设置,可用于网络操作员进行应用程序的试验。

(6)GCC 字节

GCC1 和 GCC2 位于 4 行 1~4 列,可在任意两个 ODU 端点之间提供独立于用户信道的通信信道,与 GCC0 功能一样。

（7）APS/PCC 字节

APS/PCC 字节进行工作信道与保护信道的自动倒换和保护信道的控制,类似于 SDH 中的 K1、K2 字节,但比 K1、K2 字节能力更强。APS/PCC 字节为 ODU 通路和每一个 TCM 级别以及子网连接,建立保护通道。

OTN 最多支持八级嵌套的 APS/PCC 信号,这些信号根据复帧定位的 MFAS 值与 TCM 监测级别相互关联,见表4-6,其中 SNC/I 是带内部监控的子网连接保护。

表4-6　APS/PCC 监测级别

MFAS(bit 678)	APS/PCC 信道应用级别
000	ODU*k* 通道
001	ODU*k* TCM1
010	ODU*k* TCM2
011	ODU*k* TCM3
100	ODU*k* TCM4
101	ODU*k* TCM5
110	ODU*k* TCM6
111	ODU*k* SNC/IAPS

一个 APS 信道由 ODU*k* 开销的 APS/PCC 字段的前 3 个字节承载,第 4 个字节保留,如图 4-13 所示,各字段的含义见表4-7。根据 G.709 定义,可使用 8 个独立的 APS 信道支持对 ODU*k*P、6 个 ODU*k*T(TCM)等级和一个 ODU*k* SNC/I 等级的保护。对于 APS 协议的这八个等级,分别执行独立的接收程序。如果连续三次收到给定等级的三个字节的相同值,就按一个新的 APS 协议值接受。APS 请求状态与优先级见表4-8。

1								2								3								4							
1	2	3	4	5	6	7	8	1	2	3	4	5	6	7	8	1	2	3	4	5	6	7	8	1	2	3	4	5	6	7	8
请求/信息				保护类型				请求信息								桥接信号								保留							
				A	B	D	R																								

图 4-13　APS/PCC 字段格式

表4-7　APS 信道字段值与含义

字　段	值	说　明
请求/状态	1111	锁定保护（LO）
	1110	强制倒换（FS）
	1100	信号失效（SF）
	1010	信号劣化（SD）
	1000	手动倒换（MS）
	0110	等待复原（WTR）
	0100	练习（EXER）
	0010	返回请求（RR）
	0001	请勿返回（DNR）
	0000	无请求（NR）
	其他	保留

字　　段		值	说　　明
保护类型	A	0	不使用 APS
		1	使用 APS
	B	0	1+1(永久性桥接)
		1	1∶n(无永久性桥接)
	D	0	单向倒换
		1	双向倒换
	R	0	非返回式操作
		1	返回式操作
请求信号		0	空信号
		1~254	正常业务信号
		255	额外业务信号
桥接信号		0	空信号
		1~254	正常业务信号
		255	额外业务信号

表 4-8　APS 请求状态与优先级

请求/状态	优先度
锁定保护(LO)	1(最高)
信号失效(SF)-保护	2
强制倒换(FS)	3
信号失效(SF)-工作	4
信号劣化(SD)	5
手动倒换(MS)	6
等待复原(WTR)	7
练习(EXER)	8
返回请求(RR)	9
请勿返回(DNR)	10
无请求(NR)	11(最低)

倒换是从保护通道而不从工作通道中选出业务信号的动作,仅指工作通道向保护通道的倒换,而保护通道倒回工作通道称为返回倒换。单向倒换是收发两个方向中只倒换一个方向,双向倒换是收发两个方向同时倒换。桥接是同时向工作通路和保护通路发送相同业务信号的动作。

(8)RES 字节

在帧的 2 行 1~3 列和 4 行 9~14 列是 RES 字节未定义,它们保留为将来使用,正常情况全设为 0。

3. OPU 开销

OPU 包括客户信号和映射所需要的开销。OPU 开销随映射进 OPU 的客户信号而变化。

任意类型的客户信号都可封装到净负荷单元,常见的比特同步和异步的恒定速率信号 STM-16/64、ATM 信元、GFP 数据帧、以太网数据帧、同步恒定比特流以及测试用的伪随机码序列等,开销各自略有不同。OPU 开销位于帧结构中第 1 ~ 4 行、第 15 ~ 16 列,如图 4-14 所示。

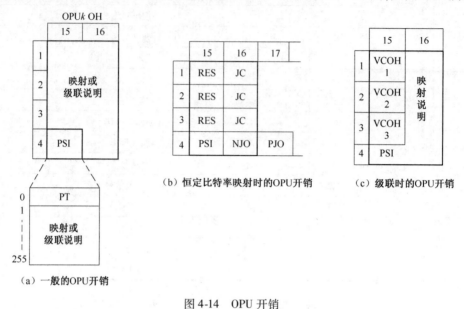

图 4-14　OPU 开销

(1)净负荷结构标志(简称 PSI)

OPU 开销中第 4 行第 15 列是 PSI 字节,它是一个 256 字节的复帧,每帧只有 1 个字节,通过复帧形成 256 字节的信号容量。PSI 的第一个字节(PSI[0])是净负荷类型,用于标识所封装业务的类型,具体含义见表 4-9。除 PSI 0 × 01 (为实验映射) 和 PSI 80-0 × 8F (为私有)外,PSI 的其他字节基本都是映射和级联信息。

表 4-9　OPU 开销之 PSI 中的净负荷类型

最高有效位 MSB 1 2 3 4	最低有效位 LSB 5 6 7 8	十六进制代码	说　明
0 0 0 0	0 0 0 1	01	实验映射
0 0 0 0	0 0 1 0	02	异步恒定比特率映射
0 0 0 0	0 0 1 1	03	比特同步恒定比特率映射
0 0 0 0	0 1 0 0	04	ATM 映射
0 0 0 0	0 1 0 1	05	GFP 映射
0 0 0 0	0 1 1 0	06	虚级联信号
0 0 0 0	0 1 1 1	07	PCS 码字透明以太网信号映射
0 0 0 0	1 0 0 0	08	光纤通道 FC -1200 映射进入 OPU2e
0 0 0 0	1 0 0 1	09	GFP 映射进入扩展的 OPU2 净负荷
0 0 0 0	1 0 1 0	0A	STM-1 映射进入 OPU0
0 0 0 0	1 0 1 1	0B	STM-4 映射进入 OPU0
0 0 0 0	1 1 0 0	0C	光纤通道 FC -100 映射进入 OPU0
0 0 0 0	1 1 0 1	0D	光纤通道 FC -200 映射进入 OPU1

续上表

最高有效位 MSB 1 2 3 4	最低有效位 LSB 5 6 7 8	十六进制代码	说　　　明
0 0 0 0	1 1 1 0	0E	光纤通道 FC -400 映射进入 OPUflex
0 0 0 0	1 1 1 1	0F	光纤通道 FC -800 映射进入 OPUflex
0 0 0 1	0 0 0 0	10	带字节定时的比特流映射
0 0 0 1	0 0 0 1	11	不带字节定时的比特流映射
0 0 0 1	0 0 1 0	12	Infiniband 架构服务器单倍数据率信号(2.5 Gbit/s)映射进 OPUflex
0 0 0 1	0 0 1 1	13	Infiniband 架构服务器双倍数据率信号(5 Gbit/s)映射进 OPUflex
0 0 0 1	0 1 0 0	14	Infiniband 架构服务器四倍数据率信号(10 Gbit/s)映射进 OPUflex
0 0 0 1	0 1 0 1	15	电视数字分量串行接口信号映射进入 OPU0
0 0 0 1	0 1 1 0	16	(1.485/1.001) Gbit/s 电视数字分量串行接口信号映射进入 OPU1
0 0 0 1	0 1 1 1	17	1.485 Gbit/s 电视数字分量串行接口信号映射进入 OPU1
0 0 0 1	1 0 0 0	18	(2.970/1.001) Gbit/s 电视数字分量串行接口信号映射进入 OPUflex
0 0 0 1	1 0 0 1	19	2.970 Gbit/s 电视数字分量串行接口信号映射进入 OPUflex
0 0 0 1	1 0 1 0	1A	IBM 的主机光纤通道信号映射进 OPU0
0 0 0 1	1 0 1 1	1B	数字视频广播、异步串行接口信号映射进 OPU0
0 0 0 1	1 1 0 0	1C	光纤通道 FC -1600 映射进入 OPUflex
0 0 1 0	0 0 0 0	20	ODU 复接结构仅支持 ODTUjk(仅 AMP)
0 0 1 0	0 0 0 1	21	ODU 复接结构支持 ODTUk. ts 或 ODTUk. ts 和 ODTUjk (GMP)
0 1 0 1	0 1 0 1	55	无效
0 1 1 0	0 1 1 0	66	无效
1 0 0 0	× × × ×	80-8F	拥有人使用的保留码
1 1 1 1	1 1 0 1	FD	空测试信号映射
1 1 1 1	1 1 1 0	FE	伪随机码信号映射
1 1 1 1	1 1 1 1	FF	—

(2)调整(简称 JC)字节

恒定速率信号对应的 OPU 开销的第 1 ~3 行、第 16 列是调整控制 J C 字节,第 4 行、第15 ~16 列是调整控制机会 NJO、PJO,如图 4-14(b)所示。NJO、PJO 的使用方法与信号的映射方式有关。

OPUk 映射分为异步映射和比特同步映射。对于异步映射(客户端信号与 OPU 时钟不同),JC 字节用于补偿时钟速率差异。对于完全的同步映射(客户端源与 OPU 时钟相同),JC 字节为保留备用。JC 字节中只有第 7、8 比特是有意义的,其余保留将来使用。

CBR2G5、CBR10G、CBR10G3 和 CBR40G 信号映射进入 OPUk 时 JC 比特以及正负调整字节的关系见表 4-10 和表 4-11。

表 4-10 比特同步映射 JC 和正负调整字节的关系

JC [7、8]	NJO	PJO
00	调整字节	数据字节
01	不产生	
10		
11		

表 4-11　异步映射 JC 和正负调整字节的关系

JC [7,8]	NJO	PJO
00	调整字节	数据字节
01	数据字节	数据字节
10	不产生	
11	调整字节	调整字节

异步映射情况下,当输入客户信号的速率低于 OPU 速率时,会引起正调整,在 PJO 放调整字节,也就是填充字节,此时 JC = 11。而当输入客户信号速率高于 OPU 速率时,会出现负调整,在 NJO 放数据字节,此时 JC = 01。若速率不高不低正好,就不用调整,此时 JC = 00。NJO 和 PJO 作为调整字节时其值是全 0,此时接收机对它们忽略不计。填充字节到数据链路的接收端除去,比特流恢复到原先的比特率或形式。

（二）OTN 非关联开销

非关联开销“光传送模块开销信号”(OOS)也称带外开销,经光监控信道(OSC)传输,包括光传送段开销($OTSn$)、光复用段开销($OMSn$)、光通道开销(OCh),如图 4-15 所示。除了传送非关联开销,OSC 信道还用来进行通用管理通信。

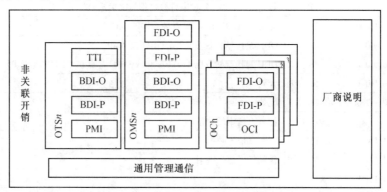

图 4-15　OTN 非关联开销组成

图 4-15 中,BDI 为后向缺陷指示,向上游方向传送指示净负荷或者开销信号失效。FDI 为前向缺陷指示,用来告诉下游,在上游已经检测到缺陷,指示净负荷或者开销信号失效,由图可见三种带外开销主要传送前/后向缺陷指示。

1. 光传送段开销($OTSn$)

光传送段是指光放大器与光放大器之间或者合波器/分波器与光放大器之间的维护区段,其位置如图 4-16 所示。

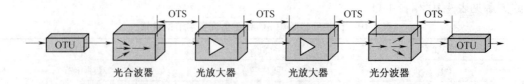

图 4-16　光传送段位置

（1）OTS 路径踪迹字节(简称 TTI)

$OTSn$-TTI 与关联开销里的含义相同,只是用在 $OTSn$ 段监控,64 字节的 TTI 含 16 个字节的源接入点标识(简称 SAPI)和 16 个字节的目的接入点标识(简称 DAPI)。

(2)OTS 后向缺陷指示-净负荷(简称 BDI-P)

OTSn-BDI-P 信号用来向上游方向传送 OTSn 终端检测到的 OTSn 净负荷信号失效状态。

(3)OTS 后向缺陷指示-开销(简称 BDI-O)

OTSn-BDI-O 信号用来向上游方向传送 OTSn 终端检测到的 OTSn 开销信号失效状态。

(4)OTS 净负荷丢失指示(简称 PMI)

OTS-PMI 信号用来指示 OTS 净负荷不含光信号,说明光支路信号的传输中断了。PMI 向下游传送,以免引起过多的信号丢失告警。

以上这些信号有时也称作 OTS 维护信号。

2. 光复用段开销(OMSn)

光复用段是指合波器与分波器之间的维护区段,其位置如图 4-17 所示。

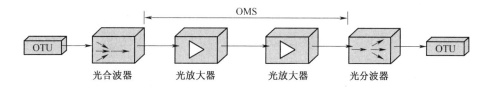

图 4-17 光复用段位置

(1)OMS 前向缺陷指示-净负荷(简称 FDI-P)

OMSn-FDI-P 信号用来向下游方向传送光复用段净负荷信号的失效状态。

(2)OMS 前向缺陷指示-开销(简称 FDI-O)

OMSn-FDI-O 用于指示在 OOS 传输 OMS 开销前向信号失效。

(3)OMS 后向缺陷指示-净负荷(简称 BDI-P)

OMSn-BDI-P 信号是用来向上游方向传送 OMSn 终端上检测到的净负荷信号失效状态。

(4)OMS 后向缺陷指示-开销(简称 BDI-O)

OMSn-BDI-O 信号是用来向上游方向传送 OMSn 终端上检测到的开销信号失效状态。

(5)OMS 净负荷丢失指示(简称 PMI)

OMS-PMI 用来指示光载波通道(简称 OCCs)中没有光信号。

以上这些信号有时也称作 OMS 维护信号。

3. 光通道开销(OCh)

光通道是指 OTU 与 OTU 之间的维护区段,其位置如图 4-18 所示。

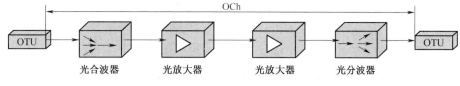

图 4-18 光通道位置

(1)OCh 前向缺陷指示-净负荷(FDI-P)

OCh-FDI-P 信号用来向下游方向传送光通道净负荷信号的失效状态。

(2)OCh 前向缺陷指示-开销(FDI-O)

OCh-FDI-O 用于指示在 OOS 传输 OCh 开销时前向信号失效(如传输中断)。

（3）OCh 断开连接指示（OCI）

OCh-OCI 是一个向下游传送的指示信号，以指示上游的光矩阵中某个连接是断开的（是一个管理命令执行的结果），此时在相应的终端检测到光通道信号丢失，能归因于上游信号没有送到线路中。

以上这些信号有时也称作 OCh 维护信号。

4. 通用管理通信

OOS 支持通用管理通信功能，这部分开销称通用管理功能开销（简称 COMMS OH）。COMMS OH 有 OSC 信道里的信号组帧所需的帧定位同步码以及其他一些功能，如信令、公务（运营者的专用通信）、用户通道（话音/话音频带通信）、OSC 工作状态指示以及软件下载等。

5. 光监控信道（OSC）

OSC 所携带的消息包括 OCh 开销、OMS 开销、OTS 开销和 COMMS OH。OSC 可携带多种开销信息，终结于光传送段层，某些开销可被其他层次的网络使用。专门设置监控信道的优点是可以减少用于网络监视所牺牲的光带宽，同时也避免了在 DWDM 系统中占用净负荷的光带宽。对于光监控信道，ITU-T 建议的载波波长是（1 510 ± 10）nm 或（198.5 ± 1.4）THz，传输速率一般采用 2.048 Mbit/s。

OSC 上的信号由帧定位信号（简称 FAS）和净负荷组成，如图 4-19 所示。

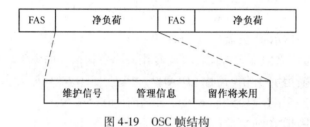

图 4-19　OSC 帧结构

OSC 的净负荷可分为两类信息：

（1）维护信号在网元之间进行交换，采用面向比特的协议。可以将维护信号按网络分层结构进行划分，各层的管理开销基本上都可以放到维护信号字段传输。

（2）管理消息用在网元与操作系统之间，采用面向消息的协议。

二、任务实施

本任务是分析 OTN 如何监测传输质量。

1. 材料准备

无。

2. 实施步骤

OTN 帧结构中安排了 SM、PM、TCM 字节用来监测传输质量。

（1）6 个级别的串联连接监控（简称 TCM）可以以嵌套、重叠和级联，从而实现跨越多个光网络或管理域时任意段的监控，如 UNI 到 UNI 之间的串联监视，或者从公共网络的入点到出点用户信号 ODUk 的传输情况。TCM 开销含有踪迹字节（TTI）、比特交织奇偶校验（BIP-8）、远端误码指示（BEI）、反向缺陷指示（BDI），状态字节（STAT）等，作用主要表现在维护信号的监视和子层网络级保护两个方面。

（2）ODUk 通路监测（简称 PM）用于端到端的通道监视，开销与 TCM 基本相同。

（3）OTUk 段监测（简称 SM）用来监测每个光再生段的踪迹字节（TTI）、误码（BIP-8）、远端误码指示（BEI）及反向缺陷指示（BDI）等。

这样从再生段到用户通道，到同一运营商的子系统，再到各个运营商的管理域，都有完备的监控信息，不但能随时了解光网络的传输质量，迅速定位故障，还能有效划分责任范围。

任务 3：OTN 映射与复用认知

任务：理解 OTN 的映射，掌握 OTN 的时分复用和波分复用方式。

要求：能分析客户信号映射进入光传送模块的时分复用和波分复用过程。

一、知识准备

OTN 的信号处理分电域和光域。将客户业务信号适配到光通道层（OCh），要先将业务信号映射到净负荷区，插入 OPU 开销和 ODU 开销，形成 ODU。ODU 进行时分复用，加上 OUT 开销，形成完整的 OTU，这部分信号处理在电域内进行。从光通道层（OCh）到光传送段（OTS），要将光信号波分复用（WDM）、放大及加入光监控开销（OOS/OSC），这部分信号处理在光域内进行。

（一）OTN 映射

所谓对客户信号进行速率适配，就是把一定范围内变动的客户信号速率调整为标准速率，使之与 OPU 同步。这个过程也称为码速调整，它以受控方式改变数字信号速率，处理过程不丢失也不损伤原有信息。同步是进行时分复用的基本要求，多路数字信号复用的每个支路的信号都分别要进行码速调整，全部与 OPU 同步，使得各个支路的信号脉冲都在规定的时间出现，既不提前也不滞后，这样才能在接收端准确解复用各个支路的信号。

客户信号速率与 OPU 速率同步之后，再添加管理信息，也就是 OPU、ODU 开销，最后添加帧定位和段监测开销以及前向纠错码 FEC，客户信号就进入 OTU 帧中。

客户信号进入 OTU 帧的过程也称映射，简单说就是：调整速率与 OPU 同步，加上开销变成 OTU 帧，这就装进"容器"了。整个过程与 G.707 定义的 SDH 虚容器映射一脉相承，只是 OTUk[V] 还要映射到光通道的 OCH[r]，最后 OCH[r] 被调制到光载波 OCC[r] 上传输。

在 OTN 的映射中，使用了异步映射（简称 AMP）、比特同步映射（简称 BMP）和通用映射（简称 GMP）。各种业务信号的映射见表 4-12。

表 4-12 各种业务信号的映射

业务（线路码速率）	映射	OTN 体系
STM-1/STM-4（155/622 Mbit/s）	GMP	OPU0
FC-100 (1.062 5 Gbit/s)	GMP	
GE (1.250 Gbit/s)	TTT + GMP/GFP-F	
CPRI-1/2 (614.4 /1 228.8 Mbit/s)	GMP	
STM-16 (2.5 Gbit/s)	AMP/BMP	OPU1
FC-200 (2.215 Gbit/s)	GMP	
GPON (2.488 Gbit/s)	AMP	
CPRI-3 (2.457 6 Gbit/s)	GMP	

续上表

业务（线路码速率）	映射	OTN 体系
STM-64（10 Gbit/s）	AMP/BMP	OPU2
10GE（10.3125 Gbit/s）	BMP	OPU2e
FC-1200（10.53 Gbit/s）	TTT + 16FS + BMP	
STM-256（40 Gbit/s）	AMP/BMP	OPU3
40GE（41.25 Gbit/s）	TTT + GMP	
100GE（103.125 Gbit/s）	GMP	OPU4
FC400/800（4.25/8.5 Gbit/s）	BMP	OPUflex
CPRI-4/5/6（3.072 0/4.915 2/6.144 0 Gbit/s）	BMP	

恒定速率信号是指速率固定不变的客户信号，如 SDH 的 STM-16、STM-64 信号，其速率分别为 2.5 Gbit/s、10 Gbit/s，采用 AMP 或者 BMP 方式映射到相应的 ODUk。

通用映射规程（简称 GMP）很"通用"，面向所有可能的客户业务（既支持现有的各种客户信号，也支持未来的新信号）。映射时，只要能确定 OPU 信号速率在所有情况下高于客户信号速率，就可将该客户信号映射进对应的 OPU 净负荷。小于 OPU0 速率的 CBR 信号（即速率最高到 1.238 Gbit/s 的恒定比特速率信号，如 STM-1/STM-4、GE 等信号）通过 GMP 映射到 OPU0；大于 OPU0 速率而小于 OPU1 速率的 CBR 信号（即速率在 1.238 ~ 2.488 Gbit/s 之间的恒定比特速率信号）映射到 OPU1；接近 OPU2、OPU3 或 OPU4 速率的 CBR 信号分别映射到相应的 OPUk；大于 OPU1 速率的任何业务信号都可以映射入 ODUflex。

通用成帧规程（简称 GFP）是一种通用的把变长度分组信号（特别是 Ethernet 和 IP 信号）通过固定速率信道（如 SDHVC-n 通道、OTN ODUk 通道）传输的封装方法。GE 信号映射进 ODU0 时就采用这种映射方式。

在映射之前有时要对客户信号进行定时透明转码来减小客户信号的比特流速率，以符合 OPUk 的净负荷带宽。

（二）OTN 时分复用

与 SDH 仅有时分复用不同，OTN 有时分复用和波分复用两种复用方式。时分复用的基础是传输容器。

1. 传输容器

OTN 标准定义了 ODU1/2/3 容器，分别针对 STM-16/64/256 等级的速率。为适应 10GE、100GE LAN 的传送需求，出现了 ODU1e/ODU2e 及 ODU3e1/3e2/ODU4 等新容器。

（1）ODU0

G.709v3 引入了一个速率为 1.244 Gbit/s 的传输容器 ODU0，在 OTN 容器系列中容量最小。ODU0 的容器大小定义为 OPU1 净负荷比特率的一半。ODU0 能够携带 1000Base-X、STM-1、STM-4、FC-100 信号。ODU0 可以独立进行交叉连接，但没有直接的物理层接口，也就是没有 OTU0，要映射到高阶 ODU 中才能在 OTN 网络中传输。ODU0 到高阶 ODU 的复用映射关系如图 4-20 所示。

（2）ODU1

ODU1 是 OTN 体系中的"1 阶"光数据单元，用于传输 2.5 Gbit/s 信号。它能分成 2 ×

1.25 Gbit/s支路时隙,作为高阶 ODU 携带低阶 ODU0 信号,把 ODU0 映射进 1 个 1.25 Gbit/s 支路时隙。OPU1 可以携带 STS-48、STM-16、FC-200 等信号。ODU1 到高阶 ODU 的复用映射关系如图 4-21 所示。

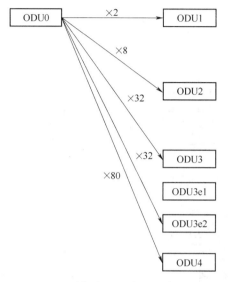

图 4-20　ODU0 到高阶 ODU 复用映射关系示意图

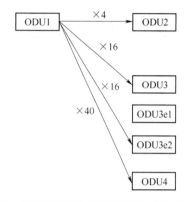

图 4-21　ODU1 到高阶 ODU 复用映射关系示意图

（3）ODU2

ODU2 是 OTN 体系中的"2 阶"光数据单元,用于传输 10 Gbit/s信号。它能分成 4×2.5 Gbit/s 或 8×1.25 Gbit/s 两种支路时隙,作为高阶 ODU 携带低阶 ODUs 信号,将 ODU0 映射进 1 个 1.25 Gbit/s 支路时隙,ODU1 映射进 1×2.5 Gbit/s 或 2×1.25 Gbit/s 支路时隙,ODUflex 映射进 1 ~8 个 1.25 Gbit/s 支路时隙。OPU2 可以携带 STS-192、STM-64 等信号。ODU2 到更高阶 ODU 的复用映射关系如图 4-22 所示。

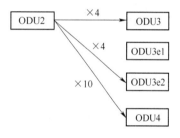

图 4-22　ODU2 到更高阶 ODU 复用映射关系示意图

10 G 速率下有 ODU1e 和 ODU2e 两种扩展容器。它们的区别在于 OPU 帧中是否使用了填充字节。

ODU1e 的引进主要是为了方便将 10G LAN 物理层信号映射进 OTN,这种映射方式使用了在 OPU2 标准映射中没有用到的填充字节,也就是净负荷区无填充字节。ODU1e 在 G. Sup43 中定义,但在 G. 709 标准中未出现,是非标准的速率容器。

ODU2e 是为了传输"私有的"10G BASE-R 信号而在 G. sup43 定义的。它通过超频的方式将 10 Gbit/s 速率的 LAN 物理层信号映射进 OTN,保留了标准映射中的固定填充字节。ODU2e 能携带 10 G Base-R（BT）、转码 FC-1200 等信号。ODU2e $\times 10$ 能映射进 OPU4；ODU2e 后来被引入 G. 709 标准,所以是标准的速率容器。ODU2e 信号经 ODU3 和 ODU4 传输。ODU2e 容器与高阶容器的复用映射关系如图 4-23 所示。

（4）ODU3

ODU3 是 OTN 体系中的 "3 阶"光数据单元,用于传输 40 G 信号。它能分成 16×2.5 G 或 32×1.25 G 两种支路时隙,作为高阶 ODU 携带低阶 ODUs 信号,将 ODU0 映射进 1 个 1.25 G

支路时隙;ODU1 映射进 1×2.5 G 或 2×1.25 G 支路时隙;ODU2 映射进 4×2.5 G 或 8×1.25 G 支路时隙;ODU2e 映射进 9×1.25 G 支路时隙;ODUflex 映射进 1~32 个 1.25 G 支路时隙,如图 4-24 所示。OPU3 可以携带 STS-768、STM-256、转码 40GBase-R 等信号。

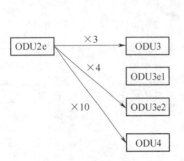

图 4-23　ODU2e 容器与高阶容器的复用映射关系

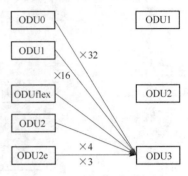

图 4-24　ODU3 容器的功能

40 G 速率下有 ODU3e1 和 ODU3e2 两种扩展容器。它们的区别在于映射方式的不同。ODU3e1 用于传送 4 路 ODU2e 信号,映射方式为 AMP。ODU3e2 除了传送 4 路 ODU2e 信号,还可以传送其他信号,净负荷映射是通过 GMP 进行的。ODU3e1 和 ODU3e2 都在 G. Sup43 中定义,但在 G. 709 标准中未出现,所以是非标准的速率容器。

(5) ODU4

ODU4 是为了适应 100GE 业务的传送而引入的。为了优化 100GE 信号的传输,没有采用传统的复接习惯将 ODU4 定义为 ODU3 容量的 4 倍,而是以 10 倍的 STM-64 速率为基础速率,相应的 OTU4 约为 112 Gbit/s。

112 Gbit/s 的 OTU4 速率有两大优势:一是可与 100GE 速率全面兼容,在需要 FEC 功能时 OTU4 成为 100GE 串行传输的首选,也兼顾了一点儿 SDH 系列的整数倍关系;二是有相对较低的成本,实现每秒 160 Gbit/s 比实现每秒 112 Gbit/s 所需的光技术复杂性及成本要高很多。不足之处在于 OPU4 不是低阶 ODUk 信号速率的整数倍数,因此,ODU0 复用到 ODU1/2/3 时均采用 AMP,而复用到 ODU4 时需要采用通用映射规程 GMP 进行映射。这样,ODU4 速率不仅能够传输 100 G 以太网,还能将 ODU2 和 ODU3 复用至 ODU4,以满足在网络核心区不断增长的 10 Gbit/s 和 40 Gbit/s 链接的需求。

ODU4 是 OTN 体系中的"4 阶"光数据单元。它有 80×1.25 G 个支路时隙,能作为高阶 ODU 携带低阶 ODUs 信号,将 ODU0 映射进 1 个支路时隙,ODU1 映射进 2 个支路时隙;ODU2 或 ODU2e 映射进 8 个支路时隙;ODU3 映射进 32 个支路时隙;ODUflex 映射进 1~80 个支路时隙,如图 4-25 所示。OPU4 可以携带 100 G Base-R 等信号。

(6) ODUflex

虽然 OTN 尽可能地为 SDH 信号速率和 GE/10GE/40 G/100 G 等以太网信号速率定义了不同的容器,但没有完全覆盖其中的速率空隙。这是因为 CBR 业务和数据包业务

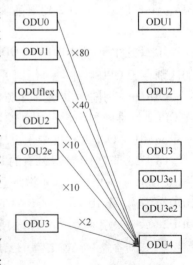

图 4-25　ODU4 容器的功能

在不断变化,现有的 OPUk(k=0、1、2、3、4)容器还是不能完全适应它们的速率要求。为了有

效传输那些与固定 OPUk 净负荷速率不能匹配的分组数据流,提出了灵活速率光数字单元 ODUflex,这个可变大小的新容器不久就进入了 G.709 标准,它直接支持任意速率客户信号的透明传输,提供了灵活可变的速率适应机制,使得 OTN 能够高效地承载全业务,最大限度地提高了线路带宽利用率。

目前 ITU-T 定义了两种形式的 ODUflex。一种是承载 CBR 业务的 ODUflex,速率可以是任意的,信号通过 BMP 映射到 ODUflex;另一种是承载分组业务的 ODUflex,支持可变比特分组流的传送,信号用 GFP-F 方式映射到 ODUflex。ODUflex 本身用 GMP 方式映射到高阶容器 ODUk(k = 2、3、4)中,如图 4-26 所示。

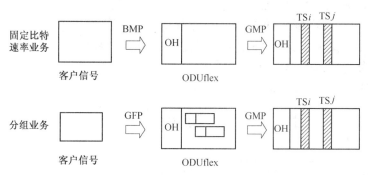

图 4-26　ODUflex 的封装与映射

承载 CBR 业务的 ODUflex,速率介于 2.5 G 到 104 G 之间,划分为三段:ODU1 ~ ODU2 之间变化,ODU2 ~ ODU3 之间变化,ODU3 ~ ODU4 之间变化。与其他具有标称速率、容差为 ± 20 ppm 的 ODUk(k = 0、1、2、3、4)不同,ODUflex(CBR)的速率是 239/238 × 客户信号码率 ± 100 ppm。

承载分组业务的 ODUflex,速率介于 1.38 G 到 104.134 G 之间,原则上任意可变,ITU-T 推荐采用 ODUk 时隙的倍数来确定速率,这样它的速率应该是高阶 OPUk 中净负荷速率最低的支路时隙 1.25 Gbit/s 的倍数,便于匹配数据包流的速率。ODUflex 速率覆盖范围如图 4-27 所示。

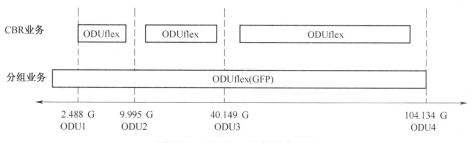

图 4-27　ODUflex 速率覆盖范围

ODUflex 通过高阶 OPUk(k = 2、3、4)传输,是可管理的容器。ODUflex 和 ODUk(k = 0、1、2、2e、3、4)构成了 OTN 支持多业务的低阶传送通道,能够覆盖 0 ~ 104 G 范围内的所有业务,能够为主流的以太网及 SDH 业务提供最优的带宽利用率;也能为光纤通道 FC 及 CPRI 等非主流业务提供传送通道。ODUflex 到高阶容器的复用映射关系如图 4-28 所示。

ODU 容器看上去只是一些规定的速率等级,实际有自己的信息结构,是客户信号加入监控管理开销后形成的,在时分复用中总是以一个整体的方式加入或取出。

2. 时分复用结构

ODU0、ODUflex（CBR）和 ODUflex（GFP）均以 1.25 Gbit/s 支路时隙为复接单位，能更有效地将低阶 ODUj（j = 0、1、2、3、flex）多路复用为高阶 OPUk（k = 2、3、4）。1.25 Gbit/s 客户信号的时分复用和映射结构如图 4-29 所示。

客户信号映射到低阶 OPUj，加开销后形成低阶 ODUj 之后，映射进入高阶 OPUk 分成映射和复用两个步骤。先把 ODUj 以 AMP 或 GMP 方式映射进入光通道数据支路单元（ODTU）；再将多个 ODTU 的"时隙"（ODTU 中的 1 列）以字节同步方式（即字节间插）时分复用进入高阶的 OPU 净负荷区，加上高阶的 OPU 开销（MSI 和 ODTU 开销）、OTU 开销及 FEC，就成为高阶的 OTU。

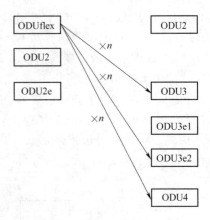

图 4-28　ODUflex 到高阶容器的复用映射关系

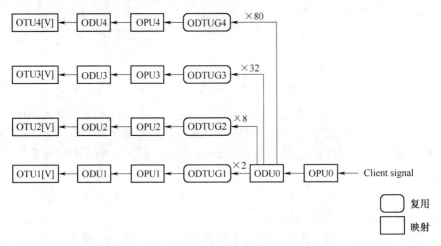

图 4-29　1.25 Gbit/s 客户信号的时分复用和映射结构

（三）波分复用（WDM）

波分复用是同一光纤中每个信号都有各自的波长，数字的、模拟的、TDM 格式的、IP 格式的都在同一根光纤中传输，但是复用的各个信号都采用了自有格式，网络运营商就很难为每个信号提供统一的操作、管理、维护与配置（OAM&P），需要依赖客户信号的管理系统。ITU-T OTN 标准，增加了统一的波长调度和监控能力，以更有效地支持大量信号在同一光纤中的多路复用。

1. 光传送模块

G. 709 定义了两种光传送模块（OTM-n），一种是完全功能光传送模块（OTM-$n.m$），另一种是简化功能光传送模块（OTM-0.m，OTM-$nr.m$），如图 4-30 所示。

ODUk 中的 k 指速率级别，如 1、2、3、4，分别代表 2.5 G、10 G、40 G、100 G；ODUk 后面跟 P 和 T 代表对 ODU 的监控的两种不同级别，P 表示通路级别的监控，T 表示串联连接监控 TCM。

两种光传送模块的后缀" $-n[r].m$ "中：

n 表示光通道数量，是 OTN 接口所支持的最大波长数，即允许的最低速率信号时所能支持的最多光波长数目。当 n 为 0 时，OTM-$nr.m$ 演变为 OTM-0.m，这时物理接口只是单个无特定频率的光波,即单波长,波长不指定。

m 表示信号级别,是 OTN 接口所支持的比特率,即所能支持的信号速率类型或组合;它可以是一位或多位的"k",如 k =1、2、3、12、123、1234;占用 OTM-n 内的一个时隙,使用复用波长组中的一个波长。

r 表示简化功能,光传送段和光复用段简化成光物理段。OTM-$n.m$ 是 OTN 网络透明域内接口,可以理解为相同厂家或运营商设备之间的接口,分光传送段和光复用段;而 OTM-$nr.m$ 是 OTN 透明域间接口,可以理解为不同厂家或运营商设备之间的接口,因为光层监控 OMS 和 OTS 可能不同,故合并为光物理段。

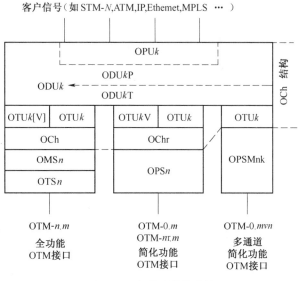

图 4-30 光传送模块结构

在波分复用传送系统中,输入信号是以电接口或光接口接入的客户业务,输出是具有 G. 709 OTUk[V] 帧结构的波分复用后的某个波长信号。完全功能光传送模块(OTM-$n.m$)和简化功能光传送模块(OTM-0. m,OTM-$nr.m$,OTM-0. mvn)都可以传送 OTUk 与 OTUk[V] 帧结构的信号。

OTUk 称为完全标准化的光通道传输单元,OTUk[V] 称为功能标准化的光通道传输单元。OTUk 的帧结构,包括 FEC 是完全标准的,与 G. 709 规定的一致。OTUk[V] 中的 V 表示非标准,仅有标准的功能,称为功能标准化,就是说功能与 OTUk 一样,但是帧结构(包括 ODU、FEC 和开销)是私有的,也就是厂家自己定义的。例如 FEC 编码方式可以自己决定,FEC 区域可以比标准 OTUk 大或小,或者不要 FEC 区域。虽然与标准 OTUk 帧不同,但它同样要支持段监控功能。

(1)简化功能光传送模块

OTN 有 OTM 0. m、OTM $nr.m$ 和 OTM-0. mvn 三种简化功能的 OTM 模块。简化功能光传送模块都没有光监控信道 OSC,它不支持非关联开销,没有中继器,3R 功能在终端完成。

①OTM $nr.m$

OTM-$nr.m$ 支持 n 个光通道,即有 n 个波分复用的传送通道,无光监控信道(OSC),也没有光层开销,因此该接口使用 OTUk[v] 的段监控开销进行监视和管理,光口参数符合 ITU-T G. 959.1 建议,信号速率和帧结构符合 ITU-T G. 709 建议。波长总数必须小于或等于 n。m 表示速率级别,m =1、2、3、4、12、23、34、123、1234。

如果 m 只有一位数,就表示传送单一信号。m =1 表示单独传输 OTU1,m =2 表示单独传输 OTU2,m =3 表示单独传输 OTU3,m =4 表示单独传输 OTU4。

如果 m 有两位数,就表示同时传送 2 种信号。m =12 表示混合传输 OTU1 和 OTU2,m =23 表示混合传输 OTU2 和 OTU3,m =34 表示混合传输 OTU3 和 OTU4。如果 m 有三位数,就表示同时传送 3 种信号。m =123 表示混合传输 OTU1、OTU2 和 OTU3。

如果 m 有四位数,就表示同时传送 4 种信号。例如 m =1234 表示混合传输 OTU1、OTU2、

OTU3 和 OTU4。

②OTM-0.m 信号

当 n 为 0 时，OTM-$nr.m$ 即演变为 OTM-0.$m(m=1$、2、3)，这时物理接口只是单个无特定频率的光波，为 1 310 或 1 550 nm"无色"的单波长信号。

OTM 0.m 定义了 4 种接口信号，每种都是一个包含 OTUk[V]信号的单波长光通道：OTM-0.1 承载 OTU1[V]，OTM-0.2 承载 OTU2[V]，OTM-0.3 承载 OTU3[V]，OTM-0.4 承载 OTU4[V]。

③OTM-0.mvn 信号

OTM-0.mvn 中的 m 是速率级别，n 是虚通道数。OTM-0.mvn 支持多通道的光信号（例如 40 G/100 G 以太网信号有 4 个虚通道，每个虚通道 10 G/25 G）在每端有 3R 再生的单个光通道中传输。现有携带 OTU3 的 OTM-0.3v4 和携带 OTU4 的 OTM-0.4v4 两种信号接口，它们把 1 个 OTUk 信号用 4 个光通道传送，如图 4-31 所示。OTL 为光通道传送路径，OTLC 为光通道传送路径载波，OTLCG 是波分复用的光通道传送路径载波组。在 OTM-0.mvn 信号中，没有光监控信道 OSC，也没有光开销信号 OOS。

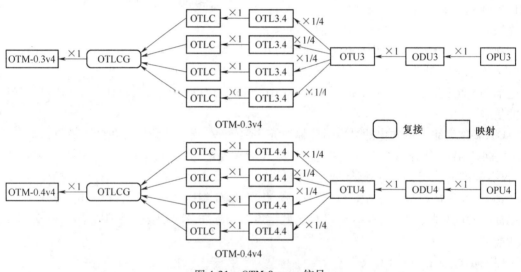

图 4-31　OTM-0.mvn 信号

（2）完全功能光传送模块（OTM-$n.m$）

OTM-$n.m$ 尚没有统一的标准，一般是同一设备商所提供的网元组成的网络，而设备制造商通常有自己的物理层工程规范，包括传输技术、光学参数、波长数目等指标。另外，不同设备制造商使用不同的 OSC 信息结构及光通道传送单元（OTUk[V]），这使得不同设备制造商的设备难以在 OTM-$n.m$ 这一层上互通。

OTM-$n.m$ 信号具有 n 个光通道，固定信道间隔，与信号速率无关。m 表示速率级别，$m=$ 1、2、3、4、12、23、34、123、1234。OTM-$n.m$ 具有 1 路带外独立的光监控信道（简称 OSC）用于传送包括 OTS 开销、OMS 开销、OCh 开销等 OTM 开销信号（简称 OOS），并且进行通用管理信息的通信。OTM-$n.m$ 接口支持单个或多个光区段内的 n 个光通道，接口不要求 3R 再生。OTM-$n.m$ 接口信号有：

①OTM-$n.1$（承载 $i(i \leqslant n)$ OTU1[V]信号）。

②OTM-$n.2$（承载 $j(j \leqslant n)$ OTU2[V]信号）。

③OTM-n. 3{承载 $k(k{\leqslant}n)$ OTU3[V]信号}。

④OTM-n. 4{承载 $l(l{\leqslant}n)$ OTU4[V]信号}。

⑤OTM-n. 1234{承载 $i(i{\leqslant}n)$ OTU1[V],$j(j{\leqslant}n)$ OTU2[V],$k(k{\leqslant}n)$ OTU3[V]和$l(l{\leqslant}n)$OTU4[V] 信号,其中 $i + j + k + l \leqslant n$}。

⑥OTM-n. 123{承载 $i(i{\leqslant}n)$OTU1[V],$j(j{\leqslant}n)$ OTU2[V]和$k(k{\leqslant}n)$ OTU3[V] 信号,其中 $i + j + k{\leqslant}n$}。

⑦OTM-n. 12{承载 $i(i{\leqslant}n)$OTU1[V]和$j(j{\leqslant}n)$ OTU2[V]信号,其中 $i + j{\leqslant}n$}。

⑧OTM-n. 23{承载 $j(j{\leqslant}n)$ OTU2[V]和$k(k{\leqslant}n)$OTU3[V]信号,其中 $j + k{\leqslant}n$}。

⑨OTM-n. 34{承载 $k(k{\leqslant}n)$OTU3[V]和$l(l{\leqslant}n)$OTU4[V]信号,其中 $k + l{\leqslant}n$}。

OTM-n. m 接口信号包含 n 个光载波 OCC,各自载有信号,还有 1 个监控载波 OSC。

2. 波分复用结构

按照 OTN 光层结构,每个 OTU$k(k$ = 1、2、3、4)都在一个特定波长形成的光通道 OCh 上传输,多个光通道复用形成 OMS,加上光放大器形成 OTS。OCh、OMS 和 OTS 层都有其各自的开销以实现光层的管理,这些光层的开销在 OSC 中传输。

OTN 的波分复用结构如图 4-32 所示,其中 OCh 是光通道,包括 OCh 开销和 OCh 负荷,OChr 仅有 OCh 负荷;OCC 是光通道载波,复用的载波波长是不一样的。注意进入 OTM-n. m与进入 OTM-nr. m 的信号是不同的。

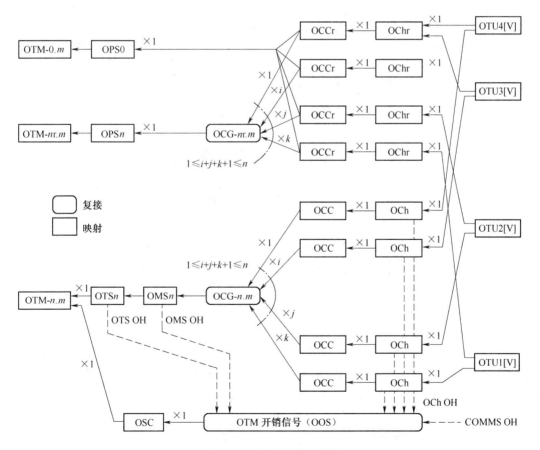

图 4-32　OTN 波分复用结构

二、任务实施

已知某 OTN 系统中每根光纤有 40 个光通道,10 个光通道单波传输的速率为 10 Gbit/s,其他 30 个光通道单波传输的速率为 40 Gbit/s。分析 STM-16 业务信号转换成单波 10 Gbit/s以及 10GE LAN 业务信号转换成单波 40 Gbit/s 时分复用结构,并分析该系统采用完全功能光传送模块类型的波分复用过程。

1. 材料准备

无

2. 实施步骤

(1)STM-16 业务信号转换成单波 10 Gbit/s 时分复用过程为:

STM-16 业务信号→OPU1→ODU1 $\xrightarrow{\times 4}$ ODTUG2→OPU2→ODU2→OTU2。

(2)10GE LAN 业务信号转换成单波 40 Gbit/s 时分复用过程为:

10GE LAN 业务信号→OPU2e→ODU2e $\xrightarrow{\times 3}$ ODTUG3→OPU3→ODU3→OTU3。

(3)该系统采用的完全功能光传送模块类型为 OTM-40.23,波分复用过程如图 4-33 所示。

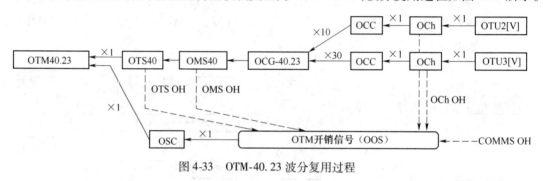

图 4-33　OTM-40.23 波分复用过程

模块二　OTN 传输系统配置

任务 1:OTN 设备硬件配置

任务:掌握 OTN 系统的组成和网元类型。
要求:能对 OTN 传输系统进行设备配置。

一、知识准备

(一)OTN 网元类型

OTN 设备与 SDH 设备一样,可以组建点到点、链形、环形、网状形网络结构。根据应用场合的不同分类,OTN 网元类型有:光终端复用设备(简称 OTM)、光纤线路放大器(简称 OLA)、光分插复用设备(简称 OADM)、光交叉连接设备(简称 OXC)。

1. OTM

OTM 只有一个波分侧线路接口,常用于网络的终端站,可以将用户信息通过映射复用成OTUk 信号,合波、放大后经波分侧传送出去,也可以将波分侧传送过来的信号经过放大、分波,解复用成用户信息送往客户设备。其帧结构和客户侧信号复用路径遵循 G. 709 的 OTN 技术规范,支持各种不同速率、不同粒度的业务传送,在线路侧 OTM 设备可支持各种 OTN 接口。

中兴 OTM 由波长转换单元(SOTU10G、GEM、SRM41 等)、光分波/合波单元(OMU、ODU)、光放大单元(OBA、OPA)、光监控信道处理单元(OSC)、色散补偿单板(DCU)或色散补偿模块(DCM)、主控单元(NCP)、电源和风扇单元等功能单元组成,其信号流如图 4-34 所示。

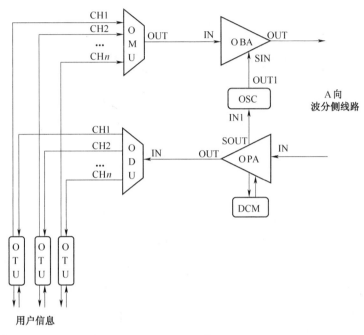

图 4-34　OTM 信号流

2. OLA

OLA 位于 OTN 网络的中间线路,只有两个波分侧线路接口。OLA 主要由 EDFA 实现,EDFA 只能放大 1 550 nm 的光信号,且会引入噪声。当线路上信噪比较低时,也可以在中间线路使用电中继器或拉曼放大器。

中兴 OLA 由光放大单元(OBA、OPA)、光监控信道处理单元(OSC)、色散补偿单板(DCU)或色散补偿模块(DCM)、主控单元(NCP)、电源和风扇单元等功能单元组成,其信号流如图 4-35 所示。OLA 配置比较简单,都可以用单子架完成。

3. OADM 和 OXC

OADM 与 OXC 设备的功能及实现方式是相似的,只是复用和交叉连接的规模、应用场合不相同。OADM 以复用为主,交叉连接用于实现少量光信号的分接和插入,设备用作一般的传输节点。OXC 以大量的光信号的交叉连接为主,设备用作枢组级的交换节点,交叉调度功能强于 OADM,结构比 OADM 要复杂得多。实际应用时,各厂家的 OADM 都可扩展成 OXC 功能。

OADM 和 OXC 最大的特点就是在电层和光层增加了交叉模块,用于实现电信号($ODUk$)和光信号(OCh)的交叉功能。

从广义层面上讲,OTN 交叉连接设备有 OTN 纯光交叉连接设备、OTN 纯电交叉连接设备、OTN 光电混合交叉连接设备 3 个子类型。

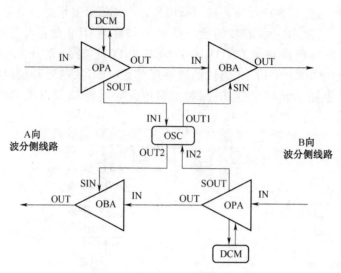

图 4-35　OLA 信号流

（1）OTN 纯光交叉连接设备

光层光交叉模块输入到输入交换的是光波长。波长级别的业务可以直接通过 OCh 交叉，端到端不一定需要保持同样的波长。OTN 纯光交叉设备功能模型如图 4-36 所示。图中虚线表示设备实现方式可选为终端复用功能与交叉功能单元集成的方式。

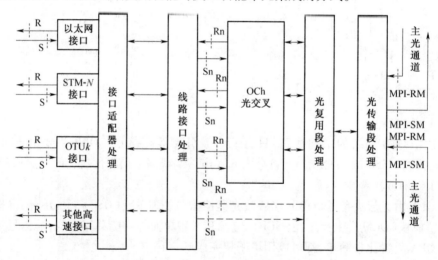

图 4-36　OTN 纯光交叉设备功能模型

纯光 OCh 调度功能支持光通道波长信号的分插复用功能，光通道波长信号环内调度能力，支持 OCh 通道上下和直通，光通道波长信号跨环调度能力，通过系统交叉配置，支持波长业务的广播功能。

光分插复用 OADM 中的 OCh 上下模块对多个适配模块的端口间的部分 OCh 光信号进行插入或分接出光信号，有固定和动态两种器件。

①固定光分插复用器件（简称 FOADM）

FOADM 只能上下固定数目和频谱的波长。FOADM 可以分为并行 FOADM 和串行 FOADM 两种结构。并行 FOADM 可采用背靠背 OTM 结构，串行 FOADM 采用 SOADx（x = 2/4/8 等）。

背靠背 OTM 结构的并行 FOADM 由波长转换单元(SOTU10G、GEM、SRM41 等)、光分波/合波单元(OMU、ODU)、光放大单元(OBA、OPA)、光监控信道处理单元(OSC)、色散补偿单板(DCU)或色散补偿模块(DCM)、主控单元(NCP)、电源和风扇单元等功能单元组成,其信号流如图 4-37 所示。当业务需要穿通时,以西向到东向穿通业务为例,直接通过西向 ODU 到东向 OMU 跳纤即可,当有多个方向时通过 ODF 架跳纤。当业务需要上下时,OMU/ODU 连接 OTU 单板。注意穿通波长跳纤和上波信号的可调光衰。当业务需要中继时,可以在西向发往东向的过程中串联中继 OTU 进行中继。

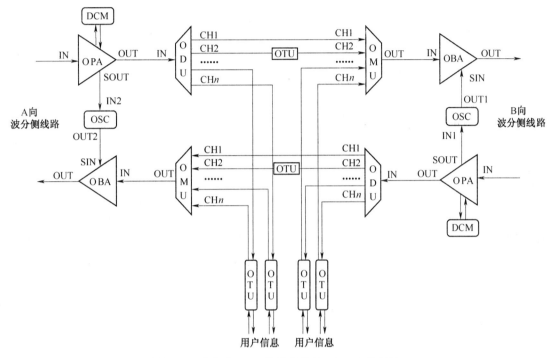

图 4-37　背靠背 OTM 结构的并行 FOADM 信号流

由 SOADx 构成的串行 FOADM 信号流如图 4-38 所示。通过 SOADx 单板分别上下波长,可以级联。C 偶数波可以级联 SOADx 单板的个数为 8 个,也就是说最大上下波长为 16 波。如果大于 16 波建议采用 M40/D40 的 FOADM 配置。注意穿通波和上波信号间需要加可调光衰减器,调节功率平坦。

②动态光分插复用器件(简称 ROADM)

ROADM 又称可重构的光分插复用器件,能够上下任意数目和频谱的波长。ROADM 可以完成光波长的上下路,及直通光通道之间的波长级别的交叉。可以通过软件本地或远程控制网元中的 ROADM 子系统实现上下路波长的配置和调整,实现动态光通道(OCh)的调度。核心的 ROADM 和 OXC 器件,辅之外围控制系统,再加上各种信息处理和管理功能,就构成 OXC 和 ROADM 设备。

波长选择开关(简称 WSS)是实现多维 ROADM 和 OXC 的重要器件,$1 \times N$ WSS 由一个输入端口和 N 个输出端口组成。它能够将输入端口中的任一或任一组波长,切换到任一输出端口中。WSS 也可以反过来使用,将从多个端口输入的不同波长,合并到一个端口输出。两个 WSS 组合可以构成一个 ROADM 器件,多个 WSS 组合可以构成一个 OXC 器件。

WSS 的种类很多,根据实现技术可以分为基于微机电系统(简称 MEMS)的 WSS 和基于硅

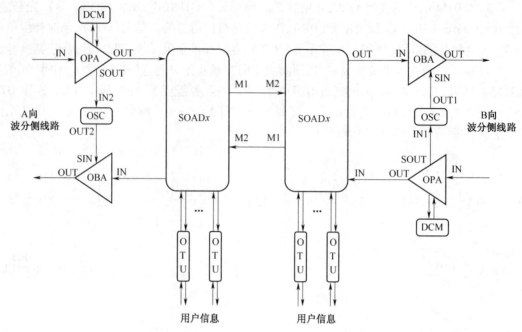

图 4-38　由 SOADx 构成的串行 FOADM 信号流

基液晶(简称 LCoS)的 WSS 等,根据支持的端口数量可以分为 1×2 WSS、1×4 WSS、1×9 WSS 等,根据支持的波长间隔又可以分为 100 G WSS 和 50 G WSS 等。100 G 间隔的 1×9 MEMS WSS 原理示意图如图 4-39 所示。

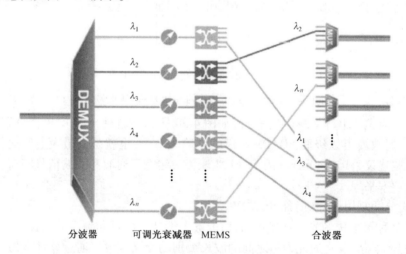

图 4-39　WSS 的原理示意图

　　WSS 的工作机理是先将彩色(也叫群路)光信号通过分波器分解成多路并行的单色光信号,对每个单色光信号用可调光衰减器进行功率调整(通道功率均衡),之后通过控制 1× N MEMS光开关阵列将每个单色光信号导向到不同的合波器上合波后输出,从而实现任意单色光到任意输出端口输出的功能。

　　通过 WSS 和耦合器型功率分配单元(PDU)的组合,可以实现光波长信号在多维站点的灵活调度,如图 4-40 所示。

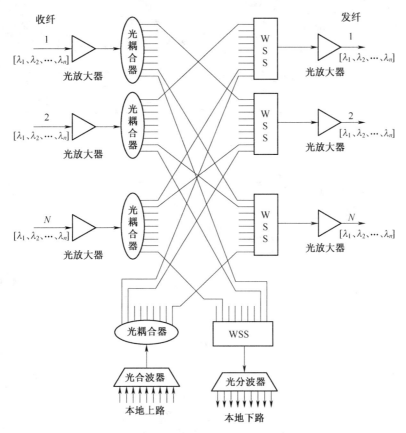

图 4-40　基于 WSS 的多维 ROADM

对于任意一个光方向输入的群路光信号,首先通过光耦合器将光信号广播到其他几个光方向和下路单元。对于本地下路波长,通过下路单元选收;对于需要从收纤 1 传到发纤 2 的波长,则通过发纤 2 的 WSS 选通,其他方向的 WSS 设为不通过;其他方向同理。这样,就实现了任意方向的任意波长的灵活调度。

此外,可以看出基于 WSS 的多维 ROADM,只要配备了足够的端口,那么未来网络拓扑无论发生变化,只需要在新增加的线路光方向上增加新的 WSS 即可实现站点的平滑扩容,这也体现了基于 WSS 的 ROADM 的灵活性。

基于 WSS 的 ROADM,可以在所有方向提供波长粒度的信道,远程可重配置所有直通端口和上下端口,适宜于实现多方向的环间互联和构建 Mesh 网络。由 WSS 构成的 OXC 如图 4-41 所示。

中兴 ROADM 站点有 WBU/AD1、WSUD/MA1、WBM 等多种类型组合。中兴 ROADM 由波长转换单元(SOTU10G、GEM、SRM41 等)、动态分插复用单元(WBU/AD1、WSUD/MA1、WBM 等)、光放大单元(OBA、OPA、ONA)、光监控信道处理单元(OSC)、色散补偿单板(DCU)或色散补偿模块(DCM)、主控单元(NCP)、电源和风扇单元等功能单元组成,如图 4-42 ~ 图 4-44 所示。

(2)OTN 纯电交叉连接设备

OTN 纯电交叉连接设备完成 ODUk 级别的电路交叉功能,为 OTN 网络提供灵活的电路调度和保护能力。OTN 电交叉设备可以独立存在,对外提供各种业务接口和 OTUk 接口(包括 IrDI 接口);也可以与 OTN 终端复用功能集成在一起。除了提供各种业务接口和 OTUk 接口(包括 IrDI 接口)以外,同时提供光复用段和光传送段功能,支持 WDM 传输。

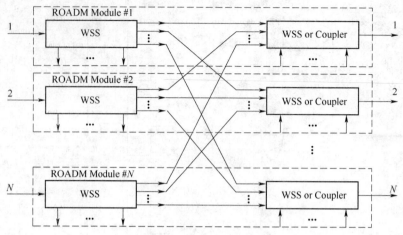

图 4-41　由 WSS 构成的 OXC

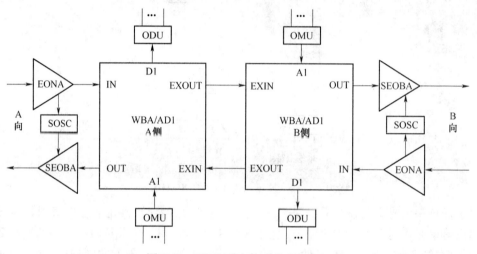

图 4-42　WBU/AD1 构成的 ROADM

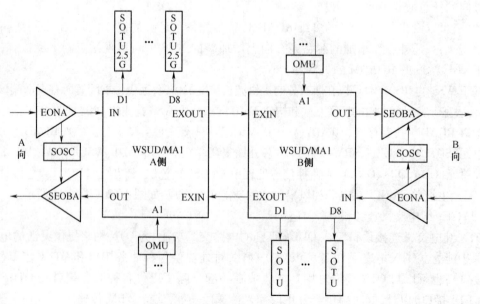

图 4-43　WSUD/MA1 构成的 ROADM

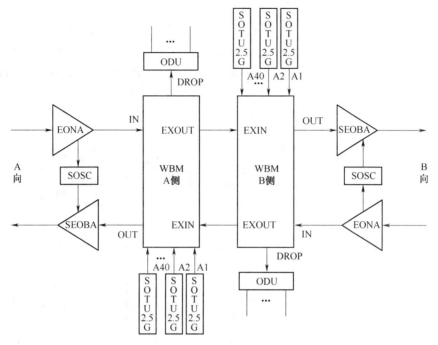

图 4-44　WBM 构成的 ROADM

OTN 纯电交叉设备功能模型如图 4-45 所示。图中虚框/虚线表示设备实现方式可选为 ODUk 交叉功能与 WDM 功能单元集成的方式。

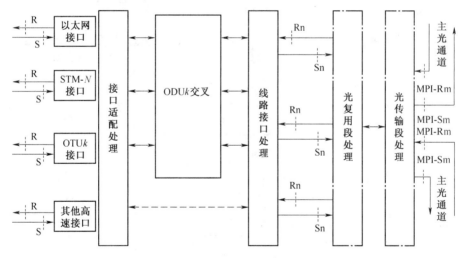

图 4-45　OTN 纯电交叉设备功能模型

OTN 的 ODUk 调度功能支持 ODUk 完全无阻交叉连接,调度容量应不小于线路接口总容量。ODUk 调度功能包括:

①ODUk(k = 0、1、2、2e、flex、3、3e1、3e2、4)交叉连接,可根据网络层次要求选择单个或多个具体的调度速率容器,即所谓"粒度"。

②交叉连接单元提供硬件冗余保护能力,ODUk 主备交叉倒换时间应小于 50 ms。

③通过系统交叉配置,支持线路保护和业务的广播功能。

OTN 的电交叉能力是对每个波长变换成的电信号的交叉能力,与 SDH 的交叉连接功能非常相像,但 OTN 有自己的信号帧结构和速率等级。

如图 4-46 所示,电层交叉的核心是电交叉连接矩阵,其主要作用是对端口的"群路"电信号或其时分复用前的支路电信号进行交叉连接。因为电端口群路信号是由支路电信号以字节间插方式同步复用而成,它们在 OTN 帧中的排列是非常有规律的,无论是接入还是提取都比较容易。

图 4-46　OTN 纯电交叉设备框图

电层交叉连接矩阵一般由 T 开关和 S 开关组成。所谓 T 开关即通常所说的时分接线器(又称 T 型接线器),其作用是进行时隙交换。T 开关用缓冲存储器来控制读出与写入的方式以完成时隙交换功能。所谓 S 开关即通常所说的空分接线器(又称 S 型接线器),其作用是进行空分交换。S 开关用控制存储器来控制空分接点的开启与闭合以完成空分交换功能。它们从数字话路交换技术引进到 SDH 的 ADM 和 DXC 设备中,又沿用到 OTN。交叉连接过程中,被交叉连接的信号可以从某个端口交叉连接到另一个任意端口,而且在各端口的相对位置可以按需求任意改变。

交叉连接时,信号的适配已在设备的接口板上完成,所有的支路信号都周期性地在 OTN 帧中的固定位置上出现,故信号是独立存在的,无论是哪个级别的信号,都能进行无阻塞交叉连接,还能保证被交叉连接信号的同步性不受到破坏。

OTN 电交叉和 ROADM 光交叉的比较见表 4-13。

表 4-13　OTN 电交叉和 ROADM 光交叉比较

特性　　　名称	多维 ROADM	OTN 电交叉
调度层面	光层,存在波长受限问题	电层
交叉方式	波长级交叉	ODU0/ ODU1/ ODU2/ ODU3 交叉
支持方向	WSS 结构可以支持 8 个方向	不受限
保护恢复	波道保护小于 50 ms 波道恢复大于 1s	类似 SDH 的保护机制小于 50 ms 恢复几百纳秒
OAM	相邻点之间的光层性能监视,缺乏端到端管理机制	实现电路的端到端或特定段的监视

(3)OTN 光电混合交叉连接设备

OTN 光电混合交叉连接设备是大容量的调度设备,它把 OTN 的电交叉与光交叉相结合,同时提供 ODUk 电层和 OCh 光层调度能力,波长级别的业务直接通过 OCh 交叉,其他需要调度的业务经过 ODUk 交叉,互相配合,取长补短。

OTN 光电混合交叉设备支持如下功能:

①接口能力:提供 SDH、ATM、以太网、OTUk 等多种业务接口,及标准的 OTN IrDI 互联接口,连接其他 OTN 设备。

②交叉能力:提供 OCh 调度能力,具备 ROADM 或者 OXC 功能,支持多方向的波长任意重构、支持任意方向的与波长无关的上下路;提供 ODUk 调度能力,支持一个或者多个级别 ODUk(k = 0、1、2、2e、3、4、flex)电路调度。

③保护能力:提供 ODUk、Och 通道保护恢复,在进行保护和恢复时不发生冲突。

④管理能力:提供端到端的 ODUk、OCh 通道的配置和性能/告警监视功能。

⑤智能:支持 GMPLS 控制平面,实现 ODUk、OCh 通道自动建立,自动发现和恢复等功能。

OTN 光电混合交叉连接设备功能模型如图 4-47 所示。图中虚线的含义是设备实现方式可选为终端复用功能与光电混合交叉功能单元集成的方式。

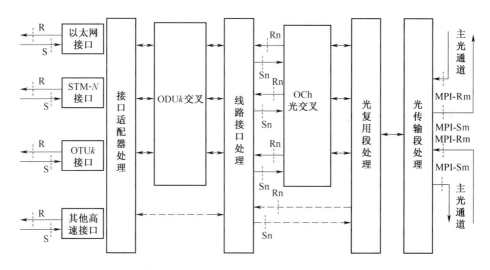

图 4-47　OTN 光电混合交叉连接设备功能模型

2. 中兴 OTN 设备

中兴 OTN 光传输设备有 ZXMP M820、ZXVVMP M920、ZXONE8000、ZXONE8200、ZX-ONE8300、ZXONE8500 等。本项目以 ZXMP M820 为例说明 OTN 传输系统组建。

ZXMP M820 分为硬件和软件系统结构,两个系统结构既相对独立,又协同工作。ZXMP M820 软件系统与 ZXMP S385 类似,硬件系统与 ZXMP M800 相同。ZXMP M820 有传输子架和集中交叉子架两种类型。

ZXMP M820 传输子架面板如图 4-48 所示。传输子架上,风扇板(SFANA)安插于 30～33 槽位,电源板(SPWA)安插于 27、28 槽位,扩展接口板(SEIA)安插于 29 槽位,主子架主控板(SNP)安插于 1、2 槽位,网元内部通信控制板(SCC)安插于扩展子架 1 或者 2 槽位,监控板(SOSC)可安插于 3、5 槽位,推荐安插于 3 槽位,业务单板可安插于 3～26 槽位。非紧凑型业务单板占 2 个槽位。

传输子架上的业务单板一般采用支线合一单板,主要有光转发板和汇聚板,各单板功能见表 4-14。

ZXMP M820 集中交叉(简称 CX)子架面板如图 4-49 所示。时钟交叉板(CSU/CSUB)安插于 7、8 槽位,两槽位单板类型必须相同。默认槽位 7 为主用插槽,槽位 8 为备用插槽。1～6,9～13 槽位配置支路板、线路板等业务单板。

图 4-48　ZXMP M820 传输子架

表 4-14　M820 的支线合一单板

单板名称	代号	功　　能
光转发板	OTUF	带 FEC 功能 STM-1\\4\\16↔OTU1
	EOTU10G	STM-64、10GE↔OTU2
	SOTU2.5G	STM-16↔OTU1
	SOTU10G	STM-64↔OTU2
	TST3	STM-256↔OTU3
汇聚板	GEM	2 路 GE↔OTU1 或 OTU2
	GEM8	8 路 GE↔OTU2
	SRM42	4 路 STM-1\\4↔OTU1
	SRM41	4 路 STM-16↔OTU2
	MQT3	4 路 STM-64\\10GE↔OTU3

　　电层调度是 OTN 与 DWDM 最大的区别,OTN 通过时钟交叉板来实现支路板和线路板之间的电层调度。时钟交叉板是安装在 CX 子架上的 7、8 槽位,通常配置 2 块,主要实现交叉功能和时钟功能。接收来自 CX 子架各业务板的背板业务信号,进行交叉处理,并将处理后的信号送至各业务板。业务交叉容量为 48×48 路 ODU1 或 ODUa 背板信号。CX 子架没有外部时钟输入输出。对于输入的不同级别的时钟,根据一定的算法,选择最优时钟作为系统时钟。输入时钟支持线路时钟、外时钟和来自另一块交叉板的时钟。将系统时钟转换成各种格式的时钟信号输出,分配给 CX 子架各业务板作为参考时钟,同时也可作为外时钟输出,或提供给另

一块交叉板。M820 的支路板与线路板见表 4-15。此外,CSU/CSUB 单板还接收 APS 控制模块发送的 APS 命令,实现电层业务保护倒换。

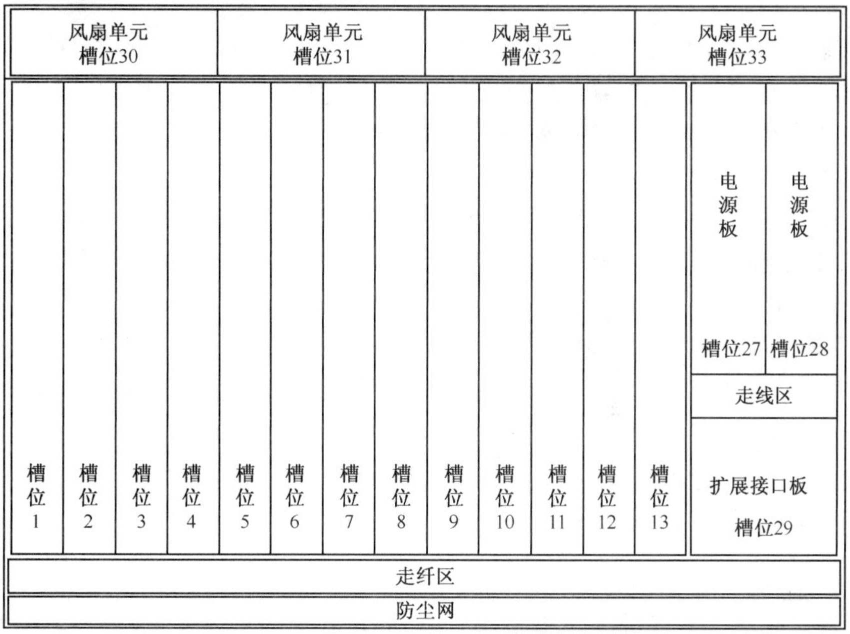

图 4-49　ZXMP M820 集中交叉子架面板

表 4-15　M820 的支路板与线路板

单板名称	代号	功　能
数据业务汇聚板(C 型)	DSAC	8 路 GE↔4 路 ODU1
SDH 业务接入单元(C 型)	SAUC	4 路 STM-16↔4 路 ODU1
8 路客户业务混合接入板(B 型)	COM/COMB	8 路 GE 或 4 路 STM-16↔4 路 ODU1
SDH 业务群路汇聚板(B 型支路板)	SMUB\\C	STM-64、10GE-LAN↔ODU2
SDH 业务群路汇聚板(B 型线路板)	SMUB\\L	SMUB\\LS1:4 路 ODU1↔OTU2 SMUB\\LS2:1 路 ODU2↔OTU2
2 路 10 G 业务接入客户板	CD2	STM-64↔ODU2 或 10GE↔ODU2e
2 路 10 G 业务接入线路板	LD2	1 路 ODU2↔OTU2

ZXMP M820 交叉板有 CSU 和 CSUB 两种单板类型。CSU 支持 10 G 背板速率,实现 COM、DSAC、SAUC、SMUB/C 与 SMUB/L 之间的交叉连接。CSUB 支持 20 G 背板速率,实现 COMB、CD2 与 LD2 之间的交叉连接。

二、任务实施

本任务为中兴 M820 站 O1 ~ 站 O4 网元配置单板,使之分别作为 40 × 10 G OTM、OLA、OADM、OXC 使用。

1. 材料准备

高 2 m 的 19 英寸机柜,ZXMP M820 子架 4 套,单板若干,ZXONM E300 网管 1 套,G.655 光纤跳线若干根。

2. 实施步骤

在 OTN 网管系统上进行数据配置的时候,网元先设为离线状态。当所有数据配置完成后,将网元改为在线,下载网元数据库。数据下载后设备即可正常运行。

OTN 传输系统数据配置与 SDH 大致相同,区别在于 OTN 网元内部单板间也需要使用光纤连接。OTN 传输系统数据配置依据如下步骤进行:创建网元→配置单板→建立网元间光纤连接→建立网元内连接→配置时钟源→配置复用段保护→配置业务→配置公务。

(1)启动网管:启动 Server – >启动 GUI

点击[开始→程序→ZXONM E300→Server]启动 Server,启动成功后工具栏右下角会出现🖳图标。点击[开始→程序→ZXONM E300→GUI]启动 GUI,用户名:root,密码为空。

(2)创建网元

OTN 网元规划见表 4-16。根据下列网元规划创建站 O1～站 O4 网元。

表 4-16　OTN 网元规划

网元名称	网元标识	网元地址	系统类型	设备类型	网元类型	速率等级	在线/离线	子架
站 O1	31	192.3.31.18	ZXMP M820	ZXMP M820	OTM	40×10 G	离线	CWP10U 主子架、CX 子架
站 O2	32	192.3.32.18	ZXMP M820	ZXMP M820	OLA	40×10 G	离线	CWP10U 主子架
站 O3	33	192.3.33.18	ZXMP M820	ZXMP M820	OADM	40×10 G	离线	CWP10U 主子架、CX 子架
站 O4	34	192.3.34.18	ZXMP M820	ZXMP M820	OXC	40×10 G	离线	CWP10U 主子架、CWP10U 从子架、CX 子架

创建网元步骤如下:在客户端操作窗口中,单击[设备管理→创建网元]选项,或单击工具条中的 🖿 按钮,弹出创建网元对话框。通过定义网元的名称、标识、IP 地址(192.3.×.18)、系统类型、设备类型、网元类型、速率等级、网元状态(离线)等参数,在网管客户端创建网元,如图 4-50 和图 4-51 所示。

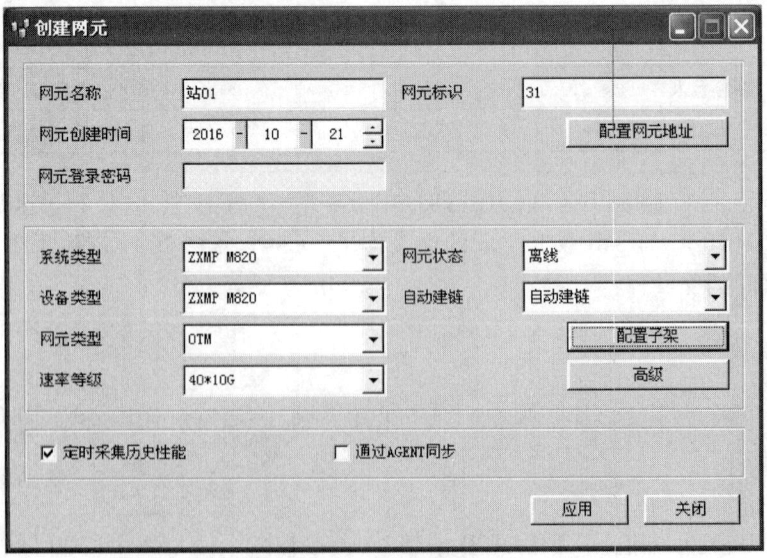

图 4-50　创建网元

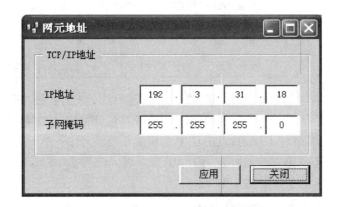

图 4-51　设置网元 IP 地址

CWP10U 子架用于安插主控板和分波合波板。当网元业务的上下采用支路板和线路板实现时,需要添加 CX 子架来实现支路板和线路板之间交叉连接,如图 4-52 所示。

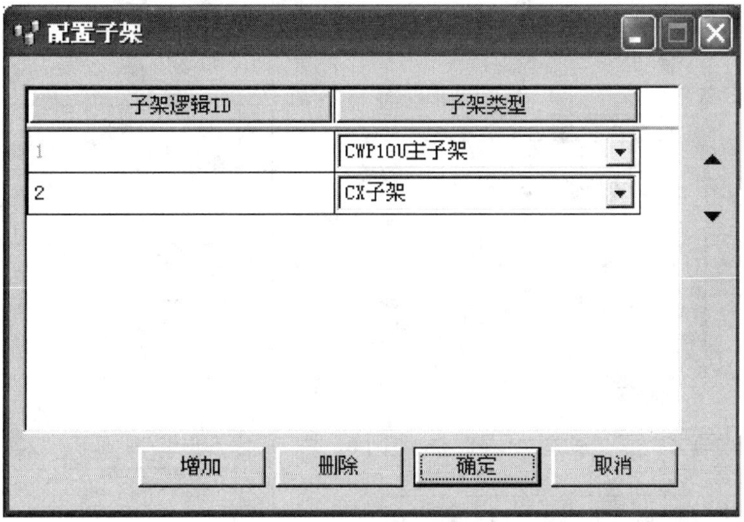

图 4-52　配置子架

若添加错误网元,可以根据下列方法删除网元:选中要删除的网元,确保网元处于离线状态,单击[设备管理→删除网元]选项,点击"确定",即可删除网元。如果要删除的网元中已配置有网元内光纤或业务,需要先删除网元内光纤和业务,并使网元处于离线状态,才能删除网元。

(3)安装单板

①为站 O1 配置单板,使之作为提供一个 40×10 G 波分线路接口的 OTM 使用,支持 2 路 GE、4 路 STM-4、8 路 STM-16、1 路 STM-64 光信号业务。

OTM 有一个波分线路接口,也支持光支路信号,需要配置 CWP10U 主子架和一个 CX 子架。

基本单板配置:每个子架需配置 SFANA 四块、SPWA 两块、SEIA 一块,CWP10U 主子架需配置 SNP 两块,CX 子架需配置 CSU(或 CSUB)两块。站 O1 业务单板配置见表 4-17。

表 4-17　站 O1 业务单板配置

网元名称＼单板名称	SOSC	OMU40	SEOBA	ODU40	SEOPA	GEM	SRM42	SRM41	SAUC	SMUB/LS1	SOTU10G
站 O1	1 块	1 块	1 块	1 块	1 块	1 块	1 块	1 块	1 块	1 块	1 块

　　双击拓扑图中的站 O1 网元图标,弹出子架配置界面,依次安装 SFANA、SPWA、SEIA,SNP、CSU、SOSC、OMU40、SEOBA、ODU40、SEOPA、GEM8、SRM42、SRM41、SAUC、SMUB/LS1、SOTU10G 等单板。安装单板步骤为:点击选中右侧的单板类型,子架上可配置该单板的槽位将变成亮黄色,单击选中要安装的槽位,添加手工单板。已安装 SFANA、SPWA、SEIA、SNP、CSU、SOSC 等基本单板的子架如图 4-53 所示。

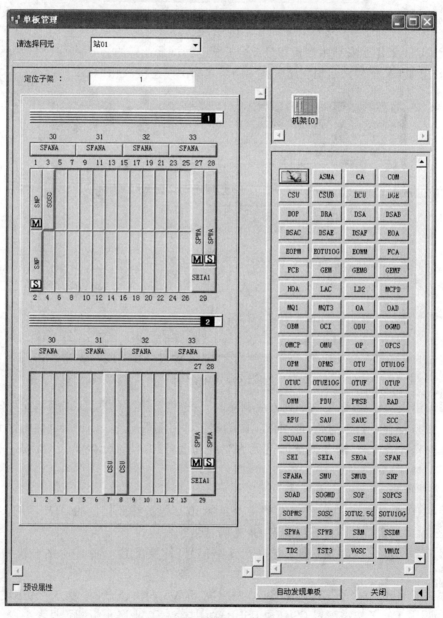

图 4-53　已安装基本单板的子架

在安装 OMU40、SEOBA、ODU40、SEOPA、SRM41、SAUC、SMUB/LS1 等单板时,在选中安装槽位前,需要勾选左下侧预设属性,进行单板的参数设置。

安装 OMU40 合波单板时,选择 OMU 类型,设置通道数为 OMU40,如图 4-54 所示。

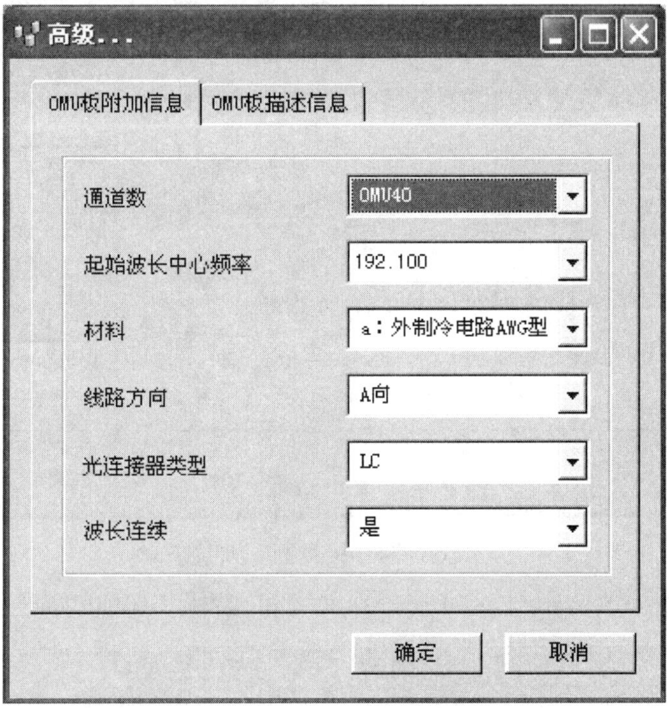

图 4-54　OMU40 单板参数设置

安装 SEOBA 功率光放大单板时,选择 SEOA 类型,设置模块类型为 SEOBA,如图 4-55 所示。

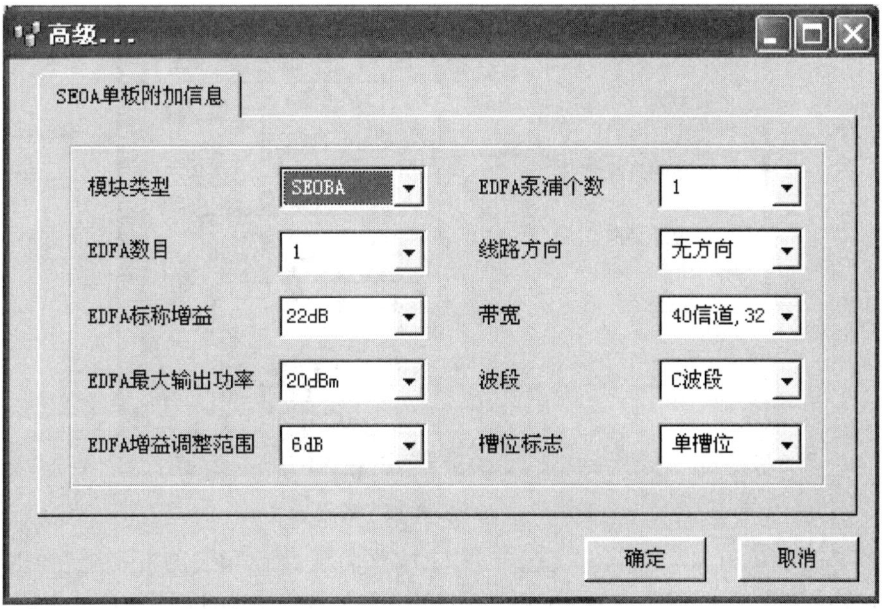

图 4-55　SEOBA 单板参数设置

安装 SEOPA 前置光放大单板时,选择 SEOA 类型,设置模块类型为 SEOPA,如图 4-56 所示。

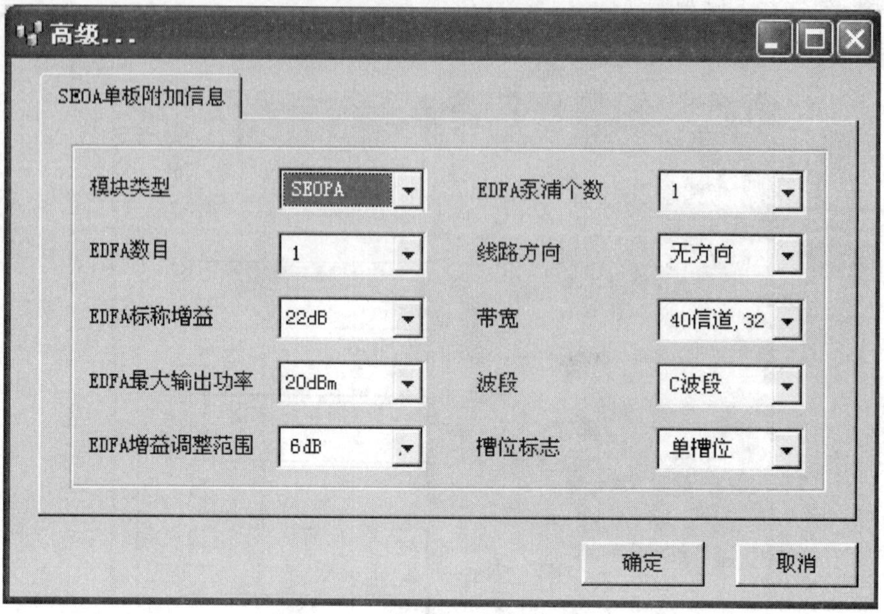

图 4-56　SEOPA 单板参数设置

安装 ODU40 分波单板时,选择 ODU 类型,设置通道数为 ODU40,如图 4-57 所示。

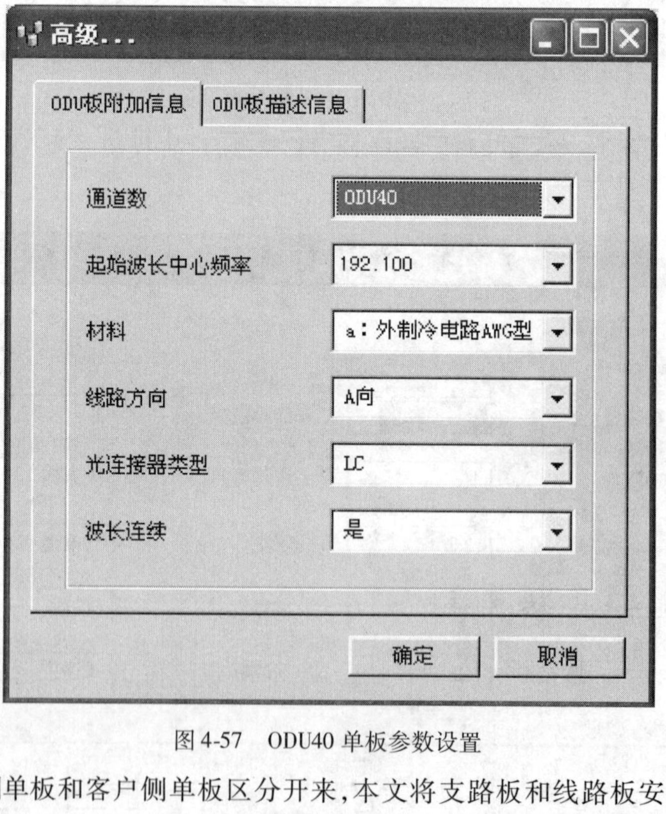

图 4-57　ODU40 单板参数设置

为了将波分侧单板和客户侧单板区分开来,本文将支路板和线路板安装在 CX 子架上。安装 GEM 支线路合一单板时,选择 GEM 类型,支持通路数选择为 2,群路速率选择为 2.5 G,激光器制冷选择为有制冷,群路接收器类型选择为 APD,群路模块频率选择为 192.100 THz,

线路方向为 A 向,如图 4-58 所示。

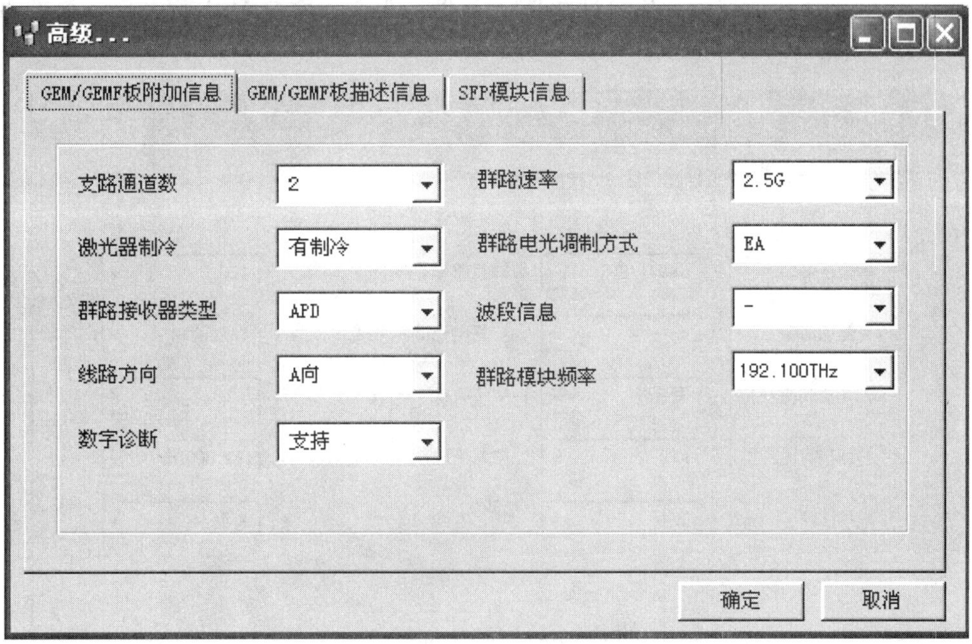

图 4-58   GEM 单板参数设置

安装 SRM42 支线路合一单板时,选择 SRM 类型,单板子类型选择为 SRM42,群路速率选择为 2.5 G,激光器制冷选择为有制冷,群路接收器类型选择为 APD,群路模块频率选择为 192.200 THz,线路方向为 A 向,如图 4-59 所示。

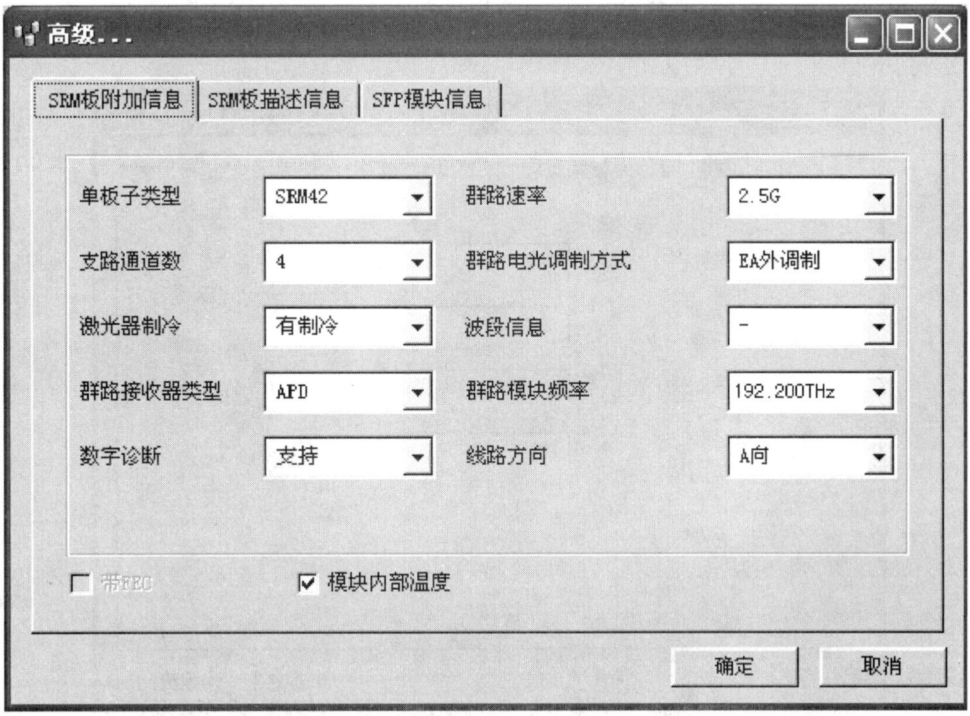

图 4-59   SRM42 单板参数设置

安装 SRM41 支线路合一单板时,选择 SRM 类型,单板子类型选择为 SRM41/SDH,群路速率选择为 10 G,激光器制冷选择为有制冷,群路接收器类型选择为 APD,群路模块频率选择为 192.300 THz,线路方向为 A 向,如图 4-60 所示。

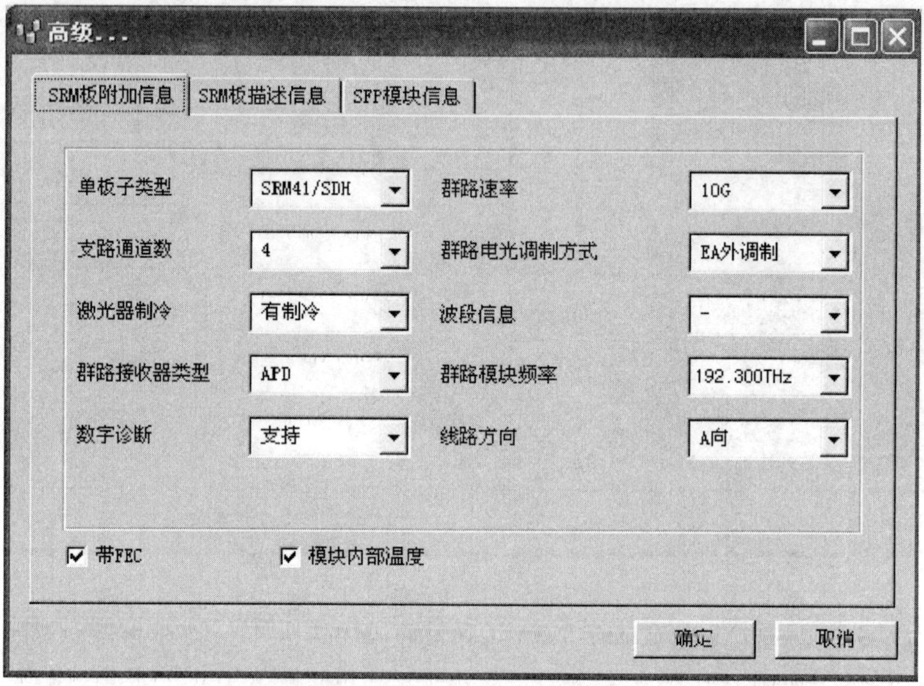

图 4-60   SRM41 单板参数设置

安装 SAUC 支路单板时,选择 SAUC 类型,单板配置类型选择为 SAUC/S,单板硬件类型选择为 SAUC,线路方向为 A 向,如图 4-61 所示。

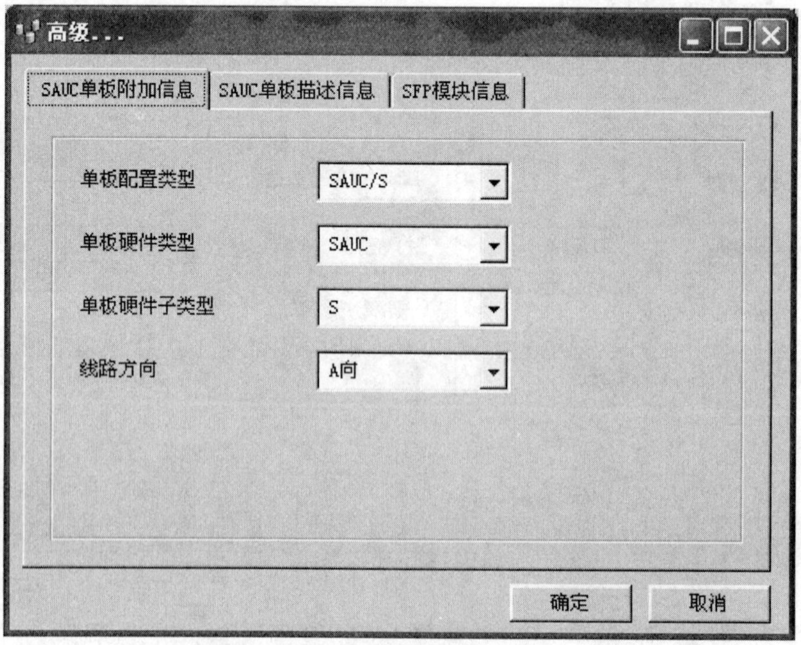

图 4-61   SAUC 单板参数设置

安装 SMUB/LS1 线路单板时,选择 SMUB 类型,单板配置类型选择为 LS1,中心频率/波长选择为 192.400 THz,接收器类型选择为 APD,线路方向为 A 向,如图 4-62 所示。

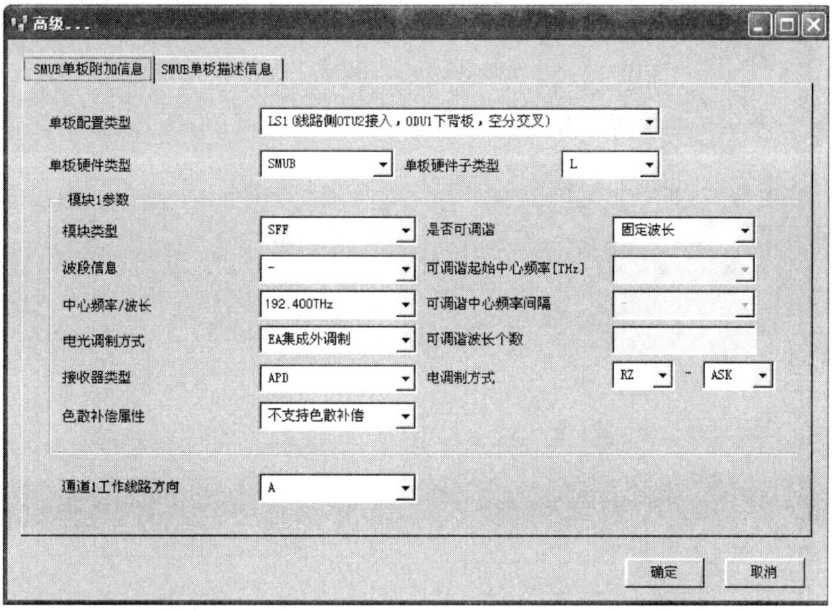

图 4-62　SMUB/LS1 单板参数设置

安装 SOTU10G 光转发单板时,选择 SOTU10G 类型,通道频率选择为 192.500 THz,电光调制方式选择为 EA 外调制,通道接收器类型选择为 APD,线路方向为 A 向,如图 4-63 所示。

OTM 网元所有单板配置完成后如图 4-64 所示。

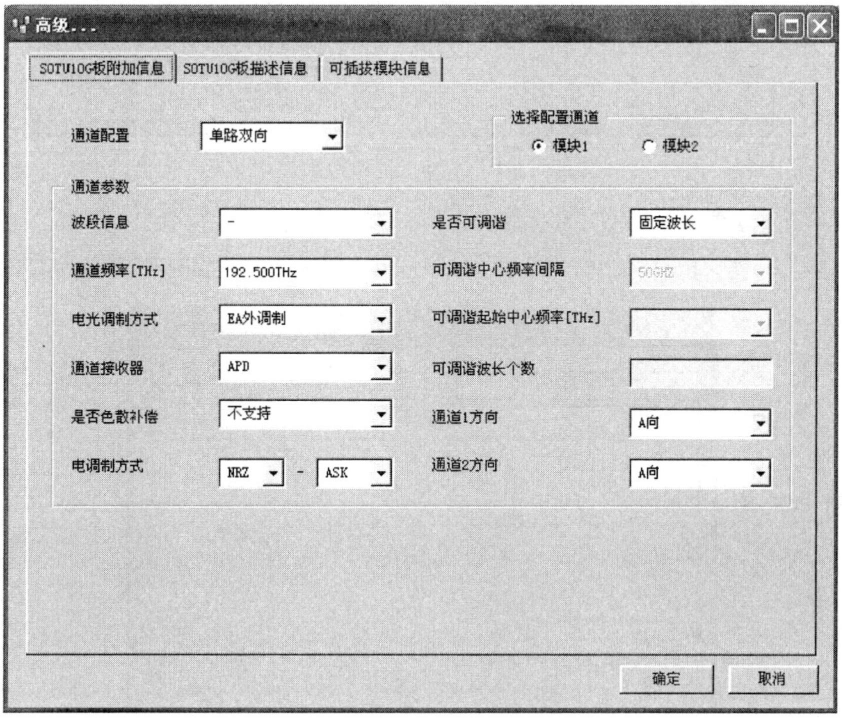

图 4-63　SOTU10G 单板参数设置

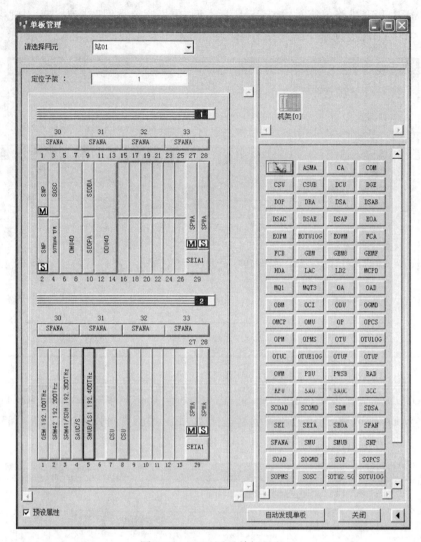

图 4-64　OTM 网元单板配置

②为站 O2 配置单板,使之作为提供两个 40×10 G 线路接口的 OLA 使用。

OLA 有两个波分线路接口,不支持光支路信号,只需要配置 CWP10U 主子架,如图 4-65 所示。

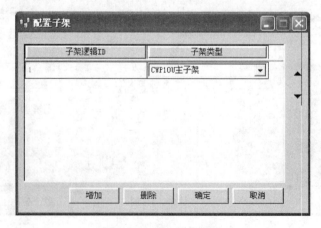

图 4-65　OLA 子架配置

基本单板配置:每个子架需配置 SFANA 四块、SPWA 两块、SEIA 一块,CWP10U 主子架需配置 SNP 两块。站 O2 业务单板配置见表4-18。

表 4-18　站 O2 业务单板配置表

单板名称 网元名称	SOSC	EONA
站 O2	1 块	2 块

安装带色散补偿模块的 EONA 线路光放大单板时,选择 EOA 类型,模块类型选择为 EO-NA,如图4-66 所示。

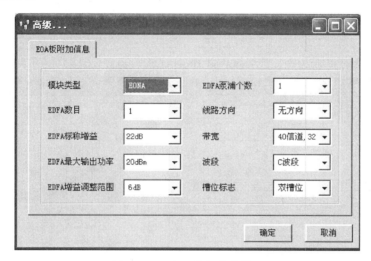

图 4-66　EONA 单板参数设置

OLA 网元所有单板配置完成后如图4-67 所示。

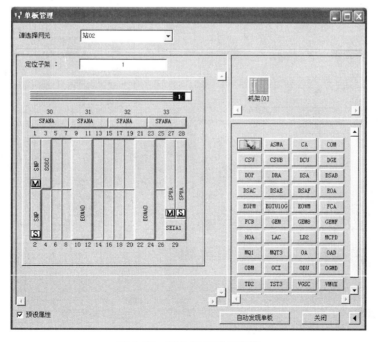

图 4-67　OLA 网元单板配置

③为站 O3 配置单板,使之作为提供一个 40×10 G 波分线路接口的 OADM 使用,支持 2 路 GE、4 路 STM-4、8 路 STM-16、1 路 STM-64 光信号业务。

OADM 有两个波分线路接口,也支持光支路信号,需要配置 CWP10U 主子架和一个 CX 子架。CWP10U 主子架左侧单板提供 A 方向波分线路接口,右侧单板提供 B 方向波分线路接口。

基本单板配置:每个子架需配置 SFANA 四块、SPWA 两块、SEIA 一块,CWP10U 主子架需配置 SNP 两块,CX 子架需配置 CSU(或 CSUB)两块。站 O3 业务单板配置见表 4-19。

表 4-19　站 O3 业务单板配置表

单板名称 网元名称	SOSC	OMU40	SEOBA	ODU40	SEOPA	GEM	SRM42	SRM41	SAUC	SMUB/LS1	SOTU10G
站 O3	1块	2块	2块	2块	2块	2块	2块	2块	2块	2块	2块

OADM 网元所有单板配置完成后如图 4-68 所示。

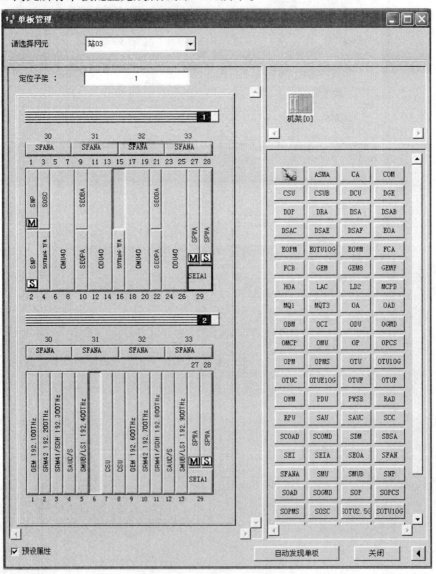

图 4-68　OADM 网元单板配置

CWP10U 主子架(子架 1)槽位 6 上 OMU40 板、槽位 9 上 SEOBA 板、槽位 10 上 SEOPA 板、槽位 12 上 ODU40 板为 OADM 波分线路 A 向,槽位 18 上 OMU40 板、槽位 21 上 SEOBA 板、槽位 22 上 SEOPA 板、槽位 24 上 ODU40 板为 OADM 波分线路 B 向。

CX 子架(子架 2)槽位 1 上 SRM41 板、槽位 3 上 SMUB/LS 板为 OADM 支路 A 向,频率分别设置为 192.100 THz、192.200 THz,槽位 11 上 SRM41 板、槽位 13 上 SMUB/LS 板为 OADM 支路 B 向,频率分别设置为 192.300 THz、192.400 THz。

④为站 O4 配置单板,使之作为提供三个 40×10 G 线路接口的 OXC 使用,支持两个方向 2 路 GE、4 路 STM-4、8 路 STM-16、1 路 STM-64 光信号业务的上下,以及一个方向 2 路 GE、4 路 STM-4、4 路 STM-16、1 路 STM-64 光信号业务的上下。

OXC 有多个波分线路接口,也支持光支路信号。当有三个波分线路接口时,需要配置 CWP10U 主子架、一个 CWP10U 从子架、一个 CX 子架,如图 4-69 所示。CWP10U 主子架左侧单板提供 A 方向波分线路接口,右侧单板提供 B 方向波分线路接口。CWP10U 从子架左侧单板提供 C 方向波分线路接口。

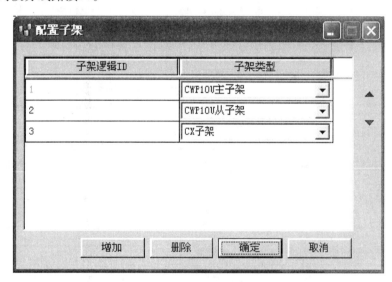

图 4-69   OXC 子架配置

基本单板配置:每个子架需配置 SFANA 四块、SPWA 两块、SEIA 一块。CWP10U 主子架需配置 SNP 两块,CWP10U 从子架需配置 SCC 一块(提供 CWP10U 主子架和 CWP10U 从子架之间的通信),CX 子架需配置 CSU(或 CSUB)两块。站 O4 业务单板配置见表 4-20。

表 4-20   站 O4 业务单板配置

单板名称 网元名称	SOSC	OMU40	SEOBA	ODU40	SEOPA	GEM	SRM42	SRM41	SAUC	SMUB/LS1	SOTU10G
站 O4	1 块	3 块	3 块	3 块	3 块	3 块	3 块	3 块	2 块	2 块	3 块

OXC 网元所有单板配置完成后如图 4-70 所示。

CWP10U 主子架(子架 1)槽位 6 上 OMU40 板、槽位 9 上 SEOBA 板、槽位 10 上 SEOPA 板、槽位 12 上 ODU40 板为 OADM 波分线路 A 向,槽位 18 上 OMU40 板、槽位 21 上 SEOBA 板、槽位 22 上 SEOPA 板、槽位 24 上 ODU40 板为 OADM 波分线路 B 向。CWP10U 从子架(子架 2)槽位 6 上 OMU40 板、槽位 9 上 SEOBA 板、槽位 10 上 SEOPA 板、槽位 12 上 ODU40 板为 OADM

波分线路 C 向。

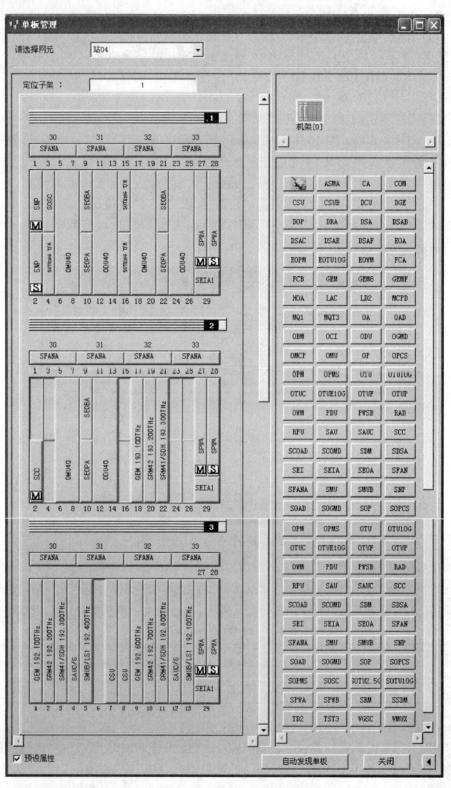

图 4-70　OXC 单板配置

CX 子架(子架 3)槽位 1 上 SRM41 板、槽位 3 上 SMUB/LS 板为 OADM 支路 A 向,频率分别设置为 192. 100 THz、192. 200 THz,槽位 4 上 SRM41 板、槽位 6 上 SMUB/LS 板为 OADM 支路 B 向,频率分别设置为 192. 300 THz、192. 400 THz,槽位 11 上 SRM41 板、槽位 13 上 SMUB/LS 板为 OADM 支路 B 向,频率分别设置为 192. 500 THz、192. 600 THz。

任务 2:建立 OTN 系统拓扑

任务:掌握不同 OTN 传输系统网络结构的特点。
要求:能组建环带链 OTN 传输网拓扑。

一、知识准备

OTN 传输系统是由网元和连接网元的传输介质构成的。根据网元之间的连接关系,OTN 传输网的拓扑结构与 SDH 传输网相同,有链形、星形、树形、环形和网孔形,以及由这四种拓扑组合成的其他复杂拓扑网络,如环带链、相切环网络。环带链网络较为典型,本项目以环带链 OTN 传输网为例,说明 OTN 传输系统的组建。

二、任务实施

本任务的目的是建立 40 波环带链 OTN 传输网。所有两个相邻站之间均在 50 km 左右。站 O3 为中心网元,连接网管服务器。站 O1 与站 O3、站 O4 之间各有 1 个 STM-64 光信号业务,站 O3 和站 O4 之间有 4 个 STM-16 光信号业务,站 O3 与站 O5 之间有 4 个 STM-4 光信号业务,站 O3 和站 O6 之间有 2 个 GE 光信号业务。站 O3 和站 O4 之间的光信号业务采用支路板和线路板分开方式实现,其他光信号业务采用支线合一板实现。

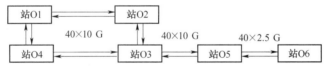

图 4-71　环带链 OTN 传输网拓扑结构

1. 材料准备

高 2 m 的 19 英寸机柜,ZXMP M820 子架 6 套,单板若干,ZXONM E300 网管 1 套,G. 655 光纤跳线若干根。

2. 实施步骤

在网管系统上进行数据配置的时候,网元先设为离线状态。当所有数据配置完成后,将网元改为在线,下载网元数据库。数据下载后设备即可正常运行。

(1)启动网管

(2)创建网元

规划并填写网元参数表,见表 4-21。根据网元参数表创建站 O1 至站 O6 网元。

表 4-21　网元参数表

网元名称	网元标识	网元地址	系统类型	设备类型	网元类型	速率等级	在线/离线	子架
站 O1	31	192. 3. 31. 18	ZXMP M820	ZXMP M820	OADM	40 × 10 G	离线	CWP10U 主子架

续上表

网元名称	网元标识	网元地址	系统类型	设备类型	网元类型	速率等级	在线/离线	子架
站 O2	32	192. 3. 32. 18	ZXMP M820	ZXMP M820	OLA	40×10 G	离线	CWP10U 主子架
站 O3	33	192. 3. 33. 18	ZXMP M820	ZXMP M820	OXC	40×10 G	离线	CWP10U 主子架、CWP10U 从子架、CX 子架
站 O4	34	192. 3. 34. 18	ZXMP M820	ZXMP M820	OADM	40×10 G	离线	CWP10U 主子架、CX 子架
站 O5	35	192. 3. 35. 18	ZXMP M820	ZXMP M820	OADM	40×10 G	离线	CWP10U 主子架、CWP10U 从子架
站 O6	36	192. 3. 36. 18	ZXMP M820	ZXMP M820	OTM	40×2.5 G	离线	CWP10U 主子架

（3）根据业务需求填写波长规划表，见表 4-22。

表 4-22　OTN 波长规划表

站点 波长	站 M1	站 M3	站 M4	站 M5	站 M6	业务
CH1 192.1 THz	←———→					1×STM-64
CH2 192.2 THz		←————————→				1×STM-64
CH3 192.3 THz			←——→			4×STM-16
CH4 192.4 THz			←————————→			4×STM-4
CH5 192.5 THz			←——————————————→			2×GE

当 OTN 网络上的不同业务使用同一根光纤传输时，要规划不同的波长。

（4）安装单板

规划并填写单板配置表，见表 4-23。OTN 网元的每个子架 27、28 槽位固定安插 2 块 SP-WA 板，29 槽位安插 SEIA1，30、31、32、33 槽位安插 4 块 SFANA 板，CWP10U 主子架 1、2 槽位安插 2 块 SNP 板，CWP10U 主子架 3 槽位安插 1 块 SOSC 板，CWP10U 从子架 1、2 槽位安插 2 块 SCC 板，CX 子架 7、8 槽位安插 2 块 CSU 板，这些公共单板不再在表 4-23 中列出。站 O2 为 OLA 网元，采用增强型光节点放大板（简称 EONA）来实现，完成 SEOPA + SEOBA 的功能。

表 4-23　OTN 业务单板配置

单板名称 网元名称	OMU40	SEOBA	ODU40	SEOPA	EONA	SOTU 10G	SRM42	GEM	SAUC/S	SMUB /LS1
站 O1	2 块 [1-1-6] [1-1-18]	2 块 [1-1-9] [1-1-21]	2 块 [1-1-12] [1-1-24]	2 块 [1-1-10] [1-1-22]	—	2 块 [1-1-4] [1-1-16]	—	—	—	—
站 O2	—	—	—	—	2 块 [1-1-10] [1-1-22]					

续上表

单板名称 网元名称	OMU40	SEOBA	ODU40	SEOPA	EONA	SOTU10G	SRM42	GEM	SAUC/S	SMUB/LS1
站 O3	3 块 [1-1-6] [1-1-18] [1-2-6]	3 块 [1-1-9] [1-1-21] [1-2-9]	3 块 [1-1-12] [1-1-24] [1-2-12]	3 块 [1-1-10] [1-1-22] [1-2-10]	—	1 块 [1-1-4]	1 块 [1-2-20]	1 块 [1-2-22]	1 块 [1-3-12]	1 块 [1-3-13]
站 O4	2 块 [1-1-6] [1-1-18]	2 块 [1-1-9] [1-1-21]	2 块 [1-1-12] [1-1-24]	2 块 [1-1-10] [1-1-22]	—	1 块 [1-1-16]			1 块 [1-2-1]	1 块 [1-2-2]
站 O5	2 块 [1-1-6] [1-1-18]	2 块 [1-1-9] [1-1-21]	2 块 [1-1-12] [1-1-24]	2 块 [1-1-10] [1-1-22]	—	—	1 块 [1-2-4]		—	—
站 O6	1 块 [1-1-6]	1 块 [1-1-9]	1 块 [1-1-12]	1 块 [1-1-10]	—	—		1 块 [1-1-16]		

根据波长规划表和单板配置表建立站 O1 至站 O6 网元,根据表 4-22 配置业务接入和汇聚板的频率。

（5）连接网元间连线

规划并填写各网元间光纤连接表,见表 4-24。根据网元间光纤连接表连接各网元间的连线。

表 4-24　网元间光纤连接

序号	源网元端口号源方向	目的网元端口号目的方向
1	站 O1 的 SEOBA[0-1-21]输出端口 1 发送	站 O2 的 EONA[0-1-10]输入端口 1 接收
2	站 O2 的 EONA[0-1-10]输出端口 1 发送	站 O3 的 SEOPA[0-1-10]输入端口 1 接收
3	站 O3 的 SEOBA[0-1-21]输出端口 1 发送	站 O4 的 SEOPA[0-1-10]输入端口 1 接收
4	站 O4 的 SEOBA[0-1-21]输出端口 1 发送	站 O1 的 SEOPA[0-1-10]输入端口 1 接收
5	站 O1 的 SEOBA[0-1-9]输出端口 1 发送	站 O4 的 SEOPA[0-1-22]输入端口 1 接收
6	站 O4 的 SEOBA[0-1-9]输出端口 1 发送	站 O3 的 SEOPA[0-1-22]输入端口 1 接收
7	站 O3 的 SEOBA[0-1-9]输出端口 1 发送	站 O2 的 EONA[0-1-22]输入端口 1 接收
8	站 O2 的 EONA[0-1-22]输出端口 1 发送	站 O1 的 SEOPA[0-1-22]输入端口 1 接收
9	站 O3 的 SEOBA[0-2-9]输出端口 1 发送	站 O5 的 SEOPA[0-1-10]输入端口 1 接收
10	站 O5 的 SEOBA[0-1-9]输出端口 1 发送	站 O3 的 SEOPA[0-2-10]输入端口 1 接收
11	站 O5 的 SEOBA[0-1-21]输出端口 1 发送	站 O6 的 SEOPA[0-1-10]输入端口 1 接收
12	站 O6 的 SEOBA[0-1-9]输出端口 1 发送	站 O5 的 SEOPA[0-1-22]输入端口 1 接收

根据网元间光纤连接表配置站 O1 与站 O2 网元间的连接。在客户端操作窗口中,选中要建立连接的网元,单击[设备管理→公共管理→连接配置]菜单项,或单击工具条中的 按钮,弹出连接配置对话框,单击[网元间连接配置]选项卡,根据规划表选中源网元的源端口源方向和目的网元的目的端口目的方向,如图 4-72 所示。单击"增加",将网元间连接关系添加到下方的连接配置窗口中,然后点击"应用",拓扑图上的两个网元间将出现光纤连线。

也可以选择自动配置,将板卡依次加入到右侧,点击"查询",然后点击"自动计算",如图 4-73 所示,点击"应用"完成网元间的连接。

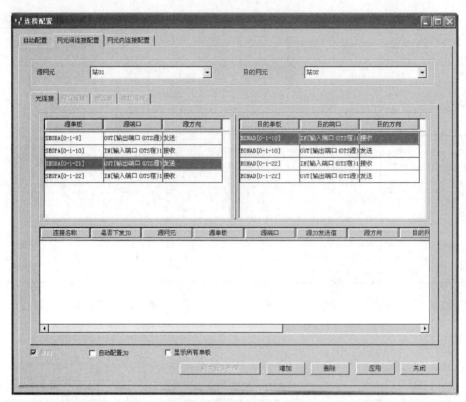

图 4-72　网元间连接手动配置

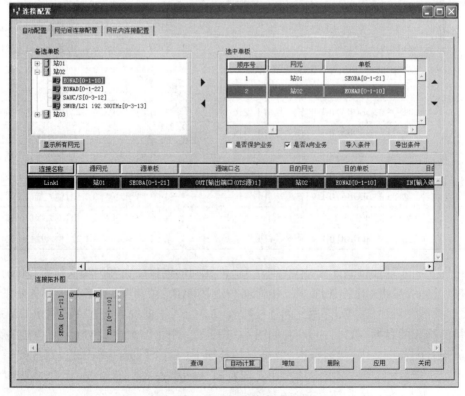

图 4-73　网元间连接自动配置

（6）设置网关网元

选择站点3,选择[设备管理→设置网关网元],将站3添加到右侧网关网元列表中,将站3设置为网关网元,如图4-74所示。

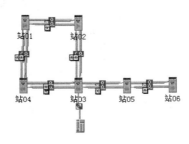

图 4-74　环带链 OTN 网络

任务3:OTN 网元内单板连接

任务:掌握 OTN 各种网元内的信号流图。

要求:能配置 OTN 网元内各单板之间的光纤连接。

一、知识准备

网元内单板间使用光纤连接,需要在网管上进行网元内单板连接。不同网元类型的网元内连线不同。

为了正确连接网元内光纤连接,首先要规定波分侧线路的方向。环上的网元,面向网元,左侧为 A 方向,右侧为 B 方向,分支为 C 方向,如图4-75所示。链上的网元,离中心网元近的一侧为 A 方向,另一侧为 B 方向。

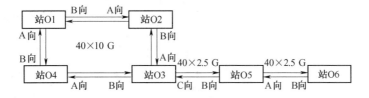

图 4-75　环带链 OTN 传输网拓扑结构

二、任务实施

本任务的目的是配置 OTN 网元内各单板之间的光纤连接。

1. 材料准备

高2 m 的19英寸机柜,ZXMP M820 子架6套,单板若干,ZXONM E300 网管1套,G. 655光纤跳线若干根。

2. 实施步骤

（1）站 O1 网元内连接

站 O1 为 OADM 网元,其内部信号流向如图4-76所示。需要注意的是,SOTU10G[0-1-4]

单板频率为 192.2 THz，与其相连的 OMU40 与 ODU40 单板均要选择 CH2 通道。同理，SO-TU10G[0-1-16]单板频率为 192.1 THz，与其相连的 OMU40 与 ODU40 单板均要选择 CH1 通道。

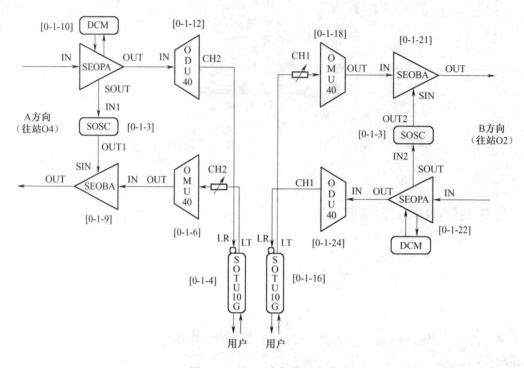

图 4-76　站 O1 内部信号流向

根据网元内信号流向，规划出站 O1 网元内连接配置表，见表 4-25。根据站 O1 网元内连接配置表连接网元内连接。

表 4-25　站 O1 网元内连接配置

A 方向（站 O1——站 O4 方向）					
源单板	源端口	源方向	目的单板	目的端口	目的方向
SOTU10G[0-1-4]	LT[输出端口（OCH 源）1]	发送	OMU40 [0-1-6]	CH2[输入端口（OCH 源）2]	接收
OMU40[0-1-6]	OUT[输出端口（OMS 源）1]	发送	SEOBA[0-1-9]	IN[输入端口（OMS 源）1]	接收
SOSC [0-1-3]	OUT1[监控通道源 1]	发送	SEOBA[0-1-9]	SIN[监控通道宿 1]	接收
SEOPA[0-1-10]	SOUT[监控通道源 1]	发送	SOSC [0-1-3]	IN1[监控通道宿 1]	接收
SEOPA[0-1-10]	OUT[输出端口（OMS 宿）1]	发送	ODU40[0-1-12]	IN[输入端口（OMS 宿）1]	接收
ODU40[0-1-12]	CH2[输出端口（OCH 宿）2]	发送	SOTU10G[0-1-4]	LR[输入端口（OCH 宿）1]	接收
B 方向（站 O1——站 O2 方向）					
源单板	源端口	源方向	目的单板	目的端口	目的方向
SOTU10G[0-1-16]	LT[输出端口（OCH 源）1]	发送	OMU40 [0-1-18]	CH1[输入端口（OCH 源）1]	接收
OMU40[0-1-18]	OUT[输出端口（OMS 源）1]	发送	SEOBA[0-1-21]	IN[输入端口（OMS 源）1]	接收
SOSC [0-1-3]	OUT2[监控通道源 2]	发送	SEOBA[0-1-21]	SIN[监控通道宿 1]	接收

B 方向(站 O1——站 O2 方向)					
源单板	源端口	源方向	目的单板	目的端口	目的方向
SEOPA[0-1-22]	SOUT[监控通道源 1]	发送	SOSC[0-1-3]	IN2[监控通道宿 2]	接收
SEOPA[0-1-22]	OUT[输出端口(OMS 宿)1]	发送	ODU40[0-1-24]	IN[输入端口(OMS 宿)1]	接收
ODU40[0-1-24]	CH1[输出端口(OCH 宿)1]	发送	SOTU10G[0-1-16]	LR[输入端口(OCH 宿)1]	接收

根据表 4-25 所示的网元内连接规划表连接网元内各单板。进入各网元的连接配置对话框的网元内连接配置页面,在[源单板]和[目的单板]下拉列表框中选择"所有单板",检查网元内的连接是否与连接配置表一致。站 O1 网元内连接配置如图 4-77 所示。

图 4-77　站 O1 网元内连接配置

(2)站 O2 网元内连接

站 O2 为 OLA 网元,其内部信号流向如图 4-78 所示。

根据站 O2 网元内信号流向,规划出站 O2 网元内连接配置表,见表 4-26。根据站 O2 网元内连接配置表连接网元内连接。

(3)站 O3 网元内连接

站 O3 为 OXC 网元,有三个方向的波分线路,其内部信号流向如图 4-79 所示。需要注意的是,SOTU10G[0-1-4]单板频率为 192.1 THz,与其相连的 OMU40 与 ODU40 单板均要选择

CH1 通道。SMUB\\LS1[0-3-13]单板频率为192.3 THz,与其相连的OMU40与ODU40单板均要选择CH3通道。SRM42[0-2-20]单板频率为192.4 THz,与其相连的OMU40与ODU40单板均要选择CH4通道。GEM[0-2-22]单板频率为192.5 THz,与其相连的OMU40与ODU40单板均要选择CH5通道。

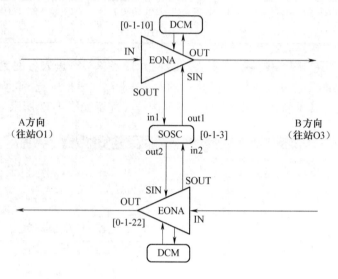

图4-78 站O2内部信号流向

表4-26 站O2网元内连接配置

A 方向(站 O2——站 O1 方向)					
源单板	源端口	源方向	目的单板	目的端口	目的方向
SOSC [0-1-3]	OUT1[监控通道源1]	发送	EONA[0-1-10]	SIN[监控通道宿1]	接收
EONA[0-1-10]	SOUT[监控通道源1]	发送	SOSC [0-1-3]	IN1[监控通道宿1]	接收
B 方向(站 O2——站 O3 方向)					
SOSC [0-1-3]	OUT2[监控通道源2]	发送	EONA[0-1-22]	SIN[监控通道宿1]	接收
EONA[0-1-22]	SOUT[监控通道源1]	发送	SOSC [0-1-3]	IN2[监控通道宿2]	接收

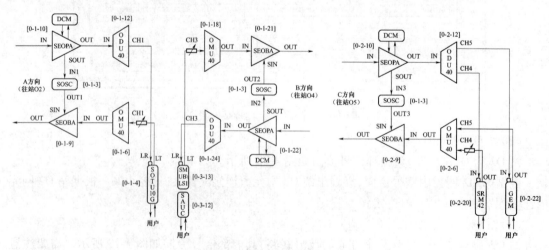

图4-79 站O3内部信号流向

根据网元内信号流向,规划出站 O3 网元内连接配置表,见表 4-27。根据站 O3 网元内连接配置表连接网元内连接。

表 4-27　站 O3 网元内连接配置

A 方向(站 O3——站 O2 方向)					
源单板	源端口	源方向	目的单板	目的端口	目的方向
SOTU10G[0-1-4]	LT[输出端口(OCH 源)1]	发送	OMU40 [0-1-6]	CH1[输入端口(OCH 源)1]	接收
OMU40[0-1-6]	OUT[输出端口(OMS 源)1]	发送	SEOBA[0-1-9]	IN[输入端口(OMS 源)1]	接收
SOSC [0-1-3]	OUT1[监控通道源1]	发送	SEOBA[0-1-9]	SIN[监控通道宿1]	接收
SEOPA[0-1-10]	SOUT[监控通道源1]	发送	SOSC [0-1-3]	IN1[监控通道宿1]	接收
SEOPA[0-1-10]	OUT[输出端口(OMS 宿)1]	发送	ODU40[0-1-12]	IN[输入端口(OMS 宿)1]	接收
ODU40[0-1-12]	CH1[输出端口(OCH 宿)1]	发送	SOTU10G[0-1-4]	LR[输入端口(OCH 宿)1]	接收
B 方向(站 O3——站 O4 方向)					
源单板	源端口	源方向	目的单板	目的端口	目的方向
SMUB\\LS1[0-3-13]	LT[输出端口(OCH 源)1]	发送	OMU40 [0-1-18]	CH3[输入端口(OCH 源)3]	接收
OMU40[0-1-18]	OUT[输出端口(OMS 源)1]	发送	SEOBA[0-1-21]	IN[输入端口(OMS 源)1]	接收
SOSC [0-1-3]	OUT2[监控通道源2]	发送	SEOBA[0-1-21]	SIN[监控通道宿1]	接收
SEOPA[0-1-22]	SOUT[监控通道源1]	发送	SOSC [0-1-3]	IN2[监控通道宿2]	接收
SEOPA[0-1-22]	OUT[输出端口(OMS 宿)1]	发送	ODU40[0-1-24]	IN[输入端口(OMS 宿)1]	接收
ODU40[0-1-24]	CH3[输出端口(OCH 宿)3]	发送	SMUB\\LS1[0-3-13]	LR[输入端口(OCH 宿)1]	接收
C 方向(站 O3——站 O5 方向)					
源单板	源端口	源方向	目的单板	目的端口	目的方向
SRM42[0-2-20]	OUT[输出端口(OCH 源)1]	发送	OMU40 [0-2-6]	CH4[输入端口(OCH 源)4]	接收
GEM[0-2-22]	OUT1[输出端口(OCH 源)1]	发送	OMU40 [0-2-6]	CH5[输入端口(OCH 源)5]	接收
OMU40[0-2-6]	OUT[输出端口(OMS 源)1]	发送	SEOBA[0-2-9]	IN[输入端口(OMS 源)1]	接收
SOSC [0-1-3]	OUT3[监控通道源3]	发送	SEOBA[0-2-9]	SIN[监控通道宿1]	接收
SEOPA[0-2-10]	SOUT[监控通道源1]	发送	SOSC [0-1-3]	IN3[监控通道宿3]	接收
SEOPA[0-2-22]	OUT[输出端口(OMS 宿)1]	发送	ODU40[0-2-12]	IN[输入端口(OMS 宿)1]	接收
ODU40[0-2-12]	CH4[输出端口(OCH 宿)4]	发送	SRM42[0-2-20]	LR[输入端口(OCH 宿)1]	接收
ODU40[0-2-12]	CH5[输出端口(OCH 宿)5]	发送	GEM[0-2-22]	IN1[输入端口(OCH 宿)1]	接收

(4)站 O4 网元内连接

站 O4 为 OADM 网元,其内部信号流向如图 4-80 所示。需要注意的是,SOTU10G[0-1-16] 单板频率为 192.2 THz,与其相连的 OMU40 与 ODU40 单板均要选择 CH2 通道。SMUB\\LS1 [0-2-2]单板频率为 192.3 THz,与其相连的 OMU40 与 ODU40 单板均要选择 CH3 通道。

根据网元内信号流向,规划出站 O4 网元内连接配置,见表 4-28。根据站 O4 网元内连接配置表连接网元内连接。

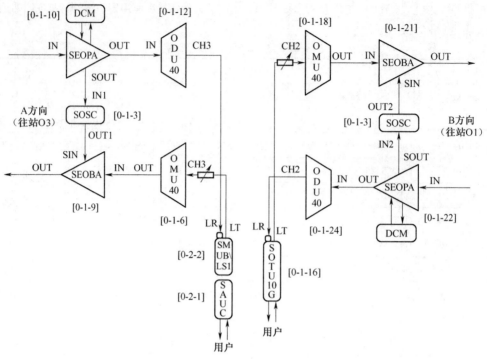

图 4-80　站 O4 内部信号流向

表 4-28　站 O4 网元内连接配置

A 方向(站 O4——站 O3 方向)					
源单板	源端口	源方向	目的单板	目的端口	目的方向
SMUB\\LS1[0-2-2]	LT[输出端口(OCH 源)1]	发送	OMU40[0-1-6]	CH3[输入端口(OCH 源)3]	接收
OMU40[0-1-6]	OUT[输出端口(OMS 源)1]	发送	SEOBA[0-1-9]	IN[输入端口(OMS 源)1]	接收
SOSC[0-1-3]	OUT1[监控通道源1]	发送	SEOBA[0-1-9]	SIN[监控通道宿1]	接收
SEOPA[0-1-10]	SOUT[监控通道源1]	发送	SOSC[0-1-3]	IN1[监控通道宿1]	接收
SEOPA[0-1-10]	OUT[输出端口(OMS 宿)1]	发送	ODU40[0-1-12]	IN[输入端口(OMS 宿)1]	接收
ODU40[0-1-12]	CH3[输出端口(OCH 宿)3]	发送	SMUB\\LS1[0-2-2]	LR[输入端口(OCH 宿)1]	接收
B 方向(站 O4——站 O1 方向)					
源单板	源端口	源方向	目的单板	目的端口	目的方向
SOTU10G[0-1-16]	LT[输出端口(OCH 源)1]	发送	OMU40[0-1-18]	CH2[输入端口(OCH 源)2]	接收
OMU40[0-1-18]	OUT[输出端口(OMS 源)1]	发送	SEOBA[0-1-21]	IN[输入端口(OMS 源)1]	接收
SOSC[0-1-3]	OUT2[监控通道源1]	发送	SEOBA[0-1-21]	SIN[监控通道宿1]	接收
SEOPA[0-1-22]	SOUT[监控通道源1]	发送	SOSC[0-1-3]	IN2[监控通道宿1]	接收
SEOPA[0-1-22]	OUT[输出端口(OMS 宿)1]	发送	ODU40[0-1-24]	IN[输入端口(OMS 宿)1]	接收
ODU40[0-1-24]	CH2[输出端口(OCH 宿)2]	发送	SOTU10G[0-1-16]	LR[输入端口(OCH 宿)1]	接收

(5)站 O5 网元内连接

站 O5 为 OADM 网元,其内部信号流向如图 4-81 所示。需要注意的是,SRM42[0-2-2]单板频率为 192.4 THz,与其相连的 OMU40 与 ODU40 单板均要选择 CH4 通道。站 3 至站 6 之间的 2 个 GE 业务频率为 192.5 THz,需要在站 5 配置穿透,具体做法是 A 方向 ODU 单板的

CH5 通道连接至 B 方向 OMU 单板的 CH5 通道,B 方向 ODU 单板的 CH5 通道连接至 A 方向 OMU 单板的 CH5 通道。

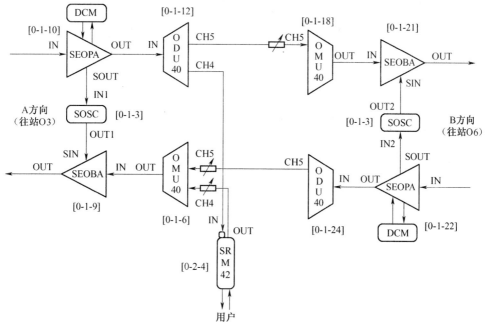

图 4-81　站 O5 内部信号流向

根据网元内信号流向,规划出站 O5 网元内连接配置,见表 4-29。根据站 O5 网元内连接配置表连接网元内连接。

表 4-29　站 O5 网元内连接配置

A 方向(站 O5——站 O3 方向)					
源单板	源端口	源方向	目的单板	目的端口	目的方向
SRM42[0-2-4]	OUT[输出端口(OCH 源)1]	发送	OMU40 [0-1-6]	CH4[输入端口(OCH 源)4]	接收
OMU40[0-1-6]	OUT[输出端口(OMS 源)1]	发送	SEOBA[0-1-9]	IN[输入端口(OMS 源)1]	接收
SOSC [0-1-3]	OUT1[监控通道源2]	发送	SEOBA[0-1-9]	SIN[监控通道宿1]	接收
SEOPA[0-1-10]	SOUT[监控通道源1]	发送	SOSC [0-1-3]	IN1[监控通道宿2]	接收
SEOPA[0-1-10]	OUT[输出端口(OMS 宿)1]	发送	ODU40[0-1-12]	IN[输入端口(OMS 宿)1]	接收
ODU40[0-1-12]	CH4[输出端口(OCH 宿)4]	发送	SRM42[0-2-4]	IN[输入端口(OCH 宿)1]	接收
B 方向(站 O5——站 O6 方向)					
源单板	源端口	源方向	目的单板	目的端口	目的方向
OMU40[0-1-18]	OUT[输出端口(OMS 源)1]	发送	SEOBA[0-1-21]	IN[输入端口(OMS 源)1]	接收
SOSC [0-1-3]	OUT2[监控通道源1]	发送	SEOBA[0-1-21]	SIN[监控通道宿1]	接收
SEOPA[0-1-22]	SOUT[监控通道源1]	发送	SOSC [0-1-3]	IN2[监控通道宿1]	接收
SEOPA[0-1-22]	OUT[输出端口(OMS 宿)1]	发送	ODU40[0-1-24]	IN[输入端口(OMS 宿)1]	接收
穿透业务(站 3－站 6)					
源单板	源端口	源方向	目的单板	目的端口	目的方向
ODU40[0-1-12]	CH5[输出端口(OCH 宿)5]	发送	OMU40 [0-1-18]	CH5[输入端口(OCH 源)5]	接收
ODU40[0-1-24]	CH5[输出端口(OCH 宿)5]	发送	OMU40 [0-1-6]	CH5[输入端口(OCH 源)5]	接收

（6）站 O6 网元内连接

站 O6 为 OTM 网元,其内部信号流向如图 4-82 所示。需要注意的是,GEM[0-1-16]单板频率为 192.5 THz,与其相连的 OMU40 与 ODU40 单板均要选择 CH5 通道。

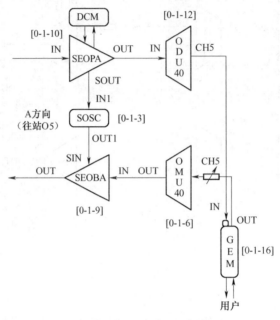

图 4-82　站 O6 内部信号流向

根据网元内信号流向,规划出站 O6 网元内连接配置表,见表 4-30。根据站 O6 网元内连接配置表连接网元内连接。

表 4-30　站 O6 网元内连接配置

A 方向(站 O6——站 O5 方向)					
源单板	源端口	源方向	目的单板	目的端口	目的方向
GEM[0-1-16]	OUT[输出端口(OCH 源)1]	发送	OMU40 [0-1-6]	CH5[输入端口(OCH 源)5]	接收
OMU40[0-1-6]	OUT[输出端口(OMS 源)1]	发送	SEOBA[0-1-9]	IN[输入端口(OMS 源)1]	接收
SOSC [0-1-3]	OUT1[监控通道源 2]	发送	SEOBA[0-1-9]	SIN[监控通道宿 1]	接收
SEOPA[0-1-10]	SOUT[监控通道源 1]	发送	SOSC [0-1-3]	IN1[监控通道宿 2]	接收
SEOPA[0-1-10]	OUT[输出端口(OMS 宿)1]	发送	ODU40[0-1-12]	IN[输入端口(OMS 宿)1]	接收
ODU40[0-1-12]	CH5[输出端口(OCH 宿)5]	发送	GEM[0-1-16]	IN[输入端口(OCH 宿)1]	接收

任务 4:OTN 系统业务开通

任务:理解 OTN 业务的种类。
要求:能开通 OTN 传输系统站点间的业务。

一、知识准备

OTN 传输网络可以传送 IP、SDH、ODU、1/10/100GE、ATM 等多种业务,它不仅支持业务信号的光层调度,还支持电层调度。根据电层速率与光层速率是否一致,可以分为非汇聚业务和汇聚业务。针对非汇聚业务,OTN 传输网将业务映射成相应的 ODUk,并加上开销形成相应的 OTUk 在光纤上传输。针对汇聚业务,OTN 传输网首先将低速的业务信号复用成高阶的 ODUk,然后再加上开销成相应的 OTUk 在光纤上传输。

二、任务实施

本任务的目的是在建立了环带链 OTN 传输系统拓扑和网元内连接的基础上,实现业务开通:站 O1 与站 O3、站 O4 之间各有 1 个 STM-64 光信号业务,站 O3 和站 O4 之间有 4 个 STM-16 光信号业务,站 O3 与站 O5 之间有 4 个 STM-4 光信号业务,站 O3 和站 O6 之间有 2 个 GE 光信号业务。

1. 材料准备

高 2 m 的 19 英寸机柜,ZXMP M820 子架 6 套,单板若干,ZXONM E300 网管 1 套,G. 655 光纤跳线若干根。

2. 实施步骤

(1)启动 SNMS

单击[系统→SNMS 功能启用设置]进入 SNMS 功能启用设置对话框,单击"启用"按钮,启用 SNMS 功能,如图 4-83 所示。

(2)建立管理客户

单击[配置→客户管理]进入客户管理对话框,输入客户 ID、客户名称,选择创建时间、有效截止时间、信用等级,点击"应用",建立管理客户,如图 4-84 所示。

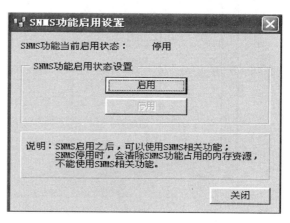

图 4-83　启用 SNMS 功能

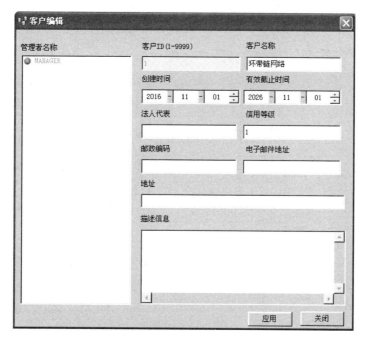

图 4-84　建立管理客户

（3）光层业务配置

①搜索 OTS

单击［配置→PC 资源管理］进入 PC 资源管理界面，单击［SNMS 资源配置→OTS 搜索］查看光层的 OTS 资源。OTS 为一个网元 SEOBA 至另一个网元 SEOPA 之间的光层连接，环带链形 OTN 网络应有 12 条往返 OTS 资源信息，如图 4-85 所示。若搜索出来的 OTS 不正确，检查网元间的光纤连线是否有误。

图 4-85　OTS 资源搜索

②搜索 OMS

在 PC 资源管理界面，单击［SNMS 资源配置→OMS 搜索］查看光层的 OMS 资源。OMS 为一个网元 OMU 至另一个网元 ODU 之间的光层连接，环带链形 OTN 网络应有 10 条往返 OMS 资源信息，如图 4-86 所示。若 OTS 正确，但 OMS 不正确，检查网元内 OMU 至 OBA、OPA 至 ODU 之间的连线是否有误。

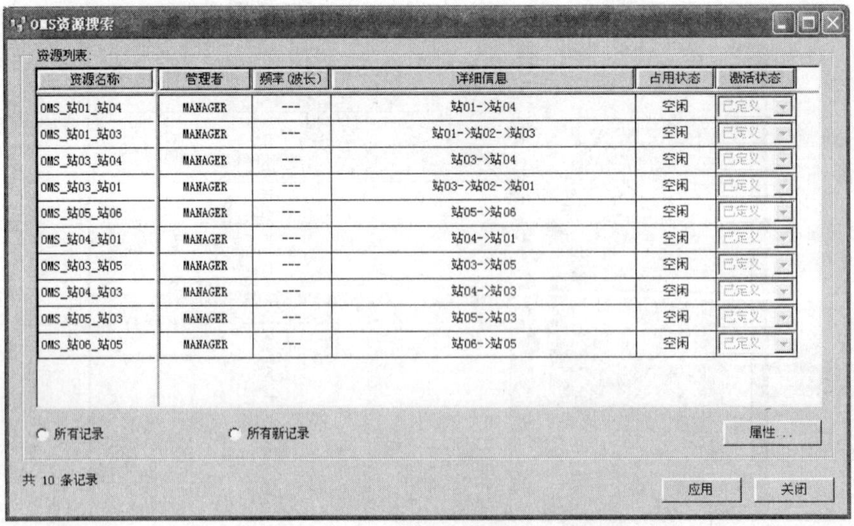

图 4-86　OMS 资源搜索

③搜索 OCh

在 PC 资源管理界面,单击[SNMS 资源配置→OCh 搜索]查看光层的 OCh 资源。OCh 为一个网元线路板或支线合一板至另一个网元线路板或支线合一板之间的光层连接,环带链形 OTN 网络应有 10 条 OCh 资源信息,如图 4-87 所示。线路板上配置的频率信息将在 OCh 资源信息中列举出来,每个频率有往返两条信息。若 OTS、OMS 正确,但 OCh 不正确,检查网元内线路板频率、线路板至 OMU、线路板至 ODU 连线是否有误。

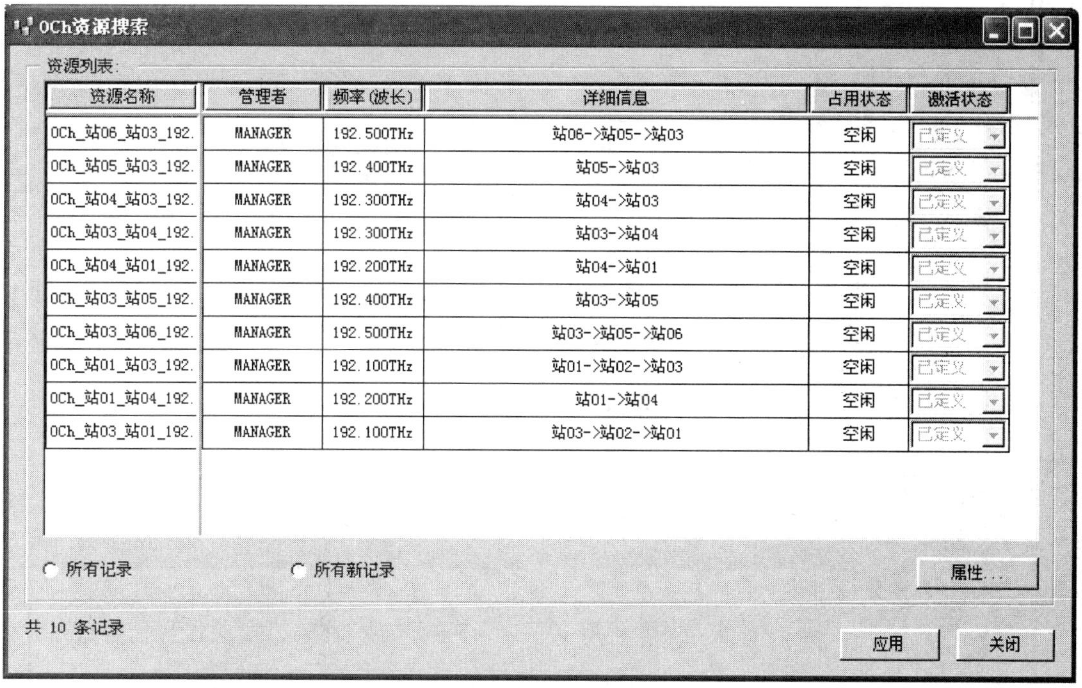

资源名称	管理者	频率(波长)	详细信息	占用状态	激活状态
OCh_站06_站03_192.	MANAGER	192.500THz	站06->站05->站03	空闲	已定义
OCh_站05_站03_192.	MANAGER	192.400THz	站05->站03	空闲	已定义
OCh_站04_站03_192.	MANAGER	192.300THz	站04->站03	空闲	已定义
OCh_站03_站04_192.	MANAGER	192.300THz	站03->站04	空闲	已定义
OCh_站04_站01_192.	MANAGER	192.200THz	站04->站01	空闲	已定义
OCh_站03_站05_192.	MANAGER	192.400THz	站03->站05	空闲	已定义
OCh_站03_站06_192.	MANAGER	192.500THz	站03->站05->站06	空闲	已定义
OCh_站01_站03_192.	MANAGER	192.100THz	站01->站02->站03	空闲	已定义
OCh_站01_站04_192.	MANAGER	192.200THz	站01->站04	空闲	已定义
OCh_站03_站01_192.	MANAGER	192.100THz	站03->站02->站01	空闲	已定义

图 4-87　OCh 资源搜索

(4)电主光层业务接入类型配置

主光层业务需要配置业务接入类型。本任务中的主光层业务有:站 O1 和站 O3 之间有 1 个 STM-64 光信号业务,站 O1 与站 O4 之间有 1 个 STM-64 光信号业务。

在主视图选中所有网元,单击[设备管理→业务配置管理→多业务接入类型配置]。单击选中站 O1 网元,选择多业务接入类型配置选项,点击"主光层",配置 SOTU10G 单板接入类型为 STM-64,如图 4-88 所示。选中所有单板,单击"应用",将配置数据下发。业务类型配置成功后状态列显示为"修改"。依次配置站 O3、站 O4 的 SOTU10G 单板接入类型为 STM-64。

(5)电汇聚层业务接入类型及上下路配置

汇聚业务需要配置业务接入类型及上下路配置。本任务中的汇聚业务有:站 O3 和站 O4 之间有 4 个 STM-16 光信号业务,站 O3 与站 O5 之间有 4 个 STM-4 光信号业务,站 O3 和站 O6 之间有 2 个 GE 光信号业务。

在主视图选中所有网元,单击[设备管理→业务配置管理→多业务接入类型配置]。单击选中站 O3 网元,选择多业务接入类型配置选项,点击"汇聚层",配置 SRM42 单板接入类型为 STM-4,GEM 单板接入类型为 GbE,SAUC 输入端口接入类型为 STM-16,SAUC 背板电接口接入类型为 ODU1,SMUB\\LS1 输入端口接入类型为 OTU2, SMUB\\LS1 背板电接口接入类型为 ODU1,如图 4-89 所示。选中所有单板,单击"应用",将配置数据下发。业务类型配置成功

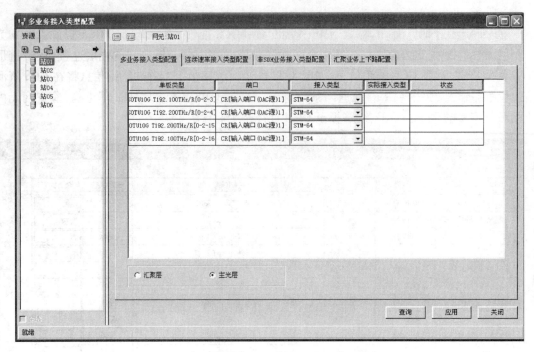

图 4-88　站 O1 电主光层业务接入类型配置

后状态列显示为"修改"。

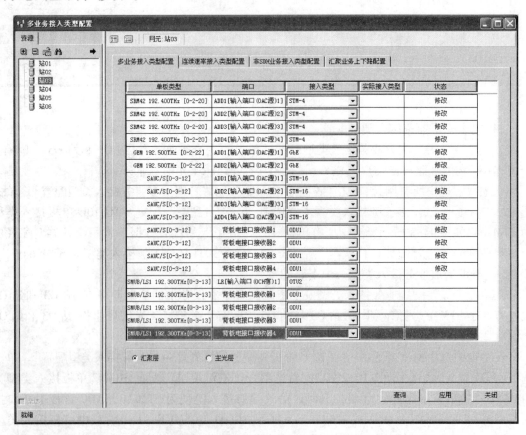

图 4-89　站 O3 多业务接入类型配置

配置站 O4 网元 SAUC 输入端口接入类型为 STM-16，SAUC 背板电接口接入类型为 ODU1，SMUB\\LS1 输入端口接入类型为 OTU2，MUB\\LS1 背板电接口接入类型为 ODU1。配置站 O5 网元 SRM42 单板接入类型为 STM-4。配置站 O6 网元 GEM 单板接入类型为 GbE。

单击选中站 O3 网元，选择汇聚业务上下路配置选项，选择所有单板的通道状态为上下路，如图 4-90 所示。选中所有单板，单击"应用"，将配置数据下发。汇聚业务上下路配置成功后修改状态列显示为"修改"。依次配置站 O5、站 O6 所有单板的通道状态为上下路。

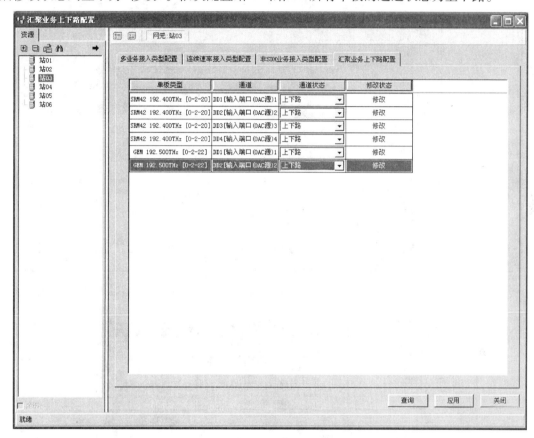

图 4-90　站 O3 汇聚业务上下路配置

（6）电层交叉业务配置

对于采用支路板与线路板分开方式接入的业务，还需要配置支路和线路之间的电层交叉。在主视图选中站 O3 和站 O4 网元，单击［设备管理→TMUX 管理→业务交叉配置］，在业务交叉配置对话框，配置 SMUB\\C 和 SMUB\\LS1 间的交叉连接，如图 4-91 所示。点击"应用"，将配置数据下发。

（7）搜索 OCh 客户路径

汇聚业务配置完成后，进入 WDM SNMS 视图，搜索 OCh 客户路径，所有配置的业务将搜索出来，如图 4-92 所示。

（8）业务配置信息下发

在 OCh 客户路径搜索对话框，点击"所有新纪录"，点击"全部激活"，点击"应用"，下发业务配置命令，进入激光器状态对话框确保所有激光器已经打开，在多业务接入类型对话框中检查所有业务单板业务类型已配置正确，在汇聚业务上下路配置对话框中确认通道状态和当前通道状态为上下路,单击"应用",将配置信息下发。

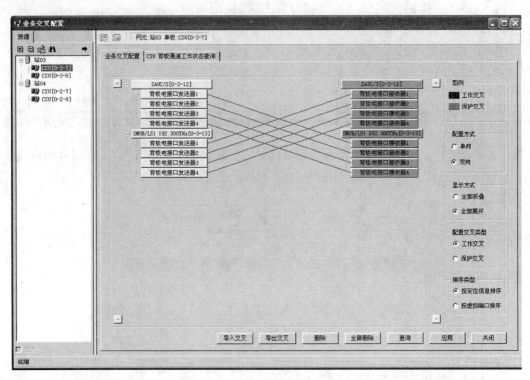

图 4-91　站 O3 电层交叉业务配置

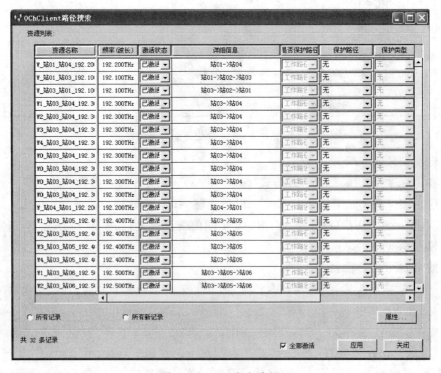

图 4-92　OCh 客户路径

（9）业务查询

所有业务配置完成后，将在 PC 资源管理对话框中出现配置成功的业务记录，如图 4-93 所示。

图 4-93　业务查询

双击选择的业务记录，可查看到业务的路径拓扑，如图 4-94 所示。

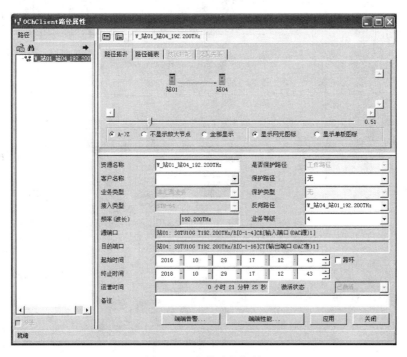

图 4-94　业务路径拓扑

选择显示单板图标，将显示业务所经过的块单板路径，如图 4-95 所示。

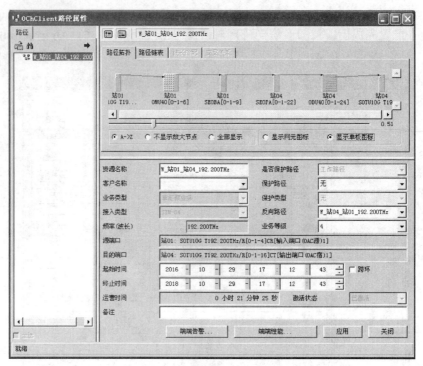

图 4-95　业务路径拓扑显示单板图标

单击路径链表选项,可查看到业务的路径链表,如图 4-96 所示。

图 4-96　业务路径链表

拓展任务:请完成途径站 2 和站 3 在站 1 与站 4 之间开通 2 个 GE 业务,要求使用支路板与线路板分开方式。

任务5：波分系统光功率调测

任务：理解光功率调测的目的，掌握光功率调测的步骤。
要求：能对 OTN 环带链网络进行光功率调测。

一、知识准备

1. 光功率调测的目的

由于 DWDM 和 OTN 等波分系统的设备单板之间是通过光纤连接，系统增益配置要求能够满足线路损耗的要求，并且留有适当的余量。对发送端来说，激光器输出光功率要稳定且符合指标要求。对接收端来说，光模块接收的光功率要控制在一个比较理想的动态范围内，不能出现强光、弱光或输入无光告警。对于光放大器单板来说，需要将光功率控制在理想值，保证放大器工作在最佳状态。光放大器的理想值需要按照光放大器单板的型号和系统波道来计算，如果控制不好，很可能造成接收端业务单板输入光功率与信噪比出现不合理的情况，影响业务的传输。光放大器的输出光功率若偏高，将影响到后期的系统扩容。

另一方面，多个单波信号由合波板合波成主光信号发送到对端的过程中，由于不同波长的光信号经过合波器和分波器的通道插入损耗不同、光放大器增益不平坦造成的多级光放大器级联效应、尾纤质量以及光缆非线性效应等因素的影响，将导致接收端接收光功率不平坦。如果通道功率差异太大，将使得部分通道光功率过载，而一部分通道光信号低于接收灵敏度，影响到业务的传输，这就要求对通道光功率平坦度进行严格控制。

因此，在进行波分系统组网开局和维护过程中，需要对 DWDM 和 OTN 等波分系统进行光功率调测。进行光功率调整的目的是为了使线路光功率满足传输要求，并且保证 OTN 设备板卡的光功率都满足各自的标称值，从而使单板都工作在最稳定的工作状态，具体表现在以下四个方面：

（1）使得合波信号中各单波光功率均衡。光放大单元要求输入的合波信号中各单波光功率必须均衡，否则级联放大后，增益功率将只集中在某几个单波上。

（2）有合适的入纤光功率。合波信号的光功率如果超过了光纤传输的阈值，则会引发非线性效应。

（3）有合适的接收光功率。接收机的光电器件需要在一定的工作范围内才能正常工作。

（4）信噪比符合接收要求。

2. 光功率调测步骤

在进行光功率调试之前通常要先进行机柜上电前检查、单板输出光功率的检查、站内光纤的检查、网管监控、OMU 和 ODU 的插损测试等准备工作。单板输出光功率采用光功率计或在网管上进行测试。当光纤连接正确后，系统的光监控通道就连通了，在网管计算机上可以监控到网络上所有的网元。OMU 单板是常用的无源单板，在使用之前，需要测试一下 OMU 单板的插损。首先测试接入的单波光功率，在 OMU 的输出口测试输出的单波光功率，将两个测得数值相减的差值即为这一波在 OMU 的插损值。当使用了多个通道时，依次测量多个通道。ODU 与 OMU 一样，属于无源单板，插损的测试方法与 OMU 基本相同。

对波分系统进行光功率调测时从业务集中的站点开始，沿着顺时针方向依次调测控制各个站点的通道光功率，实现通道光功率均衡，将放大器单板的输出光功率控制在理想值，最终回到第一个站点。顺时针方向调试完成后,再沿逆时针方向调测一遍。当波分系统的站点之间光缆长度较短,光放大器单板级联数目较少时,可以先将发送端光功率的平坦度控制好。由于受光缆非线性和增益不平坦的累积因素影响小,接收端的光功率平坦度也是符合要求的。

静态 OADM、OXC 网元都可以看成是由多个 OTM 组成的。本任务以 OTM 至 OTM 组网为例介绍波分系统的光功率调试步骤。OTM 至 OTM 的光功率调测示意图如图 4-97 所示,光功率调测时依次按照图中的 1、2、3……7 位置进行主信道光信号的光功率调测。由于监控单板的动态范围远远大于 OTU 单板,灵敏度也低很多,只要主信道的光功率满足要求时,监控信道必定满足要求。

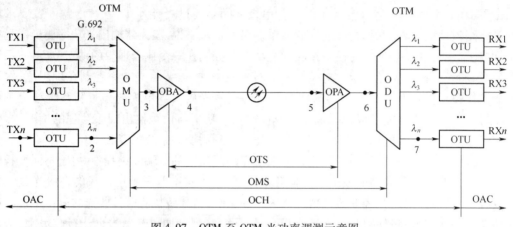

图 4-97 OTM 至 OTM 光功率调测示意图

(1)发送端 OTU 输入光信号调测

发送端 OTU 用于客户侧信号的接入以及线路侧单波信号的发送。发端 OTU 的输入部分用于客户信号的光电转换,主要的器件是 PIN 光电转换器。PIN 管的工作范围见表 4-31。

表 4-31　PIN 管的工作范围

速率	接收灵敏度	过载点	最佳值
2.5 Gbit/s	−18 dBm	0 dBm	−8 dBm
10 Gbit/s	−14 dBm	0 dBm	−7 dBm

实际调测时,为了保证接收机不受到损坏,要求接收光功率比灵敏度高 3 dB,比过载光功率低 5 dB。即业务速率为 2.5 Gbit/s 时,OTU 单板的接收光功率范围为 −15 ~ −5 dBm。业务速率为 10 Gbit/s 时,OTU 单板的接收光功率范围为 −11 ~ −5 dBm。在网管上或使用光功率计测试发端 OTU 输入光信号是否满足接收光功率范围。若高于最高接收光光功率,调整 OTU 单板前面的光衰减器,使接收光功率满足要求;若低于最低接收光功率,需要更换单板。

(2)发送端 OTU 输出光信号调测

发送端 OTU 的输出部分用于波分信号的电光转换,主要的器件是半导体激光器、电吸收激光器等。激光器的输出功率会有一定的差异。各单波之间功率的差值称为通道功率差,最大一波和最小一波的差值称为最大通道功率差。在发端 OTU 的输出口调试时必须控制最大通道功率差小于 3 dB,并且最大通道功率差越小越好。

发送端 OTU 输出的光功率通常在 −3 dBm 左右,一般以 −3 dBm 为参考点调试发端 OTU 的输出光功率,可以容忍的输出功率范围在 −3 dBm ±1.5 dB 之内。高出上限的可以在 OTU

的输出端口添加光衰减器。低于下限的可对OTU单板线路端口光纤接头进行清洁,若确认是激光器本身或单板内光纤存在问题,则需要更换单板。为了控制最大通道功率差,通常是使OMU单波输入光功率越接近-3 dBm越好。

（3）OMU输出光功率调测

OMU的功能主要是将各个OTU输出的单波信号进行合波,OMU将n路光信号进行合波示意图如图4-98所示。

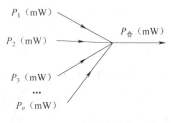

图4-98　OMU的合波功能示意图

对OMU的合波信号进行调测,首先要预算光功率。从图可以看出

$$P_合(mW) = P_1(mW) + P_2(mW) + \cdots + P_n(mW)$$

若每个通道的单波光功率相同,则有 $P_合(mW) = n \cdot P_单(mW)$

工程上,光功率常用dBm作为单位,有

$$10 \lg \frac{P_合(mW)}{1\ mW} = 10 \lg \frac{n \cdot P_单(mW)}{1\ mW}$$

则

$$10 \lg \frac{P_合(mW)}{1\ mW} = 10 \lg n + 10 \lg \frac{P_单(mW)}{1\ mW}$$

即

$$P_合 = P_单 + 10 \lg n (dBm)$$

由于OMU存在一定的插入损耗,合波输出光功率为合波输入光功率与插入损耗之差,即 $P_出 = P_入 - 插损$,那么合波输出光功率为 $P_出 = P_单 + 10 \lg n - 插损$。

以40波OTN系统开通5波为例,若OMU插入损耗为6 dB,OMU单波的输入光信号为-3 dBm,则OMU的输出光功率为

$$P_出 = P_入 - 插损 = P_单 + 10 \lg 5 - 插损 = -3 + 7 - 6 = -2 \quad (dBm)$$

（4）OBA输出光功率调测

光信号经过OBA进行功率放大后,可以大幅度地提高单波信号的光功率和信噪比,使光信号经过线路损耗、非线性影响后,到达接收端业务单板的光功率和信噪比指标都符合要求。

光放大器有过饱和输出、饱和输出和欠饱和输出三个状态。光放大器处于过饱和输出状态时,输入光功率加上增益大于标称输出光功率。输入总是过大,容易烧板;当波数减少时,由于上钳制,输出不变,使得收端单波光功率升高。光放大器处于欠饱和输出状态时,输入光功率加上增益小于标称输出光功率,将造成资源浪费,输出光功率小,信噪比会降低。光放大器处于饱和输出状态时,输入光功率加上增益等于标称输出光功率,此时的输入光功率称为标称输入光功率,输出光功率称为标称输出光功率。饱和输出状态是光放大器的最佳工作状态。为了使OA工作在饱和输出的最佳工作状态,需要控制OBA的输入和输出光功率。

进行光功率调测时,建议将OMU的输出光功率调节为OBA放大器的标称输入光功率。为了保证合波后各单波信号的平坦度,需要对每一个波长合波前后进行光功率调测。

中兴每块OBA单板都有一个型号标识,如OBA2220,其中22表示该OBA的标称增益为22 dB,20表示满配置时OBA的饱和输出光功率为20 dBm。建网初期,波分系统的工作波长常常不会达到满配置,实际配置的波道数比较少,这就要求会预算和调测合波前后的光功率,保证OBA的输出光功率控制在理想值。当后期系统进行扩容时,OBA的输出光功率会随着使用的波道数的增加而增加;当系统的波道数达到满配置时,OBA的输出光功率刚好增加到

20 dBm 左右。

以 40 波 OTN 系统开通 5 波为例,若系统采用的功率光放大板为 OBA2220,则满配置时 OBA 输出光功率为 $P_{合40} = P_单 + 10 \lg 40 = P_单 + 16 (\mathrm{dBm})$。

单波工作时,OBA 的输出光功率为 $P_单 = P_{合40} - 16 = 20 - 16 = 4 (\mathrm{dBm})$。

开通 5 波时,OBA 的输出光功率为 $P_{合5} = P_单 + 10 \lg 5 = P_单 + 7 = 4 + 7 = 11 (\mathrm{dBm})$。

开通 5 波时,OBA 的输入光功率为 $P_入 = P_出 - 增益 = P_{合3} - 增益 = 11 - 22 = -11 (\mathrm{dBm})$。

以 40 波 OTN 系统开通 5 波为例计算出来的 OMU 输出光功率为 -2 dBm,此时 OBA 的输入光信号应该控制在 -11 dBm 左右,这就说明 OMU 和 OBA 之间需要添加光衰减器,损耗 9 dB 左右。

当开通了多个波道时,发送端存在多个 OTU 单板,依次打开送入 OMU 的 OTU 光口(每次打开一个 OTU 光口),调节 OMU 前面的光衰减器,使 OBU 的单波输出光功率保持在单波标称值 ±1.5 dB 范围内,调整光功率的平坦度,使得每个波道合波前的光功率大致相同,OBA 对每个波道的光信号增益保持一致。

OBA 光功率控制完成后,发送端的光功率调测基本完成。

(5)OPA 输入光功率调测

光信号经过光缆长距离传输后,到达接收端的光功率变得很低,为了保证接收端业务单板能够正常接收业务信号,需要配置 OPA 来补充光信号的能量损耗。对于光放大板的光功率计算,OBA、OPA 和 OLA 的思路和方法都是相同的,都是通过控制光放大器的输入光功率使光放大器的输出处于饱和工作状态,从而实现线路的光功率控制的。

以 40 波 OTN 系统开通 5 波为例,若系统采用的前置光放大板为 OPA2217,则单波工作时 OPA 的输出光功率为 $P_单 = P_{合40} - 10 \lg 40 = P_{合40} - 16 = 17 - 16 = 1 (\mathrm{dBm})$。

开通 5 波时,OPA 的输出光功率为 $P_{合5} = P_单 + 10 \lg 5 = P_单 + 7 = 1 + 7 = 8 (\mathrm{dBm})$。

开通 5 波时,OPA 的输入光功率为 $P_入 = P_出 - 增益 = P_{合3} - 增益 = 8 - 22 = -14 (\mathrm{dBm})$。

若开通 5 波时,OPA 接收到的光功率大于 -14 dBm,则要在 OPA 前面增加损耗器。

(6)ODU 输入光功率调测

ODU 的功能主要是将合波信号中不同波长的单波信号拆分出来输出到对应的 OTU 单板,即进行分波。ODU 除了通道插入损耗以外,还要关注它的通道隔离度。性能好的 ODU 插入损耗小,隔离度高。

以 40 波 OTN 系统开通 5 波为例,若系统采用的前置光放大板为 OPA2217,ODU 的插损为 6 dB,则 ODU 单波的输出光功率为 $P_单 = P_合 - 10 \lg 40 - 插损 = 17 - 16 - 6 = -5 (\mathrm{dBm})$。

如果接收端的平坦度指标符合指标要求,ODU 的通道损耗基本一致,经过 ODU 分波后的单波光功率基本在 -5 dBm 左右。

(7)接收端 OTU 接收光功率调测

接收端 OTU 用于线路侧单波信号的接入以及客户测业务信号的发送。接收端 OTU 的输入部分用于线路信号的光电转换,主要的器件是光电转换器。接收端常用的光电转换器为 APD 管。APD 的接收灵敏度优于 PIN 管,但是过载点却低于 PIN 管。如果接收时光功率高于过载点,有可能击穿器件,造成业务中断。APD 管的工作范围见表 4-32。

表 4-32　APD 管的工作范围

速率	接收灵敏度	过载点	最佳值
2.5 Gbit/s	-28 dBm	-9 dBm	-14 dBm
10 Gbit/s	-21 dBm	-9 dBm	-15 dBm

需要根据不同的接收机类型,将来自 ODU 的单波信号光功率控制在指标范围内,不能出现无光、弱光或者光功率过载。根据经验值,中兴工程规范通常是把速率为 2.5 Gbit/s 的 OTN 系统输入光功率调整在 -14 dBm,单波速率为 10 Gbit/s 的 OTN 系统输入光功率调整在 -15 dBm。

由于经由 ODU 分波出来的各单波光功率基本一致,所以通常是把所需的光减器统一加在 ODU 的输入端口。40 波 10 Gbit/s OTN 系统开通 5 波时,若系统采用的前置光放大板为 OPA2217,就需要在 ODU 的输入端口增加 7 dB 的损耗器。

二、任务实施

本任务的目的是对 OTN 环带链网络进行光功率调测。已知 OTN 系统中相邻两个站均相距 50 km,使用 G.652 光纤,OBA 均采用 2 220,OPA 采用 2 217,EONA 采用 2 520,OMU40 和 ODU40 的插入损耗均为 6 dB。

1. 材料准备

高 2 m 的 19 英寸机柜,ZXMP M820 子架 6 套,单板若干,ZXONM E300 网管 1 套,G.655 光纤跳线若干根。

2. 实施步骤

进行光功率调测之前将所有的配置数据下发到网元,并且设置网元与网管时间同步。站 O1 至站 O3 一个 STM-64 业务顺时针方向的光功率调测步骤如下:

(1)站 O1 发送端 OTU 输入光信号调测

发端 SOTU10G 单板采用 PIN 管,单波速率为 10 Gbit/s 时接收光功率范围为 -14 ~ 0 dBm。已知网管上测得 SOTU10G 单板接收到客户信号发送的光功率为 -5 dBm,高于该单板的最佳工作光功率 -7 dBm。此时需要在网管上调节 SOTU10G 单板前面的损耗器损耗 2 dBm,使得 SOTU10G 单板输入光功率为 -7 dBm。

(2)站 O1 发送端 OTU 输出光信号调测

在网管测得 SOTU10G 单板的输出光功率为 -3 dBm,正好符合发端 OTU 输出的光功率要求,不需要调节。

(3)站 O1 的 B 方向 OMU 输出光功率调测

站 O1 的 B 方向只使用了一个波长,则 OMU 的输出光功率为 -3 -6 = -9 dBm。在网管上测试 OMU 的输出光功率为 -9 dBm,与计算值保持一致。

(4)站 O1 的 B 方向 OBA 输入、输出光功率调测

由于只使用了一个波长,OBA 的输出光功率为 20 -10 lg40 = 20 -16 =4 dBm。在网管上测试 OBA 的输出光功率为 4 dBm,与计算值保持一致。

只使用了一个波长时,OBA 的输入光功率为 4 -22 = -18 dBm。而 OMU 的输出光功率为 -3 -6 = -9 dBm,需要在 OMU 的后面调节光衰减器损耗 -9 -(-18)=9 dB。

(5)站 O2 的 EONA 输入光功率调测

站 O1 和站 O2 之间相距 50 km,G.652 光纤在 1 550 nm 处的损耗系数为 0.25 dB/km,接头损耗为 2 dB,则线路总损耗为 50 ×0.25 +2 =14.5 dB。经过光缆线路损耗,到达站 O2 时光功率为 4 -14.5 = -10.5 dBm。

开通 1 波时站 2 的 EONA 单板的输出光功率为 20 -10 lg40 = 20 -16 = 4 dBm,输入光功率为 4 -25 = -21 dBm。

到达站 O2 时光功率高于 EONA 饱和工作时的单波输入光功率,在网管上调节 EONA 前

面的损耗器损耗 10.5 dB,使得 EONA 单板的输出光功率为 4 dBm。

(6)站 O3 的 A 方向 OPA 输入光功率调测

站 O2 和站 O3 之间相距 50 km,G. 652 光纤线路总损耗为 14.5 dB。经过光缆线路损耗,到达站 O3 时光功率为 4 – 14.5 = – 10.5 dBm。

开通 1 波时站 3 的 OPA 单板输出光功率为 17 – 10 lg40 = 17 – 16 = 1 dBm,输入光功率为 1 – 22 = – 21 dBm。

到达站 O3 时光功率高于 OPA 饱和工作时的单波输入光功率,在网管上调节 OPA 前面的损耗器损耗 10.5 dB,使得 OPA 单板的输出光功率为 1 dBm。

(7)站 O3 的 A 方向 ODU 输入光功率调测

开通 1 波时站 3 的 ODU 单板输出光功率为 17 – 10 lg40 – 6 = – 5 dBm。如果接收端的平坦度指标符合指标要求,ODU 的通道损耗基本一致,经过 ODU 分波后的单波光功率基本在 – 5 dBm 左右。

(8)站 O3 接收端 OTU 接收光功率调测

接收端 SOTU10G 采用 APD 管,单波速率为 10 Gbit/s 时最佳接收光功率为 – 15 dBm,需要在网管上调节 SOTU10G 前面或者 ODU 前面的损耗器损耗 10 dB,使得 SOTU10G 接收光功率为 – 14 dBm。

这样站 O1 至站 O3 方向一个 STM-64 业务的光功率调测就完成了,然后按照相同的方法依次对站 O3 至站 O4、站 O4 至站 O1 方向进行光功率。顺时针方向调测完成后,依次沿逆时针对站 O1 至站 O4、站 O4 至站 O3、站 O3 至站 O1 方向进行光功率。环上的光功率调测完成后,对站 O3 至站 O5、站 O5 至站 O6 方向进行光功率,然后反过来对站 O6 至站 O5、站 O5 至站 O3 方向进行光功率。

光功率调测完成后可以进行业务传输测试和公务配置。OTN 传输系统公务配置与 SDH 传输系统、DWDM 传输系统配置一致,本项目不再叙述。所有数据配置完成后按照项目 2 中的下载网元数据库步骤将网管配置下载到网元设备上,并设置网元与网管、NTP 服务器时间同步,然后进行网元之间的公务号码拨打测试。

任务 6:OTN 网络保护配置

任务:理解 OTN 网络保护的分类,掌握 OTN 网络的光层保护和电层保护原理。
要求:能配置环带链 OTN 网络的光层 1 + 1 通道保护和电层子波长 1 + 1 保护。

一、知识准备

OTN 系统的保护分为设备级保护和网络级保护。设备级保护是指电源板 1 + 1、主控板 1 + 1、交叉板 1 + 1 保护。网络级保护又分为光层保护和电层保护。换言之,OTN 网络级保护可以在光层(光传送段、光复用段、光波长通道)、电层(ODUk)、设备层、网络层(SNCP、ASON)上实现,以提供全网的可靠性。OTN 系统网络级保护可采用的保护机制包括通过光传送段保护实现对光纤的保护,通过光复用段保护实现对所有波长的保护,通过 OCh 保护实现对单个波长的保护,通过 ODUk 保护实现对重要业务的保护,通过 SDH 自愈环保护实现业务层的双重保护,通过自动交换光网络 ASON 实现对重要业务的端到端保护。

OTN 网络级保护的层次如图 4-99 所示。其中保护层次没有反映出网状网里 ASON 自动交换形成的重选路由保护。

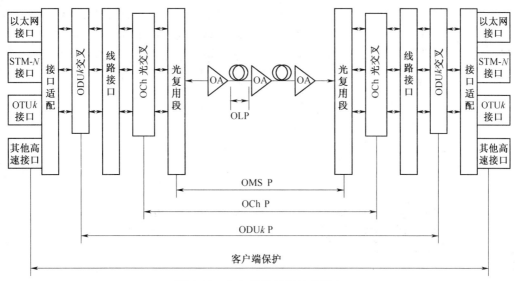

图 4-99　OTN 网络级保护的层次

（一）设备级保护

设备级保护是对非常重要的板卡配置热备份(上电)或冷备份(不上电)板卡,当主用板卡出现故障时,立刻使用备用板卡。一般像电源板、大容量交叉连接板、大通道的光接口板常常要加备用板以保障设备的可靠性。设备级保护历史悠久,可以追溯到模拟载波通信时代。本项目组建的环带链 OTN 传输系统中,每个网元都配置了两块 SPWA、两块 SNP、两块 CSU(或 CSUB),都属于设备级保护。

（二）光层保护

OTN 系统网络级保护的光层保护主要是通过光保护(简称 OP)单板对光线路及光设备进行的保护来实现。

OP 单板由分光器及光开关(1×2)组成,如图 4-100 所示。分光器和光开关分别完成对光信号的双发及选收,在相邻站点间利用分离路由对线路或通道光纤提供保护。OP 单板提供对两路接收光信号的功率检测功能,倒换依据光功率进行,当光传输线路上工作光纤中断或者性能下降时,能够自动地由主用光纤线路倒换到备用上。OP 单板是双发选收的单端倒换,不需要使用 APS 协议。

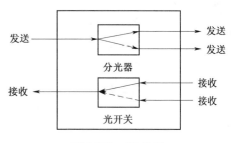

图 4-100　OP 单板

根据 OP 单板的位置不同,可以形成以下 3 种不同的 OTN 光层保护方式。

1. 光线路 1+1 保护

光线路 1+1 保护是将 OP 单板放置于出站光纤前的位置,用于对两站间的光纤线路进行保护,两站间的光纤线路需要备份,如图 4-101 所示。光线路 1+1 保护常用于点到点、链形 OTN 网络中。OTN 环形网络也可以分段若干个成点到点网络,使用光线路 1+1 保护两站间的光纤线路。

2. 线路侧 1+1 通道保护

线路侧 1+1 通道保护是将 OP 单板放置于 OTU 和合波器/分波器之间的位置,用于对通道进行保护,合波器/分波器、光纤放大器、光纤线路等都需要备份,如图 4-102 所示。

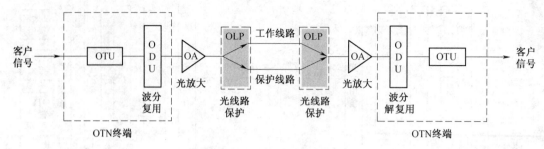

图 4-101　光线路 1 + 1 保护

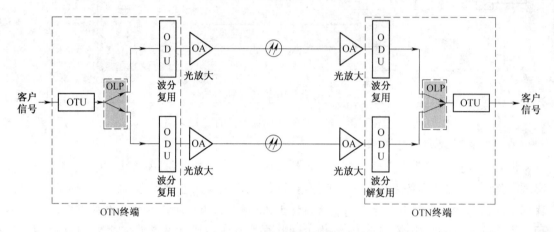

图 4-102　线路侧 1 + 1 通道保护

3. 客户侧 1 + 1 通道保护

客户侧 1 + 1 通道保护是将 OP 单板放置于客户侧和 OTU 之间的位置,用于对通道进行保护,业务接口、合波器/分波器、光纤放大器、光纤线路等都需要备份,如图 4-103 所示。基于单个通道的保护也是采用双发选收的单端保护机制,对客户侧光通道进行保护。客户侧 1 + 1 通道保护用于链形和环形网络中,每个通道的倒换与其他通道的倒换没有关系,倒换速度快,保护倒换时间小于 50 ms。该保护方式可靠性高,但成本也较高。

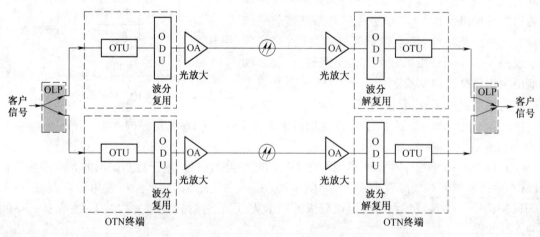

图 4-103　客户侧 1 + 1 通道保护

客户侧 1 + 1 通道保护倒换是针对客户侧有一路或几路信号出现信号失效(简称 SF)或信号劣化(简称 SD)时,仅对这一路或几路信号进行倒换;倒换时,仅对收端客户侧的某一路或几路倒换,波分侧不倒换;若是双发选收,在接收端单端倒换时,将被倒换的 OTU 单板的客户侧发端激光器关闭,将倒换到的 OTU 单板的相应客户侧发端激光器打开而完成的;若是双端倒换(如客户业务数据信号故障 SF),本端倒换后,同时将故障信息通过 OTN 或 SDH 开销插入下行信号中,触发下游的倒换。

客户侧与线路侧保护的区别在于,客户侧 1+1 保护系统中,客户业务接口也需要有备用,接收端依据主备用通道业务的状态进行倒换,对 OTN 和 SDH 业务倒换触发的 SF 和 SD 条件不同。

(三)电层保护

OTN 电层保护主要是针对 ODUk 保护,利用 OTN 的电交叉能力,实现 ODU 信号的上、下、桥接、切换、直通控制功能。ODUk 保护通过不同的 ODU 时隙来构成保护通道,通过检测业务的 OTU 开销来判断业务状态,比光波长通道更准确。OTN 电层保护有 ODUk SNCP 保护和 ODUk 共享环网保护。

1. ODUk SNCP 保护

ODUk SNCP 保护是指在 ODUk 层采用子网连接保护(SNCP),受保护的子网连接可以是两个连接点之间、一个连接点和一个终结点之间或两个终结连接点之间的完整端到端网络连接。它可以用于任何物理拓扑(即网状网、环网或混合网络)以及分层网络中的通道层,根据服务层故障、客户层信息或通道的性能进行倒换。

ODUk 子网连接保护是当工作子网连接失效或性能劣于设定门限时,由保护子网代替。它主要进行跨子网业务的保护,与通道保护相似。

根据获得倒换信息的途径不同,SNCP 又可分为 SNC/I、SNC/N、SNC/S 等:

(1)固有监控功能的 ODUk 子网络连接保护

固有监控功能的 ODUk 子网络连接保护简写为 SNC/I。I 表示固有监视,是指利用客户信号终结或适配时的固有信息,如连接故障、性能劣化(LOS、AIS 等),来监测连接情况,同时作为保护倒换的启动条件。它在 ODUk 链路连接处发现缺陷时启动保护倒换。在 ODUk 层本身不进行故障检测,可用于单个链路或链路组的保护。SNC/I 保护的触发条件为 SM 段开销状态。

(2)非侵入式监控功能的 ODUk 子网络连接保护

非侵入式监控功能的 ODUk 子网络连接保护简写为 SNC/N,N 表示非侵入式监测,是"只听"原来的监测信息,以监测(非侵入或非介入)子网连接是否需要启动保护倒换。下标 SNC/Ne 使用端到端管理开销监测,表示端到端子网连接保护,SNC/Ns 使用子层管理开销监测,表示子层子网连接保护。SNC/N 保护的触发条件为 SM/TCM 段开销状态,包含 SNC/I 的网络硬件失效条件,还采用 OAM 监测网络性能劣化和运行操作者错误,能防止连接故障。保护倒换由 ODUk P 层的非侵入式监控单元或位于保护组尾端的 ODUk T 分层启动。

SNC/I 和 SNC/N 的触发条件不同,倒换过程对告警的处理不同,但倒换效果类似。SNC/I 和 SNC/N 倒换示意图如图 4-104 所示。

(3)分层监控功能的 ODUk 子网络连接保护

分层监控功能的 ODUk 子网络连接保护简写为 SNC/S。S 表示子层监视,触发条件为段监测 SM 和串联连接监测 TCM。当在 ODUk T 分层路径(TCM)发现缺陷时,启动保护倒换,倒换示意图如图 4-105 所示。

用 OTN 帧中的串联连接监控字节 TCMi 触发,在子网内部倒换,当业务跨子网传送时,

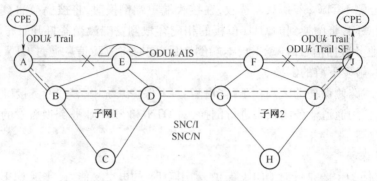

图 4-104 SNC/I 和 SNC/N 倒换示意图

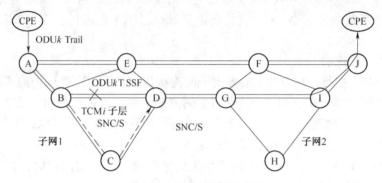

图 4-105 SNC/S 倒换示意图

SNC/S 方式更容易划分倒换责任范围。

基于 ODUk 的 SNC 保护与网络拓扑关系不大,可应用于链形、环形、网孔型。SNC 保护利用电层交叉的双发选收进行保护;保护不需要全网协议,通过配置交叉连接完成双发选收,交叉粒度为 ODUk,主要对线路板及其以后的单元进行保护;是单端倒换,非恢复式,倒换时间小于 50 ms。设备倒换通过检测交叉总线触发,条件如 LOS、LOC、OTUk_LOF 、OTUk_DEG/O-VER。

ZXMP M820 的 CX 子架支持波长级和子波长级保护。子波长是一个相对概念,将以往的单波信号划分为更小的颗粒,每一个颗粒称为一个子波长。M820 的 SMUB\\LS 单板群路信号实际上是 10 Gbit/s 的业务信号,SMUB\\LS 单板会将业务信号转换成 4 路 ODU1 信号,每一路 ODU1 信号就是一个子波长。

波长级保护包括电层波长 1 + 1 保护、电层波长通道共享保护和电层波长 1 : N 保护。子波长级保护包括电层子波长 1 + 1 保护、电层子波长通道共享保护和电层子波长 1 : N 保护。波长级保护由线路板的 OCh 接收侧检测告警,子波长级保护由线路板的背板总线发送器检测告警。

电层(或电层子)波长 1 + 1 保护和电层子波长 1 + 1 保护原理是"双发选收"。在发送端,支路汇聚板的一个波长(或子波长)信号通过背板总线连接到 CSU 单板。CSU 单板将信号同时发送给两个不同的线路单板,再由线路单板的 OCh 侧分别向工作路径和保护路径发送出去。在接收端,CSU 单板同时接收来自工作路径和保护路径的线路板送来的业务信号,根据优选条件,选择一路信号好的业务送给支路汇聚板。正常情况下,接收端选择接收工作路径上送来的业务信号。当工作路径出现故障时,接收端选择接收保护路径上送来的业务信号。

电层(或电层子)波长通道共享保护与光层的 1 + 1 通道保护类似。光层的 1 + 1 通道保护使用 OP 单板实现,而电层(或电层子)波长通道共享保护使用 CSU、线路板、支路汇聚板实现,逻辑上模拟 OP 单板的功能组合。

电层(或电层子)波长 1：N 保护是网络中配置了占有 N 条背板总线的工作路径,1 条保护路径。当工作路径中的某一条背板总线上的业务信号受损时,线路板的 OCh 接收侧(或背板总线发送器)就会检测到告警,并上报给 APS 处理器。APS 处理器经过一定的算法计算,与对端通信后,发起保护倒换,倒换到保护路径上传输业务信号。由于 1：N 保护提供保护的路径只有 1 条,当工作路径上有多条波长(或子波长)受损时,只能保护 1 条,其他波长(或子波长)上的业务就会等不到保护。

2. ODUk 共享环网保护

ODUk 共享环网保护属于 OTN 电层环形保护,受保护的子网连接是两个终结点之间的完整端到端网络连接。环网结构中的工作通路可在同一根光纤中,也可在不同光纤中。ODUk 的环网保护仅支持双向倒换,保护粒度为 ODUk。

ODUk 共享环保护 APS 协议格式如图 4-106 所示。环形 ODUk 保护的 APS 字节的字段值及含义见表 2-44。

字节1								字节2								字节3								字节4							
1	2	3	4	5	6	7	8	1	2	3	4	5	6	7	8	1	2	3	4	5	6	7	8	1	2	3	4	5	6	7	8
桥接请求					状态			目的节点ID							L/S		源节点							T/H		PCC字节					

图 4-106　ODUk 共享环保护 APS 协议格式

表 4-32　APS 字节的字段值及含义

字段	请求	含义	字段	请求	含义
桥接请求	11111	保护锁定(跨段)	桥接请求	01000	未使用
	11110	信号失效(保护)		00111	练习(环)
	11101	强制倒换(跨段)		00110	未使用
	11100	未使用		00101	未使用
	11011	强制倒换(环)		00100	请求返回(跨段)
	11010	未使用		00011	未使用
	11001	未使用		00010	请求返回(环)
	11000	信号失效(跨段)		00001	未使用
	11001	未使用		00000	无请求
	10110	信号失效(环)	状态	1××	保留
	10101	未使用		011	保护通路上的额外业务
	10100	信号劣化(保护)		010	已桥接/已倒换
	10011	未使用		001	已桥接
	10010	信号劣化(跨段)		000	空闲
	10001	未使用	目的节点 ID	—	APS 字节所终至节点的值,目标节点的 ID 总是相邻节点的 ID(默认的 APS 字节除外)
	10000	信号劣化(环)			
	01111	人工倒换(跨段)	L/S	0	短径
	01110	未使用		1	长径
	01101	人工倒换(环)	源节点 ID	—	发起 APS 字节节点的 ID 值(默认 APS 字节除外)
	01100	未使用			
	01011	未使用	T/H	0	首端节点
	01010	等待恢复		1	末端节点
	01001	练习(跨段)	PCC	—	待研究

ODUk 共享环保护机制下,保护通道是共享的。当某工作通道出现故障时,就被倒换到反方向传输的保护环中,共享保护环需要 APS 协议。正常情况下,共享的保护通道既不传工作通道信息,也不传额外业务,本身也不受保护。

相对于单纤单向传输系统,二纤 ODUk 共享保护的每个跨段需要两根光纤和两个波长,如图 4-107 所示。每个波长的一半时隙用于工作,另一半时隙用于保护,一个波长中的工作时隙被反向的保护时隙所保护,一个波长只用到一组开销。

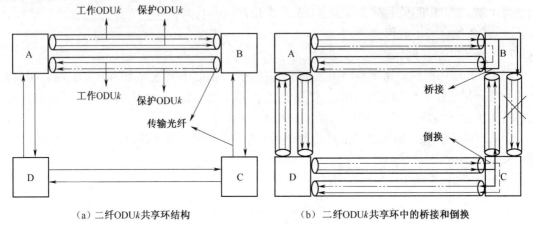

（a）二纤 ODUk 共享环结构　　　　　　（b）二纤 ODUk 共享环中的桥接和倒换

图 4-107　二纤二波长 ODUk 共享环保护

二纤二波长 ODUk 共享环,由 4 个节点 A、B、C、D 构成,B、C 之间出了故障,在二纤环中,B 把原来传向 C 节点的编号为 1~$N/2$ 的 ODUk 工作时隙连接到编号为 $N/2+1$~N 的保护时隙上,经过 A、D 节点传到 C。

由于 ODUk 共享环仅支持双向倒换,不是发端并发,保护倒换是发生在断点的两侧,所以 ODUk 共享环保护需要 APS 倒换协议,在倒换速度上也要比 1+1 通道保护慢一些。

ODUk 共享环倒换的"粒度"为 ODUk;环网倒换的触发条件为 OTUk 帧所携带的电层告警,需要在保护组内相关节点进行 APS 协议交互。

ZXMP M820 支持两纤双向通道共享环网保护(TMUX 电层波长)和两纤双向通道共享环网保护(TMUX 电层子长)。

二、任务实施

本任务的目的是建立带保护的 40 波环带链 OTN 传输网。如图 4-108 所示,所有两个相邻站之间均在 50 km 左右。站 O3 为中心网元,连接网管服务器。站 O1 与站 O3、站 O4 之间各有 1 个 STM-64 光信号业务,站 O3 和站 O4 之间有 4 个 STM-16 光信号业务,站 O3 与站 O5 之间有 4 个 STM-4 光信号业务,站 O3 和站 O6 之间有 2 个 GE 光信号业务。

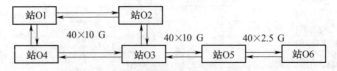

图 4-108　环带链 OTN 传输网拓扑结构

站 O3 和站 O4 之间的光信号业务采用支路板和线路板分开方式实现,其他光信号业务采用支线合一板实现,采用 TMUX 电层子波长 1+1 保护。站 O1 与站 O3、站 O4 之间采用客户侧 1 + 1 光层通道保护。

1. 材料准备

高 2 m 的 19 英寸机柜,ZXMP M820 子架 6 套,单板若干,ZXONM E300 网管 1 套,G. 655 光纤跳线若干根。

2. 实施步骤

在网管系统上进行数据配置时,网元先设为离线状态。当所有数据配置完成后,将网元改为在线,下载网元数据库。数据下载后设备即可正常运行。

(1)启动网管

(2)规划并填写网元参数表,见表 4-34。根据网元参数表创建站 O1 至站 O6 网元。

表 4-34　网元参数表

网元名称	网元标识	网元地址	系统类型	设备类型	网元类型	速率等级	在线/离线	子架
站 O1	31	192. 3. 31. 18	ZXMP M820	ZXMP M820	OADM	40×10 G	离线	CWP10U 主子架 CWP10U 从子架
站 O2	32	192. 3. 32. 18	ZXMP M820	ZXMP M820	OLA	40×10 G	离线	CWP10U 主子架
站 O3	33	192. 3. 33. 18	ZXMP M820	ZXMP M820	OXC	40×10 G	离线	CWP10U 主子架、CWP10U 从子架、CX 子架
站 O4	34	192. 3. 34. 18	ZXMP M820	ZXMP M820	OADM	40×10 G	离线	CWP10U 主子架、CX 子架
站 O5	35	192. 3. 35. 18	ZXMP M820	ZXMP M820	OADM	40×10 G	离线	CWP10U 主子架、CWP10U 从子架
站 O6	36	192. 3. 36. 18	ZXMP M820	ZXMP M820	OTM	40×2.5 G	离线	CWP10U 主子架

(3)根据业务需求填写波长规划表,同本项目任务 2。其中站 O1 与站 O3、站 O4 之间各有 1 个 STM - 64 光信号业务,站 O3 和站 O4 之间有 4 个 STM - 16 光信号业务分别从两个方向配置,短距离方向为主通道,长距离方向为保护通道。

(4)安装单板

客户侧 1 + 1 通道保护用于对客户通道进行保护,业务接口、合波器/分波器、光纤放大器、光纤线路等都需要备份。根据任务要求规划并填写业务单板配置表,站 O1 和站 O3 之间的 1 个 STM - 64 光信号业务需要配置两块 SOTU10G 单板、站 O1 和站 O4 之间的 1 个 STM - 64 光信号业务需要配置 2 块 SOTU10G 单板,站 O3 和站 O4 之间的 4 个 STM - 16 光信号业务需要配置 1 块 SAUC 和 2 块 SMUB/LS1 单板,见表 4-35。

表 4-35　OTN 业务单板配置表

单板名称 / 网元名称	OPCS	OMU40	SEOBA	ODU40	SEOPA	EONA	SOTU 10G	SRM42	GEM	SAUC/S	SMUB /LS1
站 O1	1 块 [1-2-8]	2 块 [1-1-6] [1-1-18]	2 块 [1-1-9] [1-1-21]	2 块 [1-1-12] [1-1-24]	2 块 [1-1-10] [1-1-22]	—	4 块 [1-2-3] [1-2-4] [1-2-15] [1-2-16]	—	—	—	—

续上表

单板名称 网元 名称	OPCS	OMU40	SEOBA	ODU40	SEOPA	EONA	SOTU 10G	SRM42	GEM	SAUC/S	SMUB /LS1
站 O2	—	—	—	—	—	2块 [1-1-10] [1-1-22]				—	—
站 O3	1块 [1-3-1]	3块 [1-1-6] [1-1-18] [1-2-6]	3块 [1-1-9] [1-1-21] [1-2-9]	3块 [1-1-12] [1-1-24] [1-2-12]	3块 [1-1-10] [1-1-22] [1-2-10]	—	2块 [1-1-4] [1-1-16]	1块 [1-2-20]	1块 [1-2-22]	1块 [1-3-12]	2块 [1-3-3] [1-3-13]
站 O4	—	2块 [1-1-6] [1-1-18]	2块 [1-1-9] [1-1-21]	2块 [1-1-12] [1-1-24]	2块 [1-1-10] [1-1-22]	—	2块 [1-1-4] [1-1-16]	—	—	1块 [1-2-1]	2块 [1-2-2] [1-2-12]
站 O5	—	2块 [1-1-6] [1-1-18]	2块 [1-1-9] [1-1-21]	2块 [1-1-12] [1-1-24]	2块 [1-1-10] [1-1-22]	—	1块 [1-2-4]			—	—
站 O6	—	1块 [1-1-6]	1块 [1-1-9]	1块 [1-1-12]	1块 [1-1-10]				1块 [1-1-16]		—

OTN 网元的每个子架 27、28 槽位固定安插 2 块 SPWA 板,29 槽位安插 SFIA1,30、31、32、33 槽位安插 4 块 SFANA 板,CWP10U 主子架 1、2 槽位安插 2 块 SNP 板,CWP10U 主子架 3 槽位安插 1 块 SOSC 板,CWP10U 从子架 1、2 槽位安插 2 块 SCC 板,CX 子架 7、8 槽位安插 2 块 CSU 板,这些公共单板不再在表 4-35 中列出。

根据波长规划表和单板配置表建立站 O1 至站 O6 网元,根据表 4-22 配置业务接入和汇聚板的频率。

(5)连接网元间连线

规划并填写各网元间光纤连接表,同本项目任务 2。根据网元间光纤连接表连接各网元间的连线。

(6)设置网关网元

选择站点 3,选择[设备管理→设置网关网元],将站 3 添加到右侧网关网元列表中,将站 3 设置为网关网元。

(7)连接网元内连接

站 O2、站 O5 和站 O6 单板配置同本项目任务 2。根据网元内信号流向,规划出站 O1、站 O3、站 O4 网元内连接配置表,见表 4-36 至表 4-38。根据站 O1、站 O3、站 O4 网元内连接配置表连接网元内连接。

表 4-36　站 O1 网元内连接配置表

客户侧保护					
源单板	源端口	源方向	目的单板	目的端口	目的方向
SOTU10G[0-2-16]	CT[输出端口(OAC 宿)1]	发送	OPCS[0-2-8]	BWI[B 向工作输入端口]	接收
OPCS[0-2-8]	BWO[B 向工作输出端口]	发送	SOTU10G[0-2-16]	CR[输入端口(OAC 源)1]	接收

续上表

源单板	源端口	源方向	目的单板	目的端口	目的方向
SOTU10G［0-2-3］	CT［输出端口（OAC 宿）1］	发送	OPCS［0-2-8］	API［A 向保护输入端口］	接收
OPCS［0-2-8］	APO［A 向工作输出端口］	发送	SOTU10G［0-2-3］	CR［输入端口（OAC 源）1］	接收

A 方向（站 O1——站 O4 方向）

源单板	源端口	源方向	目的单板	目的端口	目的方向
SOTU10G［0-2-3］	LT［输出端口（OCH 源）1］	发送	OMU40［0-1-6］	CH1［输入端口（OCH 源）1］	接收
SOTU10G［0-2-4］	LT［输出端口（OCH 源）1］	发送	OMU40［0-1-6］	CH2［输入端口（OCH 源）2］	接收
OMU40［0-1-6］	OUT［输出端口（OMS 源）1］	发送	SEOBA［0-1-9］	IN［输入端口（OMS 源）1］	接收
SOSC［0-1-3］	OUT1［监控通道源1］	发送	SEOBA［0-1-9］	SIN［监控通道宿1］	接收
SEOPA［0-1-10］	SOUT［监控通道源1］	发送	SOSC［0-1-3］	IN1［监控通道宿1］	接收
SEOPA［0-1-10］	OUT［输出端口（OMS 宿）1］	发送	ODU40［0-1-12］	IN［输入端口（OMS 宿）1］	接收
ODU40［0-1-12］	CH1［输出端口（OCH 宿）1］	发送	SOTU10G［0-2-3］	LR［输入端口（OCH 宿）1］	接收
ODU40［0-1-12］	CH2［输出端口（OCH 宿）2］	发送	SOTU10G［0-2-4］	LR［输入端口（OCH 宿）1］	接收

B 方向（站 O1——站 O2 方向）

源单板	源端口	源方向	目的单板	目的端口	目的方向
SOTU10G［0-2-15］	LT［输出端口（OCH 源）1］	发送	OMU40［0-1-18］	CH2［输入端口（OCH 源）2］	接收
SOTU10G［0-2-16］	LT［输出端口（OCH 源）1］	发送	OMU40［0-1-18］	CH1［输入端口（OCH 源）1］	接收
OMU40［0-1-18］	OUT［输出端口（OMS 源）1］	发送	SEOBA［0-1-21］	IN［输入端口（OMS 源）1］	接收
SOSC［0-1-3］	OUT2［监控通道源2］	发送	SEOBA［0-1-21］	SIN［监控通道宿1］	接收
SEOPA［0-1-22］	SOUT［监控通道源1］	发送	SOSC［0-1-3］	IN2［监控通道宿2］	接收
SEOPA［0-1-22］	OUT［输出端口（OMS 宿）1］	发送	ODU40［0-1-24］	IN［输入端口（OMS 宿）1］	接收
ODU40［0-1-24］	CH1［输出端口（OCH 宿）1］	发送	SOTU10G［0-2-16］	LR［输入端口（OCH 宿）1］	接收
ODU40［0-1-24］	CH2［输出端口（OCH 宿）2］	发送	SOTU10G［0-2-15］	LR［输入端口（OCH 宿）1］	接收

穿透业务（站 3 – 站 4）

源单板	源端口	源方向	目的单板	目的端口	目的方向
ODU40［0-1-12］	CH3［输出端口（OCH 宿）3］	发送	OMU40［0-1-18］	CH3［输入端口（OCH 源）3］	接收
ODU40［0-1-24］	CH3［输出端口（OCH 宿）3］	发送	OMU40［0-1-6］	CH3［输入端口（OCH 源）3］	接收

表 4-37　站 O3 网元内连接配置表

客户侧保护

源单板	源端口	源方向	目的单板	目的端口	目的方向
SOTU10G［0-1-4］	CT［输出端口（OAC 宿）1］	发送	OPCS［0-3-1］	AWI［A 向工作输入端口］	接收
OPCS［0-3-1］	AWO［A 向工作输出端口］	发送	SOTU10G［0-1-4］	CR［输入端口（OAC 源）1］	接收
SOTU10G［0-1-16］	CT［输出端口（OAC 宿）1］	发送	OPCS［0-3-1］	BPI［B 向保护输入端口］	接收

续上表

源单板	源端口	源方向	目的单板	目的端口	目的方向
OPCS[0-3-1]	BPO[B向工作输出端口]	发送	SOTU10G[0-1-16]	CR[输入端口(OAC源)1]	接收

A 方向(站 O3——站 O2 方向)

源单板	源端口	源方向	目的单板	目的端口	目的方向
SOTU10G[0-1-4]	LT[输出端口(OCH源)1]	发送	OMU40[0-1-6]	CH1[输入端口(OCH源)1]	接收
SMUB\\LS1[0-3-3]	LT[输出端口(OCH源)1]	发送	OMU40[0-1-6]	CH3[输入端口(OCH源)3]	接收
OMU40[0-1-6]	OUT[输出端口(OMS源)1]	发送	SEOBA[0-1-9]	IN[输入端口(OMS源)1]	接收
SOSC[0-1-3]	OUT1[监控通道源1]	发送	SEOBA[0-1-9]	SIN[监控通道宿1]	接收
SEOPA[0-1-10]	SOUT[监控通道源1]	发送	SOSC[0-1-3]	IN1[监控通道宿1]	接收
SEOPA[0-1-10]	OUT[输出端口(OMS宿)1]	发送	ODU40[0-1-12]	IN[输入端口(OMS宿)1]	接收
ODU40[0-1-12]	CH1[输出端口(OCH宿)1]	发送	SOTU10G[0-1-4]	LR[输入端口(OCH宿)1]	接收
ODU40[0-1-12]	CH3[输出端口(OCH宿)3]	发送	SMUB\\LS1[0-3-3]	LR[输入端口(OCH宿)1]	接收

B 方向(站 O3——站 O4 方向)

源单板	源端口	源方向	目的单板	目的端口	目的方向
SOTU10G[0-1-16]	LT[输出端口(OCH源)1]	发送	OMU40[0-1-18]	CH1[输入端口(OCH源)1]	接收
SMUB\\LS1[0-3-13]	LT[输出端口(OCH源)1]	发送	OMU40[0-1-18]	CH3[输入端口(OCH源)3]	接收
OMU40[0-1-18]	OUT[输出端口(OMS源)1]	发送	SEOBA[0-1-21]	IN[输入端口(OMS源)1]	接收
SOSC[0-1-3]	OUT2[监控通道源2]	发送	SEOBA[0-1-21]	SIN[监控通道宿1]	接收
SEOPA[0-1-22]	SOUT[监控通道源1]	发送	SOSC[0-1-3]	IN2[监控通道宿2]	接收
SEOPA[0-1-22]	OUT[输出端口(OMS宿)1]	发送	ODU40[0-1-24]	IN[输入端口(OMS宿)1]	接收
ODU40[0-1-24]	CH1[输出端口(OCH宿)1]	发送	SOTU10G[0-1-16]	LR[输入端口(OCH宿)1]	接收
ODU40[0-1-24]	CH3[输出端口(OCH宿)3]	发送	SMUB\\LS1[0-3-13]	LR[输入端口(OCH宿)1]	接收

C 方向(站 O3——站 O5 方向)

源单板	源端口	源方向	目的单板	目的端口	目的方向
SRM42[0-2-20]	OUT[输出端口(OCH源)1]	发送	OMU40[0-2-6]	CH4[输入端口(OCH源)4]	接收
GEM[0-2-22]	OUT1[输出端口(OCH源)1]	发送	OMU40[0-2-6]	CH5[输入端口(OCH源)5]	接收
OMU40[0-2-6]	OUT[输出端口(OMS源)1]	发送	SEOBA[0-2-9]	IN[输入端口(OMS源)1]	接收
SOSC[0-1-3]	OUT3[监控通道源3]	发送	SEOBA[0-2-9]	SIN[监控通道宿1]	接收
SEOPA[0-2-10]	SOUT[监控通道源1]	发送	SOSC[0-1-3]	IN3[监控通道宿3]	接收
SEOPA[0-2-22]	OUT[输出端口(OMS宿)1]	发送	ODU40[0-2-12]	IN[输入端口(OMS宿)1]	接收
ODU40[0-2-12]	CH4[输出端口(OCH宿)4]	发送	SRM42[0-2-20]	LR[输入端口(OCH宿)1]	接收
ODU40[0-2-12]	CH5[输出端口(OCH宿)5]	发送	GEM[0-2-22]	IN[输入端口(OCH宿)1]	接收

续上表

穿透业务（站 1 – 站 4）					
源单板	源端口	源方向	目的单板	目的端口	目的方向
ODU40［0-1-12］	CH2［输出端口（OCH 宿）3］	发送	OMU40［0-1-18］	CH2［输入端口（OCH 源）2］	接收
ODU40［0-1-24］	CH2［输出端口（OCH 宿）3］	发送	OMU40［0-1-6］	CH2［输入端口（OCH 源）2］	接收

表 4-38　站 O4 网元内连接配置表

客户侧保护					
源单板	源端口	源方向	目的单板	目的端口	目的方向
SOTU10G［0-1-16］	CT［输出端口（OAC 宿）1］	发送	OPCS［0-2-4］	BWI［B 向工作输入端口］	接收
OPCS［0-2-8］	BWO［B 向工作输出端口］	发送	SOTU10G［0-1-16］	CR［输入端口（OAC 源）1］	接收
SOTU10G［0-1-4］	CT［输出端口（OAC 宿）1］	发送	OPCS［0-2-4］	API［A 向保护输入端口］	接收
OPCS［0-2-4］	APO［A 向工作输出端口］	发送	SOTU10G［0-1-4］	CR［输入端口（OAC 源）1］	接收
A 方向（站 O4——站 O3 方向）					
源单板	源端口	源方向	目的单板	目的端口	目的方向
SOTU10G［0-1-4］	LT［输出端口（OCH 源）1］	发送	OMU40［0-1-6］	CH2［输入端口（OCH 源）2］	接收
SMUB\\LS1［0-2-2］	LT［输出端口（OCH 源）1］	发送	OMU40［0-1-6］	CH3［输入端口（OCH 源）3］	接收
OMU40［0-1-6］	OUT［输出端口（OMS 源）1］	发送	SEOBA［0-1-9］	IN［输入端口（OMS 源）1］	接收
SOSC［0-1-3］	OUT1［监控通道源 2］	发送	SEOBA［0-1-9］	SIN［监控通道宿 1］	接收
SEOPA［0-1-10］	SOUT［监控通道源 1］	发送	SOSC［0-1-3］	IN1［监控通道宿 2］	接收
SEOPA［0-1-10］	OUT［输出端口（OMS 宿）1］	发送	ODU40［0-1-12］	IN［输入端口（OMS 源）1］	接收
ODU40［0-1-12］	CH2［输出端口（OCH 宿）2］	发送	SOTU10G［0-1-4］	LR［输入端口（OCH 宿）1］	接收
ODU40［0-1-12］	CH3［输出端口（OCH 宿）3］	发送	SMUB\\LS1［0-2-2］	LR［输入端口（OCH 宿）1］	接收
B 方向（站 O4——站 O1 方向）					
源单板	源端口	源方向	目的单板	目的端口	目的方向
SOTU10G［0-1-16］	LT［输出端口（OCH 源）1］	发送	OMU40［0-1-18］	CH2［输入端口（OCH 源）2］	接收
SMUB\\LS1［0-2-12］	LT［输出端口（OCH 源）1］	发送	OMU40［0-1-18］	CH3［输入端口（OCH 源）3］	接收
OMU40［0-1-18］	OUT［输出端口（OMS 源）1］	发送	SEOBA［0-1-21］	IN［输入端口（OMS 源）1］	接收
SOSC［0-1-3］	OUT2［监控通道源 1］	发送	SEOBA［0-1-21］	SIN［监控通道宿 1］	接收
SEOPA［0-1-22］	SOUT［监控通道源 1］	发送	SOSC［0-1-3］	IN2［监控通道宿 1］	接收
SEOPA［0-1-22］	OUT［输出端口（OMS 宿）1］	发送	ODU40［0-1-24］	IN［输入端口（OMS 宿）1］	接收
ODU40［0-1-24］	CH2［输出端口（OCH 宿）2］	发送	SOTU10G［0-1-16］	LR［输入端口（OCH 宿）1］	接收
ODU40［0-1-24］	CH3［输出端口（OCH 宿）3］	发送	SMUB\\LS1［0-2-12］	LR［输入端口（OCH 宿）1］	接收

续上表

穿透业务(站1 – 站3)					
源单板	源端口	源方向	目的单板	目的端口	目的方向
ODU40[0-1-12]	CH1[输出端口(OCH 宿)1]	发送	OMU40 [0-1-18]	CH1[输入端口(OCH 源)1]	接收
ODU40[0-1-24]	CH1[输出端口(OCH 宿)1]	发送	OMU40 [0-1-6]	CH1[输入端口(OCH 源)1]	接收

(8)启动 SNMS

单击[系统→SNMS 功能启用设置]进入 SNMS 功能启用设置对话框,单击"启用"按钮,启用 SNMS 功能。

(9)建立管理客户

单击[配置→客户管理]进入客户管理对话框,输入客户 ID、客户名称,选择创建时间、有效截止时间、信用等级,点击"应用",建立管理客户。

(10)光层业务配置

①搜索 OTS

单击[配置→PC 资源管理]进入 PC 资源管理界面,单击[SNMS 资源配置→OTS 搜索]查看光层的 OTS 资源。OTS 为一个网元 SEOBA 至另一个网元 SEOPA 之间的光层连接,环带链形 OTN 网络应有 12 条往返 OTS 资源信息。

②搜索 OMS

在 PC 资源管理界面,单击[SNMS 资源配置→OMS 搜索]查看光层的 OMS 资源。OMS 为一个网元 OMU 至另一个网元 ODU 之间的光层连接,环带链形 OTN 网络应有 10 条往返 OMS 资源信息。

③搜索 OCh

在 PC 资源管理界面,单击[SNMS 资源配置→OCh 搜索]查看光层的 OCh 资源。OCh 为一个网元线路板或支线合一板至另一个网元线路板或支线合一板之间的光层连接,带保护的环带链形 OTN 网络应有 16 条 OCh 资源信息,如图 4-109 所示。

(11)电层业务接入类型及上下路配置

主光层业务需要配置业务接入类型。本任务中的主光层业务有:站 O1 和站 O3 之间有 1 个 STM-64 光信号业务,站 O1 与站 O4 之间有 1 个 STM-64 光信号业务。在主视图选中所有网元,单击[设备管理→业务配置管理→多业务接入类型配置]。单击选中站 O1 网元,选择多业务接入类型配置选项,点击"主光层",配置 SOTU10G 单板接入类型为 STM-64。选中所有单板,单击"应用",将配置数据下发。业务类型配置成功后,状态列显示为"修改"。依次配置站 O3、站 O4 的 SOTU10G 单板接入类型为 STM-64。

汇聚业务需要配置业务接入类型及上下路配置。本任务中的汇聚业务有:站 O3 和站 O4 之间有 2 个方向的 4 个 STM-16 光信号业务,站 O3 与站 O5 之间有 1 个方向的 4 个 STM-4 光信号业务,站 O3 和站 O6 之间有 1 个方向的 2 个 GE 光信号业务。在主视图选中所有网元,单击[设备管理→业务配置管理→多业务接入类型配置]。单击选中站 O3 网元,选择多业务接入类型配置选项,点击"汇聚层",配置 SRM42 单板接入类型为 STM-4,GEM 单板接入类型为 GbE,SAUC 输入端口接入类型为 STM-16,SAUC 背板电接口接入类型为 ODU1,SMUB\\LS1 输入端口接入类型为 OTU2,SMUB\\LS1 背板电接口接入类型为 ODU1。选中所有单板,单击"应用",将配置数据下发。业务类型配置成功后状态列显示为"修改"。配置站 O4 网元

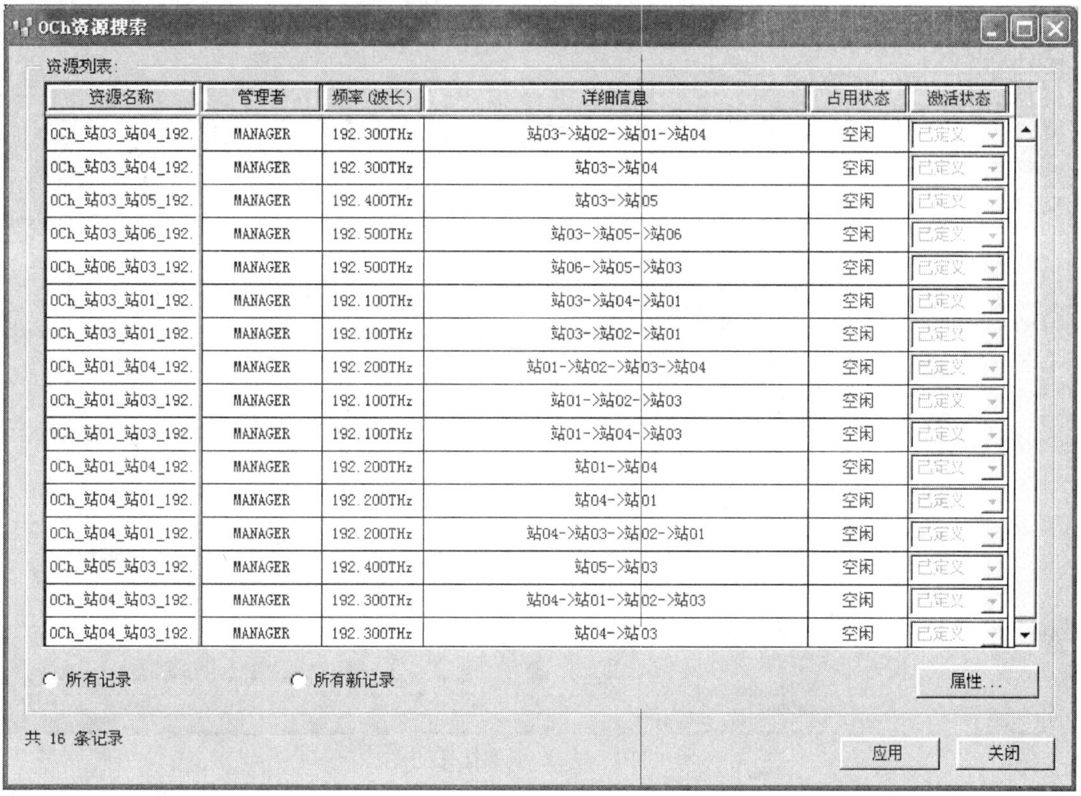

资源名称	管理者	频率(波长)	详细信息	占用状态	激活状态
OCh_站03_站04_192.	MANAGER	192.300THz	站03->站02->站01->站04	空闲	已定义
OCh_站03_站04_192.	MANAGER	192.300THz	站03->站04	空闲	已定义
OCh_站03_站05_192.	MANAGER	192.400THz	站03->站05	空闲	已定义
OCh_站03_站06_192.	MANAGER	192.500THz	站03->站05->站06	空闲	已定义
OCh_站06_站03_192.	MANAGER	192.500THz	站06->站05->站03	空闲	已定义
OCh_站03_站01_192.	MANAGER	192.100THz	站03->站04->站01	空闲	已定义
OCh_站03_站01_192.	MANAGER	192.100THz	站03->站02->站01	空闲	已定义
OCh_站01_站04_192.	MANAGER	192.200THz	站01->站02->站03->站04	空闲	已定义
OCh_站01_站03_192.	MANAGER	192.100THz	站01->站02->站03	空闲	已定义
OCh_站01_站03_192.	MANAGER	192.100THz	站01->站04->站03	空闲	已定义
OCh_站01_站04_192.	MANAGER	192.200THz	站01->站04	空闲	已定义
OCh_站04_站01_192.	MANAGER	192.200THz	站04->站01	空闲	已定义
OCh_站04_站01_192.	MANAGER	192.200THz	站04->站03->站02->站01	空闲	已定义
OCh_站05_站03_192.	MANAGER	192.400THz	站05->站03	空闲	已定义
OCh_站04_站03_192.	MANAGER	192.300THz	站04->站01->站02->站03	空闲	已定义
OCh_站04_站03_192.	MANAGER	192.300THz	站04->站03	空闲	已定义

图4-109　带保护的环带链OTN网络OCh资源信息

SAUC输入端口接入类型为STM-16，SAUC背板电接口接入类型为ODU1，SMUB\\LS1输入端口接入类型为OTU2，MUB\\LS1背板电接口接入类型为ODU1。配置站05网元SRM42单板接入类型为STM-4。配置站06网元GEM单板接入类型为GbE。

单击选中站03网元，选择汇聚业务上下路配置选项，选择所有单板的通道状态为上下路。选中所有单板，单击“应用”，将配置数据下发。汇聚业务上下路配置成功后修改状态列显示为“修改”。依次配置站04、站05、站06所有单板的通道状态为上下路。

(12)电层交叉业务配置

对于采用支路板与线路板分开方式接入的业务，还需要配置支路和线路之间的电层交叉。在主视图选中站03和站04网元，单击[设备管理→TMUX管理→业务交叉配置]，在业务交叉配置对话框，配置站03网元SAUC/S[0-3-12]和SMUB/LS1[0-3-13]间的交叉连接，如图4-110所示。配置站04网元SAUC/S[0-2-1]和SMUB/LS1[0-2-2]间的交叉连接。点击“应用”，将配置数据下发。

(13)配置OCh客户路径

汇聚业务配置完成后，进入WDM SNMS视图，选择[路径配置→路径自动配置]，弹出OCh客户路径自动配置对话框，在源端点和目的端点选择的网元和单板处下拉选择网元、单板、端口和业务类型。

对于站01至站03的业务，源端点选择起始网元为站01，起始单板为SOTU10G[0-2-16]，源端口为CR1，业务类型为STM-64；目的端点选择起始网元为站03，目的单板为SOTU10G[0-1-4]，目的端口为CT1。

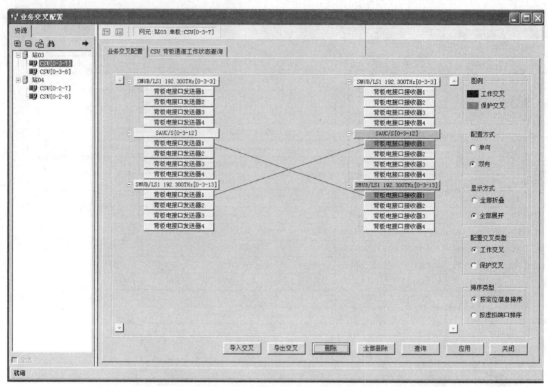

图 4-110　站 O3 业务交叉配置

对于站 O1 至站 O4 的业务,源端点选择起始网元为站 O1,起始单板为 SOTU10G[0-2-4],源端口为 CR1,业务类型为 STM-64;目的端点选择起始网元为站 O3,目的单板为 SOTU10G[0-1-16],目的端口为 CT1。

对于站 O3 至站 O4 的业务,源端点选择起始网元为站 O3,起始单板为 SAUC[0-3-12],源端口为 ADD1,业务类型为 STM-16,源群里板为 SMUB/LS1[0-3-13];目的端点选择起始网元为站 O4,目的单板为 SAUC[0-2-1],目的端口为 DRP11,目的群里板为 SMUB/LS1[0-2-2]。工作/保护方式选择为工作,波长选择处勾选双向,如图 4-111 所示。

点击"路径搜索",弹出 OCh Client 路径选择对话框,如图 4-112 所示。选择源→目的路径和目的→源路径,并在背板交叉选择和对应的背板接口,依次单击"确认"和"关闭"按钮。

返回 OCh 客户路径自动配置对话框,选中搜索结果列表中的路径,并在激活状态下拉列表中选中激活,如图 4-113 所示。

在 OCh 客户路径自动配置对话框,单击"应用"按钮,下发业务配置命令,进入激光器状态对话框确保所有激光器已经打开,在多业务接入类型对话框中检查所有业务单板业务类型已配置正确,在汇聚业务上下路配置对话框中确认通道状态和当前通道状态为上下路,单击"应用",将配置信息下发。

(14)配置保护路径

对于站 O3 至站 O4 的业务,源端点选择起始网元为站 O3,起始单板为 SAUC[0-3-2],源端口为 ADD1,业务类型为 STM-16,源群里板为 SMUB/LS1[0-3-3];目的端点选择起始网元为站 O4,目的单板为 SAUC[0-2-11],目的端口为 DRP11,目的群里板为 SMUB/LS1[0-2-12]。工作/保护方式选择为保护,保护类型选择为 WDM 电层淄博昌 1＋1 保护,波长选择处勾选双向,如图 4-114 所示。

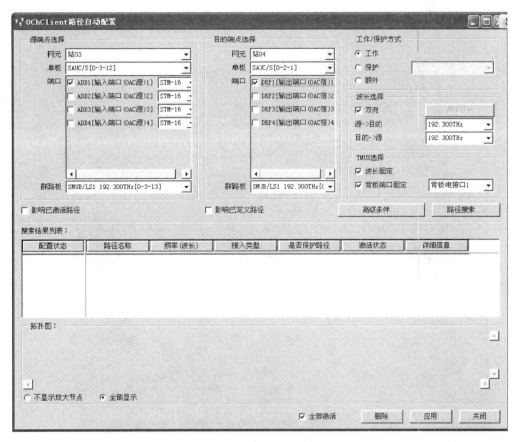

图 4-111 OCh 客户路径配置

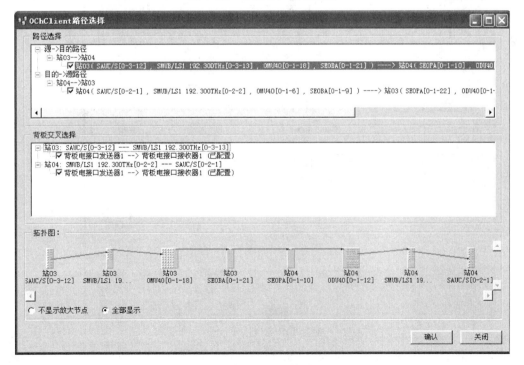

图 4-112 OCh 客户工作路径选择

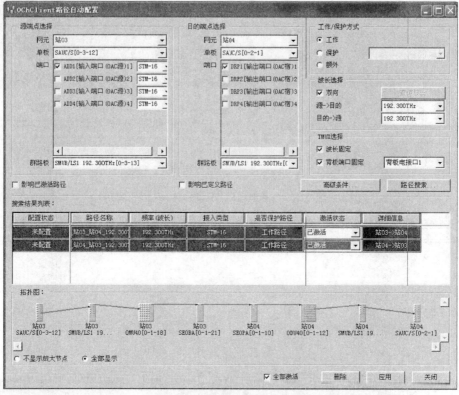

图 4-113 激活 OCh 客户工作路径

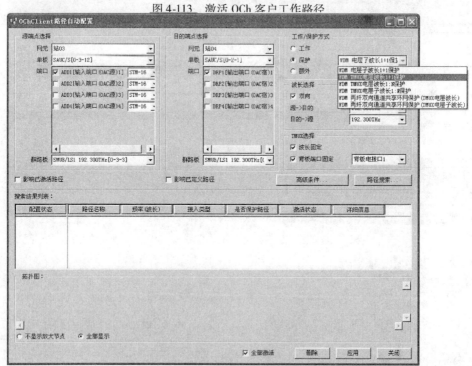

图 4-114 配置 TMUX 电层子波长 1+1 保护

点击"路径搜索",弹出 OCh Client 路径选择对话框,如图 4-115 所示。选择源→目的路径和目的→源路径,并在背板交叉选择和对应的背板接口,依次单击"确认"和"关闭"按钮。

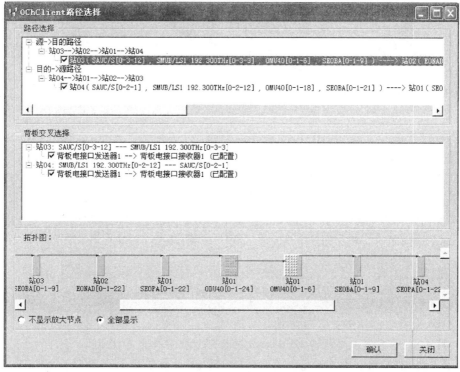

图 4-115　OCh 客户保护路径选择

返回 OCh 客户路径自动配置对话框,选中搜索结果列表中的路径,并在激活状态下拉列表中选中激活。在 OCh 客户路径自动配置对话框,单击"应用"按钮,下发业务配置命令,进入激光器状态对话框确保所有激光器已经打开,在多业务接入类型对话框中检查所有业务单板业务类型已配置正确,在汇聚业务上下路配置对话框中确认通道状态和当前通道状态为上下路,单击"应用",将配置信息下发。

这样工作路径和保护路径就配置完成,如图 4-116 所示。

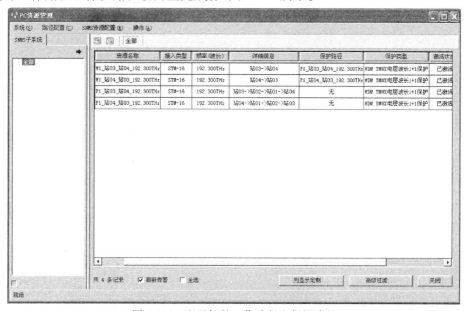

图 4-116　配置好的工作路径和保护路径

复习思考题

1. OTN 信号速率有几种？帧速率与 SDH 相比有什么不同？

2. OTN 帧结构中有几种"单元"？如何构成的？相互之间有什么关系？

3. OTN 开销由哪几部分组成？每部分有哪些开销？

4. SM、TCM 与 PM 有什么相同点？有什么区别？

5. 什么是 OTN 的关联开销和非关联开销？

6. OTM-$n.m$、OTM-0.m、OTM-$nr.m$ 有什么异同点？

7. 简述 OTM-16r.3、OTM-16r.1234、OTM-16r.23 接口信号的含义。

8. 完整功能的 OTM-$n.m$ 由哪些层组成？

9. 电层 SM、PM、TCMi 开销中均包含 1 个字节的 BIP8 字段，其作用有何不同？

10. 多级连接监视有哪些形式？

11. OTN 有哪些层次结构及接口？

12. OTUk 和 OTUkV 有什么区别？

13. OTN 是如何分层的？每层有什么功能？

14. OTM-$nr.m$ 的适配过程与 OTM-$n.m$ 的适配过程有什么异同点？

15. 已知某 OTN 系统中每根光纤有 80 个光通道，单波传输的速率为 10 Gbit/s。说明该系统采用的完全功能光传送模块类型，并绘制出该系统的波分复用过程。

16. 简述 OTN 进行光功率调测的步骤。

17. OTN 网络支持哪些保护机制？

项目 5　ASON 技术

任务 1:ASON 技术认知

任务:掌握 ASON 技术的特点,理解制定 ASON 标准的三个组织。
要求:能分析 ASON 技术在中国公共电信网上的应用。

一、知识准备

在波分复用、光交换技术实用化之后,光线路终端(简称 OLT)、光分插复用器(简称 OADM)、光交叉连接器(简称 OXC)设备陆续出现,将路由和交换的概念引入到了光层。光网络从不断提高传输容量,进入到了提高组网灵活性和可靠性的阶段。而光层的路由和交换,可以直接借用电层的互联网技术。将 IP 的效率、DWDM 和 OTN 的容量、SDH 的健壮性,与先进的自动控制协议结合在一起,形成了自动交换光网络(简称 ASON)。

互联网中的电层交换设备能根据业务的动态变化自动选择路由,不需要人工干预。ASON 的本质是在基础光网络引入了电层的 IP 的自动控制协议,从而使得之前纯物理层的光网络拥有了智能,能通过信令或管理平面自动地建立和拆除光通道的连接,能基于流量工程(简称 TE)动态合理地分配网络资源,并能提供良好的网络自动保护/恢复。

1. ASON 的特点

ASON 能够自动完成光网络交换连接功能。所谓自动交换连接是指在网络资源和拓扑结构的自动发现的基础上,调用动态智能选路算法,通过分布式信令处理和交互,建立端到端的按需连接,同时提供可行可靠的保护恢复机制,实现故障下重建连接的自动进行。它具有以下特点:

(1)以控制为主的工作方式

ASON 的最大特点是从传统的传输节点设备和管理系统中抽象分离出了控制平面。自动控制取代管理成为 ASON 最主要的工作方式。

(2)分布式智能

ASON 的重要标志是实现了网络的分布式智能,即网元的智能化,具体体现为依靠网元实现网络拓扑发现、路由计算、链路自动配置、路径的管理和控制、业务的保护和恢复等功能。

传统光网络采用的是集中式的工作方式,在网络日益庞大而复杂的今天,其效率低下是显而易见的,还有诸如生存性、安全性等问题。随着技术的进步(如核心处理芯片处理能力的增加)以及协议的标准化,ASON 在光网络中引入了分布式智能。一方面,连接的建立采用分布式动态方式,各节点自主执行信令、路由和资源分配;另一方面,ASON 设备可以自动发现在物理、逻辑上与之有关系的网元。此外,在网络出现故障时,ASON 还可利用分布式算法快速执行保护恢复等。分布式的智能是 ASON 强大功能的体现。

（3）多层统一与协调

在传统光网络中，各个层网络是独立管理和控制的，它们的协调需要网管参与。在 ASON 中网络层次细化，体现了多种"级别"，但多层的控制却是统一的，通过公共的控制平面来协调各层的工作。多层控制时涉及层间信令、层间路由和层发现，还有多层生存机制。只是采用多层统一处理的思想，帮助 ASON 实现自动化的功能。

（4）面向业务

ASON 业务提供能力强大，业务种类丰富，能在光层直接实现动态业务分配，不仅缩短了业务部署时间，而且提高了网络资源的利用率。更重要的是，ASON 支持客户与网络间的服务等级协议（简称 SLA），可根据业务需要提供带宽，根据客户信号的服务等级（QoS）来决定所需要的保护等级，是面向业务的网络。

ASON 是传送网概念的重大突破，是具有高灵活性、高可扩展性的基础光网络设施。ASON 从 IP、SDH、DWDM 的环境中升华而来，将 IP 的灵活和效率、SDH 的保护能力以及 DWDM 的容量，通过创新的分布式网管系统有机地结合在一起，形成以软件为核心的能感知网络和用户服务要求，并能按需直接从光层提供业务的新一代光网络。

2. ASON 标准

ASON 是由 ITU-T 建议书定义的名字，具体规范和标准的制定主要有 ITU-T、Internet 工程任务组（简称 IETF）和光互连论坛（简称 OIF）。

（1）ITU-T 的 ASON 建议书

ITU-T 是电信方面的国际标准的主要制定者，以它在光网络标准方面的基础，推动的智能光网络体系得到运营商和设备商的广泛重视。从 2000 年起，自动交换光网络系列标准的制定工作由第 15 研究组承担。按照 ITU 的惯例，自动交换光网络标准的制定也是从需求和架构结构开始，再到抽象协议，最后才是具体的协议。

ITU-T 吸取以往制定标准速度过慢的教训，积极将 ASON 标准化工作推向纵深。经过 2002 年 5 月和 2003 年 1 月的 ITU-T 工作会议，上述一系列建议又有了新的发展。2003 年 3 月至 4 月，G.8080 Amendment1、G7712 修订、G.7713.1、G.7713.2、G.7713.3、G.7714.1 也陆续发布。ITU-T 定义了 ASON 的参考体系结构，它采用自顶向下构建，侧重网络模型、结构建模，制定了基于 ASON/ASTN 的相关建议，如图 5-1 所示。

ITU 关于 ASON 的建议框架相对完备：G.8080 定义了 ASON 控制平面的参考体系结构，规定了主要的功能模块以及相互之间的作用；G.7712 描述了数据通信网（简称 DCN）的体系结构；G.7713 规定了实现自动呼叫和连接操作所进行的处理需求，适用于 UNI 和 NNI 之间的分布呼叫和连接管理（简称 DCM）；G.7714 描述了用于网络资源管理和选路的自动发现技术；G.7715 描述了用于建立 SC 和 SPC 的路由功能的需求和体系结构；G.7716、G.7717、G.frame 等建议也在制定过程中。其中，与链路资源管理相关的标准有 G.7714/G.7714.1 和 G.7716，但 G.7714/G.7714.1 主要偏重于自动发现技术的相关规定，而 G.7716 的内容还不稳定，最初是关于链路管理体系与需求的，最近关注的是控制平面的初始建立、重配置和恢复的相关内容。

（2）IETF 的 GMPLS

IETF 主要致力于开发 Internet 的标准和规范。在 ASON 的建议制定过程中，发挥了在 IP 技术方面的优势，继承 IP 路由协议和 MPLS 的信令体系，提出了 GMPLS 系列标准草案。其中，与链路资源管理相关的部分是 GMPLS 链路管理协议（简称 LMP 协议）。它是运行于两个

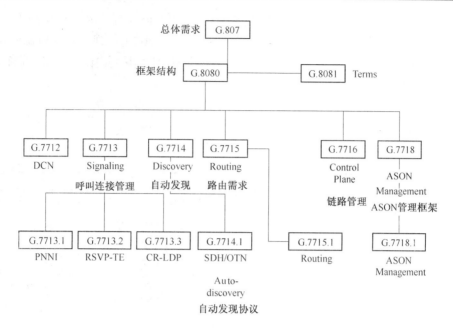

图5-1 ITU-T有关智能光网络的主要标准规范

相邻节点间用于TE链路管理的协议,包括控制通道管理、链路属性关联、链路连通性验证、链路故障管理4个功能,前两项是必备的核心功能,后两项是用于应对控制通道与物理通道分离情况的可选扩展功能。

　　IETF采用自下向上构建,提出GMPLS概念,并完成相关信令路由协议的研究。IETF制定的GMPLS框架如图5-2所示。

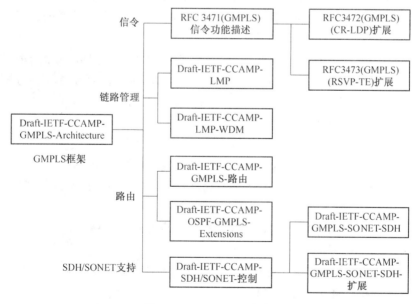

图5-2 IETF GMPLS框架

（3）光互联论坛

　　OIF成立于1998年,目标在于结合IP和光网络来增加服务增长和网络效率。OIF不是一个正式的标准化组织,它输出详细的实现规范供正式的标准化组织采用。OIF致力于加速光互联网的部署,其目标是提供终端用户、设备制造商、业务提供商一体的光网络解决方案,促进网络互操作。在 OIF 开发的 UNI 标准中,是通过扩展的 LMP 来实现 UNI 对资源的管理。

OIF 的标准化关注重点在光用户网络接口(简称 UNI)和运营商内网络接口(简称 E-NNI)接口规范,OIF 建议框架如图 5-3 所示。

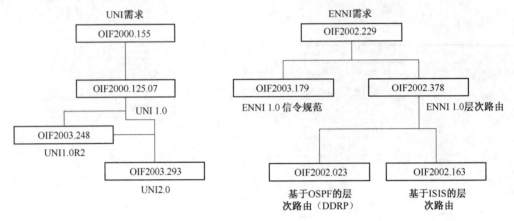

图 5-3　OIF 建议框架

①OIF2000.155:光 UNI 需求。

②OIF2000.125:光 UNI 实现规范 1.0 版本, SuperComm 2001 采用该版本的一个简化版本进行的多厂商互操作演示取得了很大的成功。该规范目前已经被 UNI 1.0 R2 版本所覆盖。

③OIF2003.248/249:光 UNI 1.0 R2 版本,是对光 UNI 1.0 版本小的更新。OIF2003.248 是协议无关描述,OIF2003.249 则是基于 RSVP-TE 协议扩展。

④OIF2003.293:光 UNI 2.0 版本,目前还处于草案状态,相比光 UNI 1.0,增加了呼叫连接分离、分离路由双归属、无中断的服务修改、1:N 保护、低于 STS-1 速率的连接、以太网服务传送、G.709 接口传送、发现流程和增强安全性。

⑤OIF 的光 UNI 规范目前最新发布的版本是 1.0R2,对应 OIF 文稿 OIF2003.248 和 OIF2003.249。UNI 2.0 是在 UNI 1.0 规范的基础上增加网络运营商普遍需要的服务特性,目前已经选择需要增加的服务类型,具体规范制订还在进行之中。

⑥OIF2002.229:运营商内 E-NNI 需求。

⑦OIF2003.179:运营商内 E-NNI1.0 信令规范。

⑧OIF2002.378:运营商内 E-NNI1.0 路由规范 – 协议无关部分。

⑨OIF2002.023:运营商内 E-NNI1.0 路由规范 – OSPF-TE 协议扩展,也称"域到域路由协议(DDRP)"。

⑩OIF2002.163:运营商内 E-NNI1.0 路由规范 – IS-IS 协议扩展。

3. ASON 提供的业务等级

智能光网络可以根据客户需求层次的不同,提供不同服务等级的业务。服务等级(简称 SLA)从业务保护的角度将业务分成多种级别。

(1)钻石级业务

只要网络存在可用带宽,钻石级业务就始终如一地提供 1 + 1 保护,如图 5-4 所示。不管是什么时候出现故障,ASON 网络都为钻石级业务从主用理由倒换到保护路由,并实时计算出另一条保护路由。钻石级业务倒换时间 0 ~ 50 ms,切换后的路径能实时显示在网管中,方便网络管理和维护人员。

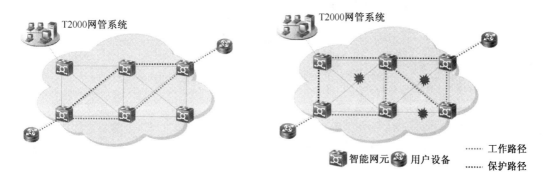

图 5-4　钻石级业务保护

（2）金级业务

金级业务提供 1 + 1 保护和重路由恢复，如图 5-5 所示。只要在同一个虚拟环内只有一个故障时，金级业务启动保护。在同一个虚拟环内有两个以上的故障时，启动恢复。金级业务倒换时间 0 ~ 50 ms，恢复时间 100 ms 至数秒。

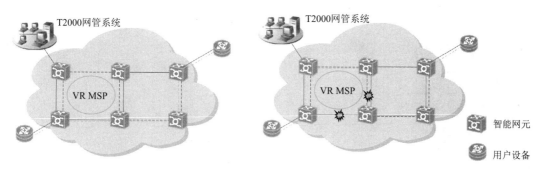

图 5-5　金级业务保护

金级业务支持 1∶1 线性复用段、二纤双向复用段环、二纤双向部分复用段环、四纤双向复用段环、四纤双向部分复用段环。

（3）银级业务

当银级业务的主用路由出现故障时，网络实时重新计算保护路由，如图 5-6 所示。当保护路由计算出来以后，倒换到保护路由上。可恢复式重路由确保网络恢复后银级业务仍能走最初规划的最优路径，恢复时间 100 ms 至数秒。

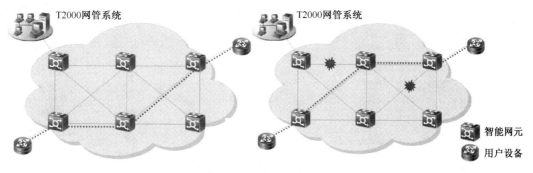

图 5-6　银级业务保护

（4）铜级业务

铜级业务不提供保护，一旦主用路由中断，铜级业务将中断，如图 5-7 所示。

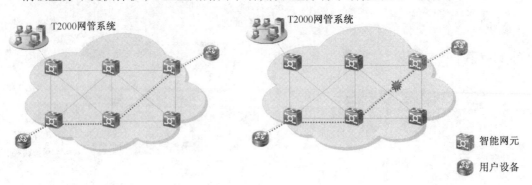

图 5-7 铜级业务保护

（5）铁级业务

铁级业务无保护。在网络资源紧张的情况下，只要任一比铁级业务高的业务发生保护倒换，铁级业务的主用路由将被抢占，业务中断，如图 5-8 所示。

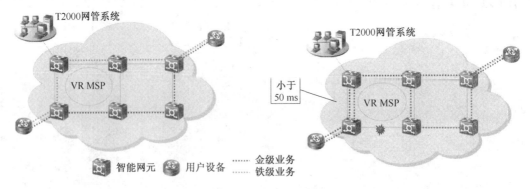

图 5-8 铁级业务保护

ASON 提供的五种业务等级比较见表 5-1。

表 5-1 ASON 提供的五种业务等级比较

业务级别	钻石级	金级	银级	铜级	铁级
保护恢复策略	保护与恢复	保护与恢复	恢复	无保护、无恢复	可被抢占
实现技术	SNCP	MSP	重路由	—	MSP
技术体现	只要有网络可用带宽，就提供永恒保护	大概率事件为保护，小概率事件为恢复	实时计算，不用预先设置保护通道	—	被抢占后业务中断，抢占恢复后业务恢复
性能指标	业务保护时间小于 50 ms	业务保护时间小于 50 ms，恢复时间小于 2 s	业务恢复时间小于 2 s	—	—
带宽利用率	低	中	高	极高	极高
资费	极高	高	中	低	极低
适用业务类型	银行、证券、重要政府部门专线	PSTN、GSM 话音业务	一般客户 IP 数据专线，小区上网业务	临时业务需求	临时业务需求

二、任务实施

本任务的目的是分析 ASON 技术可以应用在哪些传输产品上。

1. 材料准备

无。

2. 实施步骤

ASON 技术作为一种独立于传送技术的控制技术,采用通用的 GMPLS 协议,可加载于其他各种传输产品之上。加载在 SDH 或 MSTP 上,成为基于 SDH 或 MSTP 的 ASON;加载于 OTN,成为基于 OTN 的 ASON,实现光层和电层相结合的智能调度。

(1)基于 SDH 或 MSTP 的 ASON 设备

基于 SDH 或 MSTP 的 ASON 设备一般交叉矩阵都在 320 Gbit/s 以上,最大基本交叉颗粒是 VC4,可以通过级联的方式交换大颗粒业务。从设备特点来看,比较适合 VC4 颗粒电路比例较大,有少量 2.5 Gbit/s 大颗粒电路的业务应用环境。基于 MSTP 的中兴 ASON 设备有 ZXMP S385、5800、ZXMP C660/C640。当网络中绝大部分的业务量都是通过 2.5 Gbit/s 及以上颗粒的电路承载时,则要求更大的交叉粒度,需要基于 OTN 的 ASON 设备来实现。

(2)基于 OTN 的 ASON 设备

与基于 SDH 或 MSTP 的 ASON 相反,基于 OTN 的 ASON 可以支持大粒度的通道资源管理,提供波长、光纤级的业务,但是对小粒度的通道管理无能为力。基于 OTN 的 ASON 比较适宜于处理分组信号的承载,它可以直接将以太网、MPLS、IP 等分组信号映射进 OTN 的各层进行传送。

基于 OTN 的中兴 ASON 设备有 ZXONE 9700、ZXWM M920、ZXONE 8700、ZXONE 8500/8300、ZXMP M820、ZXMP M720。

任务 2:ASON 业务配置

任务:掌握 ASON 技术的特点,理解制定 ASON 标准的三个组织。

要求:能配置 ASON 业务,实现 ASON UNI-C 集成到 SDH 设备上。

一、知识准备

ASON 能够自动完成光网络交换连接功能。所谓自动交换连接是指在网络资源和拓扑结构自动发现的基础上,调用动态智能选路算法,通过分布式信令处理和交互,建立端到端的按需连接,同时提供可行可靠的保护恢复机制,实现故障下重建连接的自动进行。

实现光控制平面有两大技术阵营,ITU-T 的 ASON 和 IETF 的 GMPLS。GMPLS 来自于 MPLS-TE,为支持光域而进行了扩展,它是一个协议族,使用基于 IP 的控制平面;而 ASON 既不是一个协议也不是协议族,是一个体系,定义了在光控制平面的组件间的交互作用。GMPLS 继承了 IP 的思想和协议,ASON 却吸收了广泛用于电信传送网的协议概念,如 SONET/SDH、SS7 和 ATM。因此,ASON 和 GMPLS 不是一种竞争关系,而是互补的关系。

ASON 在传统的光传送网引入了控制平面,从而使光网络能够在信令的控制下完成网络

连接的自动建立、资源的自动发现等过程。控制和管理的分离是 ASON 的重要特征。ASON
的体系结构如图 5-9 所示。

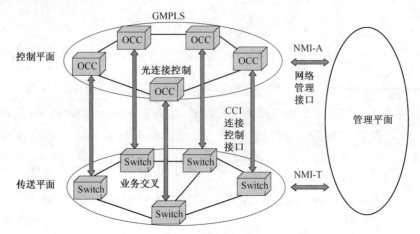

图 5-9　ASON 体系结构

其体系结构可以概括为三个平面、三个接口以及所支持的三种连接类型。

1. ASON 的三个平面

按照 ITU-T 建议,智能光网络包含三个平面:管理平面、传送平面和控制平面。

管理平面主要指对光传送网进行性能、故障、配置管理的网络管理部分;传送平面就是光
传送网里的设备和线路,是传送用户各种业务信号的;控制平面使用 OSPF-TE、RSVP-TE 和
LMP 协议,进行自动交换的控制。

数据通信网(简称 DCN)负责传送控制信令消息和管理信息。如果要配置一条业务,通过
管理平面把配置需求告诉控制平面,控制平面调用协议计算一条满足条件的业务路由,并把业
务信息下发到业务平面,进行路由创建。管理平面和业务平面之间仍然有接口,因为业务状态
信息仍然要上报到管理平面,传统业务的配置仍可以通过管理平面进行,由管理平面直接下发
到业务平面。

(1)传送平面

ASON 传送平面由一系列的传送"实体"组成,是实现连接的建立/拆除、交换和传送的物
理平面,是业务传送的通道,可提供用户信息端到端的单向或者双向传输。ASON 传送网络基
于网状结构,光传送节点主要包括 DXC 或 OXC、ADM 或 OADM 等设备。另外,传送平面是分
层的,由多层网络(如光通道层、光复用段层和光传送段层)组成。

ASON 的传送平面需要满足两个新的要求:一个是增强的信号质量检测功能;另一个是支
持多粒度的光交换。ASON 可直接在光层进行信号质量的监测,这不仅保证了从传送层面进
行业务恢复的能力,而且极大提高了光网络的恢复效率与恢复速率;而多颗粒度交换则是
ASON 实现流量工程的重要物理支撑技术,同时也是实现带宽的灵活分配和多种业务接入的
需要。

(2)控制平面

在 ASON 中,传送平面和控制平面不像在使用多协议标记交换(简称 MPLS)技术的 IP 网
络中那样联系紧密。实际上,它们可以认为是两个分离的网络,不需要有相同的拓扑结构。
一个典型的智能 ASON 节点结构可由一个光交叉连接交换矩阵和一个分离的控制平面处理
器组成。

　　这里,可以简单地理解为交换矩阵是传送平面的节点,而控制平面处理器是控制平面节点。在光网络中控制平面一般使用纤外或者纤内带外的控制信令通道连接各个节点,而传送平面使用数据业务通路,传送和控制平面拓扑不必相同。在传送平面相邻的两个传送网元,其控制节点在控制平面可以不相邻,反之亦然。从光连接的可靠性方面来说,要求控制平面的故障不对传送平面造成影响。

　　控制平面是智能光网络体系与传统光网络体系的最大区别。ASON 中控制平面采用的是基于 IP 的信令技术,并在此基础上做了相应的扩展以适应光传送网的应用。控制平面是体现 ASON 动态选路、自动交换等智能特性的核心部分。

　　ASON 的正常运行主要依赖于控制平面的 3 个基本功能:路由功能、信令功能和资源管理功能。在控制平面中,包括连接管理、资源发现和生存性控制等在内的核心功能都建立在此 3 个基本功能之上。这 3 种功能相辅相成,构成了 ASON 控制平面的基础。相应的,控制平面所使用的协议也是三种:路由协议、信令协议和链路资源管理协议。路由协议用于描述网络状态、同步网络状态、计算路由,使得每个网元都了解当前网络拓扑和链路状态;信令协议实现对连接的管理,包括建立连接、删除连接、查询连接状态和修改连接属性;链路资源管理协议实现链路管理、自动发现、错联监测的功能。正是这三个协议赋予了 ASON 智能,使之能够进行网络拓扑的自动发现,快速提供自动连接,快速进行端到端网状恢复,共享保护带宽,提高带宽利用率,按业务种类和优先级建立连接和提供网络保护,以及进行多重的网络保护。例如,提供端到端自动连接时,在网络拓扑图上点击入口节点,点击出口节点,选择带宽,选择服务等级,就完成了。ASON 自动计算路由,进行交叉连接,提供一条通道。

　　ASON 通过引入控制平面,使用接口、协议以及信令,动态地交换光网络的拓扑信息、路由信息以及其他控制信息,实现了光通道的动态建立和拆除以及网络资源的动态分配。

　　控制平面主要涉及网络接口、功能模块、信令协议三方面的内容。此外,控制平面的信令传送网络拓扑与传送平面可以不相同,一般来说,信令网的连通度更大,生存性要求更高。

　　UNI 和 NNI 是 ASON 网络实现自动交换功能的关键技术之一,也是 ASON 网络区别于现有光网络的一个重要特征。ASON 控制平面接口如图 5-10 所示。

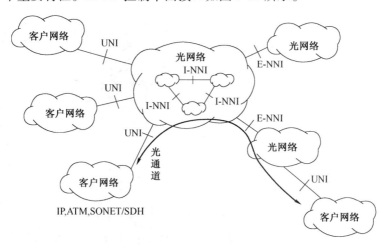

图 5-10　ASON 控制平面接口

①UNI

UNI 是用户终端(包括 IP 路由器、ATM 交换机、SDH 交换机等设备)和光层设备之间的接口。客户设备通过这个接口动态地请求获取、撤销、修改具有一定特性的光带宽连接资源。客户设备的多样性要求光层的接口必须满足多样性,能够支持多种网元类型。同时,UNI 还要满足自动交换网元的要求,支持自动业务发现、自动邻居发现等网络功能。UNI 支持的功能主要是对用户请求的接入,包括呼叫控制、资源发现、连接控制和连接选择,对呼叫的安全和认证管理等也可包括在这些基本功能中。接口中的信息流包括终端点的名称和地址、认证和连接接纳控制以及连接服务消息。

传送网络通过 UNI 提供的主要服务是按需创建和删除连接。连接是在传送网络上入口接入点(即端口)和出口接入点之间的一个具有特定帧结构的固定带宽电路,连接可以单向或双向,建立连接时指定的属性决定连接的属性。UNI 提供的服务包括:

a. 信令支持。UNI 的信令可以执行连接创建、连接删除和连接状态查询,还可以进行连接修改,即允许修改已有连接的参数。

b. 邻居发现。邻居发现过程是动态建立客户和传送网元之间接口映射的基础,它检验传送网元和客户设备之间的局部端口连接性,也允许建立和维护 UNI 信令控制通道。

c. 服务发现。服务发现过程使客户设备获得传送网络提供的服务信息,使传送网络获得客户 UNI 信令和端口的能力信息。

d. 信令控制通道维护。UNI 信令需要在用户端和光传送网之间有可配置的控制通道,可以使用不同的控制通道。

②NNI

NNI 是光网络子网之间的接口,它主要解决不同供应商的光传送网设备之间的互联互通问题,在由多个自治网组成的光网内实现动态光路的建立、维护、删除等功能。NNI 又分为内部网络网络接口(简称 I-NNI)和外部网络网络接口(简称 E-NNI),如图 5-11 所示。

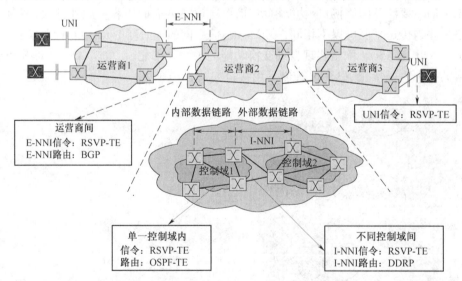

图 5-11　NNI 接口

I-NNI 是在一个自治域内部或者在有信任关系的多个自治域中的控制实体之间的双向信令接口。为了连接的建立需要支持以下功能:资源发现、连接控制、连接选择和连接路由寻径。接口中的信息流包括拓扑/路由信息、连接服务信息和控制网络资源的信息。

E-NNI 是在不同自治域或者提供商网络中控制实体之间的双向信令接口,用于实现跨域连接的建立,需要支持的功能包括呼叫控制、资源发现、连接控制、连接选择和连接路由寻径。接口中的信息流包括可达网络地址信息、认证和连接接纳信息以及连接服务信息。

NNI 的主要功能包括:

a. 自动发现。包括邻居发现、业务发现和邻接发现三种。

邻居发现使得在同一层的传送网网元和与它直接相连的客户设备,能互相确定对方的标识以及与局部端口相连的远端端口的标识(谁在我旁边啊);

业务发现是使网元设备或子网表明其自己的处理能力,同时获得其他网元或子网处理能力的过程(能干些什么事啊);

邻接发现是确定在特定物理层次上相邻两个网元设备两个物理端口之间连接性的过程(能不能联系上啊)。

b. 信令。NNI 中信令的功能主要体现在链路连接的建立、释放、修改和维护的过程中(联系上了吗)。

c. 路由。NNI 中路由的功能主要包括可达性、拓扑和状态信息的交互等(走哪条路啊)。

d. 连接控制和管理。该功能包括连接的建立、释放、管理和维护等。

e. 保护和恢复。NNI 接口需要支持域间/域内的链路和节点故障恢复。同时使用可靠性强的信令机制,以确保恢复信息的畅通性,而且相关恢复信令应具有较高的优先级。在保护未成功的情况下,相关的连接应被释放。总的来看,NNI 应支持域间、域内以及端到端的保护和恢复功能。

(3)管理平面

ASON 网络中,另一个重要特征就是管理功能的分布式和智能化。传统的光传送网管理体系被基于传送平面、控制平面和信令网络的多层面管理结构所替代,构成了一种集中管理与分布智能相结合、面向运营者的维护管理需求与面向用户的动态服务需求相结合的综合化的光网络管理方案。

ASON 的管理平面对控制平面和传送平面进行管理,管理平面与控制平面互为补充,可以实现对网络资源的动态配置、性能监测、故障管理以及业务管理等功能。

2. ASON 的三个接口

ASON 的每一个平面在功能上是相对独立的,但它们之间也需要进行信息的交互。管理平面与传送平面之间有 NMI-T 接口,控制平面与传送平面之间有 CCI 接口,管理平面与控制平面之间有 NMI-A 接口。

(1)管理和传送平面间的交互

管理和传送平面之间通过管理 T 接口(简称 NMI-T)交互信息。通过 NMI-T,网管系统实现对传送网络资源基本的配置管理、性能管理以及故障管理。传送平面的资源管理接口主要参照电信管理网(简称 TMN)结构,使用的网络管理技术包括简单网络管理协议(简称 SNMP)和公共管理信息协议(简称 CMIP)等,也可以使用厂家定义的接口协议。

对传送平面的管理主要包括:基本的网络资源和拓扑连接配置,日常维护过程中的性能监测和故障管理等。

(2)控制和传送平面间的交互

控制平面主要有两个功能组件,连接控制器和终端适配器,与物理传输资源关系密切。连接控制器的信号接口,在物理上与传送平面的连接功能联系在一起;终端适配器则位于提供适配和终止功能的传送设备之上。

控制和传送平面之间的交互接口抽象为连接控制接口(简称 CCI),通过它可传送连接控制信息,建立光交换机端口之间的连接。CCI 中的交互信息主要分成两类:从控制节点到传送平面网元的交换控制命令和从传送网元到控制节点的资源状态信息。

运行于 CCI 之间的接口信令协议必须支持以下基本功能:增加和删除连接、查询交换机端口的状态、向控制平面通知一些拓扑信息。

(3)管理和控制平面间的交互

管理和控制平面之间通过管理 A 接口(简称 NMI-A)交互信息。

通过 NMI-A,网管系统对控制平面的管理主要体现在以下方面:对控制平面初始网络资源的配置;对控制平面控制模块的初始参数配置;连接管理过程中控制平面和管理平面之间的信息交互;控制平面本身的故障管理;保证信令资源配置的一致性。

对控制平面的管理主要是对路由、信令和链路管理功能模块进行监视和管理,使用的管理协议包括简单网络管理协议(SNMP)等,也可以使用厂家自己定义的接口协议。

3. ASON 的三种连接类型

ASON 网络中,客户方(如 IP 路由器)通过向网络提供方(如智能光交叉连接设备)发送连接请求,可在网络中动态地建立一条业务通路。根据不同的连接需求以及连接请求对象的不同,ASON 建立连接有永久连接(简称 PC)、交换连接(简称 SC)、软永久连接(简称 SPC)三种类型的连接方式。

(1)PC

PC 是以配置方式建立的连接。配置方式利用网管系统或人工实现端到端沿线每个网元的配置。这是传统光网络中的连接建立形式,从网管数据库选出适当路由,向设备下发建立连接命令,例如传统的 SDH 业务就是永久连接。永久连接的特点是静态的,如图 5-12所示。

PC 的路径由管理平面根据连接请求以及网络资源利用情况预先计算,然后管理平面沿着计算好的连接路径通过 NMI-T 向网元发送交叉连接命令,最终

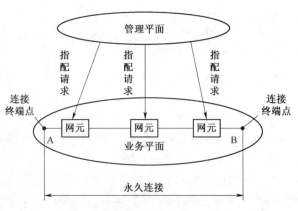

图 5-12　永久连接

通过传送平面各个网元设备的动作完成通路的建立过程。在这种方式下,ASON 能很好地兼容传统光网络,实现两者的互联。由于网管系统能全面地了解网络的资源情况,故永久连接能按照流量工程的要求进行计算,可更合理地利用网络资源,但是连接建立的速度相对较慢。

(2)SC

SC 是一种由于控制平面的引入而出现的动态连接方式。由终端用户(或连接端点)通过 UNI 向控制平面发起连接请求,再在控制平面通过信令和协议的交互过程建立端到端的电路连接。这种方式类似于 PSTN 交换机的连接方式,因此称为交换连接。例如路由器设备和传输设备对接就属于交换连接,先由路由器设备发起业务请求,ASON 网络响应,并通过信令建立起需要的交叉连接,如图 5-13 所示。

在交换连接中,网络中的节点能像 PSTN 中的交换机一样,根据信令实时地响应连接请

求。交换连接实现了在光网络中连接的自动化,快速、动态并符合流量工程的要求,这种类型的连接体现了 ASON 的本质。

（3）SPC

SPC 介于上述两种方式之间,是一种分段的混合连接方式。在网络的边缘(用户到网络的部分),提供永久连接,由网络提供者在管理平面直接配置;而在网络的中间,提供交换连接,通过管理平面向控制平面发起请求,然后由控制平面实现,即通过网络产生的信令和选路协议来完成,并取决于 NNI 的定义,如图 5-14 所示。

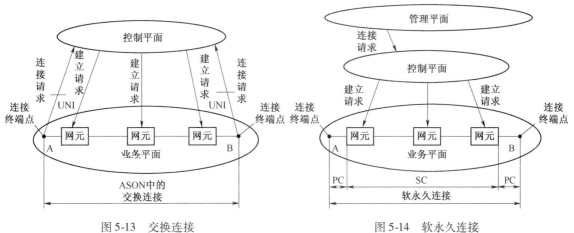

图 5-13　交换连接　　　　　　　　　　图 5-14　软永久连接

在 SPC 的建立过程中,管理平面相当于控制平面的一个特殊客户。SPC 具有租用线路连接的属性,同时却是通过信令完成建立连接的过程,所以它是一种从管理系统配置永久连接到控制平面信令协议实现交换连接过渡的连接方式。

正是 ASON 中这三种各具特色的连接类型的存在,使它具有连接建立的灵活性,能满足用户连接的各种需求。

目前的 ASON 网络支持软永久连接和永久连接业务,随着 ASON 技术和全网智能化的不断发展,会逐步实现交换连接。

二、任务实施

本任务的目的是配置 ZXMP S385 与 ZXMP C600 对接,实现 ASON UNI-C 集成到 SDH 设备上的应用,拓扑结构如图 5-15 所示。传送接口使用的控制通道 ID 号(简称 CCID)为 0×10001,源 TNA 地址为 31.2.1.1,目的 TNA 地址为 32.2.1.1。

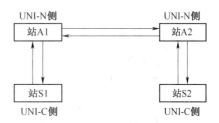

图 5-15　ASON 业务配置拓扑结构

站 S1 为源 UNI-C 端,站 A1 源为 UNI-N 端(IP 地址为 192.192.1.12),站 A2 为目的 UNI-N 端(IP 地址为 192.192.1.11),站 S2 为目的 UNI-C 端。源 UNI-C 端和源 UNI-N 端之间通过 IP 控制通道 IPCC1 传送 IP 数据包,目的 UNI-C 端和目的 UNI-N 端之间通过 IP 控制通道 IPCC2 传送 IP 数据包。

1. 材料准备

高 2 m 的 19 英寸机柜 4 个,ZXMP S385 子架 2 套,ZXMP C660 子架 2 套,单板若干,ZX-

ONM E300 网管 1 套。

2. 实施步骤

在网管系统上进行数据配置的时候,网元先设为离线状态。当所有数据配置完成后,将网元改为在线,下载网元数据库。数据下载后设备即可正常运行。

(1)启动网管

(2)创建网元

规划并填写网元参数表,见表 5-2。根据网元参数表创建站 S1、站 S2 网元。

表 5-2　网元参数表

网元名称	网元标识	网元地址	系统类型	设备类型	网元类型	速率等级	在线/离线	子架
站 S1	51	192.5.1.18	ZXMP S385	ZXMP S385	ADM&REG	STM-64	在线	主子架
站 S2	52	192.5.2.18	ZXMP S385	ZXMP S385	ADM&REG	STM-64	在线	主子架

(3)安装单板

规划并填写表 5-3 中各网元单板安装数量。根据规划安装各网元单板。

表 5-3　单板配置表

单板名称 网元名称	NCP	OW	CS	OL64
站 S1	? 块	1 块	2 块	2 块
站 S2	2 块	1 块	2 块	2 块

(4)连接网元

规划并填写各网元间光纤连接表,见表 5-4。根据规划配置网元间连接关系。

表 5-4　网元间光纤连接表

序号	源网元端口号	目的网元
1	站 S1 的 OL64[1-1-1]端口 1	站 A1 的[A-8-1]端口 1
2	站 A1 的[A-8-2]端口 1	站 A2 的[A-8-1]端口 1
3	站 A1 的[A-8-2]端口 1	站 S2 的 OL64[1-1-1]端口 1

(5)ASON 节点参数配置

ASON 节点参数配置主要配置 RSVP 信令协议的一些参数,包括节点标识、恢复时间、删除业务超时时间的设定。

选择网元 S1 和网元 S2,选择[设备管理→ASON 管理→ASON 配置]菜单项,弹出 ASON 节点配置对话框。

在左侧的资源框中选择 S1 网元,选择"节点配置",在节点标识的节点参数处输入 192.5.1.18(源 UNI-C 的 IP 地址),其他参数取默认值,如图 5-16 所示,单击"应用",下发配置数据。在左侧的资源框中选择 S2 网元,选择"节点配置",在节点标识的节点参数处输入 192.5.2.18(目的 UNI-C 的 IP 地址),单击"应用",下发配置数据。

(6)邻居配置

该步骤用于配置 UNI-C 节点和 UNI-N 节点之间的邻居关系,邻居之间通过控制通道进行通信。

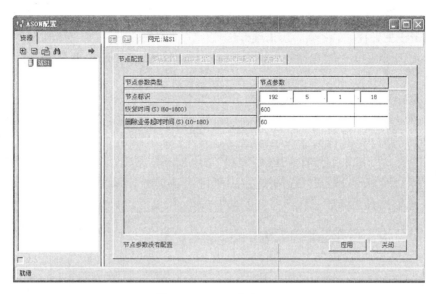

图 5-16　ASON 节点配置

　　选择网元 S1 和网元 S2,选择[设备管理→ASON 管理→ASON 配置]菜单项,弹出 ASON 配置对话框。

　　在左侧的资源框中选择 S1 网元,选择“邻居配置”,单击“新建”按钮,在新建邻居对话框中的邻居名称处输入 UNI-N(C),在邻居节点标识处输入 192.192.1.12(源 UNI-N 的 IP 地址),其他参数取默认值,如图 5-17 所示,单击“应用”,下发配置数据。在左侧的资源框中选择 S2 网元,选择“邻居配置”,单击“新建”按钮,在新建邻居对话框中的邻居名称处输入 UNI-N(N),在邻居节点标识处输入 192.192.1.11(目的 UNI-N 的 IP 地址),其他参数取默认值,单击“应用”,下发配置数据。

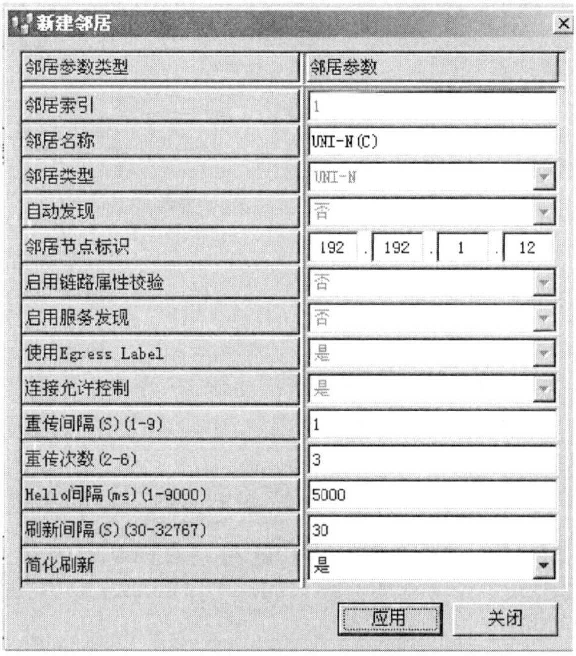

图 5-17　ASON 邻居配置

（7）IPCC 配置

该步骤用于配置控制通道的相关信息。

选择网元 S1 和网元 S2，选择［设备管理→ASON 管理→ASON 配置］菜单项，弹出 ASON 配置对话框。

在左侧的资源框中选择 S1 网元，选择 IPCC 配置，单击"新建"按钮，在新建 IPCC 对话框中的本地 IPCC 处输入 192.5.1.18（源 UNI-C 的 IP 地址），在远端 IPCC 处输入 192.192.1.12（源 UNI-N 的 IP 地址），其他参数取默认值，如图 5-18 所示，单击"应用"，下发配置数据。在左侧的资源框中选择 S2 网元，选择 IPCC 配置，单击"新建"按钮，在新建 IPCC 对话框中的本地 IPCC 处输入 192.5.2.18（目的 UNI-C 的 IP 地址），在远端 IPCC 处输入 192.192.1.11（目的 UNI-N 的 IP 地址），其他参数取默认值。单击"应用"，下发配置数据。

图 5-18　ASON 的 IPCC 配置

（8）传送接口配置

选择网元 S1 和网元 S2，选择［设备管理→ASON 管理→ASON 配置］菜单项，弹出 ASON 配置对话框。

在左侧的资源框中选择 S1 网元，选择传送接口配置，单击"新建"按钮，在新建传送接口对话框中的单板处选择 OL64［1-1-1］（IPCC 使用的单板及其端口），在远端接口标识处输入实际 UNI-N 设备的接口标识，默认为 0，在 TNA 地址处输入 130.252.1.11（源 TNA 地址），其他参数取默认值，如图 5-19 所示，单击"应用"，下发配置数据。在左侧的资源框中选择 S2 网元，选择传送接口配置，单击"新建"按钮，在新建传送接口对话框中的单板处选择 OL64［1-1-1］（IPCC 使用的单板及其端口），在远端接口标识处输入实际 UNI-N 设备的接口标识，默认为 0，在 TNA 地址处输入 130.252.1.11（源 TNA 地址），其他参数取默认值，单击"应用"，下发配置数据。

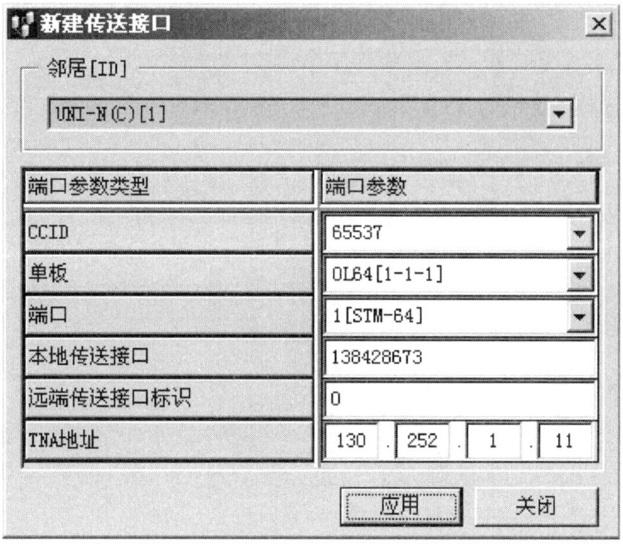

图 5-19   ASON 的传送接口配置

（9）SC 配置

选择网元 S1 和网元 S2，选择［设备管理→ASON 管理→ASON 配置］菜单项，弹出 ASON 配置对话框。

在左侧的资源框中选择 S1 网元，选择 SC 配置，单击"新建"按钮，在新建 SC 连接对话框中选择 UNI 类型为 D-UNI-C，在源 TNA 地址处输入 130.252.1.11（源 TNA 地址），其他参数取默认值，如图 5-20 所示。单击"应用"，下发配置数据，完成目的 UNI-C 的连接允许控制。

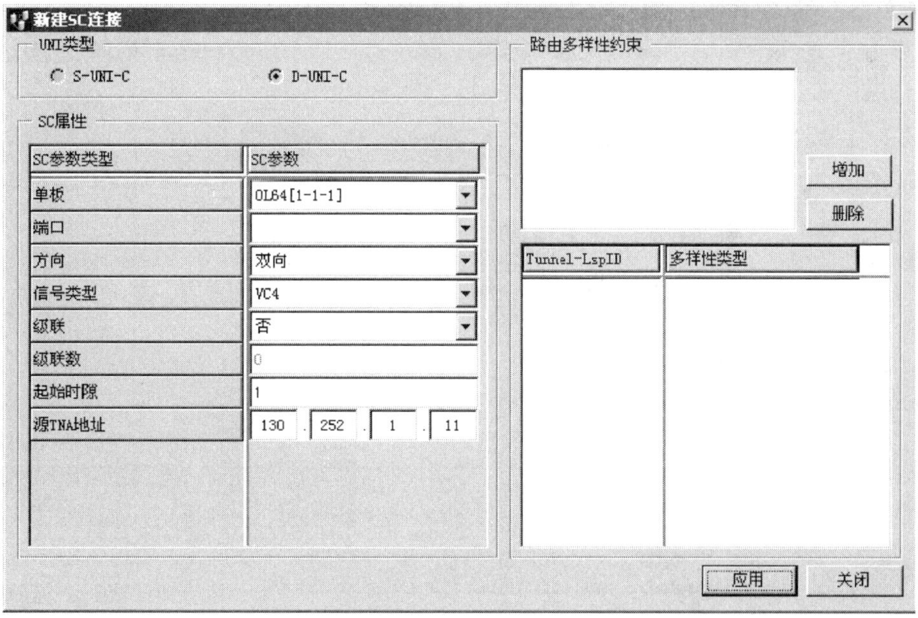

图 5-20   ASON 目的 UNI-C 连接允许控制

在左侧的资源框中选择 S2 网元，选择 SC 配置，单击"新建"按钮，在新建 SC 连接对话框中选择 UNI 类型为 S-UNI-C，在源 TNA 地址处输入 130.252.1.11（源 TNA 地址），其他参数取默认值,如图 5-21 所示。单击"应用",下发配置数据,完成源 UNI-C 发起连接创建。

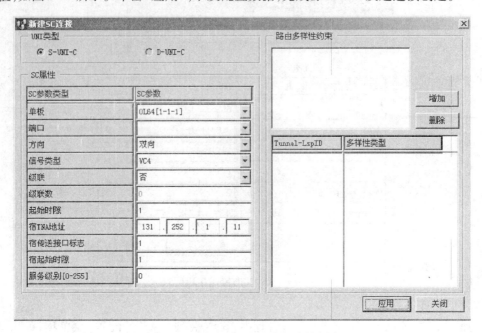

图 5-21　ASON 源 UNI-C 发起连接创建

(10)结果验证

ASON 配置成功后,可在网元 S1 和网元 S2 的 ASON 配置对话框查看到配置完成的连接信息,如图 5-22 所示,连接状态为开通。

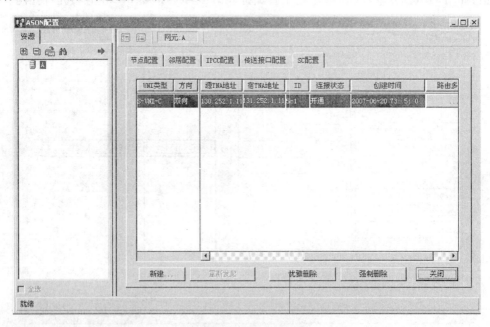

图 5-22　ASON 配置查询

(11)ASON 智能数据同步

选择网元 S1 和网元 S2,选择[设备管理→ASON 管理→ASON 智能数据同步]菜单项,弹出 ASON 智能数据同步对话框,在资源中选择待设置的网元 S1 和网元 S2,勾选 SC 配置,勾选强制,如图 5-23 所示。单击"应用",下发配置数据。

图 5-23 ASON 智能数据同步

复习思考题

1. 什么是 ASON? ASON 有何特点?
2. ASON 提供哪些服务等级的业务?
3. 简述 ASON 的体系结构。各个平面有什么作用?
4. ASON 的控制平面有哪些组件? 各有什么作用?
5. 简要说明 ASON 的三个平面之间的三个接口的作用。
6. ASON 包括哪些连接类型?

项目6 传输系统维护与管理

模块一 传输系统维护

传输系统维护以数字配线架(简称 DDF 架)或以太网配线架(简称 EDF 架)为界,包括传输设备 DDF 架、EDF 架、SDH 设备、DWDM 设备、OTN 设备、光纤配线架(简称 ODF)、光缆线路。

任务 1:DDF 数字配线接头的制作与维护

任务:认识传输系统常用电缆接头,掌握 DDF 配线架常见故障和处理方法。
要求:会制作 DDF 数字配线电缆 L9 接头和 BNC 接头,能判断和处理线路故障。

一、知识准备

DDF 架是数字复用设备之间、数字复用设备与程控交换设备或数据业务设备等其他专业设备之间的配线连接设备,由机柜、单元体和附件组成。DDF 的单元体按照接口类型分类,有 75 Ω 非平衡接口和 120 Ω 平衡接口两种类型,如图 6-1 所示。

1. 75 Ω 非平衡接口

75 Ω 非平衡接口连接射频同轴电缆,用于短距离传输,工作速率有 2 Mbit/s、34 Mbit/s、140 Mbit/s等。射频同轴电缆是由内导体、绝缘介质和外导体组成。内导体和外导体同轴线分置,绝缘介质介于内导体和外导体之间。传输信号完全限制在内导体内,外导体接地作为屏蔽层传输线,从而保证其屏蔽性能好、传输损耗低小、抗干扰性强、使用频带宽,常被用于频率较高信号的传输。

(a) 75Ω非平衡接口单元体　(b) 120Ω平衡接口单元体

图 6-1　数字配线架(DDF)

常用同轴电缆型号由分类代号、绝缘介质材料、护套材料代号、派生特性、特性阻抗、芯线绝缘外径、屏蔽层的数量等组成。

分类代号:S—同轴射频电缆,SE—射频对称电缆,ST—特种射频电缆;

绝缘介质材料:Y—聚乙烯、F—聚四氟乙烯(F46)、X—橡皮、W—稳定聚乙烯、D—聚乙烯空气、U—氟塑料空气;

护套材料代号:V—聚氯乙烯、Y—聚乙烯、W—物理发泡、D—锡铜、F—氟塑料;

派生特性:Z—综合/组合电缆(多芯)、P—多芯再加一层屏蔽铠装;

特性阻抗:50—50 Ω、75—75 Ω、120—120 Ω;

芯线绝缘外径整数值:1、2、3、4、5……,以 mm 为单位;

屏蔽层的数量:1—1 层、2—2 层、3—3 层、4—4 层。

例如,2 Mbit/s、34 Mbit/s 的 DDF 架上常使用 SYV-75-1-1 电缆,它表示绝缘介质材料为聚乙烯、护套材料为聚氯乙烯、阻抗为 75 Ω、芯线绝缘外径为 1 mm、有 1 层屏蔽层的非平衡同轴射频电缆。

常用的射频同轴电缆有 SYV-75-2-1、SFYZ-75-2-1、SYFVZ-75-1-1、SYV-75-2-2、SFYZ-75-2-1、SFYFZ-75-1-1 等型号。射频同轴电缆接头有 SMA、SMB、BNC、TNC、SMC 等,传输系统中常见的射频同轴电缆接头有 L9 和 BNC 两种类型。

(1)L9 接头

L9 接头俗称西门子同轴头,是一种小型具有螺纹锁定结构的同轴连接器,如图 6-2 所示。L9 接头具有尺寸小、重量轻、机电性能佳等特点,常用于传输机房的 DDF 架。根据射频同轴电缆外径尺寸的不同,L9 接头有不同的规格,实际使用时注意同轴电缆的型号。

图 6-2　L9 接头及其应用

(2)BNC 接头

BNC 接头是一种卡口式同轴连接器,如图 6-3 所示。BNC 接头具有连接迅速、接触可靠等特点,广泛应用于无线电设备和电子仪器仪表中。

图 6-3　BNC 接头及其应用

2. 120 Ω 平衡接口

120 Ω 平衡接口连接屏蔽对称电缆,采用 RJ48 接头,用于长距离传输,工作速率有 2 Mbit/s、34 Mbit/s、140 Mbit/s 等。RJ48 接头与 RJ45 接头使用相同的水晶头,两者的区别在于针脚定义不同。RJ45 接头使用 1、2 线发送,3、6 线接收,而 RJ48 接头使用 1、2 线接收,4、5 线发送。RJ48 接头交叉线一端线序为白橙、橙、白绿、蓝、白蓝、绿、白棕、棕;另一端线序为蓝、白蓝,白绿,白橙,橙、绿、白棕、棕。RJ48 接头及其应用如图6-4 所示。

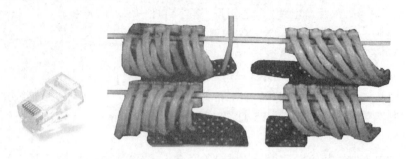

图6-4　RJ48 接头及其应用

3. 数字配线维护和使用中注意事项

DDF 架到传输设备或终端设备之间的数字配线在进行布线时,应避免电缆过度弯曲,避免线缆拉太紧使芯线被拉断,不必要时尽量不插拔接头以免造成磨损。维护和使用数字配线时,接头不要互相接触,以免造成短路。

DDF 架到传输设备或终端设备之间的数字配线出现问题会直接造成信号传输中断。维护过程中,最常见问题有:L9 接头接触不良或断线,在剥线时伤到了芯线;拔插方法不正确,导致接触不良;焊接不合要求。可采用重新剥线并焊接来处理焊接不合要求的接头。

二、任务实施

本任务的目的是制作一根 L9 接头的 DDF 数字配线。

1. 材料准备

2 m SYV-75-1-1 同轴电缆 1 根,L9 接头 2 个,剥线钳 1 把,剪线钳 1 把,电烙铁 1 只,2 M 压线钳 1 把,万用表 1 只,焊锡、焊膏若干,如图6-5 所示。

图6-5　DDF 数字配线电缆头制作工具

2. 实施步骤

(1)将电烙铁插头连接在电源插座上,预热待用。

(2)将 L9 接头的接头主体、接头帽和压接套管分开,如图6-6 所示。

(3)把接头帽和压接套管穿到同轴电缆上,如图6-7 所示。

图6-6　L9 接头的接头体、
　　　　接头帽和压接套管

图6-7　套接头帽和压接套管

（4）用剥线钳拨去同轴线的绝缘外层约 15 mm，如图 6-8 所示。将露出的屏蔽网拧为一股向后翻开，剥去绝缘内层（距绝缘外层长度与压接套筒长度一致），露出内导体芯线约 8 mm。用电烙铁粘少量焊锡绕芯线一圈，给芯线上锡。

（5）将芯线从接头主体穿入，插入接头的内开孔槽中，用电烙铁粘上适量焊锡点到接头的焊接点，将芯线与 L9 接头焊接起来，如图 6-9 所示。焊点要求光滑、饱满。

图 6-8　剥绝缘外层

图 6-9　焊接芯线

（6）将屏蔽网修剪齐，余留长度约 6mm。然后将压接套管及屏蔽网一起推入接头尾部，如图 6-10 所示。注意套管外围无屏蔽网露出。

图 6-10　压接套管与屏蔽网推入接头尾部

（7）用压线钳压紧套管，使屏蔽网与接头外壳良好接触，如图 6-11 所示。最后拧紧接头帽，完成 L9 接头的制作。

依照步骤（1）～（6）制作同轴电缆的另一接头。

（8）将万用表挡位切换至电阻挡，测试同轴线两端的芯线是否导通、屏蔽层是否导通，最后测试两端的芯线与屏蔽层是否绝缘。

（9）将电烙铁的电源插头拔下，冷却。

图 6-11　压接套管

焊接方法制作的 L9 接头或 BNC 接头很容易造成虚焊、短接等问题，在传输系统维护过程中要格外小心。

任务 2：ODF 光纤配线接头的制作与维护

任务：认识光缆的成端，会制作光缆 ODF 成端。

要求：能划分光线通信系统中光缆线路的界限，能根据技术要求制作光缆 ODF 成端。

一、知识准备

光缆线路到达端局、中继站需与光端机或中继器相连接，这种连接称为光缆的成端。光缆成端一般在 ODF 架安装，称为 ODF 架成端。当机房没有 ODF 架时，可采用终端盒成端的方式，即终端盒成端。

1. ODF 架成端

干线光缆或较大的机房一般应采用这种方式，将光缆固定在 ODF 机架上（包括外护套和加强芯的固定），将光纤与预置在 ODF 机架的尾纤连接，并将余留光纤收容在机架内专用收容盘内。ODF 架成端方式的优点是适合大芯数光缆的成端，整齐、美观，使用时非常方便。

光纤配线架（ODF）是专为光纤通信机房设计的光纤配线设备，如图 6-12 所示。用于光纤通信系统中局端主干光缆的成端和分配，可方便地实现光纤线路的连接、分配和调度。ODF 架应具有可靠终端光缆和灵活分配光纤的功能，并为保护接地端子的引出提供方便。光纤分配架由机架、子架、盘、熔接盒、保护熔接点的附件、光纤适配器以及尾纤组成。该架应具有终端光缆和存放多余尾纤的地方，并且有放置光衰耗器的位置。

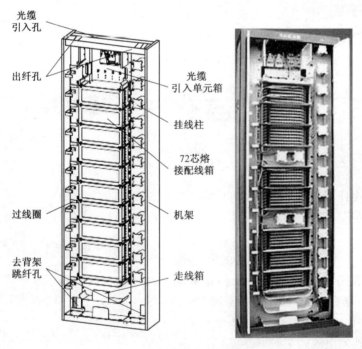

图 6-12　ODF 架结构及外形

2. 终端盒成端

部分边远机房或接入网点，在机房内没有 ODF 架，可采取终端盒成端的方式。将光缆固定在终端盒上,与接头盒安装一样,把外线光纤与尾纤没有连接器的一端相熔接,把余纤收容在终端盒内的收容盘内,终端盒外留有一定长度的尾纤,以便与光端机相连。光缆终端盒如图6-13所示。终端盒成端方式的特点是比较灵活机动,终端盒可以固定在墙上、走线架上等相对安全地方,经济实用。

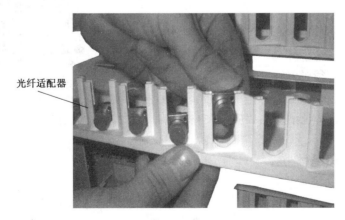

图6-13 光缆终端盒

二、任务实施

本任务的目的是制作ODF架光缆成端。

1. 材料准备

光缆一盘,ODF架1个,尾纤8根,涂覆层剥线钳,光纤切割刀,光纤熔接机,热缩套管。

2. 实施步骤

光缆ODF架成端操作过程大致与光缆接续相同,其不同之处是光缆与尾纤相连接,而不是光缆与光缆的连接。在接续前应将尾纤逐一编号,与光缆线路和光端机一一对应,以免造成纤芯混乱。ODF架成端是通过熔接法将尾纤光纤与光缆光纤构筑回路,操作步骤如下:

(1)将光缆从ODF架进缆口引入ODF架内。

(2)开剥光缆,开剥长度为开剥处到集纤盘长度加集纤盘内光纤余留长度。加强芯余留4 cm。

(3)去除松套管,余留4 cm左右,将光纤清理干净,套上塑料保护套管,管长为从进缆孔到配线区集纤盘的长度。

(4)保护管与光缆开剥接口处用绝缘胶带缠紧,加强芯一并缠入。

(5)用压缆卡把光缆固定在支架夹板上,并使加强芯穿过固定柱,将螺丝拧紧。

(6)取下集纤盘,并把光纤固定在集纤盘上,预盘光纤。

(7)安装光纤适配器(俗称法兰)、尾纤,如图6-14所示。适配器按从左到右排列,预盘尾纤。

光纤适配器

图6-14 安装适配器及尾纤

(8)按照纤序熔接尾纤与光缆中的光纤,每熔接一根光纤后尽量以最大弯曲半径盘留余纤。

（9）按照纤序把光纤熔接接头固定在集纤盘热缩管固定槽中,并盘留光缆余纤和尾纤,防止光纤散乱。如图6-15所示。

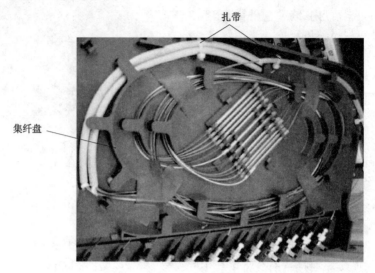

扎带

集纤盘

图6-15　盘留光纤及尾纤余长

（10）盖好集纤盘盖板,把集纤盘推入导轨,同时把套入保护套管的光纤按预定光纤走线方向布放在ODF架内,如图6-16所示。

无论光缆是终端盒成端还是ODF架成端,都应符合以下技术要求:

①光缆进入机房前应留足够的长度,一般不少于12 m。

②成端接续要使用OTDR进行现场监测,接续损耗要在规定值之内。

③采用ODF架方式成端时,光缆的金属护套、加强芯等金属构件要安装牢固,光缆的所有金属构件要做终结处理,并与机房保护地线连接。

④从终端盒或ODF架内引出的尾纤要插入机架的集纤盘内,备用尾纤的连接器要带上塑料帽,防止落上灰尘。

⑤光缆成端后必须对尾纤进行编号,同一中继段两端机房的编号必须一致。无论施工还是维护,光纤编号不宜经常更改。尾纤编号和光缆色谱对照表应贴在ODF架的柜门或面板内侧。

图6-16　ODF架内光纤布放

任务3:传输设备维护

任务:掌握传输设备日常维护项目,熟练掌握传输系统的基本维护操作。

要求:能识别传输设备各指示灯,能准确判断和处理传输系统的简单故障。

一、知识准备

传输网维护包括传输设备维护和传输网管系统维护两部分。传输设备主要包括:光终端机、光中继器、电端机(各级复用设备)、交叉连接设备、基群复用设备、保护倒换设备、业务联络设备、ODF、DDF、EDF等。

（一）传输设备维护任务

为了确保传输网的正常运行,需要专业维护人员对传输设备和网管系统进行维护,传输网维护和管理的基本任务是:

（1）保证传输网的高效和可靠运行,保证设备性能符合维护指标要求;

（2）迅速准确地排除故障,尽力减少故障引起的损失;

（3）确保机房环境符合要求,保持设备完整、安全、清洁和良好;

（4）在保证通信质量的前提下,提高维护效率,合理使用费用,提高经济效益。

（二）传输网维护内容

以传输机房的DDF为界,DDF及DDF以内属于传输网络维护范畴。按照维护周期的长短,将传输系统维护分为突发性维护、日常例行维护和周期性例行维护。

1. 突发性维护

突发性维护是指因为设备故障、网络调整等带来的维护任务。例如:用户申告故障、设备损坏、线路故障时需进行的维护。同时在日常例行维护中,发现并记录的问题也是突发性维护业务来源之一。

2. 日常例行维护

日常例行维护是指每天必须进行的维护项目,其基本原则就是:在例行维护工作中及时发现、解决问题,防患于未然。它可以帮助维护人员随时了解设备运行情况,以便及时解决问题。在日常维护指导中,发现问题时须详细记录相关故障发生的具体物理位置、详细故障现象和过程,以便及时维护和排除隐患。

3. 周期性例行维护

周期性例行维护是指定期进行的维护,通过周期性维护,维护人员可以了解设备的长期工作情况。周期性例行维护分为季度维护和年度维护。

传输设备例行维护项目和维护周期见表6-1。

表6-1 传输设备例行维护项目和维护周期

维护测试项目	周　　期
设备声音告警检查	每日
机柜指示灯观察	每日
电路板指示灯观察	每日
设备温度、湿度检查	每日
风扇检查	每两周
公务电话	每两周
线缆检查	每月

（三）传输设备维护注意事项

1. 光板维护时的注意事项

（1）光接口板上未用的光接口要用防尘帽盖住。

（2）不用尾纤接头要带防尘帽盖住。

（3）不要直视光板上的光接口,以防激光灼伤眼睛。

（4）清洗尾纤接头时,应用无尘纸蘸沾无水酒精,小心清洗,不能使用工业酒精、医用酒精或水。

（5）更换光板时,带好防静电手腕,先拔掉光板上的尾纤,再拔光板,禁止带纤插拔光板。

2. 单板维护时的注意事项

（1）任何时候接触单板时都要带防静电手腕,不能用手触摸印刷电路板。

（2）单板在运输中要避免震动。运输中的震动容易对单板造成损坏,因此运输时应对单板进行良好的包装。

（3）注意单板的防潮处理。备用板卡的存放必须注意环境温、湿度的影响。防静电保护袋中一般应放置干燥剂,保持袋内的干燥。

（4）单板拔出时应先完全拧松单板拉手条上下两端的锁定螺钉,然后同时向外扳动拉手条上的扳手至单板完全拔出。

（5）单板插入时应先将单板的上下边沿对准子架的上下导槽,沿上下导槽慢慢推进,直至单板完全嵌入母板。若感觉到单板插入有阻碍时不要强行插单板,应调整单板位置后再试。

（6）一旦发生断针,应查看是否是地线针。若为地线针,可用尖嘴钳或镊子拔掉;若为信号针,则应尽量修复或换板位。

（7）更换单板时,首先要确认换上的单板与换下的单板是同一种具体型号。

3. 缆线调整时的注意事项

调整光纤和电缆时一定要慎重,调整前一定要做好标记,以避免恢复时线序混乱,造成误接。

（四）维护资料

传输网维护技术档案、资料项目包括以下内容:

1. 传输网络图、设备使用说明书、维护手册、电原理图、接线图等;

2. 工程设计、竣工资料、验收记录;

3. 机房布线系统图,机房平面布置图,包括通信线缆、信号电源、电力及照明、业务联络等各种布线系统图;

4. 各种维护规章制度,包括维护规程、维护指标体系、责任制度、工作细则、操作方法等,以及关于上述规章制度修改补充文件;

5. 设备及仪表的机历卡和固定资产卡;

6. 主要仪表、仪器,包括计算机的说明书和使用手册;

7. 其他工具书籍或技术文件等。

作为一名好的维护人员,不仅要在问题出现时能迅速地定位、解决问题;更重要的是在故障产生前,能够通过例行的维护工作及时发现故障隐患、消除故障隐患,使设备长期稳定地运行。对设备良好、有效的维护,不仅能够减少设备的故障率,并且可以延长设备的使用寿命。如果维护人员能在故障发生之前,在例行维护之中,及时检测到故障的先兆,将故障解决在萌芽期,这样不但可以避免故障发生后,由于抢修的慌乱、业务中断所造成的经济损失;而且还可以避免故障严重化对整个设备所造成的损伤,从而降低板件更换等维护费用,延长设备的使用寿命。而这一切,不但要求维护人员有深厚的功底,丰富的维护经验,还要有洞察秋毫的高度敏感性。

二、任务实施

本任务的目的是掌握传输设备日常巡查工作,识别传输设备各指示灯,判断是否有设备告警。

1. 材料准备

已配置业务的光纤传输系统 1 套。

2. 实施步骤

(1)查看机柜指示灯

设备维护人员主要通过告警指示灯来获得告警信息,因此在日常维护中,要时刻关注告警灯的闪烁情况,据此来初步判断设备是否正常工作。

首先从整体上观察设备是否有高级别(紧急和主要)告警,可观察机柜顶部的告警指示灯来获得。在机柜顶上,有红、黄、绿三个不同颜色的指示灯。表 6-2 为机柜顶上红、黄、绿三个指示灯表示的含义。

表 6-2　机柜指示灯含义

指示灯	名　　称	状　　态	
		亮	灭
红灯	紧急或主要告警指示灯	设备有紧急或主要告警	设备无紧急或主要告警
黄灯	次要告警指示灯	设备有次要告警	设备无次要告警
绿灯	电源指示灯	设备供电电源正常	设备供电电源中断

观察传输设备机柜顶部的指示灯状态,对照表 6-2,判别传输设备是否有告警产生以及告警的级别。

告警信号是由主控板通过电源告警线送至柜顶。注意告警的级别可通过网管更改。每天查看机柜指示灯的状态,发现有红、黄灯亮,应及时通知中心站的网管人员,并进一步查看电路板指示灯。在设备没有异常和无告警的情况下,柜顶指示灯应该仅有绿灯亮。

(2)查看单板指示灯

机柜指示灯的告警状态可以预示本端传输设备的故障隐患或者对端传输设备存在故障。只观察机柜顶部的告警指示灯,可能会漏过设备的次要告警(因为发生次要告警时机柜顶部指示灯不亮),而次要告警往往预示着本端设备的故障隐患,或对端设备存在故障,不可轻视。在查看传输设备机柜顶部的指示灯状态之后,还要查看传输设备各单板指示灯的状态,进一步了解设备的运行状态。

观察传输设备各单板的指示灯状态,判别传输设备是否有告警产生以及告警的级别。

(3)设备温度检查

将手放于子架通风口上面,检查风量,同时检查设备温度。如果温度高且风量小,应检查子架的隔板上是否放置了影响设备通风的杂物;或风机盒的防尘网上是否脏物过多。若是,清理防尘网;若为风扇本身发生问题,必要时更换风扇。此外还可以用手接触电路板前面的拉手条,探测电路板的温度。对设备的温度检查要每天进行一次。

(4)风扇检查和定期清理

良好的散热是保证设备长期正常运行的关键,在机房的环境不能满足清洁度要求时,风扇下部的防尘网很容易堵塞,造成通风不良,严重时可能损坏设备。因此需要定期检查风扇的运行情况和通风情况。保证风扇时刻处于正常运行状态——风机盒的绿色指示灯长亮,红色指示灯长灭。定期清理风扇的防尘网,每月至少 2 次。

（5）公务电话检查

公务电话对于系统的维护有着特殊的作用，特别是当网络出现严重故障时，公务电话就成为网络维护人员定位、处理故障的重要通信工具。因此在平时的日常维护中，维护人员需要经常对公务电话做一些例行检查，以保证公务电话的畅通。

定期从本站向中心站拨打公务电话，检查从本站到中心站的公务电话是否能够打通，并检查话音质量是否良好。让对方站拨打本站公务电话测试。中心站应定期依次拨打各从站，检查公务电话质量。如果条件允许，可从中心站拨打会议电话，检查会议电话是否正常。

电话不通时，通过设备机房专线电话（或者其他联系方法）确认被叫方是否挂机。若已挂机，则由中心站通过网管检查相应的电路板配置数据是否发生了改变，若配置正确，则结合其他板的性能、告警判断问题出在线路上还是电路板上。公务电话检查的周期是每2周一次。

（6）线缆检查

光纤、2 M 线和网线长时间运行后，容易出现松动的现象。因此需要定期检查接业务的线缆是否出现松动的情况。对于线缆检查要求每月进行一次。

（7）填写设备巡查记录（表6-3）

表6-3　设备巡查记录表

序号	检查项目	状　　况
1	机柜指示灯	
2	单板指示灯	
3	设备温度、湿度	
4	风扇	
5	公务电话	
6	缆线	

任务4：传输网管维护

任务：掌握传输网管例行维护项目，掌握传输网管系统的常见告警。

要求：能准确判断传输网管系统的告警类型，能分析告警产生的原因，掌握网管系统数据库备份和恢复的方法。

一、知识准备

1. 网管例行维护项目

为保证设备的安全可靠运行，设有网管系统站点的维护人员应每天通过网管对设备进行检查。

网管的例行维护项目包括：启动、关闭网管系统，定期更改网管用户的登录口令，以低级别用户身份登录网管，网元和电路板状态检查，告警检查，性能事件的监视，保护倒换检查，查询操作日志，ECC 路由的检查，查询网元时间，电路板配置信息的查询，网元数据库备份，网管数据库的维护，网管计算机硬件和软件平台的维护，远程维护功能的测试。

2. 查询日志

查询日志一般包括查询操作日志和系统日志。

（1）查询操作日志

所有登录网管的用户，对网管的操作，将按照预先设定的要求记录在"操作日志"中。定期查询操作日志，可以检查是否有非法用户入侵，是否有误操作影响系统运行。这是网管的安全保障之一。

对于 NES 网管，选择［系统/日志管理］菜单，在弹出窗口的［设置/操作记库选项…］下预先设置好记库选项，一般选＜全选＞；然后选择［日志］菜单下的相应条件，窗口就显示相应的操作日志。

（2）查询系统日志

网管系统发生的一些情况，包括系统的启动、退出、用户的登录、退出、非法登录、网管与网元间的连接关系变化都记录在系统日志内。与操作日志一样，它也是网管的安全保障之一。

3. SDH 网管系统的告警

告警监视是指对网络中出现的有关事件和情况进行检测和报告。SDH 传输的网管系统一旦发出告警，就表明出现故障或异常，其中造成业务受损的故障称为电路障碍或设备障碍。SDH 网管系统的告警共分为紧急告警、主要告警、次要告警、提醒告警、正常 5 个等级。SDH 常见的告警如下：

（1）LOS：信号丢失，紧急告警。产生原因：输入无光功率、光功率过低、光功率过高，使 BER 劣于 10^{-3}。

（2）OOF：帧失步，紧急告警。产生原因：搜索不到 A1、A2 字节时间超过 625 μs。

（3）LOF：帧丢失，紧急告警。产生原因：OOF 持续 3 ms 以上。

（4）MS-AIS：复用段告警指示信号，次要告警。产生原因：检测到 K2（b6～b8 比特）＝111 超过 3 帧。

（5）MS-RDI：复用段远端劣化指示，次要告警。产生原因：对端检测到 MS-AIS、MS-EXC，由 K2（b6～b8 比特）回发过来。

（6）MS-REI：复用段远端误码指示，提醒告警。产生原因：由对端通过 M1 字节回发由 B2 检测出的复用段误块数。

（7）MS-EXC：复用段误码过量，主要告警。产生原因：由 B2 检测的误码块个数超过规定值。

（8）AU-AIS：管理单元告警指示信号，次要告警。产生原因：整个 AU 为全"1"（包括 AU-PTR），一般由 LOS、MS-AIS 告警引起，常见业务配置有问题。

（9）AU-LOP：支路单元指针丢失，紧急告警。产生原因：连续 8 帧收到无效 AU 指针或 NDF。

（10）HP-RDI：高阶通道远端劣化指示，次要告警。产生原因：收到 HP-TIM、HP-SLM，由 G1（b5）＝1 回发过来，表示下游站接收到的本站信号有故障，一般由对端复用段或高阶通道引起。

（11）HP-REI：高阶通道远端误码指示，提醒告警。产生原因：回送给发端由收端 B3 字节检测出的误块数。

（12）TU-AIS：支路单元告警指示信号，次要告警。产生原因：整个 TU 为全"1"（包括 TU 指针），一般由线路板、交叉板或支路板故障引起，或是业务故障。

（13）TU-LOP：支路单元指针丢失，紧急告警。产生原因：连续 8 帧收到无效 TU 指针或 NDF。

（14）TU-LOM：支路单元复帧丢失，紧急告警。产生原因：H4 连续 2～10 帧不等于复帧次序或无效的 H4 值。

（15）LP-RDI：低阶通道远端劣化指示，次要告警。产生原因：接收到 TU-AIS 或 LP-SLM、LP-TIM。

（16）LP-REI：低阶通道远端误码指示，提醒告警。产生原因：回送给发端由收端 V5（b1、b2 比特）检测出的误块数。

4. OTN 网管系统的告警

G.709 OTN 帧内帧外所有开销设置的目的都是为了便于进行网络的性能管理和故障管理，每个开销都有自己的作用，都有自己的管理范围，开销监测的结果反映到设备上就是各种各样的告警维护信号。维护信号主要是指当本节点的状态不正常时，通知下游的接收设备的信号，常常是某些开销取特殊值或者发送特殊码型。对于 OTN 来说，维护信号更多更复杂，光域的光传送段、光复用段、光通道，电域的 OTUk 层和 ODUk 层等都有自己的维护信号。

（1）OTUk 的维护信号

OTUk 层只有 OTUk 告警指示信号（简称 OTUk-AIS）。AIS 是一种提示信息，在网络节点的输出端口产生，当上游节点遇到失效情况时将向下游节点发送 AIS 信号进行通知，网络节点的输入端口检测 AIS，这样可以抑制下游节点由于业务中断而产生的告警。

OTUk AIS 是伪随机码 PN-11，是一个长度为 2 047 bit 的 11 次多项式，生成多项式为 $1 + x^9 + x^{11}$。OTUk-AIS 就是将 PN-11 伪随机序列填充到整个 OTUk 帧中并不断重复发送，如图 6-17 所示。

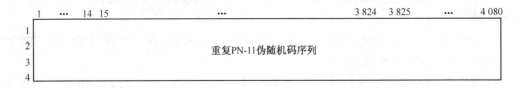

图 6-17　OTUk-AIS

OTUk 帧的长度为 130 560 bit，而 PN-11 的长度为 2 047 bit，两者不能整除，所以 PN-11 码可能跨接两个 OTUk 帧。OTUk-AIS 用来支持将来的服务层应用，G.709 标准中规定，OTUk-AIS 只检测不产生，因此，设备正常情况下不会报 OTUk_AIS 告警，除非人为通过网管或仪表插入这个信号。

由于 PN-11 码填充到了整个 OTUk 帧中，并且占用了帧定位字节的位置，所以 OTUk_AIS 是没有 OTN 帧头的，它仅仅是一个随机的码流，不携带任何其他信息。当出现 OTUk-AIS 时一定有 OTUk-LOF，而此时报 OTUk-LOF 没有意义，所以一般来说上报 OTUk-AIS 告警后就不再报 OTUk-LOF 告警。

（2）ODUk 的维护信号

ODUk 的维护信号包括 ODUk-AIS、ODUk-OCI、ODUk-LCK。

①ODUk 告警指示信号（简称 ODUk-AIS）

ODUk-AIS 在检测到信号失效、OMSn-FDI 和 OCh-FDI 信号时产生，向 OMSn、OCh 和 ODUk 连接的出口方向发送，信号图案为 O×ff，即全"1"，也就是将 ODUk 的所有内容全部置成 1，但不包括帧定位字节（FA OH）、OTUk 开销字节和 ODUk 的 FTFL 字节，如图 6-18 所示。虽然

ODUk数据为全1,但 OTUk 开销仍是完整的,因此用于站与站之间连接监测的 SM 开销不受影响。

图 6-18　ODUk-AIS

图6-18 中,所有阴影的内容都为1。通道监测 PM-STAT 和串联连接监测 TCMi-STAT 都是将 111 定义为 ODUk-AIS,这些开销都位于阴影区域内。ODUk-AIS 是通过检测 PM-STAT 和 TCMi-STAT 为"111"实现的。

PM-AIS、TCMi_AIS 和 ODUk_AIS 类似,只不过 PM_AIS 、TCMi_AIS 仅仅检测 STAT 字节的三个比特为 111,而 ODUk_AIS 检查图中所有阴影区域的比特值为 111。因此,当有 ODUk_AIS 时必然会有 PM_AIS 、TCMi_AIS ,单盘会自动过滤 PM_AIS 、TCMi_AIS ,网管只显示 ODUk_AIS。但有 PM_AIS 、TCMi_AIS 时,不一定有 ODUk_AIS。这种情况同样适合于 ODUk_LCK、ODUk_OCI 与 PM_LCK、PM_OCI 之间。只是 LCK、OCI 检测比特取值与 AIS 检测的值不一样而已。

②ODUk 连接断路指示(简称 ODUk-OCI)

OCI 是一种提示信息,当上游节点不向下游输出业务信号时向下游节点发送此信号。例如,OTU-A 和 OTU-B 相连,当 OTU-A 认为此时不需要向 OTU-B 发送业务信号时,就发送 OCI 信号通知 OTU-B,当前 OTU-A 和 OTU-B 的连接处于中断状态。OCI 产生于连接函数,当连接函数检测到某个输出端口没有任何一个输入端口与它对应时,就认为输出端口处于开路状态,就在此输出端口发送 OCI。该信号能使端点区分人为的信号缺失与故障引起的信号缺失。

ODUk-OCI 在输入端和输出端信号连接断开时产生,图案为 0×66,在整个 ODUk 帧中重复发送"0110 0110",不包括 FA OH 和 OTUk OH。"0110 0110"仅仅是默认的 OTUk-OCI 标示,也可换成其他值,但必须保证 PM-STAT 和 TCMi-STAT 为 110。PM-STAT 和 TCMi-STAT 都将 110 定义为 ODUk-OCI,这些开销都位于阴影区域内,如图 6-19 所示。ODUk-OCI 的检测是通过检测 PM-STAT 和 TCMi-STAT 为"110"实现的。

图 6-19　ODUk-OCI

③ODUk 锁定(简称 ODUk-LCK)

LCK 是一种提示信息,向下游节点发送此信息表示上游节点处于连接锁定状态,没有信号通过。连接建立但不传送数据的情况在 OTU 单板中不会存在,这种情况是为面向连接的通用通信模型制定的。

ODUk-LCK 在 ODUk 串联连接的端点产生,在管理状态锁定时插入 ODUk-LCK,用于阻止用户接入该连接,防止网络中的测试信号进入用户域。信号图案为 0×55,就是在整个 ODUk 帧中重复发送"0101 0101"。"0101 0101"是默认的 OTUk-LCK 标示,也可换成其他值,但必须保证 PM-STAT 和 TCMi-STAT 为 101,如图 6-20 所示。PM-STAT 和 TCMi-STAT 都将 101 定义为 ODUk-LCK,这些开销都位于阴影的区域内。ODUk-LCK 是通过检测 PM-STAT 和 TCMi-STAT 为"101"实现的。

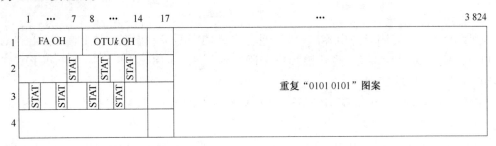

图 6-20　ODUk-LCK

用 G.709 OTN 提供的维护信号进行故障隔离和告警抑制,极大地减轻了系统维护的负担。在光传送网中若发生光纤断开事故,光纤内传输的每一路光通道都有 LOS。此时如果下游网元每一路都向网管系统报告一个 LOS 告警,对于长途密集波分复用光传送系统来说是不可想象的。设每根光纤有 100 个波长,每根光缆有 96 根光纤,每根敷设管有 5 根光缆,那么光缆管被挖断时将有 100×96×5 = 48 000 个信号丢失。对同一个原因导致的信号失效,各个网元都会告警。

在 G.709 OTN 网络中,如果光纤断开,下游第一个再生器收不到光信号,就向下游分别在 OTS 发送 OTS-PM,在 OMS 发送 OMS-PM 维护信号。在光复用段,OMS-PM 维护信号转变为光通道层 OCh-FDI 维护信号;在光通道层 3R 再生时,OCH-FDI 转化为 ODUk-AIS 维护信号。这样对于一个光纤断开事件,最终只上报一个告警给网管系统,光纤断裂处下游的所有告警均用维护信号抑制了。

二、任务实施

本任务的目的是进行传输网络数据库的备份与恢复操作。

1. 材料准备

已开通业务的光纤传输系统 1 套,ZXONM E300 网管 1 套。

2. 实施步骤

(1)E300 用户管理

E300 提供系统管理员、系统维护员、系统操作员、系统监视员四种用户等级,其权限依次降低。以系统管理员身份登录的用户可以单击"菜单栏的安全",选择"用户权限管理",调整四种用户的管理权限。

单击"菜单栏的安全",选择"用户管理",可以查看系统已创建的管理用户信息,如图6-21所示。

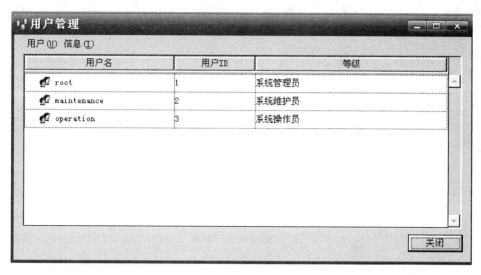

图6-21　用户管理

依次单击管理用户窗口的用户菜单,选择"新建",将弹出用户新建窗口,输入新建用户的登录名、密码,选择"用户等级",如图6-22所示。单击"应用"完成管理用户的创建。

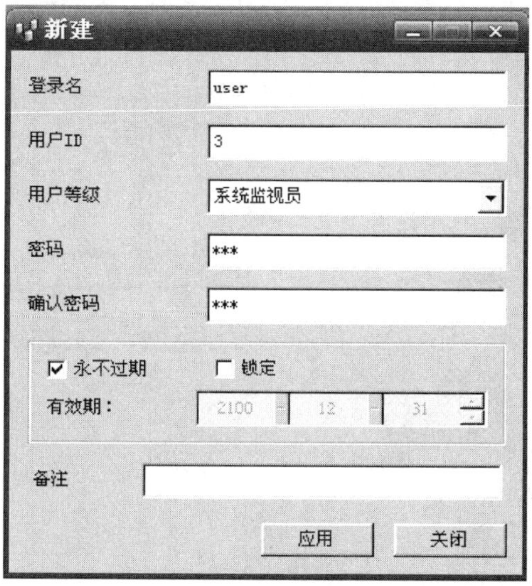

图6-22　新建用户

传输网管口令应严格管理,定期更改,并只向维护责任人发放,系统级口令应该只有维护责任人掌握。严禁向传输网管计算机装入其他软件。严禁用传输网管计算机玩游戏;网管计算机安装病毒实时检测软件,定期杀毒。

(2)E300网管告警查看

选择要查看的告警网元,右击选择"当前告警管理",如图6-23所示。右击选择"历史告警管理",如图6-24所示。

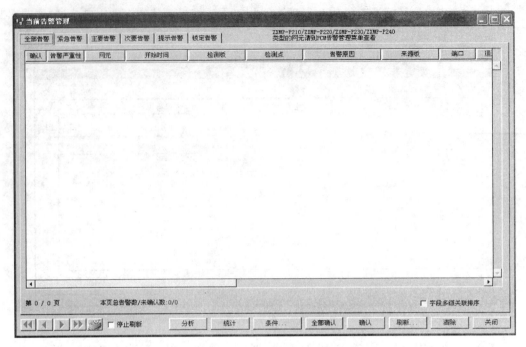

图 6-23　查看网元当前告警

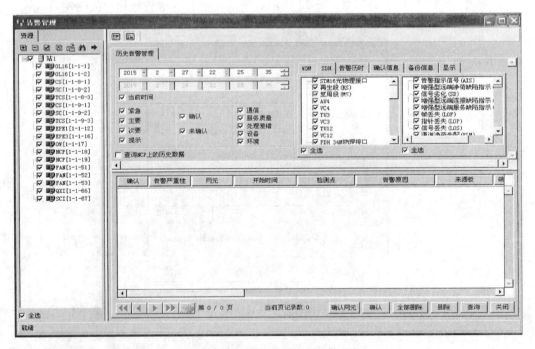

图 6-24　查看网元历史告警

（3）网管性能检测

利用传输监控系统设置性能告警门限，当性能超越门限时，监控系统应得到有关中断段、复用段、通道性能劣化的告警事件，并可进行历史性能数据分析。

差错性能是数字传输系统运行状况的主要质量指标，例如监控系统未能实现对差错秒（ES）、严重差错秒（ESE）或比特差错率（BER）的实时监测，则应进行必要的周期维护测试。

光纤数字传输系统在投入业务运行前,应进行投入业务测试,设备和系统因障碍和其他原因,经维修重新返回业务运行前,应进行返回业测试。此两项均为差错性能测试。

当传输网未实现集中监测,或已实现集中监测而监测系统未能进行差错性能监测时,均应使用差错仪,对传输系统进行周期性差错性能测试。此项测试可在 2 Mbit/s 数字口进行。为此,传输网各中继局向应有备用的 2 Mbit/s 数字口,以循环调度在用系统进行不中断业务的差错测试。

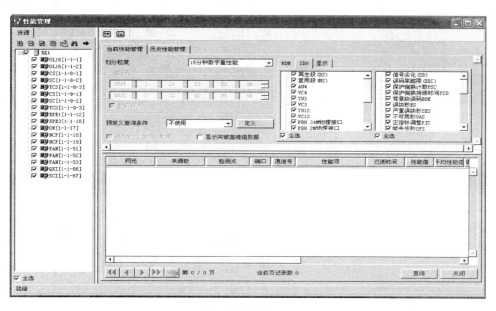

图 6-25　查看网管当前性能

根据网管性能值发现网络隐患。选择要查看的网元,右击选择"当前性能管理"查看当前性能,如图 6-25 所示;右击选择"历史性能管理"查看历史性能,如图 6-26 所示。

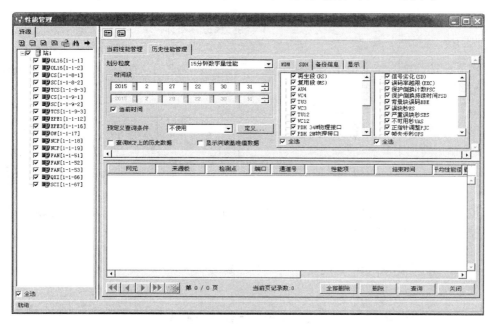

图 6-26　查看网管历史性能

（4）传输网管数据库维护

维护人员要定期对传输网管数据库进行备份。在当前数据库出现故障时，可以使用数据库恢复方式将之前备份的有效数据库恢复。具体步骤如下：点击网管系统中菜单栏的系统，选择传输网管数据库备份或恢复对话框，如图 6-27 所示。选择备份或要恢复文件的路径，输入备份文件的名称，单击备份数据库，即可完成备份。

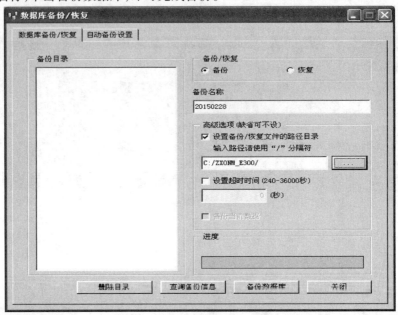

图 6-27　传输网管数据库备份/恢复对话框

当正在运行的数据库出现故障，短时间内无法修改正确时，可以从已备份的正确数据库中恢复。数据库恢复操作比较危险，不到万不得已时不要轻易使用。

模块二　传输系统测试

传输系统的性能对整个电信网的通信质量起着至关重要的作用，因此必须对其参数测试进行规范。

传输系统的性能参数分为设备测试和系统测试。

传输设备测试包括电性能参数和光性能参数两部分。电性能参数主要有误码性能、定时性能、系统可用性三个参数，波分系统还包括光信噪比参数。传输设备的光性能参数主要有中继段的损耗与色散、发送光功率、接收灵敏度、动态范围，波分系统还分为主信道和监控信道光参数。

在进行传输系统性能测试时，除了要测试光性能参数和电性能参数以外，还要测试系统保护倒换时业务的中断时间。

任务 1：误码测试

任务：认识误码性能参数，掌握传输系统误码性能的测试方法。
要求：能使用环回方法测试传输系统误码性能。

一、知识准备

(一)误码

误码是指经接收、判决、再生后,数字码流中的某些比特发生了差错,使传输的信息质量产生损伤。误码是影响传输系统质量的重要因素,轻则使系统稳定性下降,重则导致传输信号中断。产生误码的原因有很多,主要是噪声和抖动。误码可分为随机误码和突发误码两种。随机误码是内部机理产生的误码,突发误码是脉冲干扰产生的误码。

1. 平均误码率

传统的误码性能常使用平均误码率(BER)来度量信息传输质量,定义为某一特定的观测时间内,错误的比特数与传输的总比特数之比。

平均误码率是一种长期误码率,它只反映了测试时间内的平均误码,无法反映误码的突发性和随机性。当传输网的传输速率越来越高,以比特为单位衡量系统的误码性能有其局限性。因此,常用下面的误码性能参数来弥补。

2. 低速通道的误码性能参数

G. 821 规定的 64 kbit/s 数字连接的误码性能参数有:

(1)误码秒(ES)和误码秒比(ESR)

凡是出现误码的秒数称为误码秒。误码秒比是误码秒的时间百分数,定义为可用时间内误码秒与可用秒数之比。

(2)严重误码秒(SES)和严重误码比(SESR)

误码率劣于 1×10^{-3} 的秒数称为严重误码秒。严重误码比定义为可用时间内严重误码秒与可用秒数之比。

PDH 中的误码特性使用平均误码率(BER)、误码秒(ES)和严重误码秒(SES)来描述。

3. 高速通道的误码性能参数

当传输网的传输速率越来越高,以比特为单位衡量系统的误码性能有其局限性。目前高比特率通道的误码性能是以块为单位进行度量的(B1、B2、B3 监测的均是误码块),由此产生出一组以"块"为基础的参数。SDH 网络的误码性能参数主要依据 G. 826 建议,以"块"为基础。当块中的比特发生传输差错时称此块为误块。

SDH 网络的误码性能参数有:

(1)误块秒(ES)和误块秒比(ESR)

当某一秒中发现 1 个或多个误码块时称该秒为误块秒。

在规定测量时间段内出现的误块秒总数与总的可用时间的比值称为误块秒比。

(2)严重误块秒(SES)和严重误块秒比(SESR)

某一秒内包含有不少于30%的误块或者至少出现一个严重扰动期(SDP)时认为该秒为严重误块秒。其中严重扰动期指在测量时,在最小等效于 4 个连续块时间或者 1 ms(取二者中较长时间段)时间段内所有连续块的误码率大于或等于 10^{-2} 或者出现信号丢失。

在测量时间段内出现的 SES 总数与总的可用时间之比称为严重误块秒比(SESR)。

严重误块秒一般是由于脉冲干扰产生的突发误块,所以 SESR 往往反映出设备抗干扰的能力。

(3)背景误块(BBE)和背景误块比(BBER)

扣除不可用时间和 SES 期间出现的误块称为背景误块(BBE)。BBE 数与在一段测量时间内扣除不可用时间和 SES 期间内所有块数后的总块数之比称背景误块比(BBER)。

若这段测量时间较长,那么 BBER 往往反映的是设备内部产生的误码情况,与设备采用器件的性能稳定性有关。

上述 3 种参数中,SESR 最严格,BBER 最松。大多数情况下,只要通道满足了 SESR 和 ESR 指标,BBER 指标也就满足了。

4. SDH 网络误码标准

我国国内数字链路标准最长假设参考通道为 6 900 km。国内网可分为接入网和核心网两部分。核心网按距离线性分配到再生段位置。我国国内 420 km、280 km 和 50 km 各类假设参考数字段(HRDS)的通道误码性能要求见表 6-4 ~ 表 6-6。

表 6-4　420 km HRDS 误码性能指标

速率(Mbit/s)	155.520	622.080	2488.320
ESR	3.696×10^{-3}	待定	待定
SESR	4.62×10^{-5}	4.62×10^{-5}	4.62×10^{-5}
BBER	2.31×10^{-6}	2.31×10^{-6}	2.31×10^{-6}

表 6-5　280 km HRDS 误码性能指标

速率(Mbit/s)	155.520	622.080	2488.320
ESR	2.464×10^{-3}	待定	待定
SESR	3.08×10^{-5}	3.08×10^{-5}	3.08×10^{-5}
BBER	3.08×10^{-6}	1.54×10^{-6}	1.54×10^{-6}

表 6-6　50 km HRDS 误码性能指标

速率(Mbit/s)	155.520	622.080	2488.320
ESR	4.4×10^{-4}	待定	待定
SESR	5.5×10^{-6}	5.5×10^{-6}	5.5×10^{-6}
BBER	5.5×10^{-7}	2.7×10^{-7}	2.7×10^{-7}

5. OTN 网络误码标准

用于光传送系统设计的假设参考模型使用操作域概念,而不是分成国内和国际部分。定义的域类型有 3 种,本地运营商域(LOD)、区域运营商域(ROD)和骨干运营商域(BOD)。域之间的边界称为运营商网关(OG)。LOD 和 ROD 关联于国内部分,而 BOD 关联于国际部分,总共 8 个运营商域将使用 4 个 BOD(每个中继国一个)和 2 个 LOD-ROD 对。因此,假设参考光通道 HROP 在本地运营商产生和终结,经过了区域运营商和骨干运营商。

假定参考光通道 HROP 为 27 500 km 长的通道,跨越共 8 个域,如图 6-28 所示,相关误码参数见表 6-7。

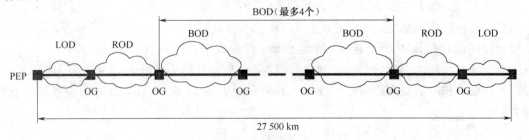

图 6-28　误码性能的假设参考模型

表6-7 27 500 km 国际 ODUk HROP 端到端误码性能指标

标称速率（kbit/s）	通道类型	块/s	严重误块秒比（SESR）	背景误块秒比（BBER）
1 244 160	ODU0	10 168	0.002	2.5×10^{-6}
239/238 × 2 488 320	ODU1	20 421	0.002	2.5×10^{-6}
239/237 × 9 953 280	ODU2	82 026	0.002	2.5×10^{-6}
239/237 × 10 312 500	ODU2e	84 986	0.002	2.5×10^{-6}
239/236 × 39 813 120	ODU3	329 492	0.002	2.5×10^{-6}
239/227 × 99 532 800	ODU4	856 388	0.002	2.5×10^{-6}
任意比特率 $X \geqslant 1\ 244\ 160$	ODUflex	$(1\ 000 \times X)/122\ 368$	0.002	2.5×10^{-6}

ODUk（k = 0、1、2、2e、3、4、flex）的块大小等于 ODUk 的帧大小，即 4 × 3 824 × 8 = 122 368 bit。误码检测为 BIP-8，在 OPU 净负荷加 OPU 开销，总共 4 × 3 810 × 8 = 121 920 bit 之上进行。

背景误块（BBE）是一个块里有了除 SES 外的严重异常发生。

严重误块秒（SES）是在 1 s 内，出现 15% 以上的误块（EB），或存在一个 OCI、AIS、PLM、TIM、IAE、BDI 之类的缺陷。导致近端和远端严重误块秒的缺陷见表6-8。

表6-8 导致近端和远端严重误块秒的缺陷

	通道终端	串联连接	含 义
近端	OCI	OCI	断开连接指示
	AIS	AIS	上游告警指示
	—	IAE	输入帧定位错误
	LCK	LCK	锁定
	—	LTC	串联连接丢失
	PLM	—	净负荷标记失配
	TIM	TIM	追踪标记失配
远端	BDI	BDI	背向缺陷指示

严重误块秒的门限值见表6-9。

表6-9 严重误块秒的门限值

速率（kbit/s）	通道类型	SES 门限值（1 s 里的误块数）
1 244 160	ODU0	1 526
2 498 775	ODU1	3 064
10 037 273	ODU2	12 304
10 399 525	ODU2e	12 748
40 319 218	ODU3	49 424
104 794 445	ODU4	128 459
任意比特率 $X \geqslant 1\ 244\ 160$	ODUflex	最高限度（$(150 \times X)/122\ 368$）

对于 3 种类型的运营商域,切块分配误码指标:对于骨干运营商域,分配为 5%;对于区域运营商域,分配为 5%;对于本地运营商域,分配为 7.5%;此外还对各个运营商域给出了额外的基于距离的分配,分配基于空中路由距离和路由因子的乘积,为每 100 km 分得 0.2%。基于距离的分配叠加到切块分配上,得出运营商域的总分配指标。

6. 误码减少策略

误码减少策略主要有以下两种方式:

(1)内部误码的减小

改善收信机的信噪比是降低系统内部误码的主要途径。另外,适当选择发送机的消光比,改善接收机的均衡特性,减少定位抖动都有助于改善内部误码性能。在再生段的平均误码率低于 10^{-14} 数量级以下,可认为处于"无误码"运行状态。

(2)外部干扰误码的减少

基本对策是加强所有设备的抗电磁干扰和静电放电能力,如加强接地。此外在系统设计规划时留有充足的冗度也是一种简单可行的对策。

(二)可用性参数

误码性能参数只有在传输通道可用状态时才有意义。

1. 不可用时间

传输系统任一个传输方向的数字信号连续 10 s 期间内,每秒的误码率均劣于 10^{-3},从这 10 s 的第 1 s 起就认为进入了不可用时间。

2. 可用时间

当传输系统任一个传输方向的数字信号连续 10 s 期间内,每秒的误码率均优于 10^{-3},那么从这 10 s 的第 1 s 起就认为进入了可用时间。

3. 可用性

可用时间占全部总时间的百分比称为可用性。传输系统的可用性测试可以通过系统的误码测试得到。为保证系统的正常使用,系统要满足一定的可用性指标。我国各类假设参考数字段(HRDS)的可用性目标见表 6-10。

表 6-10　各类假设参考数字段可用性目标

长度(km)	可用性	不可用性	不可用时间/年
420	99.977%	2.3×10^{-4}	120 分/年
280	99.985%	1.5×10^{-4}	78 分/年
50	99.99%	1×10^{-4}	52 分/年

(三)传输系统通道测试方法

日常维护测试分为实时监测和周期维护检测。传输网应不中断业务的实时维护监测作为主要维护测试手段,并结合进行必要的周期维护检测。

传输系统主要有 TDM 业务和以太网业务两种通道。通道测试分为在线业务测试和中断业务测试两类。

1. 在线业务测试

对于实时计费等业务,中断业务测试对业务影响大时,常采用在线业务测试。根据测试仪表与被测通道的关系,在线业务测试可分为跨接式模式测试或通过式模式测试。

（1）跨接式模式测试

当数字配线架上有三通接头时,测试仪表接在数字配线架的三通头上,也就是与原来通道上传输的信号并联。此时测试仪表采用跨接(也称桥接)模式,并设置为高阻状态,如图 6-29 所示。

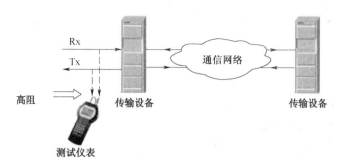

图 6-29　跨接式在线业务测试

（2）通过式模式测试

若数字配线架上没有三通接头时,采用通过式模式,测试仪表与原来通道上传输的信号串联,如图 6-30 所示。

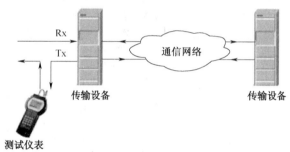

图 6-30　通过式在线业务测试

2. 中断业务测试

对于数据等非紧急业务较多采用中断业务测试,中断业务测试时测试仪表采用终接模式。根据测试的配置方式,又分为单向测试和环回测试。

（1）单向测试

单向测试时,在本端传输设备和对端传输设备均需连接测试仪表,测试原理如图 6-31 所示。

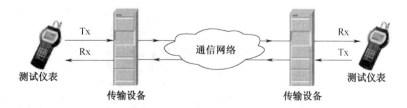

图 6-31　中断业务单向测试原理

（2）环回测试

环回测试时,一端传输设备连接测试仪表,另一端传输设备环回,如图 6-32 所示。环回测试法不仅可以用于系统测试,还可以用于故障定位。

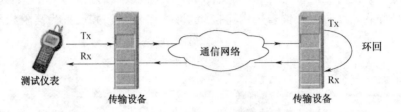

图 6-32　中断业务环回测试原理

环回测试方法根据环回的不同位置分为:

①光接口环回和电接口环回

根据环回接口的光电类型分为光接口环回和电接口环回。光接口环回是对光纤线路环回,电接口环回是对电支路接口环回。

②硬件环回和软件环回

根据环回使用的手段分为硬件环回和软件环回。

a. 硬件环回

硬件环回是指人工手动将传输设备光(或电)接口的发送(Tx)和接收(Rx)用光(或电)缆跳线或 U 型连接器进行环回操作。为了避免对传输设备造成损坏,硬件环回一般在配线架(ODF 或 DDF)上完成。根据环回位置,硬件环回分为本板自环和交叉环回,如图 6-33 所示。

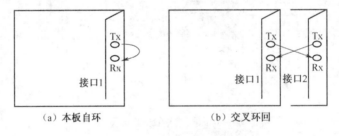

（a）本板自环　　　　　　　　（b）交叉环回

图 6-33　本板自环与交叉环回

本板自环是指用一根光(或电)缆跳线将同一块光(或电)接口板上的接收、发送连接起来。用光纤对光接口板进行自环测试时要加光衰耗器,以防止接收光功率太强导致接收光模块饱和,损坏接收光模块。

交叉环回是指用光(或电)缆跳线将一个无故障光(或电)接口的发送和另一个光(或电)接口的接收连接,另一个电(或光)接口的发送和这个光(或电)接口的接收连接。交叉环回只能在两个光(或电)接口之间进行,常用于判断接口的故障在发送模块还是接收模块。

b. 软件环回

软件环回是指通过传输系统网络管理软件设置传输设备的接口环回,如图 6-34 所示。

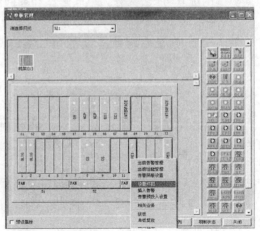

图 6-34　软件环回

③内环回和外环回

根据业务信号的流向,环回分为内环回和外环回。内环回执行环回后信号流向本 SDH 网元内部,外环回执行环回后信号流向本 SDH 网元外部,如图 6-35 所示。内环回和外环回既可以对光线路环回,也可以对电支路环回。

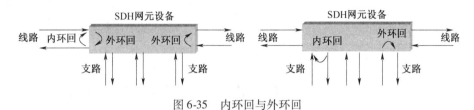

图 6-35　内环回与外环回

④线路环回和终端环回

根据业务信号的流向,环回分为线路环回和终端环回。线路环回执行环回后信号流经网元间的光纤,终端环回执行环回后信号流向终端设备,如图 6-36 所示。

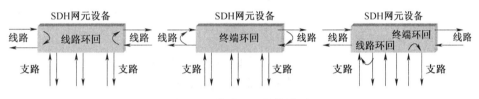

图 6-36　线路环回与终端环回

无论采用哪种环回方法,都要注意信号的流向,以确定测试仪表的放置位置。例如,在支路板上执行线路环回时测试仪表应设置在对端的配线架上,在支路板上执行终端环回时测试仪表应设置在本端的配线架上。

中断业务的环回测试也可以通过本级自环,然后由逐段环回来确定 E1 通道的故障位置。在传输系统维护过程中,可以通过由远及近或由近及远的逐段环回法,将故障定位到某一单站传输设备或某段光纤。

二、任务实施

本任务的目的是认识 2 M 误码测试仪,通过硬件环回和软件环回测试传输系统 2 M 通道的误码性能。

1. 材料准备

已开通业务的光传输系统 1 套,ZXONM E300 网管 1 套,2 M 误码测试仪 1 台,光纤跳线、电缆跳线若干。

2. 实施步骤

(1)建立如图 6-37 所示的传输网络,并在站 1 和站 3 间开通一个 2 M 业务,配置通道或复用段保护。

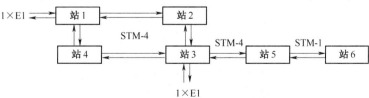

图 6-37　误码测试网络连接图

（2）认识并校准 2 M 误码测试仪

2 M 误码测试仪应用于数据通信设备和线路的安装测试、工程验收、日常维护、故障查找、信令分析等,是判断数据通信线路是否正常的必不可少的测试工具。夏光 XG2138 型 2 M 误码测试仪是一款集各种数据接口为一体的手持式测试仪表,如图 6-38 所示。

2 M 误码仪的 75 Ω 输出、输入接口和 120 Ω 接口,分别用于连接 75 Ω 非平衡和 120 Ω 平衡数字链路。USB 接口用于实现与计算机的互连。

在进行 E1 通道的误码测试以前,首先要对 2 M 误码测试仪进行校准,具体做法为:根据 DDF 架的类型选择电缆跳线,使用电缆跳线将 2 M 误码测试仪 75 Ω 或 120 Ω 接口的 Tx 与 Rx 自环,设置成终接模式,编码类型为 HDB3 码,将收发帧格式设置相同,时钟设置为内部时钟,将发送误码率设置为零或

图 6-38　夏光 XG2138 型 2 M 误码测试仪

插入一定的误码率,测试接收到的误码率,检查接收的误码率减去发送的误码率是否为零。若不为零,需要对 2 M 误码测试仪进行校准。

（3）硬件环回测试

①对端向线路侧环回测试

在远端(如站 3)传输设备的 DDF 架上,用 U 型连接器向线路侧将已经配置了 2 M 业务的电支路接口(如第一个 2 M)Tx 和 Rx 相互连接在一起,如图 6-39(b)所示。

　　（a）正常情况　　　　　（b）向线路侧自环　　　　（c）向终端侧自环

图 6-39　DDF 架上自环

使用 2 M 误码仪连接在本端(如站 1)传输设备的 DDF 架上已配置了 2 M 业务的电支路接口(如第一个 2 M)的 Tx 和 Rx 上,将 2 M 误码仪设置成终接模式,编码类型为 HDB3 码,将收发帧格式设置相同,时钟设置为内部时钟;在发送端设置为零或插入一定的误码率,测试接收到的误码率,传输系统该 E1 通道的误码率为接收的误码率减去发送的误码率。若该 E1 通道的误码率小于 10^{-10},则认为该通道工作正常。否则要进行故障排除。

②本端向终端侧环回测试

在本端(如站 1)传输设备的 DDF 架上,用 U 型连接器向线路侧将已经配置了 2 M 业务的电支路接口 Tx 和 Rx 相互连接在一起,如图 3-39(c)所示。使用 2 M 误码仪连接在本端终端设备的 DDF 架上 2 M 接口的 Tx 和 Rx 上,测试通道误码率是否小于 10^{-10}。若达不到要求须进行故障排除。

（4）软件环回测试

①对端向线路侧环回测试

通过网管软件双击要设置环回的对端网元(如站 3),打开单板管理界面,右击 EPE1 单板,选择"设置环回",如图 6-40 所示。

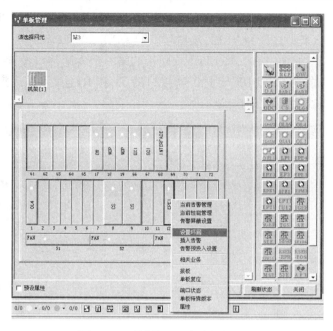

图 6-40　对端设置电支路板软环回

在打开的环回设置对话窗口中选择环回的单板类型为 EPE1,环回类型选择为线路侧,插入点类型选择为 VC12,端口号设置为已配置了 2 M 业务的端口(如端口 1),如图 6-41 所示。单击"增加"按钮,将 EPE1 支路板的第一个 2 M 接口设置为环回。单击"应用"按钮,下发环回设置。下发环回设置后,原来的 2 M 业务将中断。

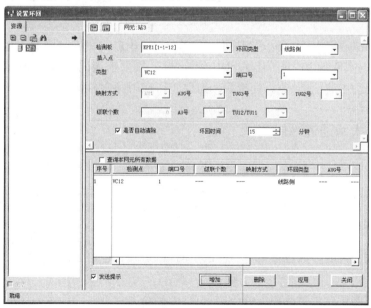

图 6-41　对端设置线路侧软环回

使用 2 M 误码仪连接在本端传输设备 DDF 架上已配置了 2 M 业务的电支路接口(如第一个 2 M)的 Tx 和 Rx 上,测试通道误码率是否小于 10^{-10}。若达不到要求须进行故障排除。

②本端向终端侧环回测试

通过网管软件双击要设置环回的对端网元(如站 1),打开单板管理界面,右击 EPE1 单板,选择"设置环回"。在打开的环回设置对话窗口中选择环回的单板类型为 EPE1,环回类型选择为终端侧,插入点类型选择为 VC12,端口号设置为已配置了 2 M 业务的端口(如端口 1),如图 6-42 所示。单击"增加"按钮,将 EPE1 支路板的第一个 2 M 接口设置为环回。使用 2 M 误码仪连接在本端终端设备的 DDF 架上 2 M 接口的 Tx 和 Rx 上,测试通道误码率是否小于 10^{-10}。若达不到要求须进行故障排除。

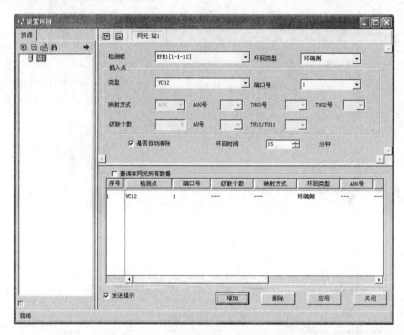

图 6-42　本端设置终端侧软环回

通常 E1 测试时间为 15 min/端口,可以将多个端口串成一路同时测试。对于市话 SDH 传输网络,要求误码率低于 10^{-10}。长途 SDH 传输网络,则要求误码率低于 10^{-11}。无论采用哪一种环回方法都会中断业务,测试完成后一定要将环回解除,否则会影响到业务之间的通信。

任务 2:以太网通道性能测试

任务:掌握传输系统以太网通道的测试方法。
要求:能成功测试传输设备以太网通道性能参数。

一、知识准备

以太网通道的性能参数包括带宽、吞吐量、时延、过载丢包率、背靠背等。

1. 带宽

以太网通道的带宽是指链路上的可用带宽,即链路上每秒所能传送的比特数,它取决于链路时钟速率和信道编码。

2. 吞吐量

吞吐量是指在没有帧丢失的情况下,设备能够接受并转发的最大数据速率,通常表示为每秒转发的比特数。吞吐量是链路中实际每秒所能传送的比特数。

吞吐量测试的原理是:发送端以太网测试仪以一定速率发送一定数量的帧,并计算待测设备传输的帧,如果发送的帧与接收的帧数量相等,那么就将发送速率提高并重新测试;如果接收帧少于发送帧则降低发送速率重新测试,直至得出最终结果。吞吐量测试结果以比特/秒或字节/秒表示。

3. 时延

时延是设备对数据包接收和发送之间延迟的时间。

4. 过载丢包率

过载丢包率是指设备在不同负荷下,转发数据过程中丢弃数据包占应转发数据报的比例。

5. 背靠背

背靠背是指以太网端口工作在最大速率时,在不发生数据包丢弃的前提下,设备可以接收的最大报文序列的长度。背靠背反映了设备对突发报文的容纳能力。

在日常维护过程中,以太网通道测试是一项常规维护内容。以太网通道测试常用以太网测试仪或安装了以太网测试软件的计算机进行单向测试,测试仪器不具备时可以使用计算机进行简单的 ping 通测试。

二、任务实施

本任务的目的是测试传输系统的以太网通道性能。

1. 材料准备

已开通业务的光纤传输系统 1 套,以太网测试仪或安装了以太网测试软件的计算机 2 台,网线 2 根。

2. 实施步骤

(1)建立如图 6-43 所示 SDH 传输网络,并在站 1 和站 3 间开通一个 10 Mbit/s 以太网业务,配置通道或复用段保护。

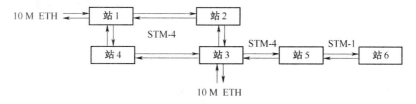

图 6-43　以太网测试网络拓扑图

(2)认识并校准以太网测试仪

夏光 XG5051 型以太网测试仪是一款用于 10 M/100 M/1 000 M 以太网安装、维护的手持式仪表,如图 6-44 所示。它集网络性能测试、网络监测、数据包捕获、流量生成、电缆测试以及误码测试等功能于一机,应用于物理层电缆测试、第二层与第三层业务量发生以及完整的 RFC-2544 等测试,可帮助一线技术人员分析以太网网络性能参数,快速判定故障,是网络管理和维护人员必不可少的测试工具。

(3)在已开通了以太网业务的站 1 和站 3 两个网元的以太网板上分别连接发送以太网测试仪和接收以太网测试仪。发送端发送一定长度的数据帧,接收端以太网测试仪检测数据包,测试通道的带宽、吞吐量、时延等性能参数。

图 6-44　夏光 XG5051 型
以太网测试仪

（4）将两个网络测试仪发送和接收反过来设置，测试通道的性能参数。

若只有一台以太网测试仪，则可以采用远端环回的方法进行以太网通道测试。若没有以太网测试仪，可以借助以太网测试软件，如图6-45所示，用IxChariot6.74以太网测试软件来实现以太网通道的性能测试。

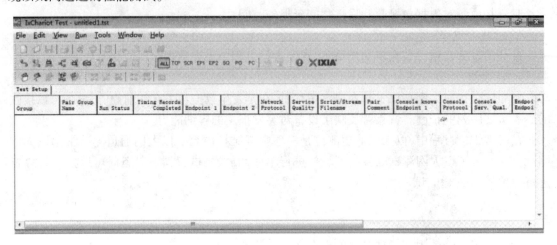

图6-45　以太网测试软件

实际应用中也常用两台计算机连接在两个传输节点上，使用ping命令简单测试以太网通道的连通性。

任务3：抖动性能测试

任务：了解传输系统的抖动和漂移性能对系统的危害，掌握抖动的度量参数。
要求：能测试传输设备抖动性能参数。

一、知识准备

传输系统的定时性能主要体现在抖动和漂移两方面。

（一）抖动

抖动和漂移与系统的定时特性有关。抖动是指数字信号的特定时刻（如最佳抽样时刻）相对其理想时间位置的短时间偏离。所谓短时间偏离是指变化频率高于10 Hz的相位变化。

抖动的幅度是数字信号的特定时刻相对于其理想参考时间位置偏移的时间范围，单位为UI，1 UI = $1/f_b$。例如：速率为139.264 Mbit/s的信号，其抖动幅度的单位为1 UI = $1/f_b$ = 1/139.264 Mbit/s = 7.18 ns。

抖动来源于系统线路与设备。光缆线路引入的抖动一般可忽略不计，设备是抖动的主要来源，包括调整抖动、映射/去映射抖动、复用/解复用抖动。

1. 抖动对传输系统性能的影响

抖动对传输系统的性能损伤表现在以下方面：

（1）对数字编码的模拟信号，在解码后数字流的随机相位抖动使恢复后的样值具有不规则的相位，从而造成输出模拟信号的失真，形成所谓抖动噪声。

（2）在再生器中，定时的不规则性使有效判决偏离接收眼图的中心，从而降低了再生器的信噪比余度,直至发生误码。

(3)在传输系统中,像同步复用器等配有缓存器的网络单元,过大的输入抖动会造成缓存器的溢出或取空,从而产生滑动损伤。

2. 传输系统中常见的度量抖动性能的参数

传输系统中常见的度量抖动性能的参数有输入抖动容限、输出抖动容限和抖动转移函数——抖动转移特性。输入抖动容限越大越好,输出抖动越小越好。

(1)输入抖动容限

输入抖动容限定义为能使光设备产生 1 dB 光功率代价的正弦峰—峰抖动值。SDH 线路口输入抖动容限分为 PDH 输入口(支路口)和 STM-N 输入口(线路口)两种输入抖动容限。对于 PDH 输入口,输入抖动容限是指在使设备不产生误码的情况下,该支路输入口所能承受的最大输入抖动值。为满足传输网中 SDH 网元传送 PDH 业务的需要,该 SDH 网元的支路输入口必须能包容 PDH 支路信号的最大抖动,即该支路口的抖动容限能承受所传输的 PDH 信号的抖动。

线路口(STM-N)输入抖动容限定义为能使光设备产生 1 dB 光功率代价的正弦峰—峰抖动值。该参数是用来规范当 SDH 网元互连在一起接收 STM-N 信号时,本级网元的输入抖动容限应能包容上级网元产生的输出抖动。

如图 6-46 所示为输入口容许输入抖动的下限。图中的 $f_1 \sim f_4$,$A_1 \sim A_2$ 是被测设备或数字段能正常工作的正弦抖动频率和极限抖动幅度,它们对不同码速有不同的值。

(2)输出抖动容限

与输入抖动容限类似,也分为 PDH 支路口和 STM-N 线路口两种输出抖动容限。输出抖动定义为在设备输入端信号

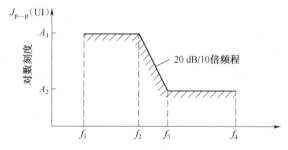

图 6-46 输入口容许输入抖动的下限

无抖动的情况下,输出端口信号的最大抖动。SDH 设备的 PDH 支路端口的输出抖动应保证在 SDH 网元传送 PDH 业务时,输出 PDH 信号的抖动应该在接收此信号设备的承受范围内,STM-N 线路端口的输出抖动应保证接收此 STM-N 信号的对端 SDH 网元能承受。

(3)抖动转移函数——抖动转移特性

抖动转移函数定义为设备输出的 STM-N 信号的抖动与设备输入的 STM-N 信号的抖动的比值随抖动的频率的变化关系,此特性是规范设备输出 STM-N 信号的抖动对输入 STM-N 信号抖动的抑制能力(也即是抖动增益),以控制线路系统的抖动积累。

此外,在 PDH/SDH 网络边界处由于指针调整和映射会产生 SDH 的特有抖动,为规范这种抖动采用映射抖动和结合抖动来描述这种抖动情况。映射抖动是指在 SDH 设备的 PDH 支路端口处输入不同频偏的 PDH 信号,在 STM-N 信号未发生指针调整时,SDH 设备的 PDH 支路端口处输出 PDH 支路信号的最大抖动。结合抖动是指在 SDH 设备线路端口处输入符合 G.783 规范的指针测试序列信号,此时 SDH 设备发生指针调整,适当改变输入信号频偏,这时设备的 PDH 支路端口处测得的输出信号最大抖动就为设备的结合抖动。

3. SDH 网络的抖动减少策略

可以通过减少线路系统抖动和减少 PDH 支路口输出抖动两种方式来减少 SDH 网络的

抖动。

（1）减少线路系统抖动

线路系统抖动是 SDH 网的主要抖动源,设法减少线路系统产生的抖动是保证整个网络性能的关键之一。

减少线路系统抖动的基本对策是减少单个再生器的抖动(输出抖动)、控制抖动转移特性(加大输出信号对输入信号的抖动抑制能力)、改善抖动积累的方式(采用扰码器和抖动抑制器,使传输信息随机化,各个再生器产生的系统抖动分量的相关性减弱,改善抖动积累特性)等。

（2）减少 PDH 支路口输出抖动

由于 SDH 采用的指针调整可能会引起很大的相位跃变(指针调整是以字节为单位的),随即产生了抖动和漂移,因而可在 SDH/PDH 网络边界处支路口采用解同步器来减少其抖动和漂移量。解同步器有缓存和相位平滑作用,实际常由带缓存器的锁相环来实现。其主要技术包括自适应比特泄漏技术。

（二）漂移

漂移是指数字信号的特定时刻相对其理想时间位置的长时间的偏离,所谓长时间是指变化频率低于 10 Hz 的相位变化。

与抖动相比,漂移从产生机理、本身特性及对网络的影响都有所不同。引起漂移的一个最普遍的原因是环境温度的变化,它会导致光缆传输特性发生变化从而引起传输信号延时的缓慢变化,因而漂移可以简单地理解为信号传输延时的慢变化,这种传输损伤靠光缆线路本身是无法解决的。

在光同步线路系统中,还有一类由于指针调整与网同步结合所产生的漂移机理,采取一些额外措施是可以设法降低的。

漂移引起传输信号比特偏离时间上的理想位置,致使输入信号比特偏离时间上的理想位置,最终使输入信号比特在判决电路中不能正确的识别,从而产生误码。减小这类误码的一种方法是靠传输线与终端设备之间接口中添加缓存器来重新对数据进行同步。

一般来说,较小的漂移可以被缓存器吸收,而那些大幅度漂移最终将转移为滑动。滑动对各种业务的影响在较大程度上取决于业务本身的速度和信息冗余度。速度愈高,信息冗余度愈小,滑动的影响越大。

（三）OTN 网络抖动和漂移特性

与电域层的 PDH、SDH 网络一样,为保证 TDM 业务信号传送质量,OTN 对抖动和漂移性能有相应的要求,OTN 设备接口的抖动和漂移性能,包括最大允许抖动、抖动转移特性和最小输入抖动容限。

OTN 设备接口主要是 UNI 用户业务接口和 NNI 域间接口。

对于 UNI 接口,对输入输出 UNI 接口的 SDH 业务,要求抖动和漂移性满足 G.825 标准,这与 SDH 光传输设备 STM-N 接口上的抖动和漂移性能要求一致。

对于 NNI 域间接口,ITU-T 制定了 G.8251,只对 OTM-0.m 的单波白光接口上输入输出 OTUk 信号制定了相应的抖动和漂移性能要求。

（1）OTUk 接口（NNI）允许输出的最大抖动和漂移（见表 6-11）

在测试设备的 OTUk 接口之前,不论已串连接了多少个 OTN 的节设备,OTUk 接口的最大输出抖动值都要求满足允许输出的最大抖动和漂移的指标要求。

表6-11 OTUk接口允许的最大输出抖动

接口类型	测量带宽 −3 dB 频率(Hz)	峰—峰抖动幅度 (UI$_{p\text{-}p}$)
OTU1	5 k ~ 20 M	1. 5
	1 M ~ 20 M	0. 15
OTU2	20 k ~ 80 M	1. 5
	4 M ~ 80 M	0. 15
OTU3	20 k ~ 320 M	6. 0
	16 M ~ 320 M	0. 18
OTL3. 4(OTU3 多通道) 每通道	FFS 4 M[IEEE 802. 3ba,87. 8. 9]	FFS 每通道按 IEEE 802. 3ba,87. 7. 2
OTL4. 4(OTU4 多通道) 每通道	FFS 10 M[IEEE 802. 3ba,88. 8. 8]	FFS 每通道按 IEEE 802. 3ba,88. 8. 10

由于在 NNI 接口单元内,通常不需要独立的时钟电路提供工作定时(独立时钟电路通常包含在 ODUk/客户层信号适配电路内,也就是 UNI 接口单元内),接收侧通常采用从通过的 OTUk 信号中提取时钟,因此,对 OTUk 接口的定时输出漂移指标无要求。

(2)OTUk 接口(NNI)的输入抖动和漂移容限

在 OTN 网络的传送过程中,每经过一个 OTN 的节点,OTUk 信号的抖动和漂移都会有所增加。因此,在每一个 OTUk 接口的输入侧,都要求能容忍一定量的输入抖动和漂移,在保证正常传输的情况下,OTUk 接口能容忍的最大输入抖动和漂移就叫做 OTUk 接口(NNI)的输入抖动和漂移容限。

在输入信号上叠加的输入抖动和漂移大于给定的容限值,等效于 1 dB 接收光功率劣化的情况下测试不产生任何误码。

"1 dB 接收光功率劣化"的定义是这样的,先测试误码达到 10^{-10} 情况下的最低接收光功率,之后将接收光功率增加 1 dB,再向输入信号调制不同频率的抖动和漂移信号,在接收误码达到 10^{-10} 时的调制量要求在给定的容限指标之上。如果有前向纠错 FEC,要求将 FEC 功能关闭。

OTU1/2/3 输入正弦抖动容限应满足表6-12 和图6-47 所示要求。

表6-12 OTU1/2/3 输入正弦抖动容限

OTU1		OTU2		OTU3	
频率 f(Hz)	峰—峰抖动幅度(UI$_{p\text{-}p}$)	频率 f(Hz)	峰—峰抖动幅度(UI$_{p\text{-}p}$)	频率 f(Hz)	峰—峰抖动幅度(UI$_{p\text{-}p}$)
500 < f ≤ 5 k	7 500f^{-1}	2 k < f ≤ 20 k	3. 0 × $10^4 f^{-1}$	8 k < f ≤ 20 k	1. 2 × $10^5 f^{-1}$
5 k < f ≤ 100 k	1. 5	20 k < f ≤ 400 k	1. 5	20 k < f ≤ 480 k	6. 0
100 k < f ≤ 1 M	1. 5 × $10^5 f^{-1}$	400 k < f ≤ 4 M	6. 0 × $10^5 f^{-1}$	480 k < f ≤ 16 M	2. 88 × $10^6 f^{-1}$
1 M < f ≤ 20 M	0. 15	4 M < f ≤ 80 M	0. 15	16 M < f ≤ 320 M	0. 18

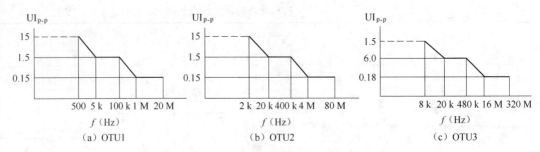

图 6-47　OTU1/2/3 输入正弦抖动容限图示

多通道 OTU 输入正弦抖动参数如图 6-48 所示。

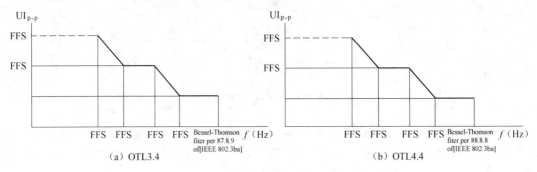

图 6-48　多通道 OTU 输入正弦抖动容限

二、任务实施

本任务的目的是使用传输分析仪测试 SDH 传输系统的抖动性能指标。

1. 材料准备

已开通业务的 SDH 传输系统 1 套,传输分析仪 1 台,75 Ω 同轴电缆线 2 根。

2. 实施步骤

(1)如图 6-49 所示,使用 75 Ω 同轴电缆线连接传输设备和分析仪。

图 6-49　抖动性能测试连接

(2)设置分析仪 SDH 发射机的信号速率、发送时钟源、阻抗、码型等参数。

(3)设置分析仪 SDH 接收机的信号速率、发送时钟源、阻抗、码型等参数与发射机相同,观察面板上的告警指示灯全部熄灭。

(4)在发射[SDH][抖动][自动抖动容限]设置抖动容限测量点数、稳定时间、测量时间等参数。

(5)在结果[抖动][自动容限][列表]或[图形],查看抖动容限结果。若测试曲线位于图 6-46 所示的曲线之上,则测试通过,说明系统的抖动容限高于最低要求。若测试曲线位于图 6-46 所示的曲线之下,则测试不通过,说明系统的抖动容限没有达到最低要求。

（6）设置传输函数测量点数、稳定时间、测量时间等参数。

（7）查看传输函数结果。

任务 4：波分系统性能测试

任务：掌握波分系统性能参数的定义和测试方法。

要求：能对波分系统进行主信道特性测试、监控信道特性测试和系统测试。

一、知识准备

DWDM 系统和 OTN 系统都属于波分系统，其性能测试比 SDH 系统更为复杂。波分系统的性能测试包括主信道特性测试、监控信道特性测试和系统测试，测试参考点如图 6-50 所示。

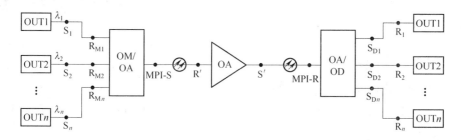

图 6-50　波分系统性能测试参考点

图 6-50 中，S_1、…、S_n 为发送机光接口的输出端连接器的参考点，R_{M1}、…、R_{Mn} 为 OM/OA 输入光接口光连接器的参考点，MPI-S 为 OM/OA 输出光连接器之后的光纤参考点，R′ 为线路光放大器的输入之前光连接器的参考点，S′ 为线路光放大器的输出之后光连接器的参考点，MPI-R 为在 OA/OD 输入光连接器之前的光纤参考点，S_{D1}、…、S_{Dn} 为在 OA/OD 输出光接口光连接器的参考点，R_1、…、R_n 为接收机光接口的输入端连接器的参考点。

1. 主信道特性测试

波分系统主信道由 OTU、OMU、ODU、OA 单元组成。

（1）OTU 单元测试

OTU 单元测试项目主要有平均发送光功率、光接收机灵敏度、过载光功率、输入抖动容限、抖动转移特性、中心频率与偏差、最小边模抑制比、最大 – 20 dB 带宽等。

中心频率与偏差是指 OTU 发射机发出的光信号的实际中心频率，该值应当符合设计要求。设备工作的实际中心频率与标称值的偏差称为中心频率偏差，一般该值不应超出系统选用信道间隔的 ±10%。

最小边模抑制比是指在最坏的发射条件时，全调制下主纵模的平均光功率与最显著边模的光功率之比。

最大 – 20 dB 带宽是指在相对最大峰值功率跌落 20 dB 时的最大光谱宽度。

（2）OMU 单元测试

OMU 单元测试项目主要有插入损耗及偏差。

插入损耗及偏差是指穿过 OMU 器件的某一特定光通道所引起的功率损耗，插入损耗偏差则是插入损耗测试值与插入损耗平均值之差的绝对值。

（3）ODU 单元测试

ODU 单元测试项目主要有插入损耗及偏差、中心波长与偏差、信道隔离度。

信道隔离度是指本信道的光功率与其他信道串扰到本信道的光功率之差。信道隔离度分为相邻信道隔离度和非相邻信道隔离度。

（4）OA 单元测试

OA 单元测试项目有增益、增益平坦度和噪声系数。

增益是指在 OA 工作波长区间内，输出光功率与输入光功率的差值。增益平坦度是指在 OA 工作波长区间内，对光信号放大能力的差异。

噪声系数是指光信号在进行放大的过程中，由于放大器的自发辐射等原因引起的光信噪比的劣化值，即输入光信号的信噪比与输出光信号的信噪比之差。

2. 监控信道特性测试

监控信道由 OSC 单元构成，测试项目有工作波长及偏差、发送光功率、接收灵敏度、最小边模抑制比、最大 −20 dB 带宽等。

3. 波分系统的性能参数

波分系统的性能包括误码、抖动和光信噪比等参数。其中，误码和抖动性能与 SDH 系统相同。对于波分系统来说，目前对传输距离造成限制的主要因素是：光信噪比、色散和非线性。色散的问题可以通过色散补偿光纤完成。光信噪比的受限是通过拉曼放大器、超强 FEC 技术的引进而解决的。

光信噪比（简称 OSNR）是光迪信系统日常维护中最重要的指标之一，能够比较准确地反映信号质量，是衡量一个 DWDM 系统传输系统稳定运行一个必要先决条件。OSNR 的定义为：

$$OSNR = 10 \lg \frac{P_i}{N_i} + 10 \lg \frac{B_m}{B_r} \tag{6-2}$$

式（6-2）中，P_i 为 i 个通路内的光信号功率；B_r 为参考光带宽，通常取 0.1 nm；B_m 为噪声的等效带宽；N_i 为等效带宽 B_m 范围内的噪声功率。

在不考虑非线性效应以及色散影响的前提下，光层的信噪比直接决定了电层的误码率，OSNR 越高，则电层的误码率（简称 BER）越低。

一般对于 10 Gbit/s 信号接收端要求在 25 dB 以上（没有前向纠错编码 FEC 技术时），光信噪比在 WDM 系统发送端一般有 35～40 dB，但是经过第 1 个 EDFA 光放大器后，信号 OSNR 将有比较明显的下降，以后每经过一个 EDFA 光放大器，OSNR 都将继续下降，但下降的速度会逐渐放慢。劣化的主要原因在于光放大器在放大信号、噪声的同时，还引入了新的自发辐射噪声，也就是该放大器的噪声，使总噪声水平提高，OSNR 下降。下降速度逐步放慢的原因在于随着线路中级联的放大器数目增加，"基底" 噪声水平提高，仅增加一个 EDFA ASE 对总噪声水平的影响不大。

EDFA 的噪声系数决定了系统自发辐射噪声的累积速度。目前商用化 EDFA 噪声系数为 5～7 dB，要解决光信噪比受限问题，必须降低光放大器的噪声系数。为了克服噪声的累积，在超长距传输环境下，采用拉曼放大器，降低了光放大器的噪声系数和噪声累积速度，大大延伸了光电传输距离。

波分系统在进行初期设计时，除了要考虑损耗受限和色散受限之外，还要考虑接收端的光信噪比 OSNR 以及质量因子（简称 Q）值、误码率。只有三者全部满足要求，设计才算成立。

以 DWDM 系统为例,接收端 OSNR 为:

$$OSNR = P_{out} - 10\lg M - L + 58 - NF - 10\lg N \tag{6-3}$$

式(6-3)中,P_{out} 为入纤光功率(dBm),M 为波分系统的复用通路数,L 为任意两个光放大器之间的损耗,即区段损耗(dB),NF 为光放大器 EDFA 的噪声系数(dB),N 为波分系统合波器、分波器之间的光放大器数目。

由式(6-3)可知,在其他参数不变的情况下,线路损耗越大,OSNR 越低,此时,光线路的传输质量下降。

对不同的网络应用,OSNR 的要求不太相同。例如,对 2.5 Gbit/s 的系统组网和基于 10 Gbit/s 的系统组网在信噪比要求方面有一定的区别。当 10 Gbit/s 速率无 FEC 的情况下,要求 OSNR 大于 25 dB;当 10 G 速率普通带外 FEC 的情况下,要求 OSNR 大于 20 dB;当 10 Gbit/s 速率超强 FEC 的情况下,要求 OSNR 大于 18 dB;当 2.5 Gbit/s 速率无 FEC 的情况下,要求 OSNR 大于 22 dB;当 2.5 Gbit/s 速率普通带外 FEC 的情况下,要求 OSNR 大于 18 dB。

二、任务实施

本任务的目的是测试波分系统的性能参数。

1. 材料准备

已开通业务的 DWDM 传输系统 1 套,ZXONM E300 网管 1 套,光谱分析仪 1 台,光功率计 1 台,光纤跳线若干。

2. 实施步骤

(1)OTU 单元测试

平均发送光功率、光接收机灵敏度和过载光功率见项目 1 模块 2,输入抖动容限、抖动转移特性见本模块任务 3。

中心频率与偏差、最小边模抑制比、最大 - 20 dB 带宽可以采用光谱分析仪进行测试。安立 MS9710 型光谱分析仪外观如图 6-51 所示。

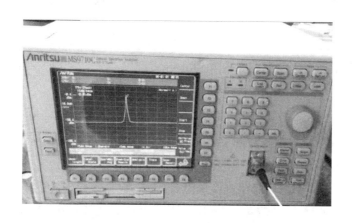

图 6-51　安立 MS9710 型光谱分析仪外观

将光谱分析仪分别在 S_1、…、S_n 参考点接入,依次点击 Auto Measure→Analysis,选择 Threshold、Cut Level 测试中心频率与偏离、最大 - 20 dB 带宽,选择 2nd Peak 测试最小边模抑制比。

（2）OMU 单元测试

将光谱分析仪在 R_{M1} 参考点接入，依次点击 Auto Measure→Trace→Trace A→Single→Memory A；然后将光谱分析仪在 MPI-S 参考点接入，依次点击 Trace→Trace B→Single→ Memory B。选择 Trace A-B→Single，将在显示屏上出现一条 A 和 B 差值的光谱。点击 Marker→TMKr，输入被测参考点的波长，即可得到波长处的插入损耗。依次测试 R_{M2}、…、R_{Mn} 参考点与 MPI-S 之间的插入损耗，计算出插入损耗平均值和偏差。

（3）ODU 单元测试

将光谱分析仪在 MPI-R 参考点接入，依次点击 Auto Measure→Trace→Trace A→Single→Memory A；然后将光谱分析仪在 S_{D1} 参考点接入，依次点击 Auto Measure→Trace→Trace B→Single→ Memory B。选择 Trace A-B→Single，显示屏上将出现一条 A 和 B 差值的光谱。点击 Marker→TMKr，输入被测参考点的波长，即可得到波长处的插入损耗。依次测试 MPI-R 参考点与 S_{D1}、…、S_{Dn} 之间的插入损耗，计算出插入损耗平均值和偏差。

将光谱分析仪分别在 S_{D1}、…、S_{Dn} 参考点接入，依次点击 Auto Measure→Analysis，选择 Threshold、Cut Level，测试中心频率与偏差。

将光谱分析仪在 S_{D1} 参考点接入，点击 Auto Measure→Graph→Overlap，输入 A 光谱；再将光谱分析仪在 S_{D2} 参考点接入，输入 B 光谱。点击 Marker，移动 Mkr_A 和 Mkr_B 到 A、B 光谱曲线的峰值处，移动 LMkr_C 到 A 峰值处，移动 LMkr_D 到 A 串入 B 的中心波长处，在显示屏上可以读到 C-D 的值，即 S_{D1} 信道的相邻信道隔离度。保持 A 光谱的接入点不变，将光谱分析仪依次在 S_{D3}、…、S_{Dn} 参考点接入，输入 B 光谱，测得 S_{D1} 信道的非相邻信道隔离度。S_{D2}、…、S_{Dn} 信道的隔离度测试方法与 S_{D1} 信道相同。

（4）OA 单元测试

将光谱分析仪在 R′参考点接入，依次点击 Auto Measure→Application→Memory Pin/Pout→Single，输入 OA 的输入光功率光谱；将光谱分析仪在 S′参考点接入，依次点击 Auto Measure→Application→Memory Pin/Pout→Single，输入 OA 的输出光功率光谱，选择工作波长，在 NF-ASE 处可以读到噪声系数值，在 Gain 处可以读到增益值，通过测试曲线，可以得出不同波长的增益平坦度。

（5）OSC 单元测试

将光谱分析仪分别在 OM/OA 监控输出参考点和 OA/OD 监控输入参考点接入，测试工作波长及偏差、最小边模抑制比、最大 -20 dB 带宽。发送光功率、接收灵敏度测试方法见项目 1 模块 2。

（6）系统测试

波分系统误码测试见本模块任务 1。

波分系统信噪比测试方法如下：将光谱分析仪在 MPI-S 参考点接入。设置光谱分析仪为 DWDM 测试方式，将光谱仪分辨率带宽设置为 0.1 nm，待读数稳定后记录各信道的光功率和 OSNR 值。当测试信道总功率时，光谱仪的位置用光功率计代替。分析记录数值，查表 6-13 系统参数指标，验证是否满足系统正常传输。将光谱分析仪在 MPI-R 点接入，记录各信道的光功率和 OSNR 值，当测试信道总功率时，光谱仪的位置用光功率计代替。查表 6-13 系统参数指标，验证是否满足系统正常传输，当信噪比达到 OSNR 大于 20 dB 时，能够保证误码率（简称 BER）优于 1×10^{-12}。

表 6-13 波分系统参数指标

项 目	指 标
MPI-S 点每通道输出光功率	≤5 dBm
MPI-S 点的最大通道光功率差	≤6 dB
MPI-S 点每通道光信噪比	≥30 dB
MPI-S 点总的输出光功率	≤17 dBm
MPI-R 点每通道输出光功率	≤5 dBm
MPI-R 点的最大通道光功率差	≥8 dB
MPI-R 点每通道光信噪比	≥20 dB
MPI-R 点总的输出光功率	≤17 dBm

任务 5：系统保护倒换测试

任务：掌握传输系统保护倒换功能的测试方法。

要求：能对传输系统进行保护倒换功能测试。

一、知识准备

为了保证系统的保护倒换功能工作正常，要定期对系统进行保护倒换测试。系统保护倒换测试要进行逐项检查。保护倒换方式可以为人工倒换、自动倒换或优先倒换（如具备）等。测试倒换时间，检查该系统告警功能。

SDH 系统和 OTN 系统都包括通道保护、复用段保护。本任务以二纤单向通道保护和二纤双向复用段保护系统为例，说明系统保护倒换的测试方法。

1. 二纤单向通道保护倒换系统

二纤单向通道保护倒换传输系统保护倒换有如下情况：

（1）保护通道上的光信号中断

当光发送失败，或光接收失败，或保护通道 P2 上光纤断都将引起保护通道 P2 上的光信号中断时，保护通道 P2 上的数据传送失败，但不影响工作通道 S1 和 S2 上的数据传输，在业务上下的接收端设备（站 A 和站 C）仍然选择接收工作通道上数据的传输，将不引起传输系统中设备的保护倒换，如图 6-52 所示。传输系统上所有站点设备上观察不到任何变化。

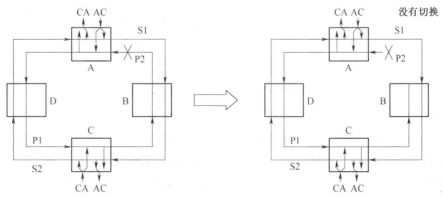

图 6-52 二纤单向通道保护通道光信号中断

（2）工作通道上的光信号中断

当光发送失败，或光接收失败，或工作通道 S1 上光纤断都将引起工作通道 S1 上的光信号中断时，工作通道 S1 上的数据传送失败。站 C 接收端将工作通道 S1 切换到保护通道 P1 工作，选择接收保护通道 P1 上传输的数据，如图 6-53 所示。站 A 接收端仍然在工作通道 S2 上接收传输的数据。可以观察到传输系统上所有经过该工作通道的业务都会中断一段时间，环上所有设备将出现告警。

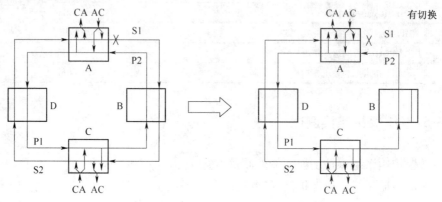

图 6-53　二纤单向通道保护工作通道光信号中断

（3）站点间的两根光纤中断

当两个站点间的主用通道 S1 和保护通道 P2 两根光纤中断后，工作通道 S1 上和保护通道 P2 的数据传送失败。

站 C 接收端将工作通道 S1 切换到保护通道 P1 工作，选择接收保护通道 P1 上传输的数据，如图 6-54 所示。保护通道 P2 上的数据传送失败不影响工作通道 S2 上的数据传输，站 A 接收端仍然在工作通道 S2 上接收传输的数据。可以观察到传输系统上所有经过该工作通道的业务都会中断一段时间，环上所有设备将出现告警。

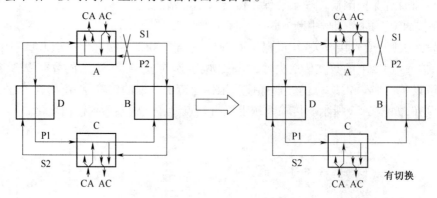

图 6-54　二纤单向通道保护两根光纤中断

（4）某个站点失效

当传输系统中某站点失效后，工作通道 S1 上和保护通道 P2 的数据传送失败。站 C 接收端将工作通道 S1 切换到保护通道 P1 工作，选择接收保护通道 P1 上传输的数据，如图 6-55 所示。保护通道 P2 上的数据传送失败不影响工作通道 S2 上的数据传输，站 A 接收端仍然在工作通道 S2 上接收传输的数据。可以观察到传输系统上所有经过该 B 站点上的业务会中断一段时间,环上所有设备将出现告警。

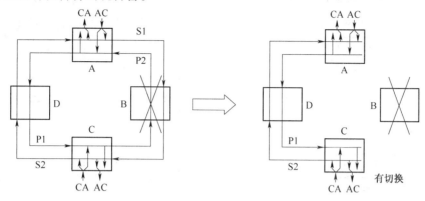

图 6-55 二纤单向通道保护站点失效

2. 二纤双向复用段保护倒换系统

二纤双向复用段保护倒换系统保护倒换有如下情况:

(1)单根光纤中断

由于光发送失败,或光接收失败,或某处光纤断都将引起通道上的光信号中断时,该通道上的数据传送失败,工作通道上的数据将倒换到保护通道上传输。如图 6-56 所示为 A、B 间的 S1/P2 光纤上光信号中断,C 发往 A 的数据继续由 S2/P1 光纤上的 S2 时隙传送。但 A 发往 C 的数据在 A 站的右端口上 S1/P2 光纤与 S2/P1 光纤将环回,数据转换到 S2/P1 光纤的 P1 时隙传送;在 B 站的上端口上 S1/P2 光纤与 S2/P1 光纤将环回,数据又转换回到 S1/P2 光纤的 S1 时隙传送,站 C 在 S1 时隙上接收数据。可以观察到传输系统上所有经过 A、B 站点间 S1/P2 光纤上的业务会中断一段时间,环上所有设备将出现告警。记录数据中断的时间,即为系统保护倒换时间,记录产生的告警。A、B 间的 S2/P1 通道上光信号中断,将切换到 C 发往 A 的数据将切换由 S1/P2 光纤上的 P2 时隙传送。

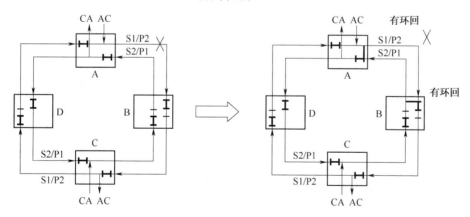

图 6-56 二纤双向复用段保护单根光纤中断

(2)站点间的两根光纤中断

当两个站点间的 S1/P2 和 S2/P1 两根光纤中断后,光缆两端的两个站点设备将自动环回,重新组环,所有站点间的业务都不会中断。如图 6-57 所示为 A、B 间光缆中断,A、B 两个站点设备将自动环回,接收端也将进行保护倒换到新的通道上接收数据。可以观察到传输系统上所有经过该两个站点设备上的业务会中断一段时间,环上所有设备将出现告警。记录数据中断的时间,即为系统保护倒换时间,记录产生的告警。

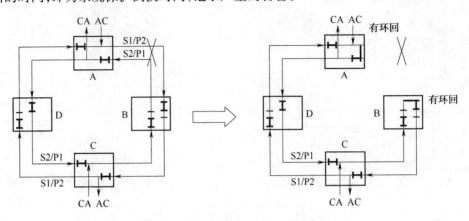

图 6-57 二纤双向复用段保护两根光纤中断

(3)某个站点失效

当传输系统中某站点失效后,与该站点相邻两端的两个站点设备将自动环回,重新组环,除失效站点外所有站点间的业务都不会中断。如图 6-58 所示为 B 站点设备失效,与 B 站点相邻的 A、C 两个站点设备将自动环回,接收端也将进行保护倒换到新的通道上接收数据。可以观察到传输系统上所有经过该 B 站点上的业务会中断一段时间,环上所有设备将出现告警。记录数据中断的时间,即为系统保护倒换时间,记录产生的告警。

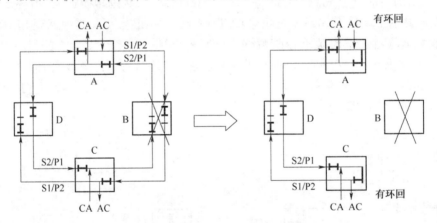

图 6-58 二纤双向复用段保护站点失效

二、任务实施

本任务的目的是对传输系统的保护倒换进行测试。

1. 材料准备

已开通业务且配置了保护的 SDH 或 OTN 光纤传输系统 1 套,ZXONM E300 网管 1 套,2 M 误码仪 1 台。

2. 实施步骤

使用 2 M 误码仪连接已配置了业务的站点 DDF 架上,进行 2 M 误码测试。测试通道业务的误码状态和业务中断时间是否满足系统要求。无论系统采用何种保护方式,均可采用下列步骤进行系统保护倒换测试:

（1）保护通道上的光信号中断

在 ODF 架上拔去保护通道上的一根光纤，观察所有设备上的业务中断情况和告警现象。并在网管上查看网元的倒换状态。

①选择网元，在客户端操作窗口中，单击［维护→诊断→保护倒换］菜单项，弹出保护倒换对话框，包括复用段保护倒换设置、子网连接保护倒换设置，RPR 保护倒换设置和保护倒换状态查询 4 个页面，如图 6-59 所示。

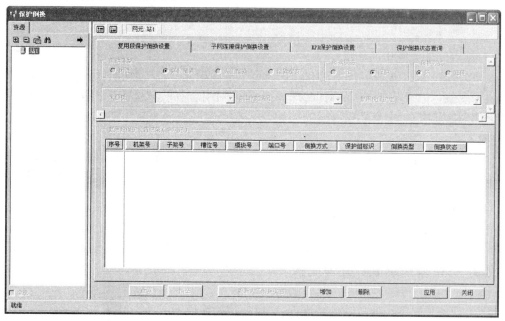

图 6-59 保护倒换对话框

②在对话框中单击［保护倒换状态查询］，进入保护倒换查询页面，如图 6-60 所示。

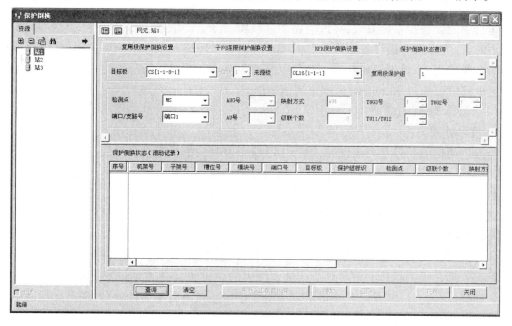

图 6-60 保护倒换状态查询

③在［目标板］和［来源板］下拉列表框中选择执行倒换的单板和业务来源单板（如光板和支路板）。

④单击"查询"按钮，网元上报符合查询条件的倒换记录并在［保护倒换状态（滚动记录）］列表中显示。

（2）工作通道上的光信号中断

在 ODF 架上拔去工作通道上的一根光纤，观察所有设备上的业务中断情况和告警现象。记录业务中断的时间，即为系统保护倒换时间，记录产生的告警。在网管上查看网元的倒换状态。

（3）站点间的光缆中断

在 ODF 架上同时拔去工作通道和保护通道上的两根光纤，观察所有设备上的业务中断情况和告警现象。记录业务中断的时间，即为系统保护倒换时间，记录产生的告警。在网管上查看网元的倒换状态。

（4）某个站点失效

将传输系统上的某个站点的电源关闭。记录业务中断的时间，即为系统保护倒换时间，记录产生的告警。在网管上查看网元的倒换状态。

模块三　传输系统故障处理

任务 1：传输系统故障处理流程

任务：理解传输系统的故障处理流程，掌握故障处理原则。
要求：能口述故障处理流程。

一、知识准备

运行中的设备和系统失效，导致电路中断或质量降低影响使用以及指标劣化（如差错）超过限值时，称为障碍。因设备原因引起的障碍称为设备障碍。根据影响通信的范围和时间，又可分为一般障碍、严重通信阻断等。音频电路和 2 Mbit/s 数字系统障碍为一般障碍，一个局向间中继电路障碍超过 90 min 时为严重通信阻断。

（一）故障处理知识

1. 故障处理流程

当发生通信阻断等重大事件时，维护中心应予及时向上级报告，并且在一周内制定好书面报告，说明通信阻断发生原因、责任界线、经验教训和改进措施。

数字系统如有备用（或空闲）则主用发生故障经维修后重返业务前应进行差错的返回业务测试。若故障发生于构成电路的传输系统时，在传输系统进行返回测试时，同时进行系统的测试。若故障发生于构成电路的复分接设备，则单独对系统进行测试。如果无备用时，则经维修后告警消失即可重返业务。重返业务后应密切注意传输系统的性能监测。

障碍处理是维护工作的重要环节。处理障碍的维护人员必须经过专业培训，具备专业基础知识和操作技能。严重障碍、疑难障碍应有维护中心技术骨干前往处理；遇重大阻断维护中心负责人须到现场指挥抢修。

当两个以上的障碍同时发生时，维护中心既应及时处理各类障碍，缩短障碍历时，同时又应在特殊情况下分别轻重缓急,对重大阻断、长市中继障碍、高次群数字链路障碍、重要用户障碍等予以首先处理。

故障处理一般流程如图 6-61 所示。

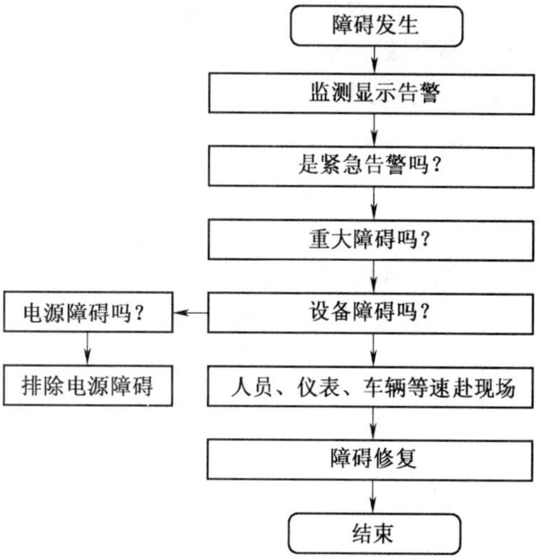

为了迅速准确地判断处理障碍,维护人员必须做到:

(1)全面了解传输网络结构和整体状况,全面掌握光纤数字传输系统的基础知识,熟悉设备各功能单元的原理及各机盘的功能。

(2)熟悉传输设备、系统、电路在各类配线架的配置和机房布局以及布线情况。

(3)熟悉各类告警的含义和处理原则,了解监测系统的监测内容和工作原理。

(4)了解传输与交换、电源、非话、线路等专业的关系及维护责任的划分。

(5)熟记系统、电路调度,业务领导、维护机构各级职权等制度重要原则和重要内容。

图 6-61 故障处理一般流程

2. 故障处理的关键

在进行传输设备的故障处理中,最关键的一步就是将故障点准确地定位到单站,这是每个维护人员必须牢固树立的信念。

由于传输设备自身的应用特点——站与站之间的距离较远,因此在进行故障定位时,首先将故障点准确地定位到单站,是极其重要和关键的。在将故障点准确地定位到单站之前,而怀疑这个站或那个站,这块板或那块板的问题,常常是徒劳的,往往只会延误问题的解决。

一旦将故障定位到单站后,就可以集中精力,通过数据分析、硬件检查、更换单板等各种手段来排除该站的故障。

3. 故障处理原则

故障处理首先要根据设备的告警进行判断,通过对告警事件、性能事件、业务流向的分析,初步判断故障点范围,并进行环回、替换、测试等方法进行故障定位。

故障分析原则归纳为:先外部,后传输;先单站,后单板;先线路,后支路;先高级,后低级。

(1)先外部,后传输

外部是指接地、光纤、中继线、业务设备、电源等问题。对于光路的中断告警,先要通过网管确定故障段落。对于发生保护倒换的系统,应在确定是线路故障或设备故障后再通知维修。如果同一段落多个系统同时阻断,或两端现场人员测试线路光功率不正常时,可判断为线路故障。对于 2 M 端口告警,可通过软件环回和硬件环回配合测试确定故障段落。

(2)先单站,后单板

一般综合网管分析和环回操作,可将故障定位至单站。然后再在网管采用更改配置、配置数据分析,或采用单板替换、逐段环回、测试等方法将故障定位至单板。

(3)先线路,后支路

根据告警信号流分析,支路板的某些告警常随线路板故障产生,应先解决线路板故障。

(4)先高级,后低级

当网络中出现了多个告警时,要先处理等级高的告警,再处理等级低的告警。若某个网元已使用光口上同时出现 R-LOS 告警和 MS-EXC 告警,应先解决告警等级高的 R-LOS 告警,然后再处理告警等级低的 MS-EXC 告警。但在故障发生时,要结合网络应用情况分清主次,如复用段远端失效(MS-RDI)告警可能属于低等级告警,但相对于无业务的 2 M 端口 LOS 告警来说,仍应优先处理。

4. 故障处理要点

根据故障定位原则,作如下操作:

(1)通过告警、性能分析故障的可能原因。

(2)检查各站点的业务是否正常,以排除配置错误的可能性。

(3)通过逐段环回来进行故障的区段分析,将故障最终定位到单站。

(4)检查光纤、电缆是否接错,光路和网管是否正常,以排除设备外的故障。

(5)通过单站自环测试来定位单板的故障接口。

(6)通过更换单板来定位故障板。

(二)常见故障处理方法

1. 业务中断常见原因

业务中断的原因有外部原因和设备本身原因两种。

(1)外部原因

外部原因有:电源故障(设备掉电、供电电压过低等);业务设备故障;光纤、电缆故障(光纤性能裂化、损耗过高或光纤中断);中继电缆损断或接触不良。

(2)设备本身的原因

设备本身的原因主要是设备本身故障,单板失效或性能不好。

2. 误码问题常见原因

误码问题常从外部和设备本身两个原因分析。

(1)外部原因

外部产生误码的原因主要有:光缆性能劣化、损耗过高;光纤接头或连接器不清洁;设备接地不好;设备散热不好、工作温度过高。

(2)设备本身的原因

设备本身产生误码的原因有:光盘接收信号损耗过大;对端发送模块或本端接收模块故障;时钟同步性能不好;支路盘故障。

3. 数据通道中断常见原因

数据通道中断常见原因有:设备掉电;光纤中断;主控板拨号开关不对;光线路板故障;光路大量误码会导致数据通道不畅。

4. 环回判断故障点解决 E1 通道故障

环回法是传输设备定位故障最常用、最有效的方法,不依赖于对大量告警及性能数据的深入分析,而将故障快速定位,可区分是传输设备故障还是业务设备故障。环回法的缺点是必然会导致正常业务的中断。所以,一般只有出现业务中断等重大事故时,才使用环回法进行故障排除。注意:在进行环回操作后,一定要执行"还原"相应环回的操作。

当故障发生时,维护人员使用网管或命令行软件获取故障信息,可以将故障定位到较细、较准确的程度。可以判断和处理常见的设备故障。但通过网管和命令行软件获取故障信息,有时,维护人员也面临告警、性能事件太多,无从着手分析的情况。另外,该途径完全依赖于计算机、软件、通信三者的正常工作,一旦以上三者之一出问题,该途径获取故障信息的能力将大大降低,其至于完全失去。

通过网管或命令行获取故障信息,进行故障定位,要求维护人员平时要加强 SDH 原理、告警信号流的学习,做到对每个告警的机理、影响都了如指掌。

二、任务实施

本任务的目的是口述故障处理流程。

1. 材料准备

已开通业务的光纤传输系统 1 套,ZXONM E300 网管 1 套,

2. 实施步骤

口述故障处理流程如下:

(1)判断是否为紧急告警。

(2)判断是否为重大障碍。

(3)判断是否为设备障碍。

(4)判断是否为电源障碍,若是则排除电源障碍。

(5)组织人员、仪表、车辆等速赴现场。

(6)进行障碍修复。

任务 2:传输系统上 R-LOS 告警故障处理

任务:理解 R_LOS 告警产生的原因。

要求:能分析 R_LOS 告警产生的原因,处理 R_LOS 告警故障。

一、知识准备

R_LOS 告警表示中继段信号丢失,属于紧急告警级别。传输系统中出现 R_LOS 告警,说明线路接收侧信号丢失。R_LOS 告警产生后,线路接收侧业务中断,系统自动向下游下插 AIS 信号,向上游站点回告 MS_RDI,上游站点会产生 MS_RDI 告警。

R_LOS 告警产生的原因可能有以下方面:

(1)本端光接口板的光口未使用。

(2)本端接收单板故障,线路接收失效。

(3)断纤或者线路性能劣化。

(4)两端的信号模式不一致。

(5)对端激光器关闭,造成无光信号输入。

(6)对端发送单板故障,线路发送失效。

二、任务实施

本任务的目的是解决在传输系统中主干通道上 R_LOS 告警故障。

1. 材料准备

已开通业务的光纤传输系统 1 套,ZXONM E300 网管 1 套,OTDR 仪 1 台。

2. 实施步骤

故障现象:如图 6-62 所示的 SDH 环带链网,站 1、站 2、站 3、站 4 组成 STM-16 的传输环上

站2网元出现R-LOS告警,其他网元工作正常。

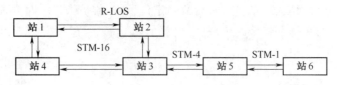

图 6-62　R-LOS 告警拓扑

故障分析:主干通道上出现R-LOS告警说明接收光信号异常,可能出现的原因有三个:本端室内故障、外线光缆中断、对端室内故障。可通过由近到远逐段排查的方法解决故障。

故障解决步骤如下:

(1)在网管上查询告警,根据告警参数确定上报告警的端口号。网管上查询到R-LOS告警出现在站2的OL16[1-1-2]端口1。

(2)使用光功率计在站2的ODF架上测量端口1的接收光功率,以判断是否是本端室内故障。

若接收光功率介于光端机的灵敏度和过载光功率之间,则说明为本端室内故障。本端室内故障包括光接口板的光口未使用和接收单板故障。首先检查上报告警的端口是否未使用,单板光接口处是否连接未使用的光纤。若光纤未使用,可使用带损耗器的光纤将收发光口自环。若故障仍未消除,清洁光纤连接器和光纤适配器。故障仍未消除,则为接收单板故障。此时可更换本端上报告警的单板。若单板支持可插拔光模块,更换可插拔光模块。

(3)若室内正常,故障在室外光缆或对端机房内。

在对端站1的ODF架上将光纤跳线断开,利用OTDR仪对室外光缆进行测试,以判断是否是室外光缆故障。如图6-63所示为光纤线路正常时的后向散射曲线,图6-64所示为光纤线路故障时的后向散射曲线。若OTDR测得的后向散射曲线上出现较大的下降台阶,损耗大于0.08 dB,则说明光纤线路存在弯曲过度或者接头质量不佳。若OTDR测得的后向散射曲线上末端无明显反射峰,或光纤总长度小于两个站点之间光纤的实际长度,则说明是光缆出现中断。测试光缆故障点距离测试点的距离,立即将断点上报调度,组织抢险,进行光纤熔接、重新盘留余纤。

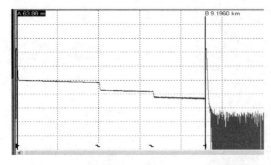

图 6-63　光纤线路正常时的后向散射曲线

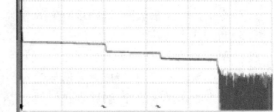

图 6-64　光纤线路故障时的后向散射曲线

(4)检查两端的信号模式是否一致。检查与上报告警单板相连的对端单板的信号速率和信号模式设置是否正确。若单板支持光口和电口两种信号模式,则实际使用的端口类型与配置的"工作模式"必须匹配。若不匹配,重新修改"工作模式"。

(5)若以上均正常,则为对端室内故障。

对端室内故障包括对端激光器关闭和发送单板故障。查询与上报告警端口相连的对端对应端口的激光器是否处于关闭状态,若是则开启。激光器处于开启状态,仍有告警,清洁光纤连接器和光纤适配器。若故障仍未消除,则为对端站 1 的发送单板故障。可更换与上报告警单板相连的对端站 1 的 OL16[1-1-1]单板。若单板支持可插拔光模块,更换可插拔光模块。查询告警是否消除。若告警未消除,更换对端交叉时钟板。

任务 3:传输系统上单个业务不通故障处理

任务:理解单个业务不通产生的原因。
要求:能分析单个业务不通产生的原因,解决业务故障,恢复通信。

一、知识准备

SDH/MSTP 传输系统支持 E1、E3 和 E4 等 PDH 业务、ATM 业务、以太网业务。DWDM 传输系统支持 STM-N 业务,OTN 传输系统支持 STM-N 业务、ATM 业务和以太网业务。

传输系统中单个业务不通,说明传输线路上正常,没有故障。故障应在业务上下的两个站点支路板或者业务设备上。

二、任务实施

本任务的目的是解决在传输系统中单个业务不通故障。

1. 材料准备

已开通业务的光纤传输系统 1 套,ZXONM E300 网管 1 套,电缆跳线若干根。

2. 实施步骤

故障现象:SDH 环带链网中站 1 与站 2、站 3、站 4、站 5、站 6 之间各配置了 10 个 2 M 业务,站 4 与站 3、站 5 之间各配置了 5 个 2 M 业务。站 3 与站 4 间的第一个 2 M 业务不通,其他业务均正常。

故障分析:仅某个 2 M 业务不通说明主干通道上光信号正常,故障应在网管或终端侧。

故障解决步骤如下:

(1)查看网管上有无告警信息。

如果网管上有告警或性能值,则应根据告警或性能值进行分析判断,找出故障点,再通过环回法、替换法等方法排除故障。

如果网管上没有告警,进入下一步。

(2)检查网管上业务配置是否正确。

在网管上单击站 3 与站 4 网元,查看业务配置情况,如图 6-65 所示。若业务配置错误,重新配置业务。若故障现象消除,说明为业务配置错误。

若业务配置正确,故障现象未消除,进入下一步。

(3)网管上检查上下业务的两个 SDH 网元的支路板有无软件环回。

可以通过查看支路板上的标识来判断是否有软件环回。如图 6-66 所示,EPE1 支路板上有环回标志"▣",说明该支路板存在软件环回。

若有软件环回,则进入环回设置窗口,如图 6-67 所示。选中已有环回,依次点击"删除"、"应用"按钮,去掉软件环回。若故障现象消除,说明故障为软环回造成。

若无软件环回,故障现象未消除,进入下一步。

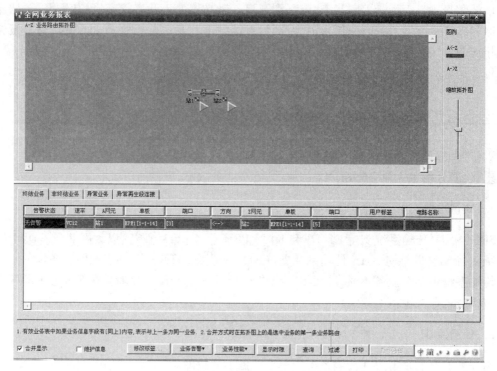

图 6-65　业务配置查询

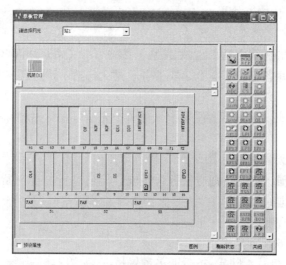

图 6-66　支路板上的软件环回

(4)分别在上下业务两个 SDH 网元的支路板上做终端侧软件环回或在 DDF 上做终端硬件环回,查看终端设备是否有告警。

环回后若终端设备有告警,则说明故障在终端设备侧,可通过逐段回环确定故障。若故障在配线处,通过更换跳线等方法处理故障。故障若在终端设备,通过清洁、更换跳线或单板处理终端设备故障。

环回后若终端设备正常,则说明故障在 SDH 网络侧,可通过检查数据、环回、仪表测试判断故障,更换跳线、支路板复位、更换接口板等方法可解决故障。

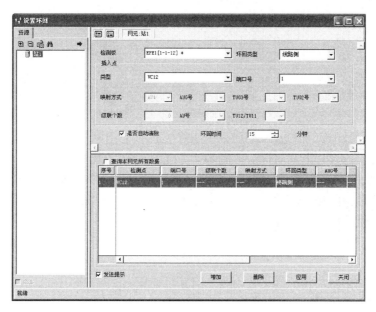

图 6-67　软件环回设置窗口

任务 4:传输系统上网元脱管故障处理

任务:理解网元脱管产生的原因。

要求:能分析网元脱管产生的原因,解决网元脱管故障。

一、知识准备

网管上层应用 TCP/IP 协议实现服务器和工作站的互通,下层应用嵌入控制通路(简称 ECC)协议栈实现工作站与管辖的网元节点的通信,SDH 设备之间的通信使用 ECC。其中,网关网元与网管终端直接相连,也可通过 LAN、HUB、WAN 相连,非网关网元与网关网元通过数字通信通路(简称 DCC)连接。网管和网关网元之间通过 TCP/IP 协议传递信息,网关网元和非网关网元之间通过 ECC 通信,从而实现了网管和非网关网元之间的通信。而 ECC 用于 SDH 网元间通信,传送 TMN 信息,实现网管对非网关网元的管理。

在两个 SDH 网元之间有光纤连接时,一般使用段开销的再生段字节 DCC 字节传送 TMN 信息。在没有光纤连接但需要交换 TMN 信息的两个网元之间一般使用扩展 ECC,即将 2 个网元通过网口经交叉网线连接在一起,并传送 TMN 信息。

传输网管系统中网元脱管是指网络管理器或网元管理器与其监控的网元不能正常通信,在网管上不能操作控制该网元。一般来说,网元脱管不会引起该网元上所承载业务的中断,但会给传输网管的监控带来极大的不便。因为它会导致网管无法实时监控脱管的网元,而脱管网元的运行状态及告警信息也无法上传至网管,失去对网元监控的连续性。

网元脱管产生的原因有:

(1)网元用户密码设置错误。

(2)外部供电设备或电源板故障。

(3)主控板故障。

（4）网元 IP/ID 配置错误。

（5）光板故障。

（6）光口 DCC 关闭。

（7）光纤故障。

（8）主机软件故障。

（9）网络规模过大，网元间 ECC 通信的规模超过网元处理能力的极限。

当多个设备通过 HUB 相连（或者使用子架间级联），使用网口的扩展 ECC 功能进行通信时，建议连接在同一 HUB 上开启自动扩展 ECC 功能的设备不超过 4 个，4 个以上的建议采用人工扩展 ECC 方式进行通信，避免 ECC 风暴。可联系工程师，检查网元间 DCN 通信的规模是否超过网元处理能力的极限。

（10）DCC 通道的 D1～D3 字节被删除。

二、任务实施

本任务的目的是解决在传输系统中单个网元脱管故障。

1. 材料准备

已开通业务的光纤传输系统 1 套，ZXONM E300 网管 1 套，光纤跳线若干根。

2. 实施步骤

故障现象：SDH 环带链网中站 6 网元脱管，ECC 不通。其他网元工作正常，无其他告警。

故障分析：站 6 网元供电电源故障、NCP 板故障、交叉板故障、光板故障均会造成网元脱管，可依次逐一排查。

故障解决步骤如下：

（1）查看网元用户密码设置是否正确。查看用户密码输入是否正确，如果有误，则重新输入正确的密码。

（2）查看电源是否工作正常：检查外部供电设备是否工作正常。如果外部供电设备存在故障，处理外部供电设备故障。若外部供电设备工作正常，检查电源单板是否工作正常。如果电源单板故障，更换故障单板。

（3）判断是否为 NCP 板故障：重新初始化 NCP 板、更换 NCP 板。若故障消除，说明是 NCP 板故障。故障仍然存在，判断不是 NCP 板故障。

（4）网元 IP/ID 配置错误，导致网元脱管。

通过本地网管登录网元，可根据记录恢复网元原来的 IP 地址和 ID 号。

（5）判断是否为光板故障：插拔、更换 OL1 光板。若故障消除，DCC 连接失败告警消失，网元上线，说明是 OL1 光板故障。站 6 网元上线可将该告警屏蔽或将端口环回。

（6）查询光口 DCC 是否关闭：查询光口 DCC 的使能状态。如果光口 DCC 的使能状态为"禁止"，使能光口 DCC。

（7）判断是否为光纤故障：使用 OTDR 仪表测量光纤，通过分析仪表显示的线路损耗曲线判断是否断纤的位置。如果线路出现断纤现象，则更换光纤。

（8）判断是否为主机软件故障：重新加载主机软件后，软复位故障单板。

（9）该传输网只有 6 台传输设备，网络规模较小，不会造成网元脱管问题。

（10）查询 DCC 通道的 D1～D3 字节是否被删除：查看站 6 网元是否开启了 DCC 功能，如果没有，则开启 DCC 功能。并查看 DCC 功能中设置的通道模式是否是 D1～D3 字节，如果不是,则重新进行设置。

任务5:波分系统误码率过高故障处理

任务:理解波分系统误码率过高产生的原因。
要求:能分析波分系统误码率过高产生的原因,降低误码率,解决故障。

一、知识准备

误码率(简称 BER)是衡量数据在规定时间内数据传输精确性的指标。误码率为传输中的误码数与所传输的总码数之比。OTN 传输系统最初定位为干线高质量传输,线路传输误码率要求非常严格,具有超强的前向纠错能力,纠错后误码率最基本要求是低于 10^{-12} 量级。误码率过高会引起传输系统上承载的业务通信不畅,严重情况下造成业务中断。

OTN 传输系统误码率过高产生的原因有:

(1)站点网元间或网元内接收光功率过高或过低引起信噪比降低。

(2)光纤连接器过脏引起误码。

(3)色散过大引起误码。

二、任务实施

本任务的目的是解决在波分系统中误码率过高故障。

1. 材料准备

已开通业务的 OTN 传输系统 1 套,ZXONM E300 网管 1 套,误码测试仪 1 台。

2. 实施步骤

故障现象:OTN 环带链网中站 O1 至站 O6 之间有一个 STM-16 业务,在站 O2、站 O3 和站 O5 直通(ODU 到 OMU 穿通,无中继 OTU),采用 SRM41 支线合一板,频率配置为 192.6 THz。SRM41 为 ERZ 编码方式,FEC 为 AFEC,总距离为 200 km 左右。从开局开始,该波道一直存在很大的 FEC 纠错前误码率和 FEC 纠错后误码率,误码率数量级为 10^{-3} 到 10^{-4} 左右,其他波道纠错误码率为 10^{-7} 左右,有的波道没有纠错误码。同时在站 O1 的 SRM41 输入端口(OCH 宿)有 OTU2 复帧丢失告警(不停地闪报,每次持续时间 3~6 s),站 O6 的 SRM41 输入端口(OCH 宿)有信号丢失告警。

故障分析:光功率太高或太低、光纤连接器过脏、色散过大等问题都可能引起波分系统上误码率过高。

故障解决步骤如下:

(1)测试各站点的信噪比:通过各站点配置的 OPCS 单板和 OPA 单板查询站 O1、站 O2、站 O3、站 O5 和站 O6 的接收方向 OPA 第 6 波的信噪比。若信噪比低于 21 dB,可以通过调节该波道的光功率来解决故障。若信噪比都在 21 dB 以上,满足设计要求,说明各站光功率正常。

(2)判断是否为光纤连接器过脏引起误码:对站 O2、站 O3 和站 O5 进行光纤连接器的检查和清洁,对站 O1 至站 O6 涉及 6 波的尾纤进行检查和清洁。若误码改善,说明是光纤连接器不清洁造成。若误码情况没有改善,则不是光纤连接器引起的误码。

(3)判断是否为色散过大引起误码:第 6 波跨距较长,采用的是色散容纳值较小的 ERZ 编码,设计原则是理想残余色散值 5~15 km 之间。实际上是由于实际光缆距离和设计的偏差,

DCM 模块标称值和实际补偿的偏差都可能造成色散补偿不合适。通过在第 6 波的传输线路上增减 DCM 模块,确定是由于色散补偿问题造成误码。在站 O6 增加 DCM 模块后故障解决。

复习思考题

1. 简述 DDF 配线接头的制作步骤。

2. 简述 ODF 架光缆成端步骤。

3. 测试中继段光纤损耗需要用到哪些仪器?

4. 如何测试传输系统的误码特性?

5. 简述 2 M 通道故障处理的手段有哪些?

6. 什么是硬件环回? 什么是软件环回? 两者有何不同?

7. 传输系统的抖动性能参数有哪些?

8. 简述传输系统保护倒换测试的步骤。

9. 简述传输系统故障定位原则。

10. 简述更换光板的过程。

11. 光端机有光 LOS 告警,如何快速判断是光端机故障还是光缆故障?

12. 如图 6-68 所示,在环带链 OTN 网络中,站 1 至站 2、站 3、站 4、站 5、站 6 间各配置了10 个 E1 业务。维护过程中,与站 3 相连的站 2 光口上出现 R-LOS 告警,应如何处理?

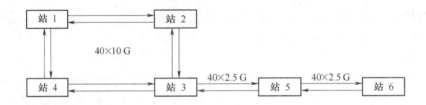

图 6-68　环带链 OTN 网络

13. 如图 6-69 所示,在环带链 SDH 网络中,站 1 至站 2、站 3、站 4、站 5、站 6 间各配置了10 个 E1 业务。维护过程中,发现站 1 与站 3 间的第 3 个 E1 业务不通时,应如何查找故障?

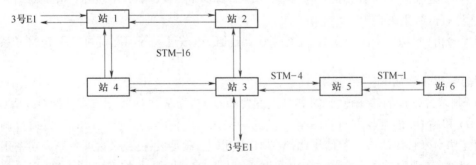

图 6-69　环带链 SDH 网络

14. 传输系统中网元脱管产生的可能原因有哪些?

15. 简述波分系统误码率过高的故障处理流程。

参 考 文 献

［1］李筱林．传输系统组建与维护．北京：人民邮电出版社,2012.

［2］乔桂红．光纤通信(第 2 版).北京：人民邮电出版社,2009.

［3］孙学康．光纤通信技术(第 3 版).北京：人民邮电出版社,2012.

［4］杜庆波．光纤通信技术与设备．陕西：西安电子科技大学出版社,2008.

［5］李方健．光纤通信技术．北京：机械工业出版社,2010.

［6］铁道部劳动和卫生司,铁道部运输局．高速铁路通信网管岗位(传输及接入/各类监控系统).北京：中国铁道出版社,2012.

［7］铁路职工岗位培训教材编审委员会．铁路通信工(现场综合维护)(室内设备维护).北京：中国铁道出版社,2014.

［8］刘业辉．光传输系统(华为)组建、维护与管理．北京：人民邮电出版社,2010.

［9］刘业辉．光传输系统(中兴)组建、维护与管理．北京：人民邮电出版社,2011.

［10］贾璐．光传输系统运行与维护．北京：机械工业出版社,2012.

［11］沈建华．光纤通信系统．北京：机械工业出版社,2014.

［12］金明晔．DWDM 技术原理与应用．北京：电子工业出版社,2004.

［13］何一心．光传输网络技术——SDH 与 DWDM(第 2 版).北京：人民邮电出版社,2013.

［14］李允博．光传送网(OTN)技术的原理与测试．北京：人民邮电出版社,2014.

［15］王健．光传送网(OTN)技术、设备及工程应用．北京：人民邮电出版社,2016.

［16］杨彬．传输网工程维护手册．北京：人民邮电出版社,2016.

［17］曹畅．光传送网：前沿技术与应用．北京：电子工业出版社,2014.